SMART GRID

# 智能电网200问（第二版）

张晶　王伟　李彬 等 编著

中国电力出版社
CHINA ELECTRIC POWER PRESS

## 内容提要

本书第一版编写始于2010年，出版于2012年2月，当时我国智能电网刚进入全面建设期，第一版对当时智能电网的基本知识和实践应用都做了较全面的介绍，受到众多读者的欢迎。如今，我国智能电网经过十年的建设和发展，取得了举世瞩目的成就，已经进入引领提升、深化应用阶段。因此，在本书第二版编写过程中，增加了很多智能电网新概念、新技术和最新的示范应用内容。

本书分为7篇，共200个问题，包括智能电网的概念、发展、标准、技术、设备、生活及应用等内容。以通俗易懂的问答形式，从基本概念、发展战略、标准规范、技术和设备、智能生活、示范应用等多个方面入手，对智能电网基础知识做了全面的介绍。

本书定位于广大公众了解智能电网的科普读物，可作为电力企业、制造商、服务商的初级技术培训教材，也可作为高职高专院校师生学习智能电网的教学参考用书。

**图书在版编目（CIP）数据**

智能电网200问 / 张晶，王伟，李彬等编著. —2版. —北京：中国电力出版社，2020.10
ISBN 978-7-5198-4784-5

Ⅰ.①智… Ⅱ.①张…②王…③李… Ⅲ.①智能控制–电力系统–问题解答
Ⅳ.①TM76-44

中国版本图书馆CIP数据核字（2020）第120269号

出版发行：中国电力出版社
地　　址：北京市东城区北京站西街19号（邮政编码100005）
网　　址：http://www.cepp.sgcc.com.cn
责任编辑：王杏芸（010-63412394）　马雪倩
责任校对：王小鹏
装帧设计：王红柳
责任印制：杨晓东

印　　刷：三河市航远印刷有限公司
版　　次：2012年2月第一版　　2020年10月第二版
印　　次：2020年10月北京第三次印刷
开　　本：710毫米×980毫米　16开本
印　　张：26.5
字　　数：411千字
印　　数：0001—2000册
定　　价：98.00元

# 编　写　组

**组　长**　张　晶

**副组长**　王　伟　李　彬

**成　员**　（按姓氏笔画排列）

马　伟　王　婷　皮学军　刘　东

刘　瑞　孙大璟　祁　兵　苏向敬

李童佳　余向前　谷　琛　陈宋宋

赵羡龙　钟　鸣　钟　博　洪极慧

秦　毅　袁瑞铭　徐　程　徐新华

唐明群　黄　杰　韩平军　戴朝波

# 前 言

随着全球经济的稳步发展及人民生活水平的逐步提高，各国对电力的需求不断增长，智能电网已成为全球电力能源可持续发展的必然选择。“十三五”以来，我国全社会用电量平稳增长，第三产业和城乡居民生活用电的拉动效果明显，实施智能电网重大建设工程，对于调整能源结构、节能减排、应对气候变化都具有重大意义。可再生能源、储能系统、微电网与分布式电源等一系列创新性的探索和实践表明，智能电网技术能够满足安全稳定运行需求，增强电网与用户友好互动，提高能源利用效率和效益，是实现低碳电力的基础和前提，已经成为当今世界电网发展的新趋势、新方向。智能电网的建设将进一步深化基建数字化专业应用，提升电力系统的发电、输电、配电、变电、用电和调度的方方面面，基于智能化电子设备及信息化基础设施，达成电网的提质增效目标。

本书以智能电网知识专题问答的形式，介绍了智能电网的基本概念、发展进程、标准体系、关键技术、系统设备、智能生活及示范应用等内容。与第一版相比，本书在整体架构上做了部分改动，将第一版的战略篇与发展篇合并，构成本书的发展篇，同时新增了标准篇。另外，在具体内容上，本书也较第一版进行了删减和新增，在概念篇中，删减了已经普及化的低碳经济、峰谷电价等内容，新增了工业 4.0、人工智能应用、信息物理系统、电能替代、综合能源服务、区块链等热点内容；标准篇介绍了美国、欧洲、日本、加拿大、中国、澳大利亚、IEC、IEEE 及各应用领域智能电网标准化工作；在技术篇中，删减了化学储能、移动 3G、WiFi、宽带无线网络等内容，新增了新能源发电、主动配电网、船舶岸电、虚拟电厂等内容；在设备篇中，删减了 95598 电力客户服务平台、智能电能表、抄表终端等内容，新增了隔离断路器、智能配电台区、路灯充电桩一体化等内容；在生活篇中，删减了智能卡、无线城市、二维码等内容，新增了无人超市、智慧旅游、智能机器人等内容；在应用篇中，删减了智能电网产业发展情况、智能园区建设方案等内容，新增了上海电力学院智能微电网试点工程、江苏同里综合能源示范小镇、张北可再生能源柔性直流送出与消纳工程等内容。本书力求做到内容新颖、知识全面、概念准确、通俗易懂、实用性强、适应面广。本书编写过程中，参考了国内外大量的技术文献，并结合作者相关研究实践成果，为广大读者开拓视野、了解学习智能电网知识提供了一本快速入门的专业级读物。

本书编写过程中，得到了华北电力大学通信技术研究所师生的热心帮助，本书的专题讨论、资料收集和修改完善，得到了叶筠英、覃秋悦、曾必文、侯萌、任靖、陈鹏、曹望璋、刘林、卢超、常征、张松涛、肖惠、胡纯瑾、何承瑜、张洁、贾滨诚、陈京生等同学的大力协助，在此一并表示感谢！

由于编著者水平有限，书中疏漏之处在所难免，敬请广大读者批评指正。

编著者

2020 年 9 月

# 第一版前言

进入 21 世纪，新兴经济体国家都面临着人口增加、城市化进程加快、经济高速发展所带来的能源供应紧张、气候变暖、环境污染等普遍性问题，而发达国家主要面临着人口老龄化、消费严重不足、创新乏力、能源电力等基础设施陈旧等一系列问题。作为 21 世纪人类最伟大的能源技术变革，智能电网已成为当今各国创新研究的热点和焦点。智能电网是现代科学技术、先进管理理念与传统电网的完美结合，是解决能源安全与环境问题、应对全球气候变化、实现经济社会可持续发展的必然选择。电网智能化的发展离不开信息网络、自动化、电力系统的技术进步，同时智能电网建设也必将促进我国科学技术创新，带动新能源、新材料、新服务等战略性新兴产业的发展。

本书以国内外智能电网研究和实践为主线，介绍了智能电网的基本概念、战略发展、关键技术、系统及设备、智能化生活、示范应用等知识内容，同时也描述了物联网、云计算、传感网、新能源、电动汽车、智能城市等相关知识，力求全面概括、通俗易懂。本书在编写过程中，参考了国内外大量的技术文献，并融合了作者相关研究实践成果，为广大读者开拓眼界、学习智能电网知识提供了一本快速入门的专业类科普图书。书中所选国内外最新智能电网技术成果和示范应用，对于从事智能电网研究的专业人员也具有一定的参考价值。

本书编写过程中得到了华北电力大学通信研究所师生的热心帮助，本书的专题讨论、资料收集、图表绘制和修改完善，得到了周敏、龚世雄、盛洁、于亮亮、孙金华、韩志杰、刘征、陈宋宋、王美玲等同学的大力协助，在此一并表示感谢！本书的出版得到了中国电力科学研究院科技专著出版基金的资助，在大纲目录审定过程中还得到了中国电力科学研究院高级顾问王明俊先生的指点，在此表示衷心的感谢！

由于智能电网领域发展迅猛，加之编著者水平有限，书中疏漏之处在所难免，敬请广大读者批评指正。

编　者

2011年10月

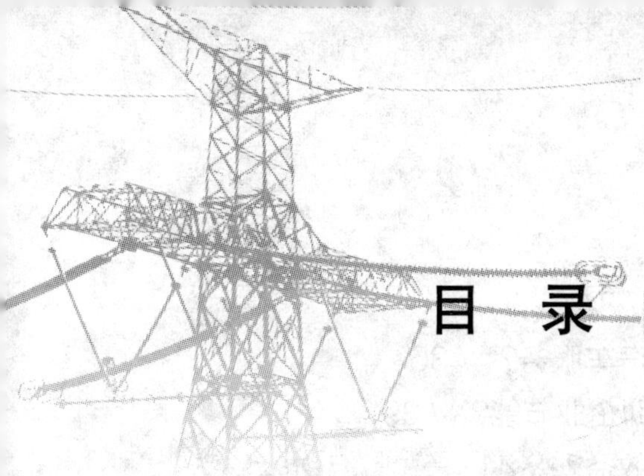

# 目 录

## 第六篇　生活篇 / 302



## 第七篇　应用篇 / 342

# 第一篇

# 概 念 篇

## 第1问 智能电网有哪些定义和表述

智能电网是在传统电力系统基础上，通过集成新能源、新材料、新设备和先进传感技术、信息技术、控制技术、储能技术等新技术，形成的新一代电力系统，具有高度信息化、自动化、互动化等特征，可以更好地实现电网安全、可靠、经济、高效运行。发展智能电网是实现我国能源生产、消费、技术和体制革命的重要手段，是发展能源互联网的重要基础。

2002 年，美国电力科学研究院（Electric Power Research Institute，EPRI）正式提出并推动了“IntelliGrid”项目研究，致力于智能电网整体的信息通信架构开发、配电侧的业务创新和技术研发，开展综合能源和通信系统架构项目研究（integrated energy and communications systems architecture，IECSA），18 个月后，项目正式命名为“智能电网架构”（intelliGrid architecture），这是世界上第一个智能电网框架研究。

EPRI 将智能电网（intelligrid）定义为：一个由众多自动化的输电和配电系统构成的电力系统，以协调、有效和可靠的方式实现所有的电网运作：具有自愈功能；快速响应电力市场和企业业务需求；具有智能化的通信架构，实现实时、安全和灵活的信息流，为用户提供可靠、经济的电力服务。

欧洲“智能电网欧洲技术论坛”将智能电网（smart grids）定义为：一个可整合所有连接到电网用户所有行为的电力传输网络，以有效提供持续、经济和安全的电力。

发展智能电网，有利于进一步提高电网接纳和优化配置多种能源的能力，实现能源生产和消费的综合调配；有利于推动清洁能源、分布式能源的科学利用，从而全面构建安全、高效、清洁的现代能源保障体系；有利于支撑新型工业化和新型城镇化建设，提高民生服务水平；有利于带动上下游产业转型升级，实现我国能源科技和装备水平的全面提升。随着政府政策扶持、立法授权，以及对智能电能表部署的激励将进一步促进智能电网的发展以满足日益增长的稳定的供电需求。根据国际市场研究机构 Research and Markets 发布的“智能电网行业未来报告”，2025 年全球智能电网行业将达 1127 亿美元，增长率达 6.2%。

美国发展智能电网重点在配电和用电侧，推动可再生能源发展，注重商业模式的创新和用户服务的提升。美国各州、城市和企业的清洁能源目标正在推动公用事业的发展，以适应分布式能源（distributed energy resources，DER）的快速增长。据研究机构 GTM Research 的数据，截至 2018 年，美国已部署智能电能表约 7400 万只。

欧洲智能电网的发展主要以欧盟为主导，欧盟负责制定整体目标和方向，并提供政策及资金支撑。欧洲的智能电网目标是支撑可再生能源以及分布式能源的灵活接入，以及向用户提供双向互动的信息交流等功能。欧盟计划在 2020 年实现清洁能源及可再生能源占其能源总消费 20%的目标，并完成欧洲电网互通整合等核心变革内容。据国际能源署预测，2035 年全球用电总量将达到 31.7 万亿 kW·h，并将进一步推进智能微电网的建设工作。微电网的市场规模、地区分布和应用场所分布都将会发生显著变化，从传统的大电网建设思路向着更为灵活的微电网自给自足的方式发展。

国家电网公司智能电网发展路线分为三阶段：2009—2010 年规划试点阶段；2011—2015 年全面建设阶段；2016—2020 年引领提升阶段，其发展目标为：

（1）到 2020 年，初步建成安全可靠、开放兼容、双向互动、高效经济、清洁环保的智能电网体系，满足电源开发和用户需求，全面支撑现代能源体系建设，推动我国能源生产和消费革命，带动战略性新兴产业发展，形成有国际竞争力的智能电网装备体系。

（2）实现清洁能源的充分消纳，构建安全高效的远距离输电网和可靠灵活的主动配电网，实现水能、风能、太阳能等各种清洁能源的充分利用，加快微电网建设，推动分布式光伏、微型燃气轮机及余热余压等多种分布式电源的广泛接入和有效互动，实现能源资源优化配置和能源结构调整。

（3）提升输配电网络的柔性控制能力，提高交直流混联电网智能调控、经济运行、安全防御能力，示范应用大规模储能系统及柔性直流输电工程，显著增强电网在高比例清洁能源及多元负荷接入条件下的运行安全性、控制灵活性、调控精确性、供电稳定性，有效抵御各类严重故障，使供电可靠率处于全球先进水平。

（4）满足并引导用户多元化负荷需求，建立并推广供需互动用电系统，实施需求侧管理，引导用户能源消费新观念，实现电力节约和移峰填谷，适应分布式电源、电动汽车、储能等多元化负荷接入需求，打造清洁、安全、便捷、有序的互动用电服务平台。

## 第2问　智能电网的基本特征有哪些

智能电网的基本特征主要体现在以下方面：

（1）坚强（robust）。坚强是指电网具备坚固的信息安全防护体系，在发生大扰动和故障时，在自然灾害和极端气候条件下或外力破坏下，电网仍能保证电网的安全运行，仍能保持对用户的供电能力，不发生大面积的停电事故。

智能电网将利用先进的大电网运行控制技术和高级调度技术去发现和预测电网可能出现的严重问题，并通过辅助决策系统帮助调度员及时做出决策，在第一时间采取措施，保证电网不会因扰动而引发大面积停电。如果遭遇自然灾害或严重的人力破坏，智能电网将启动应急预案，进入应急处置状态，尽快恢复电网正常运行。

（2）自愈（self-healing）。自愈是指智能电网具有实时、在线和连续的安全评估和分析能力，强大的预警和预防控制能力，自动故障诊断、故障隔离和系统自我恢复的能力。

具备自愈能力的电网能够将有问题的元件从系统中隔离出来，在很少或不用人为干预的情况下使系统迅速恢复到正常运行状态，从而避免中断对用户的供电服务。“自愈”是智能电网最重要的特征，对智能电网的可靠性、安全性、电能质量和运营效率有重要的积极意义。

（3）互动（interactive）。在智能电网中，用户是电力系统不可分割的一部分。鼓励和促进用户参与电力系统的运行和管理，是智能电网的另一重要特征。从电网的角度来看，用户的需求也是一种可管理的资源，恰当地运用这种资源有助于平衡电力供求关系，提高电网的可靠性和经济性；从用户的角度来看，用户通过参与电网的运行和管理，可以选择对自己最有利的用电方式，从而降低用电成本。

（4）市场化（marketization）。智能电网支持电力市场运营机制，有助于电力交易的进行，从而可以进一步实现资源的优化配置，降低电网损耗，提高能源的利用效率。智能电网将在保证电网安全稳定运行的条件下，构建一个供求相对平衡、买卖完全公开、参与方利益共享的商业化运营的电力市场。在这个市场中，发电企业希望实现最大的出力；电网调度中心为电网的安全稳定运行提供支撑；电力交易中心是市场参与各方开展电力交易的中介服务平台，必须确保其公正性、实时性和安全性；用户是市场的基础，通过价格变化可以引导用户改变用电方式，促进用户调整产品结构和工艺，降低电力成本。另外新型的清洁能源产品也给电力市场提供了更多的选择。

（5）电能质量（quality）。某些用户对电能质量的要求非常高，满足用户对电能质量的需求是智能电网的又一重要特征。智能电网通过监测电网的基本元件，能够准确地诊断出影响电能质量的问题，并给出解决方案。智能电网还充分利用超导、新材料、储能以及电力电子技术来解决电能质量问题。另外，智能电网还能防止用户对电网的干扰，例如，限制用户产生的谐波电流注入电网。

（6）兼容（integrated）。兼容是指智能电网不仅要兼容传统的集中式电源，还应该兼容可再生的分布式电源以及微电网，使各种各样的发电和储能系统（如光伏发电、风电、先进的电池系统、即插式混合动力汽车和燃料电池）更容易接入电网，实现“即插即用”。

（7）优化（optimized）。优化是指智能电网能够优化对资产的管理，使其运行更加高效。优化通过动态评估技术使资产发挥其最佳的能力，通过连续不断地监测和评价其能力使能够在更大的负荷下使用，这既避免了资产的超限使用，又避免了资产的浪费。需要投入什么资产，何时投入资产，资产与资产之间如何协调，这正是智能电网要解决的问题之一。

## 第 3 问　坚强智能电网的内涵是什么

坚强智能电网是以特高压电网为骨干网架、各级电网协调发展的坚强网架为基础，以信息通信平台为支撑，具有信息化、自动化、互动化特征，包含电力系统的发电、输电、变电、配电、用电和调度各个环节，覆盖所有电压等级，实现“电力流、信息流、业务流”的高度一体化融合的现代电网。通过坚强智能电网的建设，全面提升电网的安全性、经济性、适应性和互动性。

2009年5月21日，国家电网公司在“2009特高压输电技术国际会议”上提出了名为“坚强智能电网”的发展规划。规划提出，将分三个阶段推进“坚强智能电网”的建设：① 2009—2010年为规划试点阶段，重点开展发展规划，制定技术标准和管理规范，开展关键技术研发和设备研制，开展项目试点和工程示范；② 2011—2015年为全面建设阶段，完善坚强智能电网标准体系，加快特高压电网和城乡配电网建设，初步形成智能电网安全运行控制和互动服务体系；③ 2016—2020年为引领提升阶段，基本建成坚强智能电网，使电网的资源配置能力、运行控制、清洁能源利用、互动服务的水平得到显著提高。

坚强智能电网是安全可靠、经济高效、清洁环保、透明开放和友好互动的电网。其中安全可靠是指具有坚强的网架结构、强大的电力输送能力和安全可靠的电力供应；经济高效是指提高电网运行和输送效率，降低运营成本，促进能源资源和电力资产的高效利用；清洁环保是指促进清洁能源发展与利用，降低能源消耗和污染排放，提高清洁电能在终端能源消费中的比重；透明开放是指电网、发电和用户等各方信息实现共享，电网无歧视开放；友好互动是指实现电网运行方式的灵活调整，友好接入各类新能源和新用户，促进发电和用户方主动参与电网运行调节。

信息化、自动化、互动化是坚强智能电网的基本技术特征。其中信息化是对电网运行的数据描述，体现了对实时和非实时信息的高度集成和挖掘利用能力；自动化是智能化系统全面支撑的表现，依靠高效的信息采集传输和集成应用，实现电网自动运行控制与管理水平提升；互动化是能源信息交换的必然结果，通过能源和信息的双向互动，实现电网各环节的高效传输和协调控制，促进电网安全、高效、环保应用，满足用户多元化和个性化的服务需求。

## 第4问　什么是特高压电网

特高压电网是指1000kV及以上交流电网或±800kV及以上直流电网。

世界各国都很重视特高压电网的研究和建设。苏联于 1985 年 8 月投运了世界上第一条 1150kV 特高压交流输电线路（一期全长 497km，埃基巴斯图兹—科克契塔夫），在额定工作电压下带负荷运行，由于苏联解体后的经济和政治因素，线路降压至 500kV 运行。日本于 1993 年已经建成的 1000kV 特高压线路全长 187km（其中，西群马干线 138km，新泻干线 49km），目前均以 500kV 降压运行。意大利于 20 世纪 90 年代中期建成了 1000kV 特高压输电试验工程，但是由于电力需求趋缓，特高压计划至今未按期实施。美国从 20 世纪 60 年代后半期就开展了特高压输电技术的研究，美国的特高压研究方向主要集中在两个电压等级，1500kV（美国电力公司 AEP）和 1100kV（最高电压 1200kV，邦德维尔电力局 BPA）。

2009 年 1 月 6 日，我国第一条特高压交流输变电工程晋东南—南阳—荆门 1000kV 特高压交流试验示范工程投入运行。2010 年，向家坝—上海和云南—广东两个±800kV 特高压直流输电示范工程也实现双极投运，我国特高压交、直流示范工程均安全稳定运行。2015 年，国家电网公司计划在国内核准开工建设“六交八直”合计 14 条线路。2015 年 5 月，巴西美丽山特高压输电项目奠基仪式在巴西举行，该项目是中国第一个特高压输电海外项目，标志着中国特高压技术走出去取得重大突破。截至 2020 年 3 月，中国已投运特高压线路 25 条、在建 7 条以及待核准 7 条。“十四五”期间将核准开工 10 交 10 直线路，预计“十四五”期间特高压总投资 3000 亿元，年均 600 亿元。

特高压电网能够适应东西 2000～3000km，南北 800～2000km 远距离大容量电力输送的需求，有利于大煤电基地、大水电基地和大型核电站群的开发和电力外送。比如 1000kV 特高压交流输电线路的输送功率约为 500kV 线路的 4～5 倍，±800kV 直流特高压输电能力是±500kV 线路的 2 倍多；同时，特高压交流线路在输送相同功率的情况下，可将最远送电距离延长 3 倍，而损耗只有 500kV 线路的 25%～40%；输送同样的功率，采用 1000kV 线路与采用 500kV 的线路相比，可节省 60%的土地资源。到 2020 年前后，国家电网特高压骨干网架基本形成，国家电网跨区输送容量将超过 2 亿 kW，占全国总装机容量的 20%以上，届时，周边国家向中国远距离、大容量输电将成为可能。在经济性方面，到 2020 年，通过特高压可以减少装机容量约 2000 万 kW，节约电源建设投资约823亿元，每年可减少发电煤耗2000万t；北电南送的火电容量可以达到5500万kW，同各区域电网单独运行相比，年燃煤成本约降低240亿元。

特高压的安全性、经济性在得到充分验证的同时，其在服务生态文明建设方面的作用也日益凸显，2014年，国家电网公司“四交四直”特高压工程已被列入我国《大气污染防治行动计划》，以期有效地治理雾霾，提升空气质量。特高压电网对于智能电网的建设也提供着强有力的支撑，主要体现在：特高压电网的网架有利于区域电网的互联互供，支撑统一坚强智能电网的安全稳定运行；特高压电网支撑国家新能源发展战略，有利于智能电网吸纳西部地区太阳能、风能等可再生能源；特高压电网支撑国家能源综合运输体系建设，变输煤为输电，使智能电网更节能、更环保。

## 第5问　全球能源互联网如何支持电力可持续发展

2015年9月26日，习近平总书记在联合国发展峰会上发表重要讲话，倡议探讨构建全球能源互联网，推动以清洁和绿色方式满足全球电力需求。这是习近平总书记站在世界高度，继“一带一路”之后提出的又一重大倡议，是对传统能源发展观的历史超越和重大创新，是中国政府积极应对气候变化，推动联合国2015年后发展议程做出的重要倡议。2016年，为加快构建全球能源互联网，国家电网公司发起成立了全球能源互联网发展合作组织（简称合作组织），会员来自亚洲、欧洲、非洲、美洲和大洋洲五大洲国家，覆盖能源、电力、信息、金融等众多领域，成功搭建了共商、共建、共享、共赢的国际合作平台。2017年以来，合作组织组织了包括中国电力科学研究院、南瑞集团、国网经济技术研究院、全球能源互联网研究院、国网能源研究院等数十家单位的近百位专家，开展全球能源互联网标准体系的研究工作，吸纳国际最新研究成果，形成了全球能源互联网标准体系规划报告。2018年3月28—29日，全球能源互联网大会在北京成功举行，来自世界30多个国家和地区的800多位嘉宾会聚中国北京，围绕“全球能源互联网—从中国倡议走向世界行动”的大会主题，交流思想、分享成果，共商全球能源互联网发展大计。大会发布了

《全球能源互联网骨干网架研究》《全球能源互联网发展指数2018》《全球能源互联网技术装备创新行动纲要2018—2025》《全球能源互联网标准体系研究2018》等重要创新成果。

全球能源互联网是以特高压电网为骨干网架、以输送清洁能源为主导、全球互联的坚强智能电网，是集能源传输、资源配置、信息交互、智能服务、市场交易等功能于一体，具有巨大规模效益和综合价值的能源网，实质就是“智能电网+特高压电网+清洁能源”。全球能源互联网由跨国跨洲骨干网架和涵盖各国各电压等级电网（输电网、配电网）的国家泛在智能电网构成，连接“一极一道”和各洲大型能源基地，适应各种分布式电源接入需要，能够将水能、风能、太阳能、海洋能等清洁能源输送到各类用户，是服务范围广、配置能力强、安全可靠性高、绿色低碳的全球能源配置平台。

树立全球能源观，构建全球能源互联网，统筹全球能源资源开发、配置和利用，才能保障能源的安全、清洁、高效和可持续供应。能源问题具有全局性和广泛性，树立全球能源观是推动能源变革的重要前提。未来全球能源互联网的发展可以划分为三个发展阶段，分别是国内互联、洲内互联和洲际互联。首先，在2020年前推动形成共识，开展技术和标准研究加强各国国内电网互联和智能电网建设并发各国清洁能源；其次，到2030年，推动洲内跨国电网互联，开发洲内清洁能源基地；最后，到2050年，推动跨洲特高压骨干网架建设，开发“一极一道”清洁能源基地，基本建成全球能源互联网。

全球能源互联网将形成由跨洲电网、跨国电网、国家泛在智能电网组成，各层级电网协调发展的总体布局，坚持清洁发展和全球配置两个基本原则，经过国内互联、洲内互联、洲际互联三个阶段，具备网架坚强、广泛互联、高度智能、开放互动四个重要特征，实现能源传输、资源配置、市场交易、产业带动和公共服务五个主要功能。

构建全球能源互联网的意义重大：依托全球能源互联网，能够开发利用分布广、潜力大的清洁能源，保障能源长期稳定供应，并将大幅降低化石能源消费，有效控制温室气体排放，保护生态环境；全球能源互联网是世界最大的能源配置系统，能够将具有时区差、季节差的各大洲电网连接起来，实现各国电力供需平衡协调，取得全球互济、错峰避峰、互为备用、减少装机等效益。全球能源互联网涉及跨国界、跨领域、跨专业，是一项史无前例、错综复杂的巨系统和大工程，构建全球能源互联网必将满足能源行业互联、互通、互信、互操作的迫切需求。

## 第6问 全球气候变化会带来哪些影响

全球气候变化是由燃烧化石类燃料所排放的大量温室气体造成的，在全球变暖的背景下，各种极端气候在世界各地频频上演，如果不断恶化下去，将引起冰川崩塌消融、海平面上升、粮食减产、物种灭绝等灾难性后果。据联合国政府间气候变化专门委员会的报告，到2100年海平面上升将超过1m，足以使亚洲超过一亿人口流离失所。

2015年11月30日，第21届联合国气候变化大会在法国巴黎举行。此次大会的首要目标是，在《联合国气候变化框架公约》框架下达成一项“具有法律约束力的并适用于各方的”全球减排新协议。新协议将在一定程度上确定，2020年《京都议定书》第二承诺期结束后国际社会如何分担应对气候变化的责任。2015年12月12日，《联合国气候变化框架公约》近200个缔约方一致同意通过《巴黎协定》，协定将为2020年后全球应对气候变化行动做出安排。在本次会议，各国都制定了新的减排目标：欧盟将承诺排放峰值不晚于2020年前达到，并将气候变暖控制在不超过工业化前水平2℃；美国减排目标为到2025年，较2005年减少28%的温室气体排放；中国如期正式向联合国提交“国家自主决定贡献”——二氧化碳排放在2030年左右达到峰值并争取尽早达峰、单位国内生产总值二氧化碳排放比2005年下降60%～65%，非化石能源占一次能源消费比重达到20%左右，森林蓄积量比2005年增加45亿$m^3$左右。

2019年12月第25届联合国气候变化大会在西班牙马德里召开，就《巴黎协定》实施细则等议题展开进一步谈判。

对中国而言，近百年来的年平均气温升高了0.5～0.8℃，未来的气候变暖趋势将进一步加剧。中国是一个人口众多、经济发展水平较低、能源结构以煤为主、应对气候变化能力相对较弱的发展中国家，气候变化给中国带来了严峻挑战。《中国应对气候变化国家方案》明确指出，气候变化已经对中国产生了一定的影响，造成了沿海海平面上升、西北冰川面积减少、春季物候期提前等结果，而且气候变化还将继续对生态系统和经济社会产生重要影响。

未来人类将使用更多的清洁能源以逐步取代现在的化石能源，未来电力将来自完全没有污染的太阳能、风能、生物质能和海洋能，传统的燃油汽车将被高效、绿色的电动汽车所替代；未来的工厂、家庭将采用智能服务系统进行能源优化管理，可大大提高能效，减少能源消耗；未来的城市更美丽、交通更便捷、能源更充足、经济更低碳、生活更和谐。所有这些都需要坚强可靠、灵活高效的电力供应，智能电网已成为全球应对气候变化、减少温室气体排的必然选择。

## 第 7 问　什么是工业 4.0

工业 4.0 是指利用信息物理系统（cyber physical system，CPS）将生产中的供应、制造、销售信息数据化和智能化，达到快速、有效、个性化的产品供应。工业 4.0 正在引领制造方式的变革，其本质是产业互联网，即“互联网+制造”。是对现有工业体系的一次颠覆和革命。工业 4.0 是由德国政府《德国 2020 高技术战略》中所提出的十大未来项目之一，该项目由德国联邦教育与研究部和联邦经济技术部联合资助，投资预计达 2 亿欧元。工业 4.0 旨在提升制造业的智能化水平，建立具有适应性、资源效率及人工智能的智能工厂，在商业流程及价值流程中整合客户及商业伙伴。

迄今为止，人类已经经历了三次工业革命：18 世纪末引入机械制造设备的“工业 1.0”，20 世纪初以电气化为基础导入大规模生产方式的“工业 2.0”，始于 20 世纪 70 年代建立在 IT 技术和信息化之上的“工业 3.0”，而支撑“工业 4.0”的则是物联网技术和制造业服务化倾向的兴起。人类历史上历次工业革命如图 1－1 所示。

工业 4.0 的核心是“智能+网络化”，即通过 CPS 构建智能工厂，实现智能制造的目的。CPS 连接了虚拟空间与物理现实世界，使智能物体通信以及相互作用，创造一个真正的网络世界。CPS 是一个综合计算、网络和物理环境的多维复杂系统，通过计算、通信、控制技术的有机融合与深度协作，实现大型工

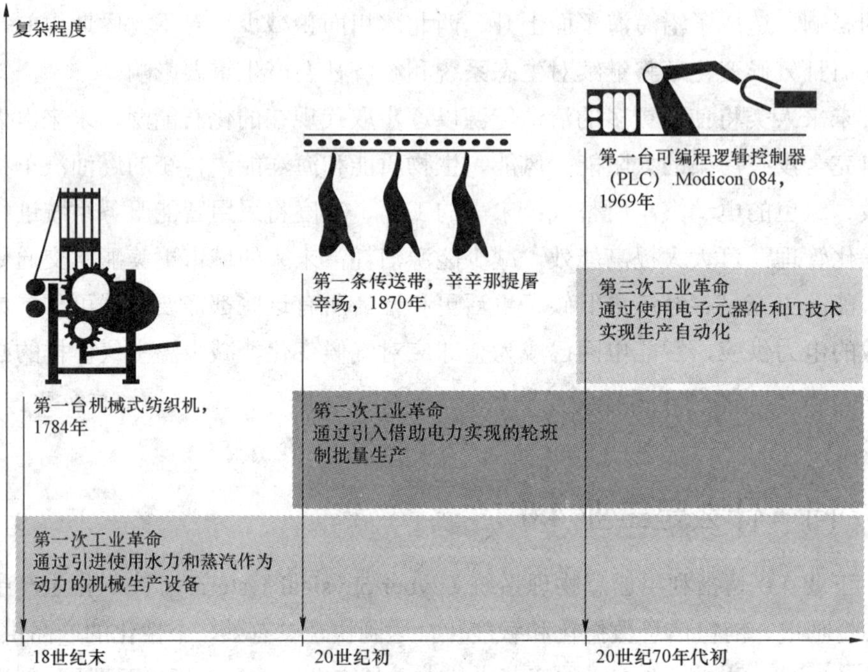


图 1-1　人类工业化进程

程系统的实时感知、动态控制和信息服务。CPS 体现了当前嵌入式系统的进一步进化，与互联网或者网上可搜集的数据、服务一起，嵌入式系统也是构成 CPS 的要素之一；CPS 可提供构建物联网的基础部分，并且与服务互联网一体化，实现工业 4.0。以上这些技术被称为实现技术，培育更加广泛的基于创新型应用或过程的新现实空间，淡化现实世界与虚拟空间的界限。实现技术就像互联网使得个人通信以及相互作用的关系发生变革一样，将给我们与物理现实世界之间的相互作用关系带来根本性变化。

“工业 4.0”项目主要分为三大主题：

（1）智能工厂。CPS 连接了虚拟空间与物理现实世界，技术过程与业务过程也因此得到融合，从而开创新工业时代。智能工厂是通过在生产系统中配备 CPS 来实现的。相对于传统生产系统，智能工厂的产品、资源及处理过程因 CPS 的存在，将具有非常高水平的实时性，同时在资源、成本节约中也颇具优势。智能工厂的装备将实现高级自动化，主要是由基于自动观察生产过程的 CPS 的生产系统的灵活网络来实现的。通过可实时应对的灵活的生产系统，能够实现生产过程的彻底优化。

（2）智能生产。智能生产是指采用智能机器和人类专家共同组成的人机一体化智能系统，在制造过程中能进行智能活动，诸如分析、推理、判断、构思和决策等。智能生产通过人与智能机器的合作共事，去扩大、延伸和部分取代人类专家在制造过程中的脑力劳动。

（3）智能物流。智能物流是利用集成智能化技术，使物流系统能模仿人的智能，具有思维、感知、学习、推理判断和自行解决物流中某些问题的能力。智能物流的未来发展将会体现出五个特点：智能化、一体化、层次化、柔性化与社会化。

为更好地实现工业 4.0，中国提出了“中国制造 2025”计划。2015 年 3 月 5 日，李克强总理在全国两会上作《政府工作报告》时首次提出“中国制造 2025”的宏大计划。“中国制造 2025”提出，坚持“创新驱动、质量为先、绿色发展、结构优化、人才为本”的基本方针，坚持“市场主导、政府引导，立足当前、着眼长远，整体推进、重点突破，自主发展、开放合作”的基本原则，通过“三步走”实现制造强国的战略目标：第一步，到 2025 年迈入制造强国行列；第二步，到 2035 年中国制造业整体达到世界制造强国阵营中等水平；第三步，到中华人民共和国成立一百年时，综合实力进入世界制造强国前列。

## 第 8 问 人工智能有哪些电力应用

人工智能（artificial intelligence，AI）是研究、开发用于模拟、延伸和扩展人的智能的理论、方法、技术及应用系统的一门新的技术科学。

人工智能是计算机科学的一个分支，它试图了解智能的实质，并生产出一种新的能以人类智能相似的方式做出反应的智能机器，该领域的研究包括机器人、语言识别、图像识别、自然语言处理和专家系统等。人工智能从诞生以来，理论和技术日益成熟，应用领域也不断扩大，可以设想，未来人工智能带来的科技产品，将会是人类智慧的“容器”。人工智能可以对人的意识、思维的信息过程的模拟。人工智能不是人的智能，但能像人那样思考、也可能超过人的智能。

人工智能是一门极富挑战性的科学，从事这项工作的人必须懂得计算机知识，心理学和哲学。人工智能是包括十分广泛的科学，它由不同的领域组成，如机器学习、计算机视觉等，总的说来，人工智能研究的一个主要目标是使机器能够胜任一些通常需要人类智能才能完成的复杂工作。

人工智能的发展为电网智能化提供了重要技术支撑。当今的 AI 技术，已经在人脸识别、语音识别、智能助理、自动驾驶、自然语言翻译、医学诊断和棋类竞赛等方面取得了极大的进步，深刻地影响着社会生产、生活的方方面面。在此背景下，2017 年 7 月，国务院印发《新一代人工智能发展规划》，将人工智能上升到了国家战略高度，描绘了中国人工智能发展的新蓝图。

AI 已成为一个多学科交叉技术领域，有其自身复杂的内在体系和广泛的应用场景。如图 1－2 所示从基础学科、基本理论、关键技术、分类应用的角度对目前 AI 的主要技术脉络进行了梳理。

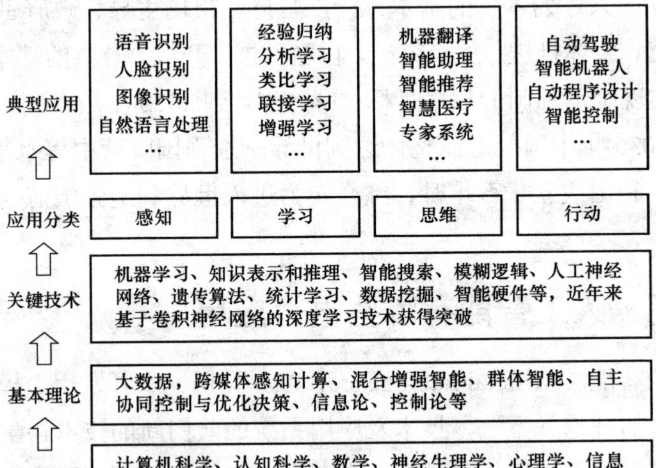


图 1－2　人工智能关键技术

电网的智能化核心需求在于用机器智能代替人工，获得高效、可靠、及时、低成本的优势。这些需求体现在各个环节，根据 AI 技术的适用条件判断，可以获得各类潜在应用场景。需求和应用场景都是发展的，对目前的一些典型需求和应用场景的主要梳理见表 1－1。

**表 1－1　　智能电网中的人工智能技术应用场景**

| 环节 | 需　求 | AI 应用场景 |
| --- | --- | --- |
| 发电 | 集约化发展、推动清洁能源和可再生能源开发、强化网厂协调 | 风光预测、设备故障诊断、水电站群发电优化调度等 |
| 输电 | 发展特高压直流电网、发展柔性交直流输电、提高输电线路可靠性、实现全生命周期科学管理 | 故障诊断、自动巡检、视频监控、继电保护等 |
| 变电 | 发展高可靠、智能、环保、集成、紧凑、减少占地面积的智能变电站 | 智能告警；变压器故障诊断、站内自动巡检；视频监控；智能控制等 |
| 配电 | 建成灵活高效的配电网络、实现智能化控制、提高供电可靠性和电能质量 | 设备故障诊断、隔离；规划和运维；视频监控；故障恢复控制；网络重构等 |
| 用电 | 推广应用智能电能表，构建以需求响应为代表的智能化双向互动体系 | 智能终端、负荷预测、自动需求响应、基于数据挖掘的电力营销、分时定价优化、个性化服务等 |
| 调度 | 优化特大电网的安全经济运行；提升大规模可再生能源消纳能力；支撑电力市场化改革；提升网络安全水平；融合最新的 IT 技术成果 | 数值天气预报、最优潮流计算、安全评估、智能告警、电力市场形式分析、智能驾驶舱、态势感知等 |

可以看到，AI 技术在智能电网各环节的规划、预测、辅助决策、智能控制、视频监控、巡检、故障诊断等应用方面普遍具有重要参考价值。这些问题中，一方面有些本身并不要求最优解（例如部分预测类、辅助决策类应用），或者目前尚未能很好地解决（例如部分故障诊断类、视频监控类应用）；另一方面这些应用已经长期积累了大量数据，为 AI 应用提供了大量训练样本。更重要的是 AI 技术为这些问题的解决提供了传统解析方法之外的新思路，既填补了部分空白，又可以相互验证。

随着 AI 技术的突破，很多技术成果亟待在智能电网建设中深入研究、改造和应用。例如，大数据平台和数据挖掘早已引起电力系统的普遍重视；机器视觉与智能电网各环节中普遍部署的视频监控系统的结合，对于智能电网视频信息和数据信息的对接和联动控制具有重要意义；深度学习类技术对于智能电网中态势感知、信息物理融合系统等的研究和应用具有重要的参考价值；认知计算、自主计算等自学习、自管理技术远期有望赋予电网更高级别的智能。

近年来，国家大力推进智能技术的研究和应用，南方电网广东佛山供电局也紧随上级部署，适时而动，向云计算、大数据、物联网、人工智能等智能技术发力、借力。负责佛山 110kV 及以上电压等级输电线路运维的“佛电空军”青年创客团队就是其中的典型代表。无人机巡线作业情况如图 1－3 所示。

图 1－3　无人机巡线作业

截至 2017 年，“佛电空军”累计完成 4800 架次的机巡作业，累计飞行时间 28 500min，飞行作业里程 5500km。大量机巡经验和由此累积的数据推动着“佛电空军”的发展，从以技术改造为主的 1.0 时代，跨入基于大数据、物联网、云计算等技术开发为主的“智造”2.0 时代。同年，“南方电网电力线路机巡作业示范基地”在佛山供电局挂牌，“佛电空军”团队在无人机领域规范化作业、精细化巡检、数据处理和应用等多方面继续发力。经过近 3 年的探索，“佛电空军”团队在地形地貌建模、辨识输电设备空间位置和无人机自主飞行定位三方面取得了厘米级误差的突破，在全国率先实现了无人机自主飞行精细化巡检，输电线路机巡实现了质的飞跃。

图 1－4　南网变电站机器人在云浮 500kV 卧龙站巡检

2018 年 5 月，南方电网广东电力科学研究院自主研发的变电站巡检机器人通过型式试验，进入量产阶段，同时，南方电网广东电网公司在 220kV 变电站全面推广使用巡检机器人，如图 1－4 所示为在云浮 500kV 卧龙站执行巡检任务的变电站机器人。“南网智造”立足粤港澳大湾区，通过自主研发大力提升了国有企业的科技创新能力。

研发团队采用了 3D 激光导航技术，使机器人具备了主动绕开障碍物等功能，应对环境变化的实际交互更加智能。同时，开发了任务动态规划程序，使机器人更“聪明”，可以根据巡检任务的优先级进行线路的合理规划，避免了道路重复走、巡检效率低的问题。此外，还可以根据实际需求配置可见光、红外、紫外、局放、噪声、振动等多种检测手段，让机器人与设备不需要“翻译”就能顺利“对话”，准确测得主变压器振动、温湿度等数据，并实现了机器人对室外局部放电的精准检测。巡检机器人每个月都在升级优化，电缆隧道巡检机器人、10kV 配电网带电作业机械臂的研究工作也正在开展，未来的电网智能机器人将向着数据集约化、操作多样化的方向发展。

## 第 9 问 可再生能源的种类和利用方式有哪些

可再生能源是指在自然界中可以不断再生、永续利用、取之不尽、用之不竭的资源，它对环境无害或危害极小，而且资源分布广泛。可再生能源主要包括水能、生物质能、风能、太阳能、地热能和海洋能等。近年来，受石油价格上涨和全球气候变化的影响，可再生能源开发利用日益受到国际社会的重视，许多国家提出了明确的发展目标，制定了支持可再生能源发展的法规和政策，使可再生能源技术水平不断提高，产业规模逐渐扩大，成为促进能源多样化和实现可持续发展的重要能源。

2010 年 2 月上旬，美国可再生能源工业发布的研究信息表明，美国设定的可再生电力使用标准为 2014 年达 12%和 2020 年达 20%。日本在 2011 年福岛核电泄漏危机后，调高了可再生能源在整个能源发展中的比例，提出到 2030 年总电力供应的 20%将来自可再生能源。2007 年初，欧盟提出了新的发展目标，要求到 2020 年，可再生能源消费占到全部能源消费的 20%，可再生能源发电量占到全部发电量的 30%。按照欧盟的发展目标，欧盟各国均调整了原有的规划目标。其中，2011 年，德国提出《能源转型计划》，逐步全面放弃核电，到 2020 年实现可再生能源消费量达到 35%，2030 年到 50%，2050 年则超过 80%。英国 2009 年公布了《可再生能源战略》，确定到 2020 年可再生能源占比将从目前的5.5%提高至30%以上。2011年7月丹麦政府公布了《2020能源战略》，提出到2020年可再生能源使用量将达到33%，到2050年完全摆脱化石燃料。中国于2014年11月发布《能源战略发展行动计划（2014—2020年）》，着力优化能源结构，把发展清洁低碳能源作为调整能源结构的主攻方向，到2020年，非化石能源占一次能源消费比重达到15%，天然气比重达到10%以上，煤炭消费比重控制在62%以内。

水力发电是目前最成熟的可再生能源发电技术，在世界各地得到广泛应用。目前，经济发达国家水能资源已基本开发完毕，水电建设主要集中在发展中国家。

现代生物质能的发展方向是高效清洁利用，将生物质转换为优质能源，包括电力、燃气、液体燃料和固体成型燃料等。生物质发电包括农林生物质发电、垃圾发电和沼气发电等，其中沼气已是成熟的生物质能利用技术，在欧洲、中国和印度等地已建设了大量沼气工程和分散的户用沼气池。

风电包括离网运行的小型风力发电机组和大型并网风力发电机组，技术已基本成熟。近年来，并网风电机组的单机容量不断增大，风电场建设已从陆地向海上发展。随着风电的技术进步和应用规模的扩大，风电成本持续下降，经济性与常规能源已十分接近。

太阳能利用包括太阳能光伏发电、太阳能热发电，以及太阳能热水器和太阳房等热利用方式。光伏发电最初作为独立的分散电源使用，近年来并网光伏发电的发展速度加快，市场容量已超过独立使用的分散光伏电源；太阳能热发电已经历了较长时间的试验运行，基本上可达到商业运行要求。太阳能热利用技术成熟，经济性好，可大规模应用。

地热能利用包括发电和热利用两种方式，技术均比较成熟。地热能利用包括地热水的直接利用和地源热泵供热、制冷，在发达国家已得到广泛应用，近5年来全世界地热能利用年均增长约13%。

潮汐发电、波浪发电和洋流发电等海洋能的开发利用也取得了较大进展，初步形成规模的主要是潮汐发电，全世界潮汐发电总装机容量约30万kW。

近年来，风能、太阳能和生物质能等可再生能源的高效利用也取得了明显进展，为调整能源结构、保护环境、促进经济和社会发展做出了重大贡献。可再生能源的规模化利用已成为智能电网建设的重要动因之一。

## 第10问 智能发电都包括哪些内容

智能发电的发展目标是通过在常规能源、清洁能源及储能应用方面加强研究并应用各种新技术，促进电源结构优化，促进新能源发电集中并网，适应清洁能源规模化发展的需要。

世界各国很重视新能源发电。在欧洲，新能源的利用被列入电力法规，并且鼓励电力用户利用新能源；德国计划30年后用风力发电取代核电，风力发电在德国供电系统中的比重将占到25%；美国拥有世界上最大的盖塞斯地热发电站，装机容量达2080MW；菲律宾的地热发电装机容量也高达1050MW，占该国电力装机总容量的15%。随着我国电力工业的发展和科学技术水平的进步，新能源发电得到国家政策的鼓励和支持，《中华人民共和国电力法》明确规定，国家鼓励和支持利用可再生能源和清洁能源发电。电源形式向多元化方向发展，火电、水电、核电等常规电源得到了很大的发展，风力发电、太阳能发电等可再生能源逐渐成为重要的电源形式。2015年，国家电网公司完成单机200MW及以上火电和核电机组、单机100MW及以上水电机组的网厂协调工作，建成新能源功率预测及运行控制系统，满足1亿kW风电和3500万kW太阳能发电接入的需要。

在新能源发电中，发电、储能、并网这三个过程对电网的安全稳定运行有较大的影响。新能源发电主要环节如图1－5所示。

（1）风力发电和太阳能发电是新能源发电中技术最成熟、最具规模化开发和商业化利用的形式，是目前世界各国新能源开发的重点，其主要特点是：可再生、分布广、低污染；单机容量小、能量密度低；间歇性、周期性、随机性和波动性；新能源发电监控装置采用了大量的电力电子技术。

（2）电能的储能方式可分为机械储能、电磁储能、电化学储能和相变储能等，目前适合推广应用的储能技术主要是抽水蓄能、压缩空气储能和电化学储能。抽水蓄能技术应用较早，相对比较成熟，而其他储能技术还处于试验示范阶段甚至初期研究阶段。其中钠硫电池、液流电池、锂离子电池等新型电化学

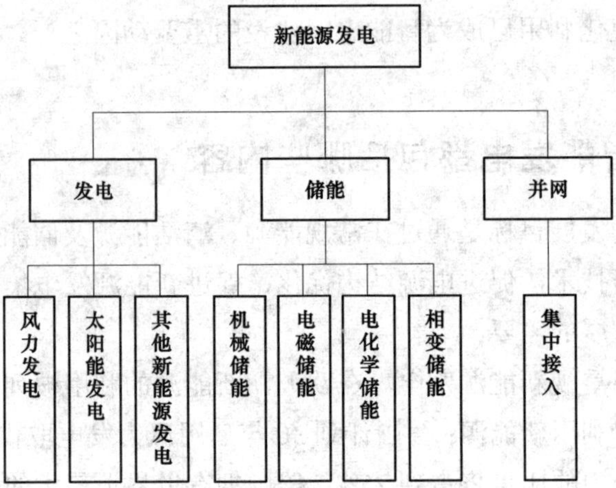


图 1－5　新能源发电主要环节

储能技术进展较快，随着新能源发电的发展，电化学储能应具有巨大的市场空间和广阔的应用前景。

（3）新能源并网要充分考虑风能、太阳能等新能源发电具有的间歇性、波动性特点，通过接入的协调配合，保证电网安全稳定运行。一是要求电网不断提高自身的适应性和安全稳定控制能力；二是为降低并网带来的安全稳定风险，要求新能源发电满足严格的安全并网条件，通过解决新能源发电标准化接入、间歇式发电精确预测以及运行安全控制等问题，以实现新能源大规模利用。

无论从世界还是中国来看，一次化石类能源都是有限的，中国一次化石类能源储量大约只有世界总储量的 10%。随着人们对环境问题的日益关注以及政府出台的相关政策的颁布，新能源的利用必然会越来越广，新能源发电也将逐渐代替传统化石类能源发电。从长远来看，新能源将是未来的主要能源来源，新能源利用也是智能电网建设的重要驱动力之一。

## 第 11 问　智能输电如何保障电网安全经济运行

智能输电是指利用特高压、柔性输电、超导输电以及直流输电等前沿技术，完成远距离、大容量、低损耗、高效率的电能输送。

输电线路是电力输送的物理通道，同时也是电力通信的载体，它具有地域分布广泛，运行条件复杂，易受自然环境影响和外力破坏，巡线维护工作量大等特点。坚强的输电线路是电网安全运行和通信保障的基础，是坚强智能电网的基本保证和重要组成部分。坚强智能电网输电环节的主要特征是：勘测数字化、设计可视化、移交电子化、运行状态化、信息标准化、应用网络化。

智能输电的发展目标是，以特高压电网为骨干网架、各级电网协调发展的坚强电网为基础，广泛采用柔性交/直流输电技术，提高线路输送能力，通过关键技术和设备的研发，达到国际领先水平；推动输电线路状态检修和全寿命周期管理，建设输电设备状态监测系统，在重要输电线路和巡检环境复杂的地区实现智能巡检，实现对特高压线路、重要输电走廊、线路大跨越、灾害多发区的环境和运行状态的集中监测和灾害预警。

智能输电主要涉及柔性交/直流输电技术、输变电设备状态监测与运行维护管理、输电线路智能化巡检、输电线路运行维护管理集约化等技术领域。

2015 年，国家电网公司建成总部、分部、27 个省级公司的输变电设备状态监测系统，实现输电线路状态监测 18 万 km；建立直升机、无人机、机器人等输电线路智能巡检体系，实现输电线路的直升机巡检 15 万 km。智能输电能够使输电环节大大减少电能的损耗，提高了输送效率；当出现自然灾害或外力破坏时，能够及时预警，降低故障隐患。同时，我国电力需求分布的不均衡性将达到有效抑制，西部的大量电能可以高效地输送给东部。由此可见，智能输电技术是保证智能电网安全可靠运行的重要手段。

## 第 12 问 智能变电包含哪些内容

智能变电是指以先进的信息化、自动化和分析技术为基础，灵活、高效、可靠地完成对输电网的测量、控制、调节、保护、安稳等功能，提高电网安全性、可靠性、灵活性和资源优化配置水平。智能变电的主要内容包括新建智能变电站、变电站智能化改造、变电站在线监控、变电站运行维护集约化等。

我国在变电站自动化领域已居国际先进水平，具有自主知识产权的变电站自动化系统和设备完全实现了国产化。新建站均配备了变电站综合自动化系统，大部分老站通过技改进行了变电站综合自动化改造，截至2015年底，国家电网公司共建设约2800座智能变电站。“十三五”期间，国家电网公司还将继续推进智能电网和智能变电站建设，预计会再建8000多座智能变电站，设备状态监测覆盖面逐步增大，可靠性水平和检修效率显著提高，初步构建资产全寿命周期管理体系。

智能变电的发展目标是，实现电网变电环节运行数据的全面采集，支撑电网实时控制、智能调节和各类高级应用，实现变电设备信息和运行维护策略与电力调度全面互动，实现变电站全站信息数字化、通信平台网络化、信息共享标准化和高级应用互动化。

智能变电涉及的技术领域主要有变电站信息采集技术、智能传感技术、实时监测技术、状态诊断技术、自适应/自优化保护技术、广域保护技术、协调控制技术和站内智能一次设备技术等。

实施智能变电实现后，变电站内部通信以及控制线缆都将采用光纤，以提高数据的可靠性和传送效率，从而使变电站的各种远程操作几乎没有延时。另外，智能变电技术还将有效防止误动和拒动现象。变电站的内部及周围环境将被实时监控，如有异常状况能够及时告警；当变电设备运行异常时，除了自动告警外，还会进行自动修复或及时切换至备用设备。

## 第13问　智能配电怎样实现配电网的智能化水平

智能配电是指以灵活、可靠、高效的配电网网架结构和高可靠性、高安全性的通信网络为基础，支持灵活自适应的故障处理和自愈，利用现代计算机与通信、高级传感和测控等技术，满足高渗透率的分布式电源和储能元件接入的要求，满足用户提高电能质量的要求。

我国已在建设网架坚强、可靠运行的配电网方面开展了大量的工作，并在基于配网自动化的智能配电网建设方面进行了有益的尝试。

经过近十年的发展，我国的配电自动化和配电管理系统技术取得了长足的进步，配电自动化系统得到了初步应用。部分城市配电管理系统的建设已经涵盖了地理信息系统（GIS）、生产管理系统（PMS）、故障管理（OMS）、工作管理（WMS）并实现与配电监控系统（DSCADA）、客户管理系统（CMS）、企业资源规划系统（ERP）的接口，初步建成了配电生产业务高效处理的公共支撑平台。2012 年，配电自动化试点工程完成了第二批天津、青岛、武汉、大连、西安等 19 个城市核心区的配电自动化建设和改造任务，第二批试点工程在第一批试点工程建设的基础上，重点拓展分布式电源接入技术支持，完善配电网高级应用及调控一体化技术支持平台建设，实现配电网调度运行控制的一体化管理。2013 年，国家电网公司共完成了三批共 30 个城市（第一批 4 个、第二批 19 个、第三批 7 个）的配电自动化试点建设，全部通过了实用化验收或工程验收。截至 2014 年 4 月底，国家电网公司投运的配电自动化工程项目已达 57 个，涉及 10kV 网架结构的达到 14 796 条，占城市供电线路的 31.3%。2015 年，国家电网公司实现了 A+类供电区域户均停电时间小于 15min，达到世界先进水平，率先建成现代配电网；A、B、C、D 类供电区域分别小于 1.5、4、9、15h。

智能配电的发展目标是，充分利用现代管理理念，采用先进的计算机技术、电力电子技术、数字系统控制技术、灵活高效的通信技术和传感器技术，实现配电网“能量流、信息流、业务流”的高度融合，构建具备集成、互动、自愈、兼容、优化等特征的智能配电系统，使配电网可靠性、运行效率、供电质量和主要技术装备达到国际领先水平。

智能配电涉及的技术领域主要有：

（1）配电网规划。配电网规划研究基于不同目标需求的配电网优化规划方法，这些需求包括供电可靠性需求、分布式电源接入、考虑多目标性和不确定性的需求；研究满足自愈性要求的配电网网络结构、开关设备优化配置原则；研究满足在线规划、多约束条件优化的配电网规划计算机辅助决策支持系统等技术。

（2）配电设备智能化。配电设备智能化研究一次开关设备与二次监控单元集成技术、配电设备状态监测与优化检修技术；研究环保智能化柱上断路器、少维护金属封闭开关装置、集成智能变电站、智能配电终端、配电网保护测控一体化装置、高效节能配电变压器、复合电能质量控制装置等设备。

（3）配电自动化。配电自动化研究通过配电自动化系统实现网全面监测、灵活控制、优化运行以及运行维护管理集约化等功能，满足大幅度提升配电网整体可靠性和运行效率的目标需求；研究配电自动化与其他系统（PMS、GIS、95 598 等）的互联，扩展故障应急处置等应用功能；研究配电网自愈、经济调度、优化运行、负荷预测、状态估计等高级应用。

（4）分布式发电/储能与微电网的接入与协调控制。分布式发电/储能与微电网的接入与协调控制研究含分布式电源、微电网的配电网规划、调度、运行监视、继电保护和电能质量治理等技术；研究微电网大功率并网和换流标准化装置；研究虚拟电厂技术和基于该技术的分布式供电管理系统。

从坚强智能电网配电环节的技术发展趋势来看，未来电网在一定程度上将以能源互联网的形式存在，是集中能源（包括核电、水电、火电、燃气发电和大型风电场等）与分布式能源（包括分布式发电和储能系统等）和谐并存，发、输、变、配、用更加协调互动的坚强智能型电网。未来的智能配电网自愈能力将进一步增强，配电网安全性将进一步提高，抵御外力和自然灾害的能力也进一步提升，配电网的电能质量将更加优质，而且支持分布式电源的大量接入，配电设备的运行状态也会得到实时监控，设备资产的利用率会大大提高，这些智能配电网的美好前景将很快得到实现。

## 第 14 问　智能用电如何支持用户便捷用电

智能用电是在低碳经济发展及坚强智能电网建设背景下提出的，旨在通过对电力的智能化掌控和支配，以及通信技术支持下的电力信息的终端交互功能，实现电力的优化配置、节能环保，使人们的生活变得更加轻松与便捷。智能用电是构建坚强智能电网的重要支柱和六大环节之一，是实现坚强智能电网各项功能的基础核物理载体，是建设坚强智能电网的着力点和落脚点。智能用电将供电端到客户端的所有设备通过传感器连接，形成缜密完整的用电和信息交互网络，并对其中信息加以整合分析，指导用户或直接进行用电方式调整，实现电力资源的最佳配置，达到降低客户用电成本、提高供电可靠性和用电效率的目的。

智能用电技术涵盖了高速实时通信、智能电能表、智能采集、双向交互和需求响应等多方面技术，是计算机应用技术、现代通信技术、高级量测技术、控制理论和图形可视化等学科交叉的技术集群。

智能用电的发展目标是，建设和完善智能双向互动服务平台和相关技术支持系统，实现电网与客户间“能量流、信息流、业务流”的双向互动，构建智能用电服务体系。通过智能双向互动服务平台，充分利用电网公司的网架、信道、技术和客户的优势资源，在提供基础供电服务的基础上，为客户提供多样化、个性化的增值服务，进一步提升电网公司的科技创新、营销管理和客户服务能力。

智能用电将推动智能小区、智能城市的发展，提升人们的生活品质，让生活更便捷、让生活更低碳、让生活更经济。智能小区是采用光纤复合电缆或电力线载波等先进通信技术，构造覆盖小区的通信网络，为居民提供优质便捷的双向互动服务并支持“三网融合”服务，同时可以为小区提供智能用电、智能家居、社区及公共服务等功能。根据我国电网特点与居民用电的实际情况，自主开发满足家庭智能用电服务的相关设备，不仅对规范智能用电服务、促进用户侧智能电网建设具有重要意义，同时能带来良好的社会效益与经济效益：从社会效益考虑，家庭智能用电服务设备面向用户提供信息化服务，这些设备的应用与推广将带来良好的社会效益；智能用电小区设备的应用，提高政府对居民的管理效率；智能用电小区设备组成的系统，提高整个电网的可靠性、可用性和综合效率；从经济效益考虑，智能用电不仅为国家节约对电力的投资，也为用户节省电费，同时拉动内需，带来社会经济效益。

目前，国内外陆续开展了智能用电服务的研究和实践，并取得了阶段性成效。用户侧的互动化是美国智能电网建设的主要构成部分，2013 年 6 月，美国第一个大规模智能电网在佛罗里达投入运行。该项目是智能用电的示范应用工程，系统使用 450 万只智能电能表及 1 万多个其他仪器设备，使客户可以获得电价信息，自动调整用电时间，并可优先使用风电和太阳能等清洁能源。法国电力集团于 2013 年开展实施“里昂智能用电社区”项目，该项目主要目的让电力用户成为构建能源解决方案的主角，通过法电集团等协作方为参与互动的用户开发的多种设备，使用户进行能源消耗管理，获得创新型服务。近年来，中国智能用电产业发展迅猛，2014 年，广西电网公司牵头开展了国家 863 计划课题“灵活互动的智能用电关键技术与成套装置及应用”成果投入应用。该项目研究攻克了智能用电双向互动的核心技术，构建了友好互动的信息与电能交换平台，在广西壮族自治区南宁市实现对超过 3000 户居民用户的、精确到用电设备的入户用电信息采集，为提升供电服务质量提供了可靠的数据依据。

截至 2018 年，国家电网有限公司累计安装智能电能表 4.7 亿只，“多表合一”信息采集新建成 9 个示范区，“网上国网”试点运行，线上缴费率超过 50%。累计建成专用充电桩 1.5 万个，形成“十纵十横两环”高速公路电动汽车快充网络；智慧车联网累计接入充电桩 28 万个，占全国公共桩的 88.9%，成为国内覆盖面最广、接入数量最多的开放的电动汽车智能充换电服务平台。

## 第 15 问　智能调度有哪些内容

智能调度是建设坚强智能电网的关键内容之一，是保障智能电网运行和发展的重要手段。智能调度具有支持系统体系结构、统一建模、电网实时监控与预警、调度预警与决策支持、节能发电调度以及安全防御等功能。智能调度综合运用各种先进科技和智能化手段，面向调度全维度业务和调度生产全过程，实现量测、建模、分析、决策、控制、计划和管理全方位智能化，形成安全防御、经济优化、高效管理三位一体的全景分布式一体化的电网调度体系。

智能调度体系的特征是：敏锐的全景化前瞻预警、优化的自适应自动调整、多维的全局协调控制、统筹的精细化调度计划、规范的流程化管理、高效的网络化信息通信。智能调度的发展目标是，适应坚强智能电网调度建设和电网运行要求，以服务特高压大电网安全运行为目标，构建电网安全生产防护体系，实现传输网络化、监视全景化、安全评估动态化、调度决策精细化、运行控制自动化、网厂协调最优化，研发一体化智能电网调度技术支持系统，形成一体化智能调度体系。

与传统电网调度相比，智能调度在电网可控性、安全性、灵活性、能源资源配置能力等方面将有较大提升，在基础体系、技术装备体系、运行控制体系和管理体系方面将得到进一步完善。

智能调度涉及的主要技术领域包括：电网智能分析、预警及决策支持技术；多级一体化安全校核技术；电网运行监视全景化与可视化技术；电网广域测量与调度专用网络技术；节能发电调度技术；在线安全稳定分析评估与辅助决策技术；网厂协调技术。

目前，国外的EPRI、ABB、PJM等机构正在开展相关研究。2008年，PJM制定了智能电网调度控制中心发展路线，主要针对调度和电力市场业务建设，包括先进控制中心（ACC）、面向服务体系架构（SOA）、基于CIM信息集成、智能可视化等内容。PJM认为：广域测量技术是保证大电网安全的重要手段，也是实现智能输电网的基础。"先进控制中心–2代"（AC2）工程是PJM在ACC的基础上开发的一种新的智能电网调度控制系统，它集成了资产和资源，具有同步、模块化、可扩展化等特点，保证了业务的连贯性和可后续操作，大大地提升了系统的安全性能。美国EPRI提出的智能输电网主要包括智能控制中心、变电站及一次输电网，该输电网的智能控制中心基于地理信息系统（GIS），实现可视化、交互能力加强的优势，可以进行实时分析评估。

我国在数字电网关键技术、电网调度自动化技术、电力系统在线稳定分析、电网控制技术、电网可视化和数据整合、电力调度数据网络、监控系统的标准化建设等方面开展了大量的研究和应用工作，并在许多领域取得了重大进展，为电网的安全稳定运行提供了坚实的技术支撑。国家电力调度控制中心研究开发的智能电网调度技术支持系统由基础平台、实时监控与预警、调度计划、安全校核和调度管理四类应用组成，可为整个调度中心提供一个完整的应用体系框架，支撑调度机构的各类业务应用，实现了调度业务的"横向集成、纵向贯通"，为多级调度提供了广域共享和全景监视的技术手段。2016年，在国家电力调度中心和6个区域分中心、27个省级调度中心、312个地市调度中心全部应用自主研发的智能电网调控支持系统；构建大电网安全综合防御体系，整合发电机、抽水蓄能电站、调相机、交流线路、直流系统、静态无功补偿、可中断负荷、新型储能设备等多种控制资源，实现对电网多频段、高精度全景状态感知，多场景、全过程实时智能决策，有序、分层大电网协同控制；全面打造了“可管可控、精准防护、可视可信、智能防御”的信息安全智能防护体系，实现电网内外部信息的物理隔离，防范因黑客攻击、病毒入侵等造成的电网停电，确保电网和客户的信息安全。

智能调度体系的建设将极大提高电网安全性，预防电网事故，提高决策水平，保障电力供应，缩小事故停电范围和停电时间，促进经济发展，利于社会稳定；实现节能环保经济的优化调度，降低电网运行中的损耗，减少能源消耗，实现大范围资源优化配置，为建设资源节约型、环境友好型社会做出重大贡献。

## 第16问　通信信息平台的支撑作用是什么

通信信息平台是指将先进的通信技术、信息技术、传感量测技术、自动控制技术与电网技术紧密结合，利用先进的智能设备，构建实时、智能、高速宽带的信息通信系统。

通信信息平台的发展目标是，以智能电网的发展需求为导向，全面满足电力生产六大环节对通信的需求，提高骨干网的承载能力，加快发展中低压接入网，构建用户侧的传感网；深化智能电网各环节的数据采集、传输、存储和利用，实现采集数字化、生产过程自动化、业务互动化、管理信息化、决策科学化；增强对通信资源和信息资源的优化配置能力和一体化管控能力，建设满足坚强智能电网需求的信息通信平台。

通信信息平台的建设涉及的主要关键技术领域包括：传输网、配用电接入网、业务网、通信支撑网、一体化信息平台、智能业务应用、通信与信息安全保障。

通信信息平台的建设将有效支撑坚强智能电网的建设，加快电力通信网的建设和发展，扩大公共通信网的应用，保障智能电网各环节间的信息流和业务流的传输，有利于智能电网能源信息的互动和融合；同时促进建立健全适应于智能电网一体化管理的业务流程和标准，建立完善的横向协同、运转高效的企业管理和信息化工作机制，为推进智能电网信息化工作奠定基础。“十三五”通信网规划的总体目标是：加快网络覆盖、带宽提升和网架优化，推进新技术研究与业务创新，提高业务承载和支撑保障能力，建成宽带化、泛在化、一体化、集中化的“四化”电力通信网，全面覆盖公司各级用户和各类电网智能终端，保障电网安全稳定运行、支撑企业高效运营、服务产业融合创新，打造“宽带国网”。截至 2017 年，已全面实现骨干网光纤化，实现 35kV 及以上变电站自有光纤 100%覆盖；实现县公司、供电所光纤全覆盖（自有光纤覆盖 98%）；建成省际、省级 OTN 与 SDH 双平面，地市骨干传输 SDH 单平面的整体传输网络架构；实现综合数据一体化网络整合，完成综合数据网骨干网、接入网两级扁平化网络架构改造。

根据“十三五”通信网规划报告，至 2020 年，实现省际跨区光缆路由“$N-2$”容灾目标；实现 A+、A 类供电区域 100/66/35kV 变电站光纤双路由；实现各级单位、各级变电站、供电所的综合数据网 100%覆盖；带宽实现万兆到省地、千兆到县、百兆到乡（供电所）和站（变电站），建成电力通信的“高速公路”。

## 第 17 问　区块链在智能电网有哪些应用

区块链是分布式数据存储、点对点传输、共识机制、加密算法等计算机技术的新型应用模式。狭义来讲，区块链是一种按照时间顺序将数据区块以顺序相连的方式组合成的一种链式数据结构，也是以密码学方式保证的不可篡改和不可伪造的分布式账本；广义来讲，区块链技术是利用块链式数据结构来验证与存储数据、利用分布式节点共识算法来生成和更新数据、利用密码学的方式保证数据传输和访问的安全、利用由自动化脚本代码组成的智能合约来编程和操作数据的一种全新的分布式基础架构与计算方式。

2008 年，中本聪第一次提出了区块链的概念。随后的几年中，区块链成为电子货币比特币的核心组成部分：所有交易的公共账簿。通过利用点对点网络和分布式时间戳服务器，区块链数据库能够进行自主管理。为比特币而发明的区块链使它成为第一个解决重复消费问题的数字货币。比特币的设计已经成为其他应用程序的灵感来源。1991 年，由 Stuart Haber 和 W.Scott Stornetta 第一次提出关于区块的加密保护链产品，随后分别由 Ross J.Anderson 与 Bruce Schneier 和 John Kelsey 分别在 1996 年和 1998 年发表。与此同时，Nick Szabo 在 1998 年进行了电子货币分散化的机制研究，称此为比特金。2000 年，Stefan Konst 发表了加密保护链的统一理论，并提出了一整套实施方案。在 2014 年 8 月，比特币的区块链文件大小达到了 20GB。2016 年 7 月，IBM 在新加坡开设了区块链创新研究中心。2016 年 12 月，中国 FinTech 数字货币联盟及 FinTech 研究院正式筹建。作为 2017 年最热的词汇之一，区块链在能源行业尤其是新能源电力行业的应用已有若干案例。高盛发布的《区块链：从理论走向实践》研究报告指出，美国正在使用区块链重新构筑分布式智能电网。高盛预测，在 2 年内将见到区块链在不同领域的早期技术原型，2～5 年后见到有限度的市场应用，5～10 年内会有更大范围的市场接受度。在纽约的布鲁克林，一家名为 TransActive Grid 的创业企业已经建立了一个基于区块链技术的 P2P 能源销售网络，安装了屋顶太阳能的家庭可以向同一条街上没有安装屋顶太阳能的邻居出售其生产的电力。

一般说来，区块链系统由数据层、网络层、共识层、激励层、合约层和应用层组成，如图 1–6 所示。其中，数据层封装了底层数据区块以及相关的数据加密和时间戳等基础数据和基本算法；网络层则包括分布式组网机制、数据传播机制和数据验证机制等；共识层主要封装网络节点的各类共识算法；激励层将经济因素集成到区块链技术体系中来，主要包括经济激励的发行机制和分配机制等；合约层主要封装各类脚本代码、算法机制和智能合约，是区块链可编程特性的基础；应用层则封装了区块链的各种应用场景和案例。该模型中，基于时间戳的链式区块结构、分布式节点的共识机制、基于共识算力的经济激励和灵活可编程的智能合约是区块链技术最具代表性的创新点。

区块链在美国智能电网领域的进一步发展面临着诸多挑战：

（1）监管政策：许多州的法律禁止公用事业公司以外的实体销售电力。要想让区块链赋能分布式电力用户互相直接交易电力，监管政策必须随之改进。

（2）技术问题：需要为目前全美一半以上的电网部署智能电网设施，这是装备和电能表使用区块链进行交易的先决条件。

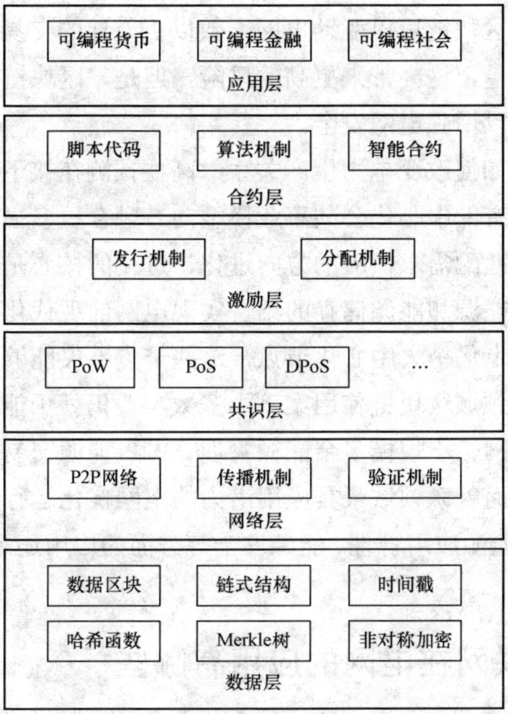


图 1-6　区块链基础架构模型

（3）物理限制：区块链可以赋能安全的交易流程，但仍必须从电网的一个节点传输电力到另一个节点，而电网仍是由公用事业公司/输电调度员管理维护的。

（4）成本问题：中心化电力生产的拥趸认为，相较于分布式电力资源，大型电站的规模经济会带来更低的成本开支。虽然这在今天是成立的，但正像是诸如太阳能和电池储存技术领域的科技发展路线图所揭示的那样，未来分布式能源的成本是会减少的。此外，不再需要输配电设施投资带来的成本减少也会促进中心化生产向分布式生产转型。

（5）用户行为：虽然区块链理论上能让交易无缝化、自动化，电力消费者通常都不是电力生产者，更不是产生收入的人。这将意味着消费者的思维需要一次剧烈的改变：在一个更加复杂分布式的电网中，买家和供应者之间的市场动态并非透明可见，那么应正确看待电力使用和消费。

（6）安全性：区块链可以驱动电网上数以百万计的交易。鉴于电网上所涉及的节点的绝对数量，这会带来更高的风险，但是，区块链更强的安全性和登记参与者的能力可以增强电网安全。

对于区块链将如何改变电力生产关系，高盛预测在接下来的数十年中，美国电网公司会从现有的中心化公共事业模型向着融合更多去中心化资源、实时报价系统和更紧密匹配需求供应的方向进化，进化的核心是通过智能电能表、智能装备、可再生能源和能源储存的结合实现电网的现代化，在这个过程中将会产生数千万甚至上亿个去中心化节点，这些节点不仅能够收发数据，也能执行 P2P 交易。能源领域区块链使用案例中多数实践仍处于能源价值链的早期阶段，主要是在微电网、小规模多余能源管理、P2P 能源交易领域、电动汽车充电及支付等方面。而能源领域最具应用潜力的电网优化运行、能源交易代理、能源互动与转换、能源应用管理、能源安全等方面的应用还未看到实质性进展。

## 第 18 问　物联网在电网的应用有哪些

物联网即“物物相连的互联网”（the internet of things，IOT），它是通过无线射频识别（RFID）装置、红外感应器、全球定位系统、激光扫描器等信息传感设备，按照约定的协议，将任何物品与互联网相连接，进行信息交换和通信，以实现智能化识别、定位、跟踪、监控和管理的一种网络。

物联网概念起源于比尔·盖茨 1995 年出版的《未来之路》一书，只是当时受限于无线网络、硬件及传感设备的发展状况，这个概念并未引起重视。随着技术的不断进步，国际电信联盟于 2005 年正式提出物联网概念。在贝拉克·奥巴马对 IBM 提出的“智慧地球”做出积极响应后，物联网再次引起广泛关注。2015 年美国宣布投入 1.6 亿美元推动智慧城市计划，将物联网应用试验平台的建设作为首要任务。美国能源部组建“智能制造创新机构”，投入多达 7000 万美元推动先进传感器、控制器、平台和制造建模技术的研发。欧盟在 2015 年成立了横跨欧盟及产业界的物联网创新联盟（AIOTI），并投入 5000 万欧元，通过咨询委员会和推进委员会统领新的“四横七纵”体系架构，推进欧盟物联网整体跨越式创新发展。2015 年起，韩国未来科学创造部和产业通商资源部将投资 370 亿韩元用于物联网核心技术以及 MEMS 传感器芯片、宽带传感设备的研发。日本大力推进农业物联网，计划十年内普及农用机器人，预计 2020 年市场规模将达到 50 亿日元。近年来物联网在电力系统中有许多应用，基于物联网的多功能手持局放测试设备综合采用特高频、高频、超声波和地电波局放综合测试技术，对多种高压设备局部放电进行检测与分析。局放检测仪器配备有 RFID 标签扫描功能，能够通过被测高压设备的 RFID 标签，自动将设备信息（如管理班组、变电站名称、设备名称等）导入测试主机，并自动生成测试文件夹，所有测试数据自动保存到该文件夹下，并配备有数据管理软件，软件能够对测试数据进行存储、管理及分析。2015 年，基于物联网技术的电能计量器具运维管理及全寿命周期管理示范应用在福州、厦门试点开展计量运维移动作业。该项目研制基于物联网和人工智能技术的可扩展式电能表智能周转柜，与营销业务应用系统流程无缝对接，实现零散备表及抢修用表的刚性管控。智能周转柜技术规范已成为国家电网公司企业标准，并在山西、新疆、重庆等网省累计推广 1000 多台。2017 年，国网宁夏电力有限公司成功研制出基于物联网的在线监测传感器，解决了传统在线监测装置监测范围小、种类少、布线复杂等问题，满足了特高压大型换流站（变电站）智能监控的需求。2018 年，江苏扬州市“智慧能源”项目中利用物联网监测全市 3000 万 t 标准煤以上的重点耗能企业的能耗。监测的内容包括企业的用电量、用气（天然气）量、蒸汽消耗以及燃煤的使用量。

物联网一般分为三个层次：感知层、网络层和应用层。感知层用来感知数据，包括数据接入到网关之前的传感器网络；网络层具有数据传输、信息存储、网络管理等功能；应用层用来分析处理感知数据，为用户提供特定服务。

一个通用的物联网组网模型如图 1－7 所示，各种感知与通信技术如传感器、条形码、二维码、智能卡等，通过网关设备接到高速数据网络，之后再接入互联网，实现人类社会与物理系统的整合，从而达到对物品进行跟踪、监控等智能化管理的目的。

物联网具有以下三个特点：

（1）实时采集。例如，在公路两侧的电力杆上设置信息采集点，当汽车经过时，采集器将自动读取汽车和驾驶员的信息，并及时传送到交通路况系统。

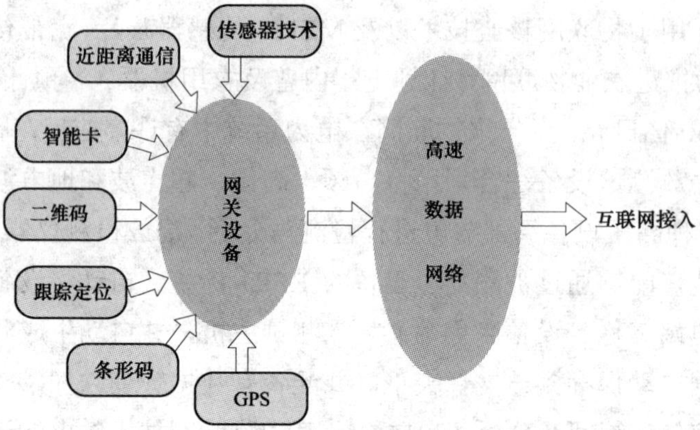


图1-7　物联网的通用组网模型

（2）智能处理。例如，在汽车和车钥匙上植入微型感应器，当醉酒司机拿出钥匙试图发动汽车时，车钥匙上的酒精传感器将司机的酒精检测信息发送给汽车的智能处理分析系统，通过智能化的比对和分析后，发出汽车启动锁定指令，从而达到制止酒后驾车行为的目的。

（3）可靠传送。通过各种电信网络与互联网的融合，将物体信息实时准确地传递出去。

物联网在日常生活中用途广泛，遍及交通运输、环境保护、公共安全、平安家居、智能消防、老人护理、个人健康、花卉栽培、食品溯源等多个领域。物联网在各行各业中有更加广泛的应用，人们把传感器嵌入到电网、铁路、桥梁、隧道、公路、建筑、供水、大坝和油气管道等各种系统中，能够实现对人员、资产、设备和业务流程的有效管理和实时监控，以提高资源利用率、生产力水平和服务质量。

## 第19问　传感网特征是什么

传感网是指随机分布的集成了传感器、数据处理单元和通信单元的微小节点，通过自组织的方式构成的无线网络。传感网可以完成对覆盖范围内指定任务信息的感知、采集和处理，并将处理后的信息传送给用户，从而实现“无处不在的计算”的理念。

早在 1999 年，在美国召开的移动计算和网络国际会议就提出了传感网的概念。2003 年，美国《技术评论》提出传感网技术将是未来改变人们生活的十大技术之首。2009 年 8 月 7 日，温家宝总理到中科院无锡高新产业研发中心考察时提出“感知中国”的概念。截至 2016 年，无锡国家传感网创新示范区累计实施物联网应用示范项目超过 200 个，涵盖经济社会各领域；中华人民共和国国家发展和改革委员会（简称国家发展改革委）、工业和信息化部、科学技术部等部门支持推广的重大应用示范工程 17 个，为全国物联网规模化应用提供示范；感知集团、大为科技、远景能源等企业在全球 17 个国家和地区、200 多个城市承建或参建应用示范工程，推广应用范围扩大到全球市场。

一个典型的传感网结构如图 1－8 所示，它包括分布式传感器节点、接收发送汇聚节点、通信网以及任务管理节点等。传感节点之间可以相互通信、自组织成网并通过多跳的方式连接至汇聚节点；汇聚节点接收到数据后，通过网关完成与通信网的连接；任务管理节点负责整个系统的管理和控制，通过通信网与汇聚节点相连，进而与传感器节点进行通信。

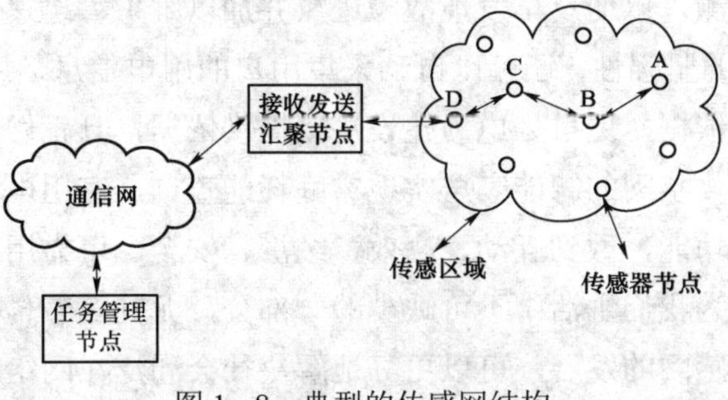


图 1－8　典型的传感网结构

传感网拥有很多现有的网络无法比拟的特点：

（1）大规模网络。为了获取精确信息，在监测区域通常部署大量传感器节点，大量节点能够增大覆盖的监测区域，减少监测盲区，通过分布式处理大量采集的信息能够提高监测的精确度，降低对单个节点传感器的精度要求。

（2）自组织网络。在传感网应用中，通常情况下传感器节点被放置在没有基础设备的地方，传感器节点的位置不能预先精确设定，节点之间的相互邻居关系也不能预先知道，如通过飞机撒播大量传感器节点到面积广阔的原始森林中，或随意放置到人不可到达或危险的区域。这样就要求传感器节点具有自组织的能力，能够自动进行配置和管理，通过拓扑控制机制和网络协议自动形成转发监测数据的多跳无线网络系统。

（3）多跳路由。网络中单个传感器通信距离有限，而且节点只能与它的邻居直接通信。如果希望与其射频覆盖范围之外的节点进行通信，则需要通过中间节点进行路由。传感网中的多跳路由是由普通传感器节点完成的，没有专门的路由设备。这样每个节点既可以是信息的发起者，也可以是信息的转发者。

（4）动态性网络。传感网是一个动态的网络，其中传感器节点可以随处移动；一个节点可能会因为电池能量耗尽或其他故障退出网络；一个节点也可能由于工作的需要而被添加到网络中。动态性网络指传感网会自动寻找到一条有效路径重新建立连接，完成数据的传输，而不会对网络的稳定可靠性造成影响。

传感网的优良特性使其拥有非常广泛的应用，在军事、电网、医疗、环境、抢险救灾、反恐、危险区域远程控制等许多重要领域都有巨大的应用价值。例如电网企业可利用传感网对电网中的发电、输电、配电、供电各种设备的运行情况进行实时监测，以便及早发现故障迹象并加以维护，迅速定位及隔离故障区域，提高电网的坚强性，还可以自动采集用户的用电信息，并进行统计分析，为营销业务提供依据，更可为电力建设决策提供依据，真正做到需求侧管理；居民可通过基于传感网的智能家居实现家庭耗能查询、家用电器监控、安防视频和三表抄收等功能，做到互动、高效、经济、安全、可靠用电。传感网在不远的未来必将成为我们生活中不可缺少的一部分，尤其随着传感网与电信网络的结合即泛在传感网的发展，可以更好地解决社会和泛在网络对信息沟通的需求，大大扩展传感网的业务应用领域，对人们生活质量的提高和社会的发展产生巨大的促进作用。

## 第20问　车联网如何支撑电动汽车服务

车联网的概念源于物联网，即车辆物联网，是以行驶中的车辆为信息感知对象，借助新一代信息通信技术，实现车与X（即车与车、人、路、服务平台）之间的网络连接，提升车辆整体的智能驾驶水平，为用户提供安全、舒适、智能、高效的驾驶感受与交通服务，同时提高交通运行效率，提升社会交通服务的智能化水平。车联网通过新一代信息通信技术，实现车与云平台、车与车、车与路、车与人、车内等全方位网络链接，主要实现了“三网融合”，即将车内网、车际网和车载移动互联网进行融合。随着电动汽车的广泛应用，车联网在电动汽车、驾驶者、充电设施、云平台、能源和金融服务商之间互联互通中发挥了重要的作用。

车联网在国外起步较早。在 20 世纪 60 年代，日本就开始研究车间通信。2000 年左右，欧洲和美国也相继启动多个车联网项目，旨在推动车间网联系统的发展。2007 年，欧洲 6 家汽车制造商（包括 BMW 等）成立了汽车通信联盟（Car to Car Communication Consortium，C2C-CC），积极推动建立开放的欧洲通信系统标准，实现不同厂家汽车之间的相互沟通。2009 年，日本的车机装载率已达到 90%。而在 2010 年，美国交通部发布了《智能交通战略研究计划》。与国外相比，我国的车联网直至 2009 年才刚刚起步，最初只能实现基本的导航、救援等功能。随着通信技术的发展，2013 年国内汽车网络技术已经能够实现简单的实时通信，如实时导航和实时监控。在 2014—2015 年，3G 和 LTE 技术开始应用于车载通信系统以进行远程控制。2016 年 9 月，华为、奥迪、宝马和戴姆勒等公司合作推出 5G 汽车联盟（5GAA），并与汽车经销商和科研机构共同开展了一系列汽车网络应用场景。此后至 2017 年底，国家发展车联网提到了国家创新战略层面。在这期间，人工智能和大数据分析等技术的发展使得车载互联网更加实用，如企业管理和智能物流。未来，依托于人工智能、语音识别和大数据等技术的发展，车联网将与移动互联网结合，为用户提供更具个性化的定制服务。

车联网的体系架构如图 1-9 所示。

其中，感知层承担车辆自身与道路交通信息的全面感知和采集，实时感知车况及控制系统、道路环境、车辆与车辆、车辆与人、车辆与道路基础设施、车辆当前位置等信息，为车联网应用提供全面、原始的终端信息服务。

网络层通过制定专用的能够协同异构网络通信需要的网络架构和协议模型，整合感知层的数据；通过向应用层屏蔽通信网络的类型，为应用程序提供透明的信息传输服务；通过对云计算、虚拟化等技术的综合应用，充分利用现

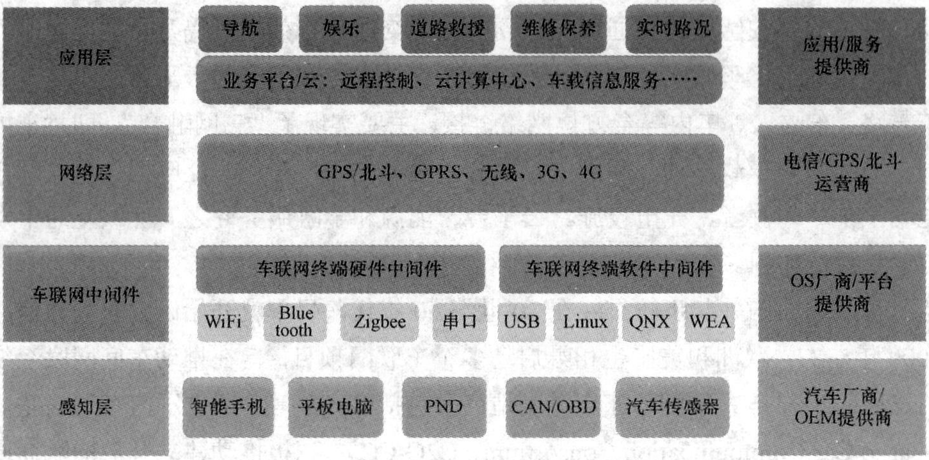


图 1－9　车联网体系架构图

有网络资源，为上层应用提供强大的应用支撑。

应用层，车联网的各项应用必须在现有网络体系和协议的基础上，兼容未来可能的网络拓展功能。应用需求是推动车联网技术发展的源动力，车联网在实现智能交通管理、车辆安全控制、交通事件预警等高端功能的同时，还应为车联网用户提供车辆信息查询、信息订阅、交通事件告知、充电和换电等各类服务功能。

车联网不仅是汽车行业对于未来“互联的汽车”的美好愿景，也将是城市居民的共同愿望之一。车联网将车辆联系在一起也将改变人们未来的生活、工作方式。车联网的典型应用包括：① 紧急救援。当紧急情况发生，车主按动车上安装的紧急按钮，通过无线通信接通客服中心。② 智能导航。现行试用的路线推荐系统能够根据司机需求和实时交通信息，推荐最短路径、时间最优路径，甚至为出租车司机推荐最有可能搭载乘客的路线。③ 智能交通系统（intelligent transport system，ITS）。将先进的信息技术、通信技术、传感技术、控制技术以及计算机技术等有效地集成运用于整个交通运输管理体系，从而建立起在大范围内、全方位发挥作用的，实时、准确、高效的综合的运输和管理系统。④ 车载社交网络。实现车联网技术的未来城市交通将告别红绿灯、减轻拥堵、交通事故和停车难等一系列问题。此外，自动驾驶的实现将驾驶者从紧张、劳累中解脱出来，进而享受路途中的社交无线网络。

充电桩作为新能源车的重要基础设施，不仅能够为新能源汽车补充能源，也是车联网信息流的重要接口。2019 年 8 月 22 日，国家电网有限公司首个即插即充公交专用站——邵大郢公交专用站通过站级系统接入国网电动汽车公司车联网。该专用站共计 20 台直流充电桩，为合肥公交集团有限公司 50 辆公交车提供充电服务，具备即插即充、整站批量接入等基本功能，提升了用户体验和接入效率。

国家电网有限公司智慧车联网平台接入了海量信息，促进互联互通与数据融合，平台可接入超过 80 万个充电桩，可同时服务超过 300 万用户。通过“车、桩、网”数据融合，实现对充电、用电、驾驶等行为的大数据分析，为用户提供更加智慧的服务。建立市场化的充电模型，利用分时充电电价和服务费激励，开展基于用户需求的充电功率调整，推进用电负荷削峰填谷。自平台上线以来，累计充电量中约 20%是低谷时段充电，低谷总计充电量近 9000 万 kW•h 有力促进清洁能源消纳。

车联网是智能电网用电环节的重要内容，同时，车联网平台可以有效整合了不同企业的新能源汽车、充电设施的信息资源，能将不同运营商的充电站利用率、充电设施故障率等运营指标进行集成对比分析，为充电设施经营企业调整投资运营策略、优化产品服务提供决策参考。

## 第 21 问　合同能源管理怎样帮助企业节能

合同能源管理（energy performance contracting，EPC）是节能服务公司（energy service company，ESCO）与用能单位以契约形式约定节能项目的节能目标，节能服务公司为实现节能目标向用能单位提供必要的服务，用能单位以节能效益支付节能服务公司的投入及其合理利润的节能服务机制。ESCO 与用户签订能源管理合同，为用户提供能源审计、可行性研究、项目设计、项目融资、设备和材料采购、工程施工、人员培训、节能量监测、改造系统的运行、维护和管理等服务，并以节能效益分享方式回收投资并获得合理利润，这将大大降低用能单位节能改造的资金和技术风险，充分调动用能单位节能改造的积极性，是行之有效的节能措施。

20世纪70年代中期以来，合同能源管理作为一种基于市场的、全新的节能项目投资机制在市场经济国家中逐步发展，ESCO的发展也十分迅速，尤其是在美国、欧洲，其推动了节能产业迅速发展。美国爱迪生公司为了加强在电力销售中的竞争地位，实施了一种名为PowerSpecTM的技术，通过对用户的能源使用状况进行间断或实时的监测，对用户用电和满意度进行分析，以寻求为用户提供有偿能源管理服务的机会。欧洲节能服务公司主要是帮助用户进行技术升级以及热电联产类的项目，项目投资规模较大、节能低碳效益分享的时间较长。西班牙IDEA能源机构，不仅为西班牙政府制定节能政策、提供咨询服务和技术支持，也是一家节能服务公司。作为国有公司，西班牙IDEA能源机构的基本职能是：通过合同能源管理、技术服务和咨询以及节能改造项目的开发，推进西班牙能源合理利用和可再生能源的应用。

1998年，我国实施“中国节能促进项目”，分别在北京、山东、辽宁成立了3个示范性的节能服务公司，将合同能源管理机制引入我国。十几年来，采用合同能源管理机制的节能服务公司不断发展，特别是近年来，国家出台一系列推动节能的政策措施，使节能服务产业得到了较快发展，如2010年4月，国务院制定了《关于加快推行合同能源管理促进节能服务产业发展的意见》，为合同能源管理推广创造了良好的政策和体制环境。2010年8月，国家质量监督检验检疫总局和国家标准化管理委员会（简称国家标准委）发布了《合同能源管理技术通则》（GB/T 24915—2010），对合同能源管理技术相关术语进行了定义，对合同格式、技术要求、节能效益分享方式进行了规定。2017年，节能服务产业在政府、企业、行业协会等共同努力下持续发展壮大，节能服务产值达4148亿元，合同能源管理项目形成年节能能力超过3800万t标准煤，年减排二氧化碳能力突破1亿t，节能服务产业保持良好发展势头。对推动节能改造、减少能源消耗、增加社会就业发挥了积极作用。

在《“十三五”节能减排综合工作方案的通知》中也多处对节能服务、合同能源管理未来的发展方向做出了明确的表述：

（1）在“推行合同能源管理模式”中，鼓励节能服务公司创新服务模式，为用户提供节能咨询、诊断、设计、融资、改造、托管等“一站式”合同能源管理综合服务。打造一批节能环保产业基地，培育一批具有国际竞争力的大型节能环保企业。

（2）政府机构按照合同能源管理合同支付给节能服务公司的支出，视同能源费用支出；培育以合同能源管理资产交易为特色的资产交易平台；创新投债贷结合促进合同能源管理业务发展等。

（3）明确加强工业、建筑、交通运输等重点领域节能，并特别指出推进公共机构以合同能源管理方式实施节能改造，积极推进政府购买合同能源管理服务，探索用能托管模式。

在智能电网支撑下，合同能源管理将在企业节能服务方面发挥更大作用。企业通过集成绿色照明、冰蓄能、分布式能源、智能设备控制等技术，制定需求侧优化管理方案，实现设备节能、技术节能和可再生能源利用的融合，提高能源综合利用效率，节约了能源成本。

## 第 22 问　预付费有哪些特点和效益

预付费是指用户在用电之前必须预先支付电费，在用户成功消费电量后再扣除实际费用的一种电费收费模式。预付费可以有效缓减供电企业对电力用户抄表难、收费难的问题。

现行的电力营销模式是“客户先用电、后付费”，即供电企业先履行义务，用户后履行债务。如果遇到某些用户信用度较差、经营风险较大或者经济效益较差，电费回收就有了一定的难度。为了解决电费回收难的问题，供电企业进行了一些探索，例如质押担保、分次收费、停电催费等，这些措施发挥了一定作用，但也存在着局限性，并不能完全解决电费回收难的问题。现在，国家电网有限公司加强了月用户电费回收率和月末应收用户电费余额的考核，迫使供电企业必须采用新的电力营销模式和手段来解决抄表难、收费难的问题。最有效、最简单的办法就是采用先付费、后用电的预付费模式。

预付费模式的推行主要依赖于预付费电能表。从二战结束后开始，国际上的预付费电能表先后经过了投币、磁卡、电钥匙、IC 卡的发展阶段，其中，IC 卡预付费电能表是 20 世纪 80 年代末推出的，它是继 IC 卡在电话、金融等领域后的又一成功应用。我国的预付费电能表主要经历了三个阶段：第一阶段：1995年以前，主要是电钥匙 IC 卡，采用可擦写存储芯片（EEPROM）或一般存储卡，存储方便，使用简单，价格便宜，但安全性不高，存在被破解的可能性，用户以小区为主；第二阶段：1995 年～1999 年，预付费电能表主要是电话卡式 IC 卡，以存储卡、逻辑加密卡为主，其中逻辑加密卡的安全性有了提高，内嵌芯片在存储区外增加了控制逻辑，在访问存储区之前需要核对密码，只有密码正确，才能进行操作。用户从单纯小区扩展到电力行业，开始大规模普及使用；第三阶段：1998 年以后，主要是金融级 IC 卡，相当于一个特殊的单片机，内部除了带有控制器、存储器、时序控制逻辑等外，还带有算法单元和操作系统，存储容量大，处理能力强，信息存储安全。

实现预付费的技术路线主要有网上实现、终端实现和电能表实现三种手段，用户可以通过不同的方式完成对电能的预购买过程。

（1）网上实现。用户直接登录电力公司服务网站，在网上完成购电交易，电力公司通过网络将相应的购电金额以运行参数的形式下发到用户的电能表中，完成对电能的预付费购买。

（2）终端实现。用户将购电卡插入终端，终端数据通过网络传送至电力公司，电力公司通过网络将相应的购电金额以运行参数的形式下发到用户的电能表中，完成对电能的预付费购买。

（3）电能表实现。用户直接将购电卡插入家中的智能电能表，将购电数额传送至电力公司，电力公司通过网络将相应的购电金额以运行参数的形式下发到用户的电能表中，完成对电能的预付费购买。

预付费及预付费电能表有以下特点：

（1）不需要人工抄表，提升了供电企业的管理水平和服务水平；也避免了人工上门抄表收费给客户带来的诸多不便，且历史购电数据均可以保存，便于客户查询。

（2）充分体现了电力的商品属性。预付费电能表按照商品交换原则，实行先买电后用电，改变了传统的电费收取模式。客户可以根据自己的实际需要有计划地购电、用电，不会因欠费而产生滞纳金，增加不必要的开支。

（3）解决了收费难的问题。能很好地解决零散居民客户、临时用电客户、经常欠费客户的收费问题。

## 第 23 问　移动互联网在智能电网有哪些应用场景

移动互联网就是移动通信与互联网的结合，移动用户可以借助移动终端（手机、PDA、平板电脑）访问互联网，相当于互联网的延伸，使人们从静止的信息交互变为动态的信息交互，原有的各种互联网应用通过移动的方式得到了极大的丰富。

未来，移动互联网基础设施建设红利向农村快速释放、延伸，随着国家扶贫攻坚战的全面展开，移动互联网在精准扶贫中将会起到至关重要的作用。“移动互联网+”与实体经济深度融合发展，支撑第三产业实现较大的跨越发展，与第一产业、第二产业的融合也将进一步推开。中国互联网企业将更积极向海外拓展，将技术能力、服务能力与海外本土化需求相结合，创造更大价值。

移动互联网带动智慧产业发展，促进基本公共服务均等化。移动互联网在民生领域的普及和应用，把“人与公共服务”通过数字化的方式全面连接起来，通过政务微博、政务微信、政务 App 等载体形式，到达公共服务的“最后一公里”，有利于大幅提升社会整体服务效率和水平。《中国移动互联网发展报告（2017）》报告中明确指出了我国电子商务、移动出行、虚拟现实、移动金融、移动阅读、移动社交、视频直播、移动营销和移动学习等市场的发展思路。

移动互联网不断发展，逐渐进入大规模建设阶段。目前，世界各国都在建设自己的移动互联网，各个国家由于国情、文化的不同，在移动互联网业务的发展上，呈现出不同的特点。日本和韩国的移动运营商采取了较好的商业模式，用户的兴趣已经从图片和音乐下载逐渐向具备 Web2.0 特征、体现移动和固定互联网融合的业务转移。中国的移动互联网也在积极不断地发展，联想集团已正式发布联想移动互联网战略，并推出了其第一代移动互联网终端产品，包括在 PC 和移动互联网终端之间具有过渡意义的双模笔记本电脑，以及智能手机（乐 phone）和智能本（skylight），这两类新型的移动互联网终端设备都是传统 PC 向移动互联网终端设备的延伸，具有尺寸小、更轻更薄、易于携带等特点，为用户带来精彩的移动互联网体验。

随着时代与技术的进步，人类对移动性和信息的需求急剧上升。越来越多的人希望在移动的过程中高速地接入互联网，获取信息，完成想做的事情。所以，现在出现的移动与互联网相结合的趋势是历史的必然。当前移动互联网正逐渐渗透到人们生活、工作的各个领域，短信、图铃下载、移动音乐、手机游戏、视频应用、手机支付、位置服务等丰富多彩的移动互联网应用迅猛发展，正在深刻改变信息时代的社会生活。

移动互联网在电力系统中的主要应用场景见表1-2。

**表1-2　　移动互联网在电力系统中的主要应用场景**

<table>
<tr><th>领域<br>应用</th><th>发电</th><th>输电</th><th>变电</th><th>配电</th><th>用电</th><th>调度</th></tr>
<tr><td>1</td><td colspan="6">电力信息化（包括移动办公）</td></tr>
<tr><td>2</td><td colspan="6">电网视频监控</td></tr>
<tr><td>3</td><td colspan="6">应急（抢险）通信</td></tr>
<tr><td>4</td><td colspan="5">移动现场作业（例如巡检等）</td><td rowspan="5"></td></tr>
<tr><td>5</td><td colspan="4">设备在线监控</td><td rowspan="2">用电信息采集</td></tr>
<tr><td>6</td><td colspan="4">电网防灾减灾</td></tr>
<tr><td>7</td><td></td><td>输电线路在线监测</td><td>变电站自动化</td><td>配电自动化系统</td><td>电费缴纳</td></tr>
<tr><td>8</td><td></td><td>输电线路巡检</td><td></td><td>分布式母线保护</td><td>智能化用电</td></tr>
</table>

随着三网融合的推进以及IPv6技术的逐步普及，移动互联网呈现出以下发展趋势：

（1）移动互联网的用户数量将跳跃式增长，最终超越传统互联网的用户数目。

（2）移动互联网的应用将多样化，诸如手机游戏、移动音乐、手机视频、GPS定位等业务将迅猛发展。

（3）实现技术多元化：网络的无线接入技术多元化，移动终端也将更智能化，如智能手机。

（4）商业模式多元化：流量、图铃、广告这些传统的盈利模式仍然是移动互联网盈利模式的主体，而新型广告、多样化的内容和增值服务则成为移动互联网企业盈利模式的主要发展方向。

对于智能电网来说，移动互联网提供了重要的网络支撑；反过来，智能电网的建设也势必促进移动互联网的发展。

## 第 24 问　云计算具备哪些优势

云计算是并行计算（parallel computing）、分布式计算（distributed computing）和网格计算（grid computing）的发展，或者说是这些计算科学概念的商业实现。云计算是虚拟化（virtualization）、效用计算（utility computing）、将基础设施作为服务（infrastructure as a service，IaaS）、将平台作为服务（platform as a service，PaaS）和将软件作为服务（software as a service，SaaS）等概念混合演进并跃升的结果。云计算系统架构如图 1－10 所示。

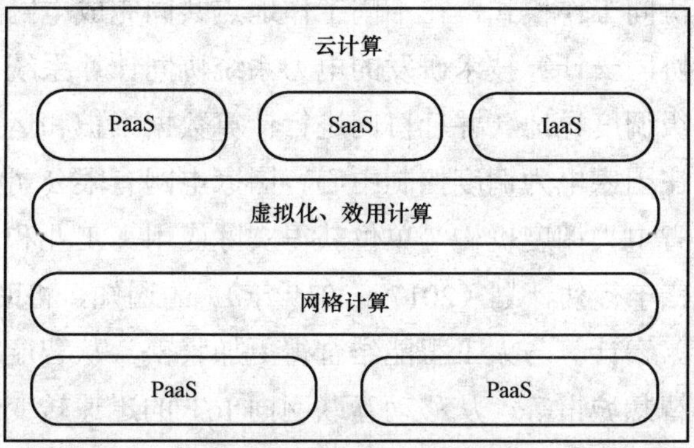


图 1－10　云计算系统架构

云计算这个概念的直接起源来自亚马逊弹性计算云（EC2）产品和谷歌－IBM 分布式计算项目，项目中直接使用了云计算的概念。亚马逊的 amazon web services（AWS）于 2006 年推出，以 Web 服务的形式向企业提供 IT 基础设施服务，其主要优势是能够使用较低可变成本来替代前期资本基础设施费用。这些服务提供了大量基于云的全球性产品。其中包括计算、存储、数据库、分析、联网、移动产品、开发人员工具、管理工具、物联网、安全性和企业级应用程序。这些服务可帮助企业快速发展、降低 IT 成本以及进行扩展。2007 年

10 月初，谷歌和 IBM 联合与 6 所大学签署协议，提供在大型分布式计算系统上开发软件的课程和支持服务，帮助学生和研究人员获得开发网络级应用软件的经验，此时云计算作为一个新概念被提了出来。2008 年，微软推出了 Microsoft Azure 服务平台，其主要目标是为开发者提供一个平台，帮助开发可运行在云服务器、数据中心、Web 和 PC 上的应用程序。阿里云创立于 2009 年，是中国的云计算平台，服务范围覆盖全球 200 多个国家和地区。为解决 12306 网站春运期间的购票问题，2014 年阿里云计算与 12306 开展合作，并把 75%的余票查询业务切换到了阿里云上，通过云的弹性和按量付费的计量方式，来支持巨量的查询业务，把架构中比较“重”（高消耗、低周转）的部分放在云上，充分利用云计算弹性；目前高德所有核心业务系统已经全部放在云上，由阿里云提供计算服务。

电力系统协同云计算技术是以云计算技术为基础，采用工作流技术，支持用户采取分散式协同工作模式，在不同工作地点共同完成电网仿真计算的先进技术手段。基于协同云计算技术研发的电力系统协同计算系统，是国内外唯一能够实现省地多级调度异地、并行协同进行计算数据维护和运行方式分析计算产品。该系统已在国家电力调度控制中心、国家电网有限公司六个分中心及河南、辽宁、山西省电力调度机构等单位获得实际应用。工业和信息化部关于印发《云计算发展三年行动计划（2017—2019 年）》的通知，将助推 CDN 牌照及云服务牌照发放。云计算与人工智能结合得更加紧密，从智能机器人、智能家居到无人驾驶、智慧城市等，从移动互联网向 IoT 的迅速转变过程，会对基础设施带来新一轮的挑战。

在云计算模式下，计算工作由位于互联网中的计算资源来完成，用户只需要连入互联网，借助轻量级客户端，例如手机、浏览器，就可以完成各种计算任务，包括程序开发、科学计算、软件使用乃至应用的托管。提供这些计算能力的资源对用户是不可见的，用户无须关心如何部署或维护这些资源，因此这些资源被比喻为“云”。“云”就像是一个发电厂，只是它提供的不是电力，而是计算机的计算、应用和管理能力。

云计算具体的服务形式如下：

（1）基础设施级服务（IaaS）：基础设施级服务指消费者通过 Internet 可以

从完善的计算机基础设施获得服务。这些服务包括虚拟计算，虚拟存储，虚拟网络，虚拟数据库，主机托管等。

（2）平台级服务（PaaS）：平台级服务指云环境中的中间件级服务。平台级服务能将现有各种业务能力进行整合，向下根据业务能力需要测算基础服务能力，通过 IaaS 提供的应用程序编程接口（API）调用硬件资源，向上提供业务调度中心服务，实时监控平台的各种资源，并将这些资源通过 API 开放给 SaaS 用户。

（3）软件级服务（SaaS）：软件级服务是一种通过 Internet 提供软件的模式，厂商将应用软件统一部署在自己的服务器上，客户可以根据自己实际需求，通过互联网向厂商定购所需的应用软件服务，按定购的服务多少和时间长短向厂商支付费用，并通过互联网获得厂商提供的服务。

云计算的核心理念是资源池，计算和存储资源虚拟成为一个可以任意组合分配的集合，池的规模可以动态扩展，分配给用户的处理能力可以动态回收重用。用户可以动态申请部分资源，支持各种应用程序的运转，无须为烦琐的细节而烦恼，能够更加专注于自己的业务，有利于提高效率、降低成本和技术创新。向云计算发展就像由单台发电机供电模式转向了电厂集中供电方式发展一样，计算能力也可以作为一种商品进行流通，就像煤气、水和电一样，取用方便，费用低廉。不同的是，它是通过互联网进行传输的。云计算技术是继互联网普及之后，信息技术领域内又一次重大变革，它将带来技术、生产方式和商业模式的革命性改变。

信息化贯穿在智能电网的所有环节，各种信息化系统（如 SG186、SG－ERP）和自动化系统（用电信息采集、配电自动化、输变电设备状态监测等）都对海量数据的计算和存储等资源提出了巨大的需求；互动化是智能电网另一重要特征，随着分布式电源、电动汽车充电、智能设备的广泛应用，用户与电网的交互数据将随几何级数剧增，也将带来集中数据库海量数据的处理和存储的问题。如果按传统的系统建设模式，考虑可靠性和安全性等因素，资源均冗余配置，投资极大，采用云计算模式，不仅节省资源，而且可以通过整合社会资源，服务社会。

## 第25问　大数据如何改变电网运营

大数据的定义，目前国内引用最多的是来自维基百科的描述："大数据是由于规模、复杂性、实时而导致的使之无法在一定时间内用常规软件工具对其进行获取、存储、搜索、分享、分析、可视化的数据集合。"

大数据的出现以IT新技术的发展为先导条件。随着互联网和移动通信网飞速发展，信息传输与分享的能力大大提升，信息采集与存储的成本不断降低，传感、计算、网络、存储等IT领域的诸多技术进步使得大数据成为可能。2013年3月，中国电机工程学会信息化专委会发布《中国电力大数据发展白皮书》，拉开了电力大数据发展的序幕。《中国电力大数据发展白皮书》指出：电力大数据是能源变革中电力工业技术革新的必然过程，而不是简单的技术范畴。电力大数据不仅仅是技术进步，更是涉及整个电力系统在大数据时代下发展理念、管理体制和技术路线等方面的重大变革，是下一代智能化电力系统在大数据时代下价值形态的跃升。

常规意义上的电网数据可分为3类：电网运行和设备检测或监测数据、电力企业营销数据、电力企业管理数据。对于智能电网而言，其前提是能获取和处理实时的全景状态数据，即电网运行、检修和管理过程产生海量异构、多态的数据，也即大数据。随着智能电网的不断发展，电网大数据将以指数级的速度增长。智能电网数据可以分为结构化数据和非结构化数据，目前电力系统中的大部分为存储在关系型数据库中的结构化数据，而非结构化数据是指不能用或不便于用数据库二维逻辑表来表达的数据，主要包括视频监控、图形图像处理等产生的数据，非结构化数据占到了智能电网数据的很大比重，处理利用难度也较高。此外，在应用过程中电网大数据还存在着对外部能源、气象等多类型数据的大量关联分析需求，从而极大地增加了大数据的复杂程度。同时，智能电网调度及控制需要的实时数据，对数据处理时限要求较高，这是智能电网大数据与传统的电力系统数据处理、数据挖掘的最大区别。具体而言，大数据具备如下"4V"特征：

（1）海量（volume）：全球数据已进入"泽"时代。据IDC的研究，2012年全球数据量为2.8ZB，2015年达到7.73ZB，预计2020年将达到40ZB。

（2）多样（variety）：大数据类型繁多，可分为结构化数据、半结构化数据和非结构化数据。非结构化数据日益增多，而且非结构化与半结构化数据的增长速率大于结构化数据。

（3）快速（velocity）：大数据往往以数据流的形式动态、快速地产生，具有很强的时效性。只有做好数据流的掌控，才能有效利用这些数据。另外，数据自身的状态与价值也往往随时空变化而发生演变，数据的涌现特征明显。

（4）价值（value）：数据已经成为一类新型资产，蕴藏有大价值。不过，大数据的价值密度很低，需要通过专业的技术手段进行挖掘。

大数据技术的典型架构可以细分为六个部分，包括数据源、数据管理、数据服务、业务应用、运维管理和大数据安全。架构中的大数据安全模块包含了通信网络安全、物理安全、虚拟环境安全以及统一认证授权管理服务、大数据安全服务应用。大数据技术通过这些子功能确保了系统的安全性和有效性，并对电网规划、电网建设以及电网服务等方面提供可靠依据。

未来大数据技术将贯穿电力产业的各个环节，是打造新一代智能电力系统过程中应对能源变革、环保压力等问题，实现可持续性发展的关键。大数据技术在优化电力系统生产运行方式，加强对风电、太阳能等间歇式可再生能源的消纳的同时，引导全社会节能减排理念，推动电力产业由高耗能、高排放、低效率的粗放发展方式向低耗能、低排放、高效率的绿色发展方式转变。大数据技术的不断发展及其在不同领域的广泛应用，必将对我国电力产业未来发展，特别是智能电网的建设与发展产生极其重大而深远的影响。引入大数据技术对于推动电力行业生产、经营模式的转变和可持续发展具有重要意义。大数据技术将成为智能电网建设的重要技术支撑，在电力系统智能调度领域具有广阔的应用前景。

## 第 26 问　信息物理系统如何描述智能电网

信息物理系统（cyber physical system，CPS）是实现计算、通信以及控制技术深度融合的下一代工程系统。CPS 由相互融合的两部分组成：一是物理系统，即按照自然物理原则运行，并直接作用于现实世界的实体系统；二是信息系统，即体现控制意图，并作用于物理系统使之按意图运行。CPS 可理解为离散形式为基础的信息科学与系统性理论在工业系统中的共同应用，体现出网络化计算资源与物理世界之间深度结合的特点。由于物理系统与信息系统针对不同作用对象，指向不同应用目标，采用不同的研究方法，因而在工程应用时可能出现因两类系统异构性导致的互斥现象。CPS 的主要目标即是从系统理论与工程实现两方面，提升信息数据的集成与应用能力，形成体现两类系统共性特征的分析与控制方法，探寻融合机理，削弱互斥影响，实现信息系统与物理系统的统一。

电网是典型的信息物理融合系统研究对象。电网 CPS 旨在充分反映电网运行的物理过程和信息过程，体现两者融合机理和相互作用机制，以期通过更高级的控制方式提升系统整体性能并优化全局系统运行，提高能源利用率、设备利用率及系统可靠性、安全性和稳定性。

电网 CPS 主要技术特征有：

（1）电网物理系统与信息系统融合。电网一次系统与二次系统在功能方面协调，同时在机理方面降低两系统的异构特征，具有能够统一描述两类系统的表达形式。例如一次系统、二次系统在控制、可靠性等方面的相互影响。

（2）电网连续过程与离散过程融合。电网是连续过程与离散状态并存、时间与事件共同作用的物理系统，需从建模、分析、控制等方面体现连续与离散的内在联系。例如将电网设备的离散与连续过程统一参与优化控制，而非分段优化。

（3）全景信息采集与灵活应用。全景信息采集与灵活应用指具备与信息流特点相匹配的信息采集控制网络，兼容多种通信协议、信息模型，满足装置“即插即用”需求。

电网 CPS 关键技术有：

（1）融合建模。融合建模指融合模型反映信息与物理系统实质融合，描述电网时序动态变化、事件和状态切换，并能够满足控制和分析需求，解决实际问题。

（2）融合分析。融合分析指基于融合模型，实现基于自主感知、采集传输、计算处理、协同交互等功能，对电网运行状态信息进行深入分析和评估。

（3）融合控制。融合控制指基于融合模型，考虑控制对象模型，感知模型及环境变化。通过物理系统和信息系统协调控制，更好地控制电力系统。采用分层分区控制结构，下层设备之间、设备与上层系统之间的统一协调控制。

（4）形式验证。形式验证指基于融合模型，通过形式化验证，从逻辑分析角度验证系统结构、运行方式的合理性及可行性。

电网 CPS 应用包括：

（1）能源互联网。能源互联网指运用智能终端、信息采集处理等技术，将海量由分布式能量采集与储存装置所构成的新型电力网络节点互联起来，实现能量与信息双向流动的能源交易与共享网络。

（2）主动配电网。主动配电网指在现有对分布式电源灵活控制的基础上，实现控制终端信息物理层面的即插即用，以及基于混合系统模型的多级优化控制。

（3）传统电网。传统电网解决决策变量数目多、复杂运行场景条件下的最优潮流问题，得到更好的可行解；提升较大规模电网最优恢复路径生成的速度，提高故障处理效率。电网 CPS 技术的具体应用如图 1－11 所示。

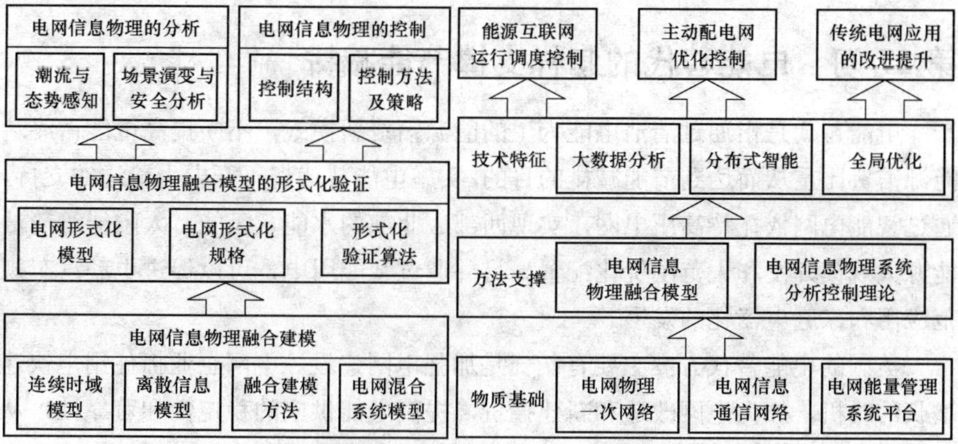


图 1－11　电网 CPS 技术应用

CPS 最早在 2006 年美国政府发布的《美国竞争力计划》中提出，同年 10 月，美国国家自然科学基金会（NSF）将 CPS 列为美国未来八大关键信息技术的首位。2010 年，美国总统科技顾问委员会明确将其列为美国政府应当优先关注的技术之一。2011 年 11 月公布的德国《高技术战略 2020》中的一项重要战略是“工业 4.0”，其中核心之一是通过 CPS 开创新的制造方式，实现“智能工厂”。韩国和日本在近几年也设立了 CPS 研究项目。

中国在 2008 年召开的 IEEE 嵌入式研讨会将信息物理系统的研究列为发展的重点。2012 年中国启动了“面向 CPS 的系统平台”的主题项目，并列入国家 863 计划项目之中。2014 年 10 月，中德政府协商发表的《中德合作行动纲要》中宣布，两国将开展“工业 4.0”的合作，其核心是构建 CPS。

作为一个崭新的研究领域，CPS 在诸多领域还有巨大的发展潜能与空间。未来 CPS 技术的研究需要具备开放的、灵活的和可扩展的系统架构设计；需要能够方便地表示外部环境的计算模式；传感器网络的协议需要针对 CPS 的时空特性做出改进。同时，CPS 技术还要面临通信与网络技术、安全性、可靠性和实现平台等方面的挑战。随着 CPS 技术的发展和普及，将推动工业产品和技术的升级换代，极大地提高汽车、航空航天、国防、工业自动化、健康/医疗设备、重大基础设施等主要工业领域的竞争力。

## 第 27 问　电能替代的怎样支撑节能减排

电能替代是指通过清洁电能为主的能源消费新模式，不断提高电能占终端能源消费比重从而达到节能减排的目的。实施电能替代离不开电力输送的支持，通过智能电网依托特高压电网，实现西部、北部的水能、风能、太阳能等清洁能源大规模开发和大范围优化配置。另外通过智能用电，可以促进电动汽车规范应用和家庭电器化的发展。

美国的电能替代方案主要有：一是加强电网建设。电网企业抓住用电快速增长的时机，加大电网改造和新建投资，提高电能供应的稳定性和可靠性，从而使电能成为终端能源品种的替代领域中首选品种。二是促进家庭电气化。电力公司与家电企业合作，实现空调、冰箱、洗衣机、干衣机、洗碗机、消毒柜、热水器等家电的远程控制和能效管理，提高电器设备的用户满意度，从而促进家庭电气化。

欧盟加速电气化进程、实施电能替代的主要历程、采取的措施主要是：一是建立健全相关标准。欧盟一直将能效和用能设备质量管理的标准建设放在一个很重要的位置，能效标准、排放标准以及新电气标准的及时更新对电能替代工作的开展起到了积极的促进作用。二是加大环保的社会影响力。欧盟国家普遍将环境与社会诚信、社会责任挂钩，这使得企业自主采取措施减少污染物排放，进而一定程度上促进了电能替代工作的推广。三是开放电价市场。欧盟国家约 90%的国家开放电力市场，实施自主定价机制，剩余国家大多也采取半开放状态，以便电力企业更灵活地运用市场机制服务用户。

国家电网公司的电能替代实施方案是：① 发挥电能便捷、安全、清洁、高效等优势，面向终端能源消费市场，积极倡导“以电代煤、以电代油、电从远方来”的能源消费新模式，不断提高电能占终端能源消费比重。② 在终端消费环节以电代煤，减少直燃煤和污染排放，减轻煤炭使用对环境的破坏。在城市集中供暖、商业、工农业生产领域大力推广热泵、电采暖、电锅炉、双蓄等电能替代技术。在铁路、城市轨道交通、汽车运输领域以电代油，提高交通电气化水平可减少石油消费，调整能源消费结构，促进交通行业能源高效利用，减少环境污染。③ 建设特高压电网，把西部、北部的火电、风电、太阳能发电和西南水电远距离、大规模输送到东部，在终端实施电能替代，解决东中部能源消费瓶颈问题；另外，通过港口岸电，解决靠港船舶燃油运行产生的污染问题，满足港口船舶用电要求。

国家电网公司同时也在全国范围内积极开展多项电能替代项目。国网上海电力已在上海洋山港集装箱码头及吴淞口国际邮轮码头试点开展岸基供电，洋山港建成岸电设施 2 套，年替代电量 800 万 kW·h，到 2017 年，上海市将实现新建集装箱及邮轮码头岸电全覆盖。2015 年，国网冀北公司抓住冬奥会契机，开展城区及郊县煤改电采暖项目；国网安徽、湖北、重庆等公司推广碳晶等分散电采暖项目；国网江苏、天津等公司推广港口岸电技术；国网黑龙江、宁夏等公司实施石油生产电动钻机、油气输送管线电力加压等项目。截至 2017 年，国家电网公司紧紧抓住国家推进北方冬季清洁取暖、能源供给侧结构性改革和绿色交通运输体系建设的重大发展机遇，大力推进电能替代，累计推广实施电能替代项目近 10 万个，完成替代电量 1150 亿 kW·h，超额完成年初确定的计划目标，相当于在能源消费终端减少散烧煤 6440 万 t，减少二氧化碳排放 1.1

亿 t，减少二氧化硫和氮氧化物排放 520 万 t，为促进大气污染治理，推进能源生产和消费革命，构建清洁低碳、安全高效的能源体系作出积极贡献。

2018 年，国家电网有限公司积极践行绿色发展理念，发挥电网的能源转换枢纽和基础平台作用，大力实施“电能替代八大工程”，电能替代工作成效显著。全年累计完成电能替代项目 3.8 万个，替代电量 1353 亿 kW·h，完成年度计划的 104%，同比增长 17.65%，相当于减少燃煤 7577 万 t，减少二氧化碳排放 1.35 亿 t，减少二氧化硫、氮氧化物以及粉尘排放 4300 万 t。

## 第 28 问　企业信息化管理 SG186 是什么

SG186 工程的含义是：SG 是国家电网公司（State Grid）的英文缩写；1 代表建设成一体化企业级信息化集成平台；8 代表八大应用模块（财务资金、营销管理、安全生产、协同办公、人力资源、物资管理、项目管理、统合管理）；6 代表六大保障体系（安全防护体系、标准规范体系、管理调控体系、评价考核体系、技术研究体系、人才队伍体系）。

2006 年 4 月 29 日，国家电网公司启动 SG186 工程。按照国家电网公司“十一五”信息化规划，SG186 工程将实现四大目标：一是建成“纵向贯通、横向集成”的一体化企业级信息集成平台，实现公司上下信息畅通和数据共享；二是建成适应公司管理需求的八大业务应用，提高公司各项业务的管理能力；三是建立健全规范有效的六个信息化保障体系，推动信息化健康、快速、可持续发展；四是力争到“十一五”末，公司的信息化水平达到国内领先、国际先进，初步建成数字化电网、信息化企业。

2009 年年底 SG186 工程全面建成，提前一年完成“十一五”规划，构建了覆盖总部、省电力公司、地市供电公司三级，包括八大类应用系统和六大保障体系，与主营业务基本融合，全球规模最大的集团级信息系统，实现了内部信息横向集成和纵向贯通，为支撑统一坚强智能电网奠定了良好基础。到 2012 年底，SG186 在用信息系统设备 600 多万台，应用系统两级部署 2300 套，设备数量比过去的上万套有了大量精简，而精简的信息系统却能支持大规模工作人员的同时作业，且不影响其对工作效率的提升。

通过SG186工程建设，国家电网公司的信息化已覆盖生产、经营、管理等各个方面，由部门级向企业集团级跨越发展，并大大缩小了与国际先进电力企业信息化应用的差距，实现了国家电网公司信息化发展的重大飞跃。目前，国家电网公司信息化已经从大规模建设阶段进入到“建设与应用并重，着力深化应用”的新阶段，信息系统在国家电网公司生产经营管理中发挥了越来越重要的作用。

## 第29问　企业资源计划SG-ERP如何提升企业效益

SG-ERP是国家电网企业资源计划系统的简称，SG-ERP是指建立在信息技术基础上，以系统化的管理思想，为企业决策层及员工提供信息和决策手段的平台。SG-ERP不仅仅是一套软件或者一个项目，而是先进管理模式和管理理念的一个载体。通过SG-ERP的实施，对企业所拥有的人、财、物、信息、时间和空间等资源进行综合平衡和优化管理，协调企业各业务部门，围绕市场导向开展业务活动，使企业取得最佳的经济效益。

“十二五”期间，国家电网公司信息化工作将在全面继承SG186工程建设成果基础上，通过SG-ERP工程的建设，实现生产过程自动化、业务处理互动化、经营管理信息化、战略决策科学化，推进电力流、业务流、信息流三流合一，促进信息化与工业化融合，优化整合信息资源，增强一体化信息平台承载能力，全面提升分析决策水平，最终实现信息系统应用率100%的目标，使国家电网公司的信息化水平达到国际领先。在电力市场化改革日益深化的背景下，SG-ERP为企业变革提供了动力，为规范管理创建了条件，为信息共享提供了平台，为辅助决策提供了依据，是企业提高管理水平和核心竞争力的重要手段。

SG-ERP跟国家电网公司的“三集五大”（三集：人财物集约化；五大：大规划、大建设、大运行、大生产、大营销）战略方向是一致的，它能进一步促进业务和企业架构的深度融合，支撑智能电网各个环节对于自动化、信息化和互动化的需求。

SG-ERP的重点是多业务集成和智能决策。首先多业务集成包含以下几方面：① 在信息网络方面，要延伸到智能电网的各个环节；② 在一体化平台方面，要建立集中的数据中心，未来还要建立应用中心；③ 在终端方面，除了PC、笔记本外，还要延伸到移动终端。总之，SG－ERP 的平台更加集中，应用进一步融合；其次，在智能分析与决策方面，要建立战略层决策系统，还要建立经营层的决策分析体系，另外，还要建立一个流程监视和分析系统；在安全保障方面，要建立主动的智能的防御体系，加大安全防护的纵深。

通过 SG－ERP 的建设，国家电网公司的信息化建设达到一个新的高度，为"坚强智能电网"的建设奠定了牢固的基础，为公司实现可持续发展提供了保障。

## 第 30 问　阶梯式电价有哪些优势

阶梯式电价是阶梯式递增电价或阶梯式累进电价的简称，也称为阶梯电价，是指把户均用电量设置为若干个阶梯分段或分档次定价计算费用。第一阶梯为基数电量，此阶梯内电量较少，电价也较低；第二阶梯电量较多，电价也较高一些；第三阶梯电量更多，电价也更高，以此类推。

由于历史和区域经济发展差距等因素，我国对居民电价长期实行低价策略。据国家发展改革委透露，2008 年全国居民用电平均价格为 0.5 元/（kW·h）左右，既低于工业电价，也低于平均电价，而国外居民电价一般是工业电价的 1.5～2 倍。目前，我国较低的居民电价主要通过提高工商业用电价格分摊成本实现的，如果居民电价长期得不到理顺，仍由工业、商业补贴民用，将继续加大企业负担，影响企业竞争力。另外，目前我国大部分地区实行的是平均电价，即无论用电量多少，均采用统一价格。这样的价格机制造成的结果就是，用电越多、经济条件越好的居民，享受的补贴越多；经济条件越差、用电越少的居民，享受的补贴越少，形成了实际上的不公平。通过阶梯式电价，既没有大幅度提高整体电价，又使得占用电力资源越多的人承担更多负担，能够更好地体现社会公平的原则。

20 世纪 70 年代石油危机以后，日本、韩国及美国的部分地区对居民用电采取了阶梯式电价的做法。目前，美国、日本、印度、韩国、马来西亚、希腊以及我国的香港和台湾地区，均对居民用电实行阶梯式电价制度，有些还将阶梯式电价执行范围扩大到工业、商业等用户。其中，多数国家或地区采取阶梯式递增电价的形式，一般分为4～6档，阶梯式电价在我国的部分省份早就有过探索。2004年，浙江实行阶梯式电价，办法规定，居民户月用电量低于50kW·h部分，电价在以往基础上不调整；51～200kW·h部分，电价上调0.03元/（kW·h）；超过200kW·h部分，电价上调0.10元/（kW·h）。一般来说，月用电量低于50kW·h的大多是低收入居民，月用电量超过200kW·h的大部分是高收入居民，也就是说，阶梯式电价并没有影响低收入群体的支出，但对高收入群体起到了价格指导作用。

2010年10月9日，国家发展改革委正式公布了《关于居民生活用电实行阶梯电价的指导意见（征求意见稿）》。在广泛征求社会各界意见、了解各利益方的需求和建议的基础上，国家发展改革委于2011年11月30日正式推出了居民阶梯电价的指导意见。该意见主要包括：把居民每个月的用电分成三档，第一档是基本用电，电量按照覆盖80%居民的用电量来确定；第二档是正常用电，电量按照覆盖95%的居民家庭用电来确定；第三档是高质量用电。第一档电价保持稳定，不做调整，第二档电价提价幅度不低于每0.05元/（kW·h），第三档电价要提高0.3元/（kW·h）。另外，与原征求意见稿不同在于增加的一个免费档，对城乡低保户和五保户各个地方根据情况设置10～15kW·h免费电量。阶梯电价的具体实施方案，具体电量的分档以及电价水平的确定都是需要各个地区根据指导意见，结合当地的实际情况，制定实施方案，经过听证后才能实施。

推行阶梯式电价，使得电价随着户均消费电量的增长逐级递增，不仅可以更好地体现社会公平，而且有利于促进节能降耗，提高能源效率，减轻电网企业亏损压力，同时也能够补贴低收入居民，更好的构建和谐社会。随着智能电网建设的不断发展，智能电能表的应用不断增加，将对阶梯式电价的实施提供强有力的支持。

## 第31问 怎样实现有序用电

有序用电是指在电力供应不足、突发事件等情况下，通过行政措施、经济手段、技术方法，依法控制部分用电需求，维护供用电秩序平稳的管理工作。有序用电需要由各级政府主导和推动，供电企业和电力用户积极参与和配合。2011 年 4 月 21 日，国家发展改革委发布的《有序用电管理办法》已于 2011 年 5 月 1 日正式施行，该办法是国家指导有序用电的最高纲领性文件。文件明确了有序用电方案的编制原则，即应按照先错峰、后避峰、再限电、最后拉闸的顺序安排电力电量平衡，原则上优先保障以下用电：应急指挥和处置部门，主要党政军机关，广播、电视、电信、交通、监狱等关系国家安全和社会秩序的用户；危险化学品生产、矿井等停电将导致重大人身伤害或设备严重损坏的企业的保安负荷；重大社会活动场所、医院、金融机构、学校等关系群众生命财产安全的用户；供水、供热、供能等基础设施用户；居民生活，排灌、化肥生产等农业生产用电；国家重点工程、军工企业。文件还明确各部门应贯彻国家产业政策和节能环保政策，原则上重点限制以下用电：违规建成或在建项目；产业结构调整目录中淘汰类、限制类企业；单位产品能耗高于国家或地方强制性能耗限额标准的企业；景观照明、亮化工程；其他高耗能、高排放企业。

有序用电的目标主要体现在电力需求和电量的改变上。一方面，降低电网高峰时段的电力需求，或增加电网低谷时段的电力需求，从而以较少的新增装机容量达到系统的电力供需平衡；另一方面，在电网高峰时段节省电量，或在电网低谷时段增加电量，在满足同样的能源服务的同时节约了社会总资源的耗费。从经济学的角度看，有序用电的目标就是将有限的电力资源最有效地加以利用，使社会效益最大化。另外，有的地方在规划实施有序用电时，以供电总成本最小或者购电费用最小为目标。

有序用电的对象主要指电力用户的终端用能设备，以及与用电环境条件有关的设施。包括以下方面：

（1）用户终端的主要用电设备，如照明系统、空调系统、电动机系统、电热、电化学、冷藏和热水器等。

（2）与电能相互替代的用能设备，如以燃气、燃油、燃煤、太阳能、沼气等作为动力的替代设备。

（3）与电能利用有关的余热回收，如热泵、热管、余热和余压发电等。

（4）与用电有关的蓄能设备，如蒸汽蓄热器、热水蓄热器、电动汽车蓄电瓶等。

（5）自备发电厂，如自备背压式、抽汽式热电厂，以及燃气轮机电厂、柴油机电厂等。

（6）与用电有关的环境设施，如建筑物的保温、自然采光和自然采暖及遮阴等。

有序用电的主要措施包括：错峰用电、避峰用电、限电、紧急拉闸等。

实施有序用电，对我国的电力企业和社会都具有重大的意义。有序用电能够确保智能电网安全运行和供电秩序稳定，同时有利于优化配置电能资源和提高客户端用电水平以及电能和电网设备利用率；对供电企业服务水平进一步提高也有巨大的推动作用。

## 第 32 问　为什么说综合能源服务是新业态

随着能源互联网技术、分布式发电供能技术、能源系统监视、控制和管理技术以及新的能源交易方式的快速发展和广泛应用，综合能源服务（集成供电、供气、供暖、供冷、供氢、电气化交通等能源系统）近年来在全球迅速发展，引发了能源系统的深刻变革，成为各国及各企业新的战略竞争和合作的焦点。

综合能源服务是一种新型的为满足终端客户多元化能源生产与消费的能源服务方式，涵盖能源规划设计、工程投资建设，多能源运营服务以及投融资服务等方面。综合能源服务有两层含义：一是综合能源，涵盖多种能源，包括电力、燃气和冷热等；二是综合服务，包括工程服务、投资服务和运营服务。综合能源服务包含三要素：资金、资源和技术。目前，在国内外尚无综合能源服务的统一定义。

综合能源服务的基本业务模式可从供能侧和用能侧出发，通过能源输送网络、信息物理系统、综合能源管理平台以及信息和增值服务，实现能源流、信息流、价值流的交换与互动，整个综合能源服务可看作是一种能源托管模式。在电力市场放开后，综合性的能源服务将成为电力企业未来新的业务增长点。

随着互联网、大数据、云计算等技术快速发展，将形成融合清洁能源与可再生能源的区域微网技术的新型综合能源服务模式。综合能源服务对提升能源利用效率和实现可再生能源规模化开发具有重要支撑作用，因此，世界各国根据自身需求制定了适合自身发展的综合能源发展战略。

欧洲是最早提出综合能源系统概念并付诸实施的地区。在欧盟第五框架（FP5）中，尽管还没有完整的综合能源系统概念，但已提出开展有关能源协同优化的研究，如分布式发电交通与能源（distributed generation transport and energy，DG TREN）项目将可再生能源综合开发与交通运输清洁化协调考虑。欧洲各国除了在欧盟框架下统一开展综合能源系统相关技术研究外，还根据自身需求开展了大量更为深入的有关综合能源系统的研究。

英国的企业注重能源系统间能量流的集成。英国和欧洲大陆能源交换能力很弱，其电力和燃气仅通过相对小容量的高压直流线路和燃气管道相连。英国政府和企业长期以来一直致力于建立一个安全和可持续发展的能源系统。2015年4月创新英国在伯明翰成立“能源系统弹射器”（energy systems catapult，ESC），每年投入3000万英镑，用于支持英国的企业重点研究和开发综合能源系统。

德国RegModHarz项目基本物理结构为2个光伏电站、2个风电场、1个生物质发电，共86MW发电能力，生产计划由预测的日前市场和日内盘中市场的电价及备用市场来决定。RegModHarz项目设计发电能力86MW，目标是对分散风力、太阳能、生物质等可再生能源发电设备与抽水蓄能水电站进行协调，令可再生能源联合循环利用达到最优。RegModHarz项目的核心示范内容是在用电侧整合了储能设施、电动汽车、可再生能源和智能家用电器的虚拟电站，包含了诸多更贴近现实生活的能源需求元素。

包括加州、纽约州在内的美国许多地区在新一轮电力改革中，明确把需求侧管理作为综合能源系统的入手，把提高电力系统灵活性作为重要方向。OPower公司通过自己的软件，对公用事业企业的能源数据，以及其他各类第三方数据进行深入分析和挖掘，进而为用户提供一整套适合于其生活方式的节能建议。截至2017年，根据Opower网站上的动态信息，其已累计帮助6000万用户节省了大量电力与用电费用，随着用户规模逐渐增大，这些数据均以加速度在增长。

日本的能源严重依赖进口，因此日本成为最早开展综合能源系统研究的亚洲国家。2009 年 9 月日本政府公布了其 2020、2030 和 2050 年温室气体的减排目标，并认为构建覆盖全国的综合能源系统，可实现能源结构优化和能效提升，同时促进可再生能源规模化开发，是实现减排目标的必由之路。在日本政府的大力推动下，日本主要的能源研究机构都开展了此类研究，并形成了不同的研究方案，截至 2017 年，日本智慧社区联盟（Japan Smart Community Alliance，JSCA）已在日本开展了近 150 个智能社区的综合能源项目。

目前，国内开展能源服务的企业主要是电网公司、节能公司、设备公司、服务公司和技术公司等设立子公司或股份公司。国内典型的综合能源服务供应商有国网综合能源服务集团有限公司南方电网综合能源有限公司、广东电网综合能源投资有限公司、阿里云新能源等。此外，2016 年 11 月，国内第一个发、配、售电一体化项目获批，即深圳国际低碳城分布式能源项目参与配售电业务，也在向综合能源服务转型。2017 年 10 月，国家电网公司下发《关于在各省公司开展综合能源服务业务的意见》，明确将综合能源服务作为主营业务，将综合能源服务业务作为新的利润增长点，培育新的市场业态，从卖电向卖服务转身，提升公司市场竞争力。

## 第 33 问　能源互联网基本概念和理念是什么

能源互联网是以可再生能源为优先，以电力能源为基础，多种能源协同、供给与消费协同、集中式与分布式协同，大众广泛参与的新型生态化能源系统。能源是人类生存和发展的重要基石，是社会经济运行的动力和基础。每一次的工业革命都离不开能源类型和使用方式的革新，它们推动着人类社会的发展和进步。目前，第三次工业革命正在世界范围内发生，而能源互联网则是第三次工业革命的核心之一，是未来能源行业的发展方向。

能源互联网以电力网络为主体骨架，协同气、热等网络，覆盖包含能源生产、传输、消费、存储、转换各环节的完整能源链。能源互联依赖于高度可靠、安全的主体网架（电网、管网、路网），具备柔性、可扩展的能力，支持分布式能源（生产端、存储端、消费端）的即插即用。能源转换是多能协同的核心，包括不同类型能源的转换以及不同承载方式的能源转换。能源存储在多能协同的环境下愈发凸显其重要地位。能源存储也不再局限于电能的存储与释放，冰蓄冷、熔盐蓄热、氢气、压缩空气等均是能源存储的发展方向。如果氢燃料电池以电动汽车等途径进入千家万户，氢气或液氢的存储将可以提供持续的清洁可控电能，成为分布式太阳能和风能的重要补充。能源传输本身也具有多样性，如可持续传输的电网、管网等方式，非连续传输的航运、火车、汽车等。因此，能源互联网必将呈现出形态各异的实现方式。

物联网、大数据、移动互联网等信息技术的飞速发展可以为涵盖能源全链条的效率、经济、安全提供有效支撑。智能电网在信息物理系统融合方面做了很多基础性的工作，实现了主要网络的信息流和电力流的有效结合。在能源互联网下，信息系统和物理系统将渗透到每个设备，并通过适当的共享方式使得每个参与方均能获取到需要的信息，信息物理融合的能源系统必将产生巨大的价值。第一阶段的价值体现在信息获取上；第二阶段的价值体现在优化管理上，通过多能协同优化和调度，可以从整个能源结构的角度实现社会总体效益的最大化；第三阶段的价值体现在创新运营上，在信息开放、共享的基础上，运用互联网思维，创新商业模式，带动市场活力，实现经济增长。

在能源互联网的环境下，除了能源、可靠性和通用服务外，能源供应商还可以为能源消费者提供节能服务、环境影响消减以及个性化的服务，而能源消费者也可以在需要时反向为能源供应商提供能源、需求侧响应、本地化信息等，从而使得信息流和资金流从单向变为双向。另外，还可以有第三方为其提供各种服务平台，使得价值、信息和资金在这些平台上流转和交换，如能量交易平台、能量聚合服务平台等。

能源互联网下的创新模式能源运营需要监管者能够致力于构建以传统电网为骨干，充分、广泛和有效地利用分布式可再生能，满足用户多样化能源电力需求的一种新型能源体系结构与市场，为运营者提供一个能够与能源终端用户充分互动、存在竞争的能源消费市场，使其提高能源产品的质量与服务，赢得市场竞争。其不仅为能源终端用户提供传统电网所具备的供电功能，还可以提供一个能够进行各种能源共享的公共平台。

2004 年，The Economist 发表了“building the energy internet”，首次提出建

设能源互联网，通过借鉴互联网自愈和即插即用的特点，将传统电网转变为智能、响应和自愈的数字网络，支持分布式发电和储能设备的接入，以减少大停电及其影响。此后，国际上针对能源互联网进行了广泛的研究，着力于研究下一代能源系统。2011 年，美国学者里夫金在其著作《第三次工业革命》中提出，能源互联网是第三次工业革命的核心之一，使得能源互联网被更多的人关注，产生了较大的影响。

2008 年，美国国家科学基金项目在北卡罗莱纳州立大学启动未来可再生电能传输与管理系统（future renewable electric energy delivery and management system，FREEDM），重点研究适应高渗透率分布式可再生能源发电和分布式储能并网的高效配电系统，并称之为能源互联网。

2008 年 12 月，德国联邦经济和技术部发起一个技术创新促进计划，以信息通信技术为基础构建未来能源系统着手开发和测试能源互联网的核心技术。之后，德国联邦政府发起 E-Energy 项目，并将其作为国家性的“灯塔项目”，旨在推动高效能源系统项目，致力于能源的生产、输送、消费和储能各个环节之间的智能化。

2010 年，日本启动“智能能源共同体”计划，开展能源和智能电网等领域的研究。2011 年，欧洲启动了未来智能能源互联网（future internet for smart energy，FINSENY）项目，该项目的核心在于构建未来能源互联网的信息通信平台，支撑配电系统的智能化。瑞士联邦政府能源办公室和产业部门共同发起未来能源网络愿景项目（vision of future energy networks），该项目的重点是研究多能源传输系统的利用和分布式能源的转换和存储，开发相应的系统仿真分析模型和软件工具。

在我国，能源互联网已经受到了国内各级政府和研究机构的高度重视。2015 年 6 月，国家能源局开展了“国家能源互联网行动计划战略研究”，并将其作为国家“互联网+”行动计划的重要载体，2016 年 2 月，国家发展改革委、国家能源局、工业和信息化部联合发布国家能源互联网纲领性文件《关于推进“互联网+”智慧能源发展的指导意见》，提出了能源互联网的路线图，明确了推进能源互联网发展的指导思想、基本原则、重点任务和实施方法。

2015 年 9 月 26 日，习近平总书记在联大发展峰会上发表重要讲话，倡议探讨构建全球能源互联网，推动以清洁和绿色方式满足全球电力需求。2014 年 7 月国家电网公司董事长刘振亚在美国电气和电子工程师协会（Institute of Electrical and Electronics Engineers，IEEE）电力与能源协会年会会议上发表署名文章，提出构建全球能源互联网的构想。2020 年 3 月，国家电网有限公司提出建设具有中国特色国际领先的能源互联网企业的战略目标。

在互联网技术、计算机技术、通信技术和电力电子技术等不断革新、进步的背景下，能源互联网将激发能源生产、传输、存储、消费等能源全价值链的变革，将形成集中式与分布式协调发展、相辅相成的能源供应模式，将对能量流赋予信息属性，实现信息流对能量流的灵活管控。能源互联网有望成为第三次工业革命的决定性推动力量，提高可再生能源比重，促进化石能源清洁高效利用，提升能源综合效率，提升能源国际合作水平，推动能源市场开放和产业升级，形成新的经济增长点。

# 第二篇

# 发 展 篇

## 第34问　发展智能电网与环境保护的关系是什么

近百年来，随着二氧化碳等温室气体排放量不断增加，大气的温室效应不断增强，造成全球气温升高，其后果是使全球降水量重新分配、冰川和冻土消融、海平面上升等，既危害自然生态系统的平衡，更影响着人类的食物供应和居住环境。环境污染、生态失调和资源枯竭等问题，正日益威胁着人类社会的和谐发展。因此，减少化石能源的消耗、提高绿色能源的应用比例将是世界各国的能源利用的必然选择。说到绿色能源，很多人会立刻想到太阳能和风能，但是美国政府资助的一项研究结果表明，提高电网的使用效率也是一项环保良策。

在节约能耗的基础上，智能电网对于有效地控制和减少温室气体排放具有明显的功效。应当说智能电网的推广是提高能源独立性的重要步骤，它可以降低人类对化石燃料的依赖，减少温室气体的排放量。根据美国"智能电网联盟"的研究结果，美国电网的使用效率每提高5%，就相当于减少5300万辆汽车的燃料消耗和碳排放。在中国，2020年以后，预计智能电网将帮助电力企业减少14%的二氧化碳排放量。因此，环境学家们多年来一直在讨论建立智能电网，通过信息网络技术，形成高效的电能分配系统，减少浪费，提高电力系统的可靠性。

智能电网潜在的环境和经济优势是不容忽视的。西北太平洋国家实验室近期对家庭利用智能电网技术监控和调整家中能耗的情况进行了调查。结果表明，家庭用户每年的电费平均降低了10%。如果该方案广泛部署的话，每年能够将公用电网高峰负荷降低15%，这相当于超过10万亿kW·h的电量，而要获取这些电量，在美国未来20年内就需要建设100座大型燃煤发电厂。此举将节省新电厂和电网投资达2000亿美元，相当于减少了3000万辆路面行驶车辆的尾气排放。

到2030年，全球电力需求预计将增长82%。满足这一需求的主要方式就是建设许多新的燃煤和燃气电厂，届时，全球温室气体排放量预计将相应地上升59%。建设一个技术型的智能电网能帮助抑制温室气体排放量的不断增长，据估计，随着信息和通信技术在电网的普遍应用，智能电网将使美国能耗降低

10%，温室气体排放量减少25%，并节省用于新建电厂的800亿美元费用。

智能电网的核心价值是提高能效，减少温室气体排放，利用各种高科技手段提升发电、输配电、用电各环节的运行管理水平，节约资源，保护环境。智能电网的推广可减少25%以上由传统发电产生的二氧化碳，这相当于1.3亿辆汽车启动瞬间二氧化碳的排放量。智能电网还可以提升供电及服务质量，并带动整个产业链的发展。

总之，智能电网的理念就是环境友好、资源节约，体现了电网对环境、经济乃至整个社会的积极贡献。

## 第35问　智能电网能够带动经济增长吗

智能电网建设将对我国经济社会及相关产业发展产生积极的拉动作用。有专家预计，从2010年到2020年，全国智能电网方面的投资累计将超过4万亿元，这将大大促进经济社会的发展。发展智能电网，不仅可以使电网企业受益，而且可以使社会、电力用户及发电企业都取得更好的经济效益。

在我国，智能电网对经济增长的贡献主要表现：

（1）坚强智能电网的“坚强”在于特高压骨干电网建设。特高压输电可以解决长距离输电带来的功率瓶颈、输送损耗、传输效率和土地资源占用等问题，实现我国“西电东送”的能源战略目标，把西部优质的煤炭、水能资源转换为清洁的电能输送到东部经济负荷中心，这样既促进了西部的资源型经济发展，又保证了东部沿海地区经济的持续发展。

（2）智能电网的主要目标是实现大规模可再生能源并网，解决随机性、间歇性的风力、太阳能等大型新能源发电并网带来的冲击问题，促进新能源的有效利用，带动边远或区域经济的发展，逐步提高绿色能源的利用率。同时也将带动风电、太阳能光伏等设备产业的快速发展。

（3）智能电网将全面支持电动汽车、微电网和大容量储能装置等新型用户接入电网，这也是减少汽车的燃油消耗、降低城市大气污染、提高终端能源利用效率及建设资源节约型社会和环境友好型社会的必然选择。但是，这些新型用户的出现，将极大地改变电网的运行方式，带来电能质量和电网调峰等诸多问题。智能电网将充分面对这些问题并给出解决方案，这将极大地促进电动汽车和储能装置产业经济的发展。

（4）智能电网可以指导用户科学用电。通过建设智能用电服务体系，电力用户通过互动终端可以随时掌握实时用电信息，并根据自身用电需求，通过工厂能源管理系统（FEMS）来调整用电设备在不同时段下的用电策略，实施“需求响应”，降低电能等能源消耗成本，提高企业的经济效益。

（5）智能电网也可以为发电侧带来许多收益。第一，可以优化配置电力资源，通过移峰填谷可以提高负荷率、降低高峰负荷，从而可以推迟或缓建电源装机，减少装机投资；第二，负荷率提高可以稳定机组出力，降低发电煤耗，减少发电成本，增加电厂收益，减少大气污染物排放，降低环境治理费用；第三，稳定的系统运行可以增加发电设备的寿命，从而降低发电企业的运行和维护成本。

（6）智能电网能够减少环境污染造成的经济损失。我国每排放 1t 二氧化硫，将造成经济损失约 6000 元。据此估算，到 2020 年智能电网将减少 90 万 t 的二氧化硫排放，可以减少经济损失约 54 亿元。

智能电网的运行使得社会产生良好的节能效果，相当于全社会经济发展减少了能源投入，即减少了经济发展成本。假设节约的能源都是煤炭资源，按照每 t 煤炭价格 800 元计算，到 2020 年智能电网累计的节能量，相当于减少社会能源投入费用约 2000 亿元。

## 第 36 问　智能电网如何实现节能减排

节能减排指节约物资和能量资源，减少废弃物和环境有害物（包括三废和噪声等）排放。

建设坚强智能电网是转变电力发展方式，实现能源和电力工业科学发展的必由之路。我国一次能源以煤为主，清洁能源比重偏低，结构性矛盾突出。智能电网将彻底改变人们对能源的使用习惯，是应用一切低碳技术的基础和核心；同时，智能电网是节能减排和清洁能源介入的纽带，是最具政策一致性的领域。

在节能方面，由于可再生能源的规模化利用，减少了化石类能源的消耗，再加上特高压智能输电，可有效减少线路损耗；用电企业根据电网的峰谷曲线来调整自身的用电时段，减少高峰用电，增加低谷用电，减少了电网的调峰储备负荷；智能控制技术可以帮助用户节能，减少长明灯、长流水等现象。智能电网技术将有效推动我国合同能源管理政策的落实，促进节能服务公司的发展，形成巨大的节能服务市场。

在减排方面，智能电网对可再生能源的规模化接入更加友好，降低了化石类能源的消费比重，减少了燃煤或燃油电厂的排放；智能电网支持电动汽车的广泛应用，提高了清洁能源在终端的使用效率，减少了燃油汽车的尾气排放，降低了城市的大气污染。

到 2020 年，如果要达到非化石类能源占一次能源消费比重达到 15%左右，单位国内生产总值二氧化碳排放比 2005 年下降 40%～45%的目标，则清洁能源装机容量需要达到 5.7 亿 kW。我国的水能、风能、太阳能等可再生能源资源规模大、分布集中，且大多处于西部和北部地区，需要走集中开发、规模外送和大范围消纳的发展道路。因此，从这些基本国情出发，充分发挥特高压和智能化技术的综合优势，建设安全水平高、适应能力强、配置效率高、互动性能好、综合效益优的坚强智能电网，是清洁能源发展、节能减排、能源布局优化和结构调整的战略选择，是落实国家能源战略部署，推动低碳经济发展，促进经济发展方式转变的重要举措，是立足自主创新，建设创新型企业，服务创新型国家建设的重要实践，对于建设现代化电网企业具有重大而深远的意义。

## 第 37 问　智能电网怎样促进产业升级

智能电网是传统电网与现代网络技术、控制技术和信息技术紧密融合的现代电网，对各类新能源发展具有很强的适应性，对形成新产业、新经济形态具有重要促进作用。智能电网是 2010 年《国务院关于加快培育和发展战略性新兴产业的决定》中规定的新一代信息技术产业中“重要基础设施智能化改造”的组成部分，也是国民经济实现快速健康发展的重点建设领域。

据国家电网公司《国家电网智能化规划总报告》（2010 年 3 月修订），2009—2020 年国家电网有限公司智能电网建设智能化投资 3840 亿元，其中：

2009—2010年是规划试点阶段投资341亿元，重点开展坚强智能电网发展规划，制定技术和管理标准，开展关键技术研发和设备研制；2011—2015年是全面建设阶段投资1749亿元，将加快特高压电网和城乡配电网建设，初步形成智能电网运行控制和互动服务体系，关键技术和装备实现重大突破和广泛应用；2016—2020年是引领提升阶段投资1750亿，将全面建成统一的坚强智能电网，技术和装备达到国际先进水平。南方电网有限责任公司建设智能电网分两个阶段进行。第一阶段（2010—2013年）为规划、研究与示范阶段；第二阶段（2013—2020年）为示范、推广与完善阶段，逐步建设智能、高效、可靠的绿色电网。与国家电网有限公司相比，南方电网有限责任公司智能化建设尚有较大空间。业内专家预计，按照投资拉动10倍测算，中国智能电网的规划和建设将实现4万亿元的产业规模。

智能电网不仅是电网企业战略转型的必由之路，而且已成为全球各国应对能源安全、气候变化和环境污染的重要举措，智能电网已成为转变经济发展方式、引领技术创新、推动新兴产业发展的引擎，并成为社会业界的共识。智能电网将是一个巨大的技术、产业、政经综合体，囊括从发电到用电的所有电力环节，将带动新材料、高端设备研发、清洁能源、节能减排等多行业发展，同时涉及能源布局乃至国家能源安全。

智能电网将使电工电气设备实现产业升级。在传统电网中，电工电气设备包括一次设备和二次设备。一次设备主要是为电网安全运行所需的主设备，如输电线路、变压器、断路器、开关、电容器、电抗器、互感器等；二次设备是为监视、控制和保护电网运行的设备和系统，如调度自动化、输配电监控、变电站测控、继电保护、通信系统、信息化平台、营销管理、客户服务中心等系统和设备。智能电网的信息化、自动化、互动化对一次和二次设备的融合提出了更高的要求，智能高压组件、电子互感器、智能电能表、智能终端等智能化设备的巨大市场需求为传统的电工电气设备产业的升级和技术创新提供了难得的机遇。

智能电网将促进信息通信产业的迅猛发展。信息通信是智能电网建设的重要支撑平台，其中信息安全、通信传输、传感计量、数据处理等都是信息服务业发展的重点领域，智能电能表、互动设备、智能家电等的广泛应用为智能芯片带来了巨大的需求。智能家居、智能社区、智能楼宇的建设促进了云计算、物联网、智能服务等产业的发展。

智能电网将带动新能源产业的发展。智能电网将有效管理电网受电、可再生能源发电和储能装置之间的电能供需关系，解决风电、太阳能等可再生能源的间歇性、随机性、波动性对电网的冲击。智能电网为新能源应用开辟了广泛的空间，为风电设备、光伏发电设备、逆变装置等产业的发展奠定了基础。智能电网将有效解决大规模电动汽车冲击对电网带来的负荷冲击和电能质量问题，将给新能源汽车等新兴产业带来巨大的投资机会，也使传统的汽车生产、供应、使用和服务格局发生重大改变，将促进我国汽车工业和汽车服务业的产业升级，给电动汽车、储能电池、车载装置、充电设施和服务等产业带来前所未有的市场机遇。

智能电网将提速智能小区、智能楼宇、智能园区和智能城市的建设，这给家庭能源管理及优化、楼宇节能分析、企业耗能分析、区域耗能监测和评估提供了必要的技术手段。智能电网的用能服务平台通过需求侧管理和耗能分析不仅可以指导用户主动参与“需求响应”，实现避峰用电，达到家庭能源优化的目标，而且可以为政府经济和能源主管部门提供企业的生产过程和制成品能耗数据，这为政府制定区域经济发展政策，确定节能减排的方向和措施提供了可信、准确的数据。智能电网将极大地扩展节能服务的需求，促进能源服务产业的升级，特别对合同能源管理等第三方节能环保服务产业带来巨大的市场机会。

大力发展智能电网，将在传统电力基础上，通过集成新能源、新材料、新设备和先进传感技术、信息技术、储能技术等新技术形成新一代电力系统，带来能源生产、消费、技术和体制革命，最终建成安全可靠、开放兼容、双向互动、高效经济、清洁环保的智能电网体系，带动战略性新兴产业发展，推动中国形成有国际竞争力的智能电网装备体系。

## 第 38 问 智能电网怎样更好实现能源利用

能源是人类生存发展的重要物质基础。进入 21 世纪以来，世界能源供应、能源安全、能源效率、能源环境等问题日益凸显。据统计，2018 年世界一次能源消费中，石油位列第一，占比 31%；位列第二的是煤炭，占比 26%；位列第三的是天然气，占比 23%。三种传统化石能源合计占 2018 年世界一次能源消费总量的 80%，也就是说，当今世界的能源消费仍处于传统的化石能源时代。2018 年，世界一次能源消费总量为 143.01 亿 t 油当量，比 2017 年增长了 2.3%，接近 2010 年以来年均增速的两倍，主要驱动因素包括 2018 年世界经济增长速度为 3.7%，高于 2010 年以来年均增长 3.5%的水平；部分地区由于天气原因致使能源消费较大幅度增加。按照目前的能源储量和开发强度测算，世界化石类能源平均可开发时间已不足百年。传统化石类能源不可再生，其大量开发也带来了气候变化、环境恶化等一系列问题。我国的能源利用效率仅为 33%，比发达国家低 10%；单位产值能耗是世界平均水平的 2 倍多，分别比美国、欧盟、日本高 2.5 倍、4.9 倍和 8.7 倍；我国 8 个行业（石化、电力、钢铁、有色、建材、化工、轻工、纺织）主要产品单位能耗平均比国际先进水平高 40%，我国能源利用效率亟需提高。

智能电网的提出为电力行业解决能源利用效率低的问题提供了契机。与传统电网中火力发电占据全国发电量首位相比，清洁能源将成为智能电网的主力军。总的来说，智能电网的主要驱动力是人类对可再生能源的大规模利用。

智能电网为可再生能源发电并网提供了条件。与传统电网不同的是，智能电网应用了大量的信息网络技术，使其更像互联网，因此具有极强的互动性。例如，家庭安装的各种小型发电站，如果发电量超出了家庭需求量，就可以把多出的电量通过智能电网传输到其他需要用电的地方，作为一种“卖电”的行为，家庭因此可以获得收入；如果碰上阴天或者没有风的天气，家庭太阳能和风能发电站就无法正常工作，此时用户想用电，则可以通过智能电网购买所需电能，这又是一种买电的行为。居民在获得经济效益的同时也使得能源得到了合理化配置，提高了利用效率。

与传统能源不一样，清洁能源在用电对象和用电方式上将更加灵活。例如，建设了电动汽车充换电站后，当电动汽车接入充电电源时，其电池系统能够通过充换电网络服务平台与电网直接进行信息交互；车主通过车内显示屏就可查询电池剩余电能、行驶里程数和附近的充电场所；如果车主长时间不用车，还可以出售所储存的电量。

## 第39问 智能电网如何促进技术创新

智能电网是全球范围内由于能源变革所催生的经济和技术的综合载体，智能电网为能源和信息技术的集成创新提供了一个崭新的舞台。

我国在智能电网的规划、关键技术研究、示范工程、标准体系、试验能力等方面的技术创新十分引人注目。其中，电动汽车充放电、新能源并网等技术领域与先进国家处于同一起跑线；在特高压输电、大电网安全稳定与控制、信息网络建设、智能调度等方面居于世界领先水平；但在配电网自动化、可再生能源利用、节能服务等领域，与国际先进水平相比还有一定差距。因此，只有通过技术创新，我国才能继续保持现有优势，逐步弥补与国际先进水平之间的劣势。

技术创新的关键在于抢占智能电网技术的制高点，例如标准体系、关键技术、重点装备和试验能力。同时，要加快国际化步伐，在国际舞台上扩大影响力。与国际组织紧密合作是扩大影响力的重要途径，因为这些国际组织聚集了世界电工电气领域的专家智慧和企业资源，通过国际交流与合作，国际组织将努力把智能电网的理念一步一步变成现实。反过来，国际组织也迫切希望能加强与中国的技术创新合作，参与中国的技术创新项目，共享技术创新成果。

要推动技术创新，首先要积极扶持和培育创新主体，要充分发挥创新基地的先导作用，加速新兴产业的集约化、规模化发展，提高创新能力和核心竞争力。

要推动技术创新，要进一步优化技术创新环境，完善鼓励创新、引导投资和促进消费的政策体系，提供更为规范、高效的公共服务，支持关键技术研发和重要设备研制；同时，要保护知识产权，创造有利于创新型企业公平竞争发展的良好环境。

智能电网的技术创新相当程度上是能源与信息技术的集成创新，反过来，能源与信息技术的创新发展也进一步促进了智能电网的发展。可以预见，未来的智能电网将构建能源信息一体化的公共服务平台，在提高能源和信息服务的同时，也为智能电网提供了一个技术创新平台。

## 第40问 智能电网怎样提升电网安全水平

电网安全运行贯穿于能源接入、输电/变电/调度及配电的全过程。

在能源接入方面，智能电网通过集成先进的信息、自动化及储能技术，能够对包括清洁能源在内的所有能源进行准确预测和统筹安排，有效解决因大规模清洁能源接入而带来的电网安全稳定运行技术问题。例如，风能、太阳能发电形式具有波动性和间歇性的特点，而智能电网的深度调峰和快速调节技术，可从容应对风能、太阳能等大规模清洁能源接入对系统调峰调频、并网控制、运行调度、功率预测、电能质量等方面带来的挑战。

在输电/变电/调度方面，智能电网可以实时监控电力系统的运行状况，在故障发生之前消灭可疑隐患。智能电网能够通过智能高压组件，及时发现可能引发较大事故的隐患，比如变压器过热、高压电缆断裂等；高级应用软件将评估这些隐患及可能带来的后果，确定若干种补救方案，并模拟每种方案的实施效果，将最有效的解决方案提供给调度人员；调度人员则调配电网中的自动控制装置，迅速采取相应的措施，就算事故不可避免，智能电网也可以隔离故障线路，阻止事故扩散。一旦故障发生，整个电网就将拆分为若干个“孤岛”，每一部分都必须能独立运作；每座孤岛都将尽最大的努力，重新选取电源点，重新规划电力输送路线，尽管这种调整可能导致电压波动，甚至造成小范围的电力中断，但是却能避免故障向外扩散，防止大面积停电事故的发生；检修人员修复故障线路之后，调度人员就可以将每座孤岛平稳地重新连入整个电网之中；一旦恢复供电，系统便会再次自动调整，优化自身的运行状态。

在配电方面，智能电网能使电能质量和电网可靠性得到显著的改善，让配电网更安全、更可靠、更智能。灵活、多样的双向通信使得对故障区域的远程识别、定位、隔离和恢复供电变得更加迅速，而不必频繁召唤运行维护人员；通过先进的配电网自动化管理系统和自动响应机制，可以大大减少配电网的停电时间，并创建一个能够“自愈”的配电网；通过实时掌控电网运行状态，及时发现、快速诊断和消除故障隐患，在尽量少的人工干预下，快速隔离故障、自我恢复，避免大面积停电的发生，还能延长变配电资产的使用寿命；面对日益增长的电力需求和老化的电力基础设施，通过提高配电网自动化和智能化水平来满足用户对电力质量和可靠性不断提高的要求。

## 第 41 问 智能电网如何支撑电力市场的运营

电力市场是指电力工业发、输、配、供电各环节以及市场交易机构和监管机构之间形成的关系形式。广义的电力市场是指电力生产、传输、使用和销售关系的总和。狭义的电力市场即指竞争性的电力市场，是电能生产者和使用者通过协商、竞价等方式就电能及其相关产品进行交易，通过市场竞争确定价格和数量的机制。按照市场结构的开放程度以及竞争程度的不同，电力市场模式可划分为完全垄断模式、发电竞争模式、批发竞争模式和零售竞争模式。

（1）完全垄断型模式，有时称所有阶段的垄断或垄断型模式。完全垄断型模式指在发、输、配和供电四个领域均是垄断的。完全垄断型模式的基本特点是整个电力工业是一个纵向高度集成的系统，是在电力市场出现前电力企业普遍采用的模式。在规模经济仍可能获得效益的小系统中，趋向于保持垄断经营。也有人认为在由标准化和集中式的核电项目构成的大系统中，采用垄断模式的规模效益超过了竞争带来的效益。

（2）发电竞争模式（买电型模式）。发电竞争模式是将竞争引入到电力工业的初级模式。在发电竞争模式下，电力系统各发电厂与电网分开，成为独立的法人，发电市场存在唯一的买电机构。各个发电公司相互竞争，但不允许通过输电网将电直接卖给最终用户。

发电竞争模式的主要特点是：① 在发电领域引入竞争机制允许多种经济成分、多种所有制形式的电厂存在；② 电网运营管理机构成为电网运行中枢；③ 配电公司存在竞争和专营两种运营模式；④ 各电网之间通过电网运营管理机构进行电力交易；⑤ 引入投标机制与国家宏观调控。

一般认为，对于处于电力工业改革初期或者电力系统太小，竞争受到天然限制的发展中国家，由于有关法规还不完善，缺乏电力市场运行经验，且买电型模式对现有的组织机构没有很大的影响的情况下，发电竞争模式是一个很好的模式。

（3）批发竞争模式，又称批发市场竞争模式或批发竞争、输电网开放、多个购买者模式。批发竞争模式的主要特点：① 发电领域引入竞争机制体现在发电厂建设和运营两个方面，它们所发的电可直接卖给配电公司（或者大用户）；② 输电网络向用户开放并提供输电服务；③ 配电公司（或者大用户）获得选择权，但配电网仍不开放；④ 买卖双方共同承担市场风险；⑤ 调控更加重要。总之，在批发竞争模式下，市场更多地允许发电商与售电公司通过合同方式实现交易。

批发竞争模式被认为是一种过渡模式，对于拥有复杂电力系统的发达国家，在采用零售竞争模式之前，往往会采用批发竞争模式，待时机比较成熟后，再向零售竞争模式过渡。

（4）零售竞争模式（直销型或完全竞争模式）。在零售竞争模式中用户获得了选择权，发电环节和零售环节都展开较完全的竞争。零售竞争模式的特点是：① 独立发电公司直接接受用户选择，同时也获得了选择用户的权力；② 所有用户都获得了选择权，这是该模式的最大特点；③ 发电、零售与输配电领域完全独立，配电和输电网络均向用户开放；④ 出现了供电零售公司；⑤ 电网交易中心不再是买电机构，实际上变成了拍卖商或者经纪人，买卖双方签订的所有交易都必须通过电网输送。

广义来讲，智能电网是一个涵盖电力系统所有方面的数字化、信息化、自动化、互动化的系统，具有兼容性、预防性、自愈性、互动性和经济性等特点；狭义而言，主要是其核心部分电网的智能化建设。智能电网对电网结构和系统运行方式的变革，不仅会促进电力市场的新发展，而且还将更深刻地影响电力系统运营模式，以不可阻挡之势推动电力市场化的发展进程。

智能电网对电力市场发展的影响可归纳为以下几个方面：

（1）改变能源的配置方式。智能电网的发展将减少化石能源的使用，促进可再生等新能源的利用。

（2）有利于实时电力市场建设与完善，提高电力市场效率。此外，智能电网中将采用超导、远距离多落点直流输电、自动控制等先进技术和设备，除了降低网损，还可提高输电网运行的灵活性，减少阻塞成本和其他交易成本。

（3）电力调度与市场交易技术支持系统更加智能化。智能电网的安全稳定运行发展需要电网调度和市场交易技术支持系统的支撑，系统在电力输出实时变化的情况下不但要保持电网稳定，简化了人机交互过程，减轻了运行管控人员的信息处理负担，而且能接纳更多的间歇性可再生能源电力。

（4）智能电网的"双向通信"不仅为需求响应提供了技术实现的手段，也改变了电力市场的价格形成路径，提高了电力市场价格形成效率，为需求响应提供了经济激励信号，为更多利益主体参与需求侧（售电侧）电力市场提供了坚强的技术支撑。

与以往的电力市场相比，以智能电网为载体的电力市场将为大规模可再生能源并网和实时需求响应提供经济激励机制，而智能电网则为其提供技术保障。智能电网的发展，一方面给电力市场带来了挑战，另一方面也为电力市场发展带来了更多的机遇。

## 第42问　智能电网怎样实现用户便捷服务

在智能电网中，用户是电力系统不可分割的一部分。智能电网将用户的需求及时反映到电网的动作中，使用户在与电网的互动中获得更多的信息并选择合适的服务。鼓励和促进用户参与电力系统的运行和管理是智能电网的一个重要特征，通过智能电网与用户的交互，可以促使电力用户发挥积极作用，实现电力运行和环境保护等多方面的收益。

智能电网用户服务主要包括用电信息采集、可再生能源接入、电动汽车充放电、智能用能服务、双向互动服务、营销业务管理、智能量测管理、客户供用电安全和供电服务等。

（1）用电信息采集是用户服务的基础要求，为智能电网的分布式电源管理、充放电与储能管理、智能量测管理和营销业务应用提供数据支持，最终实现电力用户的全覆盖和用电信息的全采集以及全面支持费控管理。

（2）智能电网帮助用户实现太阳能、风能、生物质能等可再生能源接入电网，实现分布式电源的远程监视控制、双向计量和结算等功能，满足分布式电源"即插即用"的需求，减少对化石类燃料的依赖，提高清洁能源的利用率，构建电网和客户之间的新型供用电关系。

（3）智能电网为用户提供智能用能服务，实现小区、楼宇、家居用电信息管理、能效管理、实时负荷和异常用电分析、自动抄表、智能家电控制和社区增值服务。电网公司通过实施能效电厂项目，使用户主动参与电网的调度，达到降低电网高峰负荷，节约客户用电成本的目的；通过能耗监测和能效评测，帮助用户进行需求侧管理，为客户节能改造提供参考和建议，为能效项目实施效果提供验证。

（4）智能电网通过网络、手机、自助终端、95598 网站等手段为用户提供灵活多样的双向互动服务，包括信息定制、智能营业厅、多渠道的自助缴费、用户故障诊断与处理、电费双向自动结算、智能化业扩报装、在线安全用电等。智能电网充分考虑客户个性化、差异化服务需求，实现能量流、信息流和业务流的双向交互，为客户提供灵活定制、多种选择、高效便捷的服务，满足多样化用电服务需求，提升客户满意度。

（5）智能电网的充换电网络为电动汽车的跨区域行驶和充电管理提供了坚强的能源和信息支持：大型公共充换电站可以满足用户快速充电或换电的需求；小区或办公区域停车场的充电桩可以满足用户慢速、经济的有序充电需求；另外邮政、环卫、公交等专用充电站可以满足专业车辆的定点定时的充电服务需求。智能电网通过分析电网供电负荷和区域用户的充电需求，通过经济激励政策和技术手段，自动削减高峰充电负荷，提高低谷充电的比例，在满足电网安全稳定运行的前提下，减少用户的充电费用，提高了电能占终端能源消费的比重。

（6）智能电网通过智能量测、通信和控制技术，构建智能量测管理系统，满足电力用户自动化检定和检验、数字化校验、量值传递、寿命评估、计量故障自动管理、各类客户计量计费、实时监测、智能控制等要求。

## 第 43 问　智能电网具备哪些先进性

传统电网在电网突发事件防范方面缺少有效的预防预警手段，特别在抵御重大自然灾害方面始终处于被动应对的局面；在消纳大规模风电、太阳能等可再生能源方面存在供需难于平衡、电网峰谷负荷难于调节等问题；由于受限于固化的物理网架和信息通道，配电网的自愈及自恢复能力较低，配电网供电可靠性难于提高；在电力市场和用户服务方面，由于缺乏政策引导和信息沟通，无法吸引用户主动参与需求响应和服务交易，不能适应电力市场化和用户服务多元化的需求。

与传统电网相比，智能电网的显著特征是能源流、信息流和业务流高度融合，其先进性主要表现在：

（1）具有坚强的电网网架和严密的电网安全运行防御体系，借助大电网安全稳定运行控制、广域测量、网源协调、智能调度、输变电设备状态监测等技术，可以及时发现电网运行出现的运行扰动或故障，也能及时发现自然灾害造成的覆冰、断线、倒杆等电网事故以及外力造成的设备被盗、信息系统被侵入等事件，并能迅速处理，防止事故或事件的进一步扩大或升级，保证电网安全稳定运行。

（2）通过特高压输电、电力储能、微电网、电力电子等关键技术，可以满足间歇性、波动性的可再生能源无障碍接入的需要，保证了风电、光伏等新能源的远距离传输和大规模应用；同时，电动汽车的广泛应用和有序充电，既提高了清洁能源的终端利用率，降低了城市的大气污染，也使电网的负荷曲线更加平滑，减少了电网的高峰负荷储备，提高了电网的经济性和能效。

（3）在建设坚强灵活的配电网网架基础上，采用馈线自动化、网络拓扑分析、微电网、电力电子等关键技术，可以提高配电网自愈和自恢复的能力，提高配电网的供电可靠性。当故障发生时，电网可以快速隔离故障，选择其他路径继续供电，实现自我恢复，避免局部或区域停电的发生。

（4）通过电价、电量实时配置等激励政策，依托智能电网互动服务平台，实现电网与电力用户的友好互动。用户通过平台可以实时了解电网供电状况、查询电价和停电信息、实现购电缴费，还能享受到电网提供的家庭能源顾问等专业化服务；电网可以利用网架、通信和客户等优势资源，为社会广大用户提供多元化和个性化的增值服务。

## 第 44 问　智能电网建设的必要性是什么

国外的发展历程表明，工业化、城镇化时期的电力需求将随着经济社会发展呈快速增长态势。因此，建设智能电网是经济社会持续快速发展的必然要求。从表面上看，智能电网建设需要大量的资金投入，但从长远来看，智能电网创造的价值是巨大的。美国的一项调查显示，智能电网将在未来20年内节省价值800亿美元的电能，特别是在高峰期，用电量将至少节省50%。

传统电网不支持大规模间歇性电源和分布式电源的接入，输电损耗大，且与用户侧无法互动，无法满足低碳经济时代的要求。大量使用化石类能源所造成的温室气体排放及全球气候变化，给人类带来了巨大的挑战。智能电网能够降低人类对化石燃料的依赖，减少温室气体的排放量，积极应对气候变化，适应可再生能源的大规模开发，这是传统电网不具有的。智能电网是解决未来能源输送问题的理想方案，是电网发展的大势所趋。

智能电网在保障安全供电的同时，也有良好的经济效益。智能电网建设将带动信息、通信、电气设备、现代服务业等多个领域的技术进步和产业发展，促进智能楼宇、智能家居、智能交通等领域的技术创新和设备研发，进一步推动我国电工、电子、信息、通信装备的自动化、数字化、信息化水平的提升和交叉融合。

智能电网可以提高电网企业的运行效率及供电可靠性，并降低成本。美国能源部西北太平洋国家实验室的研究结果表明，仅使用智能电能表设定家庭温度并融入价格信息，每年可减少15%的能耗。

依托智能电网的用户服务平台，通过实施灵活的电价策略来转变用户的用电行为，引导用户主动参与需方响应，实现用户错峰用电，达到用户获得实惠、电网平稳供电、社会少建电厂的多赢目标。

总之，智能电网将会产生巨大的经济效益和社会效益，发展智能电网是历史的必然。

## 第45问　怎样描绘智能电网生态圈

智能电网生态圈既包括与智能电网直接相关的发电企业、电网企业和电力用户，也包括智能电网相关机构，如研究所、大学和企业，还包括政府、监管部门甚至全社会。因此，对智能电网的定义和建设不能仅仅考虑到电网自身的需求，而要从智能电网生态圈的所有成员的角度去考虑。智能电网生态圈的构成如图 2-1 所示。

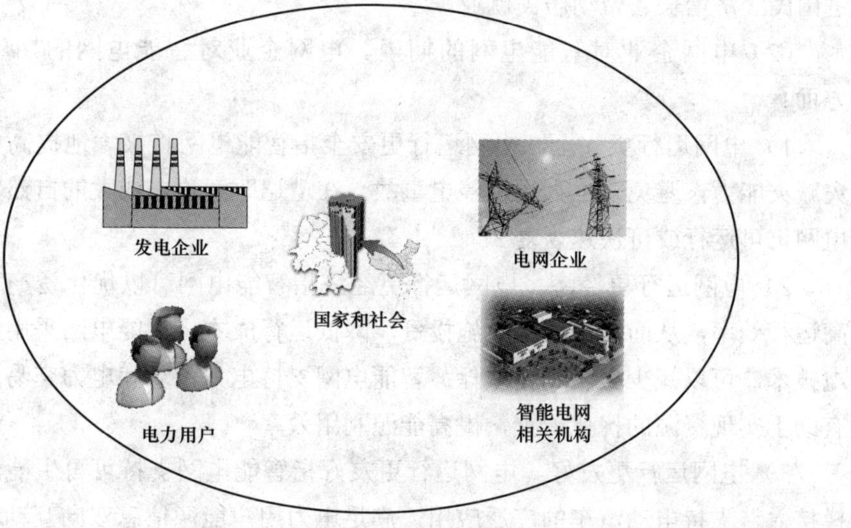


图 2-1　智能电网生态圈的构成

根据智能电网生态圈的组成结构，生态圈内成员对智能电网的期望分为以下 5 个层次：

（1）国家和社会对智能电网的期望。国家和社会对智能电网的期望有三方面：

1）能源独立与能源安全。能源独立与能源安全指智能电网建成后，一方面节省了能源，提高了能源使用效率；另一方面支持可再生能源的大规模接入，提高了可再生能源在能源结构中的比重，从而大大减少了对化石类能源的依赖。

2）环境保护与低碳经济。环境保护与低碳经济指智能电网能够减少二氧化碳排放量，积极应对气候变化；能够推动电动汽车的发展，为电动汽车充放电提供技术保障，从而大大减少化石类能源的消耗，减少二氧化碳的排放；鼓励用户更多地购买风能、太阳能等清洁能源，促进电力供应结构多元化，提升能源结构中低碳能源的比重。

3）促进增长与带动就业。促进增长与带动就业指智能电网除了推动传统电工电器产业实现升级，还将极大促进国家战略性新兴产业的发展，为新能源、新材料、信息网络技术、节能环保、电动汽车等产业注入了新的活力，可以促进国民经济增长、带动居民就业。

（2）电网企业对智能电网的期望。电网企业对智能电网的期望包括三方面：

1）电网运行更安全。电网运行更安全指智能电网将极大地提高电网的防灾减灾能力，避免发生大面积停电事故。在遭遇恶意攻击或大的自然灾害时，电网仍可运行或可快速恢复。

2）电网运行更经济。电网运行更经济指智能电网可以优化资产利用，提高运行效率，从而减少基础设施投资，降低运行成本；智能电网采用新的输配电技术，可以减少电网传输损耗；智能电网支持电力市场和电力交易的开展，有助于实现资源的优化配置，提高能源利用效率。

3）电网运行更友好。电网运行更友好指智能电网支持可再生能源的大规模接入，支持电动汽车的广泛应用，满足电力用户能源信息双向互动的多样化需求，为用户提供更多的增值服务。

（3）发电企业对智能电网的期望。发电企业对智能电网的期望包括三方面：

1）市场更完善。市场更完善指智能电网支持双向互动，有助于电力交易的开展。

2）低谷多储能。低谷多储能指智能电网具有强大的储能能力可以在低谷时段储存电能，以备高峰用电之需，使发电企业的能量输出更加平滑。

3）接入无障碍。接入无障碍指智能电网对发电企业所提供电能的吸纳能力大大增强，无论在高峰时段还是低谷时段，无论是传统的火电水电还是新能源。

（4）电力用户对智能电网的期望。电力用户对智能电网的期望包括三方面：

1）用电更可靠。用电更可靠指现代经济生活高度依赖于电力，如果供电中断会给居民生活带来极大的不便，给企业带来较大的经济损失。因此，用户对安全可靠供电提出了更高的要求。

2）用电更优质。用电更优质指大量电弧炉、节能电机、高铁动车、变频空调为工业和生活带来便利和舒适的同时，也产生了大量的电能质量问题，智能电网必须采取技术手段来解决这些问题，以满足不同用户对电能质量的差异化要求。

3）服务多样化。服务多样化指用户期待电网提供更人性化的服务。例如，通过手机、网站、自助终端和家庭网关，实现用电查询、电动汽车充电、分布式电源、购电缴费等用电服务功能，也可通过第三方运营商实现三表集抄、智能家居、安防告警和物业服务等业务需求。

（5）相关机构对智能电网的期望。相关机构对智能电网的期望包含三方面：

1）科技创新和成果推广。科技创新和成果推广指研究院所期望通过智能电网建设，提升科技创新水平，加快科技成果转化和推广。科技创新和成果推广的主要方法是通过人才团队建设、科研体制创新、关键技术和设备研制、标准体系制定等工作，加快科研和产业的协调发展，为智能电网建设提供科技和服务支撑。

2）基础研究和人才培养。基础研究和人才培养指大学期望参与智能电网的科技、服务和咨询项目，带动新学科建设，培养智能电网急需的专门人才。基础研究和人才培养的主要方法是通过能源领域、信息领域等重大专项、重点实验室建设、产学研合作等，提高教师的科研和理论水平，促进教学与科研，为智能电网研究、技术和产业提供高水平的人才。

3）企业转型与产业升级。企业转型与产业升级指传统企业期望通过智能电网建设，实现发展方式的转变，并完成向高技术企业转型。企业转型与产业升级的主要方法是通过研发、生产、质量和服务体系的建设，为智能电网提供设备、系统和服务支撑，推动企业实现技术创新和产业升级。

## 第 46 问　中国发展智能电网有哪些机遇与挑战

“十三五”国家科技创新规划将智能电网列为重大科技项目，聚焦部署大规模可再生能源并网调控、大电网柔性互联等重点任务，实现智能电网技术装备和系统全面国产化，提升电力装备全球市场占有率。智能电网正面临着世界能源革命和我国转变经济发展方式的双重机遇。

（1）环境和能源。目前，我国能源供应主要依赖化石类能源，由此造成的环境污染和温室气体排放等问题日益严重。随着城市化进程的加快、人口的增长，对能源的需求还将持续增加。对能源的过度开采和无节制消耗会使化石类能源逐渐枯竭，从而可能会引发局部冲突或战争，破坏世界和平。降低对化石类能源的依赖，接纳更多的清洁能源，优化资源配置，是智能电网首先面临的机遇和挑战。

（2）风险防范与安全可靠。电能是优质、清洁的二次能源，因此电能在终端能源消费中所占比例越来越高，经济和社会发展对电能的依赖程度也越来越大。现代电网的电压等级越来越高，输送距离越来越长，电网规模越来越扩大，使电网的安全运行与控制就变得非常复杂，发生大面积停电和重要设备损毁的风险也日益加大。如何提高电网的抗风险能力，确保电网安全可靠，是智能电网面临的重大挑战。

（3）市场开放与优质服务。分布式电源及储能、电动汽车的快速发展和广泛应用，对于可再生能源利用、减少化石类能源消耗、降低电力用户用能成本具有重要的意义。同时，新技术的应用使得电力用户的身份也发生了转变，用户从单纯的消费者转变为既是消费者又可能是提供者。电力流和信息流的双向互动对市场开放提出了更高的要求。

开放的市场为电网企业提供了巨大的机遇。通过打造全开放的商业运营平台和构建电网新型商业运营模式，为电力用户提供多样化、个性化的电力基础服务和增值服务，有利于电网企业实现发展方式的战略转型，成为优质的公共资源服务平台。但是，可再生能源的大量接入将使电网企业的成本增加，电动汽车的广泛应用将给电网的高峰时段带来冲击，市场化的服务需求对电网现有的服务体系提出了更高的要求，这些都是智能电网无法回避的挑战。

能源危机使电网的形态和功能定位发生了深刻的变化，对电网的发展模式、业务流程和管理体制也产生巨大的影响。加快技术创新，追求卓越管理，转变发展方式，已成为智能电网的重要机遇和挑战。

## 第 47 问　坚强智能电网具备怎样的发展战略框架

坚强智能电网的发展战略框架可以简要概括为：一个目标、两条主线、三个阶段、四个体系、五个内涵和六个环节，如图 2-2 所示。

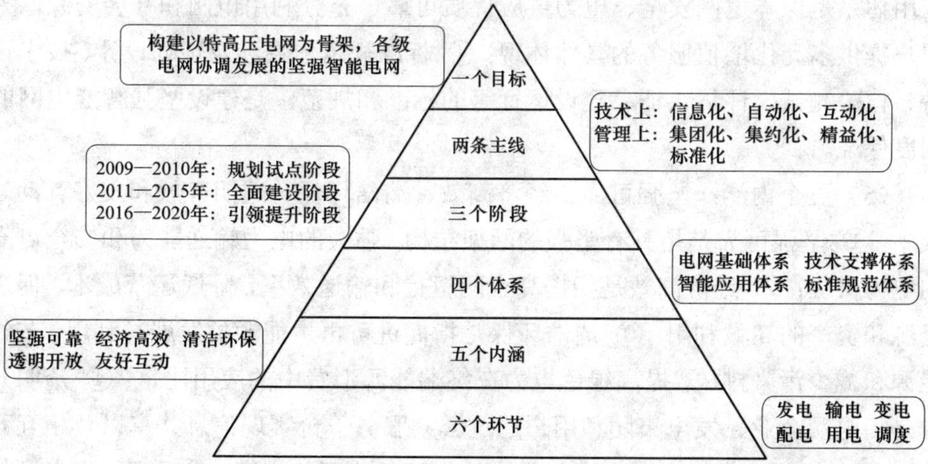


图 2-2　坚强智能电网的发展战略框架

（1）一个目标：到 2020 年，基本建成以特高压电网为骨架，各级电网协调发展，以信息化、自动化、互动化为特征的坚强智能电网，全面提高电网的安全性、经济性、适应性和互动性。

（2）两条主线：两条主线是指技术主线和管理主线。技术上体现信息化、自动化、互动化；管理上体现为集团化、集约化、精益化、标准化。

（3）三个阶段：2009—2010 年为第一阶段，即规划试点阶段：重点开展坚强智能电网的发展规划，制定技术标准和管理规范，开展关键技术研发和设备研制，开展项目试点和示范工程。2011—2015 年为第二阶段，即全面建设阶段：完善坚强智能电网标准体系，加快特高压电网和城乡配电网建设，初步形成智能电网安全运行控制和互动服务体系，关键技术和装备实现重大突破和广泛应用。2016—2020 年为第三阶段，即引领提升阶段：基本建成坚强智能电网，使电网的资源配置能力、运行控制、清洁能源利用、互动服务的水平得到显著提高。

（4）四个体系：坚强智能电网体系架构包括电网基础体系、技术支撑体系、智能应用体系和标准规范体系四个部分。其中，① 电网基础体系是电力系统的物质载体，是实现“坚强”保证；② 技术支撑体系是先进的通信网络、信息处理、测量控制、感知处理等技术融合与集成，是实现“智能”的关键；③ 智能应用体系是保障电网安全、电力供应优质可靠、充分利用电网和社会资源，为用户提供多元化增值服务的具体体现；④ 标准规范体系涉及规划设计、技术设备、检验测试、评估认证、建设运行等的标准和规范，是建设坚强智能电网的制度保证。

（5）五个内涵：坚强可靠、经济高效、清洁环保、透明开放和友好互动。其中，① 坚强可靠是指具有坚强的网架结构、强大的电力输送能力和安全可靠的电力供应；② 经济高效是指提高电网运行和输送效率，降低运营成本，促进资源和资产的高效利用；③ 清洁环保是指促进可再生能源的发展与利用，节约能源和减少污染排放，提高绿色电力在终端能源消费中的应用比重；④ 透明开放是指电网企业、发电集团和用户通过公共服务平台实现信息共享以及相互开放；⑤ 友好互动是指通过电网与用户的信息与能源的交互，实现可再生电源的“即插即用”，引导用户主动参与需求响应，满足电网安全稳定运行需求需要。

（6）六个环节：坚强智能电网减少是一项高度复杂的系统工程，包括发电、输电、变电、配电、用电和调度六个环节以及支撑各个环节的通信信息平台。

## 第 48 问　坚强智能电网建设的重要意义是什么

（1）坚强智能电网建设是经济社会可持续发展的需要。预计到 2020 年，我国用电需求将达到 7.7 万亿 kW·h，发电装机将达到 16 亿 kW 左右。我国经济社会持续快速发展，对电网供电和服务提出了新的更高的要求。电网必须转变发展方式，建设更坚强、更可靠、更优质、更环保的信息化、自动化、互动化的电网，依靠科技进步和自主创新，提升电网管理水平、供电可靠性和电能质量，提供更加完善的服务，更好地服务经济社会发展。

（2）坚强智能电网是促进清洁能源开发和利用的重要手段。发展清洁能源在满足我国能源需求、改善能源结构、减少环境污染等方面具有重要作用，是中国应对世界气候变化的重要举措，坚强智能电网对于清洁能源的开发和利用至关重要。特高压输电具有容量大、距离远、能耗低、占地省、经济性好等优势，能够实现各种清洁能源的大规模、远距离输送，促进清洁能源的开发利用。智能电网可提高电网对清洁能源接入的适应性、运行控制的灵活性以及安全稳定的可控性，形成全国范围的资源优化配置格局，优化能源消费结构。

（3）坚强智能电网建设是电网发展的必然选择。随着经济社会持续快速发展，人民生活水平不断提高，社会公众对电网已由过去的传统用电需求转向了多样化的服务需求，人们除了希望电网供电更安全、更可靠、更方便以外，还希望电网能够接纳更多的风能和太阳能等绿色能源，电网除了向用户供电，还应随时接收用户的多余电力。因此，支持可再生能源的大规模接入、促进电力市场发展、提供友好的增值服务已成为电网发展的新动力，智能电网已成为电网可持续发展的必然选择。

（4）坚强智能电网是战略性新兴产业的助推器。建设坚强智能电网将助力国家战略性新兴产业的发展：① 智能输变电将给特高压变压器、超导电缆、换流器、直流阀等特高压装备制造业带来巨大的发展机遇；② 智能量测技术的创新使电子互感器、智能电能表等新型电工仪表得到广泛的应用，推动仪表产业的升级；③ 信息通信平台建设将带动通信设备制造和信息服务产业升级，促进下一代通信网和互联网等产业的快速发展；④ 智能用电服务体系建设将带动汽车充换电、分布式能源、高级量测体系、需求侧管理、能效服务等社会综合服务业的巨大发展。智能电网在可再生能源并网、微网、储能及电动汽车电池方面的技术创新，将带动新能源产业的发展。

（5）坚强智能电网促进低碳经济发展。坚强智能电网促进低碳经济发展具体表现为：① 智能电网支持可再生能源的规模化接入和利用，降低了化石类能源的消耗；② 智能电网支持电动汽车的广泛应用，提高了清洁能源在终端的消费比重，降低了城市的大气污染；③ 特高压网架可有效减少长距离输电的损耗；④ 在电价政策激励下，用户可主动参与移峰填谷，从而减少电费开支，同时也减少了电网调峰负荷，减缓了新建电厂的步伐，达到了减排的效果；⑤ 灵活的节能政策配合智能电网技术将鼓励企业参与合同能源管理，形成巨大的节能服务市场，促进低碳经济的发展。

## 第49问　智能电网发展面临哪些障碍与对策

在发电环节，我国已深入开展网源协调技术研究，并对大规模可再生能源发电运行控制及并网等关键技术开展了研究，制订了风电、光伏等新能源并网技术标准，研究开发了风电功率预测示范系统；但水电、抽水蓄能、燃气发电等快速调节电源不足，风电运行控制技术尚不能满足高比例接入电网要求。今后，应深入研究各类电源的运行控制特性和网源协调技术，加快新能源发电及其并网运行控制技术研究，开展发电机组深度调峰技术研究，推动大容量储能技术研究，加快抽水蓄能电站建设，进一步提升抽水蓄能机组调节速度和能力。

（1）在输电环节，我国已全面掌握特高压输电核心技术，持续加大电网建设和改造，加快实施输电线路标准化建设，积极采用新技术、新材料、新工艺。截至2020年3月，中国已投运和已开工建设的特高压工程共计32项，但电网结构仍然薄弱，资源大范围优化配置能力不强等问题依然突出，输电线路技术和管理标准化存在差异，运行维护与装备管理较为粗放，对线路运行状态、气象与环境监测面不够，750kV及以上电压等级的柔性交流输电技术有待进一步突破，全国特高压同步电网某些运行机理还有待进一步深入研究。今后，应建设以特高压电网为骨干网架、各级电网协调发展的坚强电网，集成应用新技术、新材料、新工艺，进一步提高设备和线路的绝缘能力，实现勘测数字化、设计模块化、运行状态化、信息标准化和应用网络化，全面实施输电线路状态检修和全寿命周期管理，灵活交流输电技术装备全面达到国际领先水平，促进特高压输电的全面推广和应用。

（2）在变电环节，变电站自动化领域已居国际先进水平，具有自主知识产权的变电站自动化系统和设备完全实现了国产化，新建站均配备了变电站综合自动化系统，大部分老站通过技术改造进行了变电站综合自动化改造，数字化变电站技术在工程化和实用化方面走在世界前列，初步构建起资产全寿命周期管理体系；但目前变电站自动化系统信息共享程度较低，设备检修模式较为落后，一次装备的智能化技术水平有待提高。今后，应实现设备信息和运行维护策略与电力调度全面互动，枢纽及中心变电站全面建成或改造成为智能变电站，实现电网运行数据的全面采集和实时共享，支撑电网实时控制、智能调节和各类高级应用，保障各级电网安全稳定运行。

（3）在配电环节，配电自动化和馈线自动化技术研究较为深入并得到初步应用，配电自动化水平逐步提高，配电网分布式发电与新能源接入技术研究取得较为显著的成果；但目前配电自动化覆盖范围远远低于发达国家水平，大部分配电自动化设备处于闲置状态，配电网相关技术和管理制度亟待完善，储能电池制造与大规模应用等技术方面落后于发达国家。今后，应建成高效、灵活、合理的配电网络，具备灵活重构、潮流优化能力和可再生能源接纳能力，实现集中/分散储能装置及分布式电源的兼容接入与统一控制，完成实用型配电自动化和配电网调控一体化来支持系统的全面建设，主要技术装备达到国际领先水平。

（4）在用电环节，我国已实现营销业务的标准化应用，初步形成了较为完善的技术方案和技术标准体系，为客户提供了较为专业的互动服务平台，初步形成了以现代电力和信息技术为基础的电力营销技术支持体系和多渠道服务接入体系；但目前双向互动服务内容的深度和广度有待进一步拓展，用电信息采集系统建设标准化程度较低，电能表及采集终端型式不统一、智能化水平不高，通信网络和信息网络尚不能达到实用化要求，面向用户侧的通信网络资源不足。今后，应构建智能营销组织模式、标准化业务体系和智能化双向互动用户管理与服务体系，在全国范围推广应用智能电能表，推动智能楼宇、智能家电、智能交通等领域技术创新，改变终端用户用能模式，提高电能在终端能源消费中的比重。

（5）在调度环节，我国调度系统技术和装备目前已居国际先进水平，继电保护和安全自动装置、广域测量系统等方面有着深厚积累和明显技术优势，形成了支撑安全生产调度的电力光纤通信网；但目前电网在线安全分析、控制手段需要进一步完善提高，对大容量风电、光伏等间歇性能源的预测和调控能力不足，电力市场相关调度技术尚处在起步阶段，调度技术支持系统建设不规范、技术标准不统一，电力通信网络结构仍需强化和完善。今后，应实现运行信息全景化、数据传输网络化、安全评估动态化、调度决策精细化、运行控制自动化、网源协调最优化，建立和完善一体化的智能调度体系。

（6）在通信信息环节，我国基本建成一体化信息平台，建成先进可靠的电力通信网络，形成了以光纤通信为主，微波、载波、卫星等多种通信方式并存，分层分级自愈环网为主要特征的电力专用通信网络体系架构；但目前各级通信网络的资源整合和充分利用有待进一步加强，信息支撑体系地区发展不平衡，体系架构不完善。今后，应建成具有国际领先水平的第一个绿色环保电力通信网，全面建成国家电网资源计划系统。

## 第50问　中国发展智能电网有什么特殊问题

在全球能源危机、气候变化以及我国经济社会快速发展的大背景下，电网的安全经济运行面临着许多前所未有的特殊问题，主要集中在新电网、新能源、新用户三个方面。

（1）新电网：特高压建设规模不断扩大，对电网安全稳定带来了巨大挑战。随着我国经济的发展，负荷中心的负荷水平持续增长，为满足庞大的用电需求，大煤电、大水电、大核电、大可再生能源基地的建设势在必行。为了将大电源基地的电力输送到负荷中心，我国建立了特高压输电线路，形成华北、华中、华东特高压同步电网。特高压同步电网是一个全新课题，其某些运行机理目前有待于进一步深入研究，这就对电网的安全稳定带来了挑战。如何在确保系统安全稳定的前提下，提高系统的输电效率，减少阻塞，提高输电系统的经济性，是当前我国电网所面临的特殊问题。

（2）新能源：大规模可再生能源的接入对电网带来的冲击。我国可再生能源发展潜力巨大，按照融入大电网、建设大基地的要求，我国计划在甘肃、内蒙古、河北、江苏等地建立几个上千万 kW 级的风电基地，打造数个风电三峡，截至 2020 年底实现风电累计并网装机容量 2.1 亿 kW 的目标，其中海上风电并网装机达 500 万 kW 以上。大规模可再生能源，尤其是风电和光伏发电，发电功率受自然天气情况影响较大，具有随机性、间歇性，给电网的安全稳定运行带来极大的冲击。

（3）新用户：电动汽车、微电网和大容量储能装置等大量新型用户。随着电动汽车、微电网和储能装置等新型用户大量涌现，我国的能源消耗结构逐渐向“以电代油”方向转变，这是实现能源独立与能源安全、提高能源使用效率及建设节能型社会的必然选择。电动汽车快速充放电将给电网的电能质量带来较大影响；而微电网和大容量储能装置如在用电高峰时段向电网买电而在低谷时向电网售电，也将加大电网调峰难度。这些新型用户的出现，将使电网运行方式发生很大的变化，如何对这些新用户进行管理和优化配置，亟须进一步研究。

以上这些问题，是我国智能电网建设中所要解决的最主要问题。可以看出，与国外智能电网建设偏重配电网有所不同，我国的智能电网建设有着自己鲜明的特点，面临的挑战更加严峻，也更集中地反映在高电压等级大电网的建设、调度和运行问题上。

## 第51问　坚强智能电网如何更好实现清洁能源利用

为了贯彻落实国家能源发展战略，智能电网应高度重视清洁能源的开发利用，为实现能源变革和经济社会可持续发展提供更加安全、优质的能源。

作为清洁能源转换和利用的平台，智能电网在以下四个方面发挥作用：

（1）智能电网要让清洁能源发电“送得出”。由于清洁能源发电基地大多地处偏远地区或荒漠地带，在电网结构上位于电网线路的末端，距离负荷中心较远。因此，需要通过输电线路进行远距离输送。

智能输电技术的研究与应用可以满足大规模清洁能源电力输送的要求。一是大规模清洁能源基地输电规划技术，在保证安全稳定的同时，兼顾经济性，使大规模清洁能源基地的布局更加合理；二是特高压输电技术，提升了电网的输送能力；三是电网安全稳定的协调技术，解决了间歇性清洁能源接入后的系统保护及安全自动装置的配置与协调问题，降低了电网安全稳定的潜在风险；四是与海上风电输变电设备相关的技术，尤其是在恶劣工况下的海上风电设计和制造技术以及海上风电的柔性直流输电技术。

（2）智能电网让清洁能源发电“送得准”。清洁能源大多与当地的气候条件紧密相连，当大规模清洁能源接入电网后，如何进行合理、经济的调度，保持电网安全稳定运行显得尤为重要。

智能电网的调度系统作为电网运行的神经中枢，在为大规模间歇式清洁能源输送保驾护航的同时，还要保证电网的安全稳定运行。在智能电网的调度系统中，将普遍应用基于天气预报应用的间歇式清洁能源发电功率预测技术、间歇式清洁能源与常规机组的联合优化发电调度技术、基于清洁能源的时空分布特性的清洁能源调度运行控制技术，使清洁能源都在电网调度的掌控之中。

（3）智能电网让清洁能源发电“落得下、用得好”。目前我国清洁能源呈现出“大规模集中开发、中高压接入”与“分散开发、低电压就地接入”并举的发展趋势。清洁能源的分布式接入对配电网在规划、运行、控制等方面有较大的影响，智能电网既要实现对分布式清洁能源的接纳，又要实现对它们的协调控制，以提高配电网的可靠性和电能质量。

（4）智能电网使清洁能源发电“发得稳”。尽管清洁能源秉性各异，对电网的影响也各不相同，但它们接入电网后，都必须具备接近常规发电机组的性能，能够保证电网的安全稳定运行。

目前，智能电网在发电环节一方面通过完善清洁能源发电接入电网的技术标准，规范清洁能源电站必须具备的性能指标，引导清洁能源发电先进技术与先进装备的开发与应用；另一方面通过重点研究先进的清洁能源发电核心控制技术，使清洁能源电站在向电网提供优质电能的同时，具备支撑电网运行的能力，实现与电网的灵活互动。

## 第52问　坚强智能电网如何推动可持续发展

加快推进坚强智能电网建设，是应对国际能源危机和全球气候变化，改善生态环境，推动技术创新，促进经济社会可持续发展的重要举措。

我国能源资源和能源需求呈逆向分布，80%以上的煤炭、水电和风能资源分布在西部、北部地区，而75%以上的能源需求集中在东部、中部地区。随着未来能源生产中心不断西移和北移，跨区能源调运规模和距离不断加大，能源运输形势更为严峻。能源与生产力布局不平衡的基本国情决定了我国能源生产和消费的发展格局，促使我国必须在全国范围内实行资源优化配置。因此，加快建设具有坚强骨干网架的智能电网，变能源的“地面”输送为“空中”输送，变能源的局部优化配置为大范围的优化配置，促进大型水电、煤电、核电、可再生能源基地的集约化开发，推动国际能源合作和跨国输电，实现全国乃至更大范围内能源资源优化配置。

建设坚强智能电网，将为集中与分散并存的清洁能源发展提供更好的平台，促进清洁能源较快发展，进而有效增加我国能源供应总量，优化我国能源供应和消费结构，降低对传统化石类能源特别是石油的依赖，为经济社会可持续发展提供更加安全、更加优质的能源供应，保障国家能源安全。

## 第53问　坚强智能电网带来哪些愿景

坚强智能电网是以传统电网为基础，以信息化平台为支撑，以智能化控制为实现手段形成的统一整体，涵盖电力生产、输送直至消费的全部过程，覆盖电网规划、电网建设、电网运行、电能交易等各个环节。通过纵向贯通、横向集成的网络共享平台，实现电力流、信息流、业务流的高度融合。

建设坚强智能电网，将为国家、社会、电网、用户带来美好未来。

（1）提升国家能源安全战略水平。提升国家能源安全战略水平指坚强智能电网建成之后，依托这个资源优化配置平台，将推动我国风能、太阳能等可再生能源的大规模发展和电动汽车的广泛应用，既促进了西部新能源大开发，又促进了中东部及沿海地区的清洁能源利用，减少了环境污染，降低了对石油等化石类能源的依赖程度。

（2）电网运行更加坚强。电网运行更加坚强指坚强智能电网是建立在集成的、高速双向通信网络的基础上，通过先进的传感和测量技术、先进的设备技术、先进的控制方法以及先进的决策支持系统技术的应用，能够及时发现并处理电网内部系统扰动和设备故障，通过预警系统和应急管理体系，提高了电网防灾减灾的能力，保证电网安全稳定运行。

（3）多元化的用户服务。多元化的用户服务指用户通过智能电网互动服务平台，足不出户就可以办理各种信息查询、购电、缴费等用电业务，还可以享受电网公司提供的智能家居监控、家庭能源管理、安防报警、社区服务等多样化、个性化的增值服务。同时，坚强智能电网允许家庭的太阳能、风能和储能等装置的即插即用，并能向电网出售多余的电能。

（4）社会发展更加和谐。社会发展更加和谐指通过建设坚强智能电网，可以有效推动三网融合，实现信息化基础设施的充分利用，减少行业和部门的重复投资；智能电网新技术催生新的服务需求，并激发巨大的商业市场潜力，通过建设新的信息服务产业链，实现产业结构调整和升级，带动新兴服务业的快速发展，扩大社会就业。

## 第 54 问　美国发展智能电网有哪些驱动力

美国的能源资源相对比较丰富，发展智能电网的主要原因是提高供电可靠性，避免区域大停电事故的重演。此外，应对气候变化，摆脱对化石类能源的依赖，充分利用可再生能源也是其重要的驱动力。

总起来说，美国发展智能电网的驱动力大致体现在以下 6 个方面：

（1）提高供电的可靠性和安全性。由于体制原因，美国没有形成全国性的电网，各区域电网发展不平衡，有的电网设备陈旧，自动化水平低，已经对电网安全稳定运行产生了极大威胁。美国西南部地区 2011 年 9 月 8 日发生大停电，约 500 万人受影响，陆空交通几近瘫痪。2017 年 4 月 21 日包括旧金山、纽约、洛杉矶在内的大城市同时遭遇大面积停电。根据美国媒体的报道，美国纽约地铁和往返于新泽西与纽约州之间的旅客列车均出现了大面积延误情况。当日早高峰期间，由于曼哈顿中城的地铁隧道断电，许多地铁延误，最终不得不改道行驶。而旧金山地区则出现全市大面积停电，造成交通停摆，9 万用户停电。据统计，停电和电能质量问题每年给美国造成的损失超过 1200 亿美元。因此，美国政府急需改造陈旧的电网基础设施，实现电网现代化。

（2）提高能源的利用效率和技术的先进性，充分满足用户对电力的需求。

（3）适应环境和气候的变化，降低温室气体排放水平，满足环境保护的约束。据分析，电网的效率每提高 5%，就可以减少 5300 万辆汽车的燃料消耗和碳排放。

（4）发展可再生能源发电，改善能源结构。美国为减少化石类能源消耗，降低温室气体排放，提出要大力开发和利用风能、太阳能等可再生能源。美国政府希望通过立法，促使电网优先接纳清洁能源。电网必须无条件地提高接纳新能源的比例，同时允许用户选择购买绿色电力，也允许用户向电网回馈电动汽车、储能装置内储存的电能。

（5）通过能源革命带动技术创新，掌握核心技术，提升美国的全球竞争力。

（6）据研究机构测算，投资100亿美元建设智能电网，可创造23.9万个工作岗位。另外，太阳能等分布式可再生能源、即插即拔式电动车等行业也将创造出大量间接的“绿色就业机会”。

## 第55问 欧洲发展智能电网的驱动力是什么

欧洲各国电网运行模式不同，电网互联不充分，节能减排、环保统筹、发展低碳经济满足《京都议定书》及哥本哈根联合国国际气候大会的环保目标，是欧洲智能电网的主要发展动因。欧洲发展智能电网的驱动力大致体现在以下三个方面：

（1）供电的安全性问题。欧洲必须大规模投资对电网升级改造，才能保障4.3亿居民的供电安全。国际能源署预计，到2030年，欧洲需要为电网升级改造投入约5000亿欧元，其中智能电网的建设费用将占大部分。

（2）环境问题。欧洲环境署最新发布的报告显示，与1990年相比，欧盟2015年的温室气体排放量减少22%，连续两年降幅超过20%。2015年，欧盟排放交易体系覆盖的行业排放量继续减少，而未覆盖行业排放量在增加，尤其是运输业的排放已连续两年增加。根据欧盟成员国的最新预测，到2020年欧盟温室气体排放量减幅将超过2020年目标，且2020年以后排放将进一步减少，但幅度会缩小。到2030年，欧盟温室气体排放量将仅比1990年减少26%～29%，低于40%的目标。而要达到这个目标，必须建设可再生能源大规模接入的智能电网。地中海地区气候变化与环境影响研究基金（CIRCE）的研究人员表示，可再生能源接入有两套方案：一是扩建可远距离输电的传统高压电网；二是发展智能电网，解决大型风电、太阳能发电造价高、接入难的问题，整合分散的小规模发电设施。

由于自然气候及地理原因，除地中海沿岸外，欧洲大部分地区普遍日照不足。因此，近年来，欧盟加大了对北非的投资力度，不断挖掘太阳能发电的潜能。智能电网将有效解决跨国传送间歇式、大容量可再生能源的难题。

（3）国际市场问题。欧洲纳税人的权利意识很强，任何一笔大规模的财政支出预案都难以在短时间内获得议会通过。另外，欧洲的“反垄断”情结很浓厚，市场准入机制相当严格，这对欧洲本土的企业不利，反而导致非欧盟区的企业抢占了先机。智能电网，对于欧洲来说，是一个不容错失的机会。

## 第56问　日本发展智能电网的驱动力有哪些

日本是世界上能源最为匮乏的国家之一，作为世界能源消费大国，资源贫乏的日本一次能源供应的96%依赖于国外进口；即便将核能算作是国内能源，这一比例也高达80%左右。经历了20世纪70年代的两次石油危机，日本高度重视提高能源的利用率和保障能源供应的安全，通过增加天然气、煤炭与核能的供应比例，形成了多元化的能源供应结构。尽管如此，石油仍是日本一次能源供应的主体，约90%需要从局势不稳定的中东地区进口。此外，日本电力需求占能源总需求的比例为40%，岛国的性质决定日本大部分电力只能源自国内。再者，在世界范围内控制温室气体排放的背景下，日本国内外面临着不小的节能减排压力。2009年12月，日本作为全球第二大经济体和第五大温室气体排放国，在哥本哈根国际气候变化会议上提出减排承诺，即到2020年将温室气体排放量减少到1990年的25%的水平。环保的压力迫使日本大力发展太阳能、风能等可再生能源，减少化石能源的消耗。

日本福岛核泄漏事故使日本对发展核电采取了更加谨慎的态度。针对地震、海啸等自然灾害频发的特点，日本提出了新的能源发展对策，将逐步降低核电在能源供应中的比例，减少对核电的依赖。不过，日本各界也认识到能源结构调整是长期的过程，如何解决现阶段电力供应的缺口，节能就成为新的能源战略中必不可少的环节。

在传统电网中，发电侧通常是稳定的。当电网接入大量太阳能、风能等可再生能源的时候，它们的波动性、间歇性，将使电网面临很多新的问题。如果不能很好地进行控制和平衡就会影响电网的安全运行，严重时会引发大面积停电。因此，智能电网就成为一个最佳的解决方案。

日本提出在 5 年内大力推介 LED 绿色照明设备，并在全国把普通电能表全部更换为智能电能表，以分时计价的方法引导用户节电。在普及智能电能表后，日本计划改造现有电网，加大对电网信息化设施的投资，实现传统电网到智能电网的过渡。通过电网与用户的互动，充分挖掘用户侧的需求，通过政策和技术手段，降低用户的电力消耗，引导用户主动参与需求响应。相比传统电网，智能电网更加高效，可按照用电需求灵活调拨不同发电形式的电力资源。

可以看出，日本发展智能电网的驱动力主要来自可再生能源、节能降耗和需求响应三个方面。

## 第 57 问　什么驱动了韩国发展智能电网

为了保障能源供应的安全，实现经济社会的可持续发展，2008 年，韩国提出了低碳、绿色经济增长的国家方案。2009 年，韩国又出台了“绿色增长国家战略”，将发展智能电网作为实现经济低碳、绿色增长的主要突破点。2010 年 1 月，韩国知识经济部为推动低碳能源发展进程，绘制了“智能电网”路线图。路线图计划至 2030 年投资 27.5 万亿韩元用于智能电网建设，其中政府投资占 10%，其余为企业投资。政府投资用于支持智能电网核心技术研发、开拓市场，内容包括：至 2011 年在示范城市建设 200 个电动汽车充电站，至 2030 年在机关、大型超市、停车场和加油站设立 2.7 万个电动汽车充电站。上述目标完成后，可减少排放温室气体 2.3 亿 t，拉动 74 万亿韩元内需，每年创造 5 万个就业岗位。能源与经济发展的矛盾，经济发展与环境的矛盾，是韩国积极推动智能电网建设的最重要动因。具体而言，韩国发展智能电网的驱动力有以下 4 个因素：

（1）促进可再生能源发展，保障能源安全。韩国是重工业和制造业大国，能源需求旺盛，是世界第十大能源消费国，97%能源来自进口的化石能源。韩国政府认为，发展智能电网有助于可再生能源开发利用，促进能源多元化发展，降低能源进口。

（2）积极应对气候变化。截至 2007 年底，韩国是世界第 16 大温室气体排放国，其中 84.7%的二氧化碳排放来自能源行业。韩国政府希望通过提高可再生能源开发利用率，促进电动汽车普及，有效降低温室气体排放。

（3）提高能源利用效率。韩国的能源利用率偏低，2007年，其能源强度为0.479t标准煤/1000美元，远高于同期的美国（0.294t标准煤/1000美元）、英国（0.187t标准煤/1000美元）和日本（0.144t标准煤/1000美元）。韩国政府希望通过推广能效管理、需求响应、高级量测体系（advanced measurement infrastructure，AMI）等智能电网技术，提高能源利用效率。

（4）转变经济发展方式。近年来，能源供应、环境气候和国际金融等问题给韩国传统的“数量至上”的经济增长方式带来极大的风险。韩国政府认为，发展智能电网将促进科技成果的转化和推广应用，吸引民间企业参与投资，并带动社会就业。

韩国将重点研发可再生能源和分布式电源并网技术、电动汽车与电网协调运行技术以及电网与用户的双向互动技术。通过建立高水准的产学研用联盟，以及与美国、欧洲及跨国公司的合作，增强自身的科技创新能力，提升韩国在智能电网方面的国际影响力。

## 第58问　中国发展智能电网的驱动力是什么

改革开放以来，我国经济持续快速增长，2016年国内生产总值（GDP）达到74万亿元，增速达到6.7%。经济的高速增长要求电网建设必须要适度超前；特高压、互联大电网在提高经济性的同时，又会面临系统的复杂性和安全性问题。我国已经开始大规模开发可再生能源，这将对电网安全运行产生冲击；电网要提供优质可靠的电力供应，并要满足用户对能源和信息的多元化服务需求，提升电网企业的客户服务水平；电网要适应电力市场化的要求，达到发电、电网和用户多方共赢的目的。这些需求和挑战都将成为中国发展智能电网的驱动力，具体如下：

（1）保证电网安全稳定运行，提高电力输送的经济性。经济的持续发展、能源和消费的逆向分布促进了特高压交直流输电、全国电网互联等大电网输电技术的发展。电压等级的升高、区域电网的互联增加了电力远程输送的能力，降低了电网输电线路损耗，提高了系统的稳定性，这对于提高电力供应的经济性、减低能源消耗都具有重要的意义，但增加了电力系统的复杂性，加大了电网遭受内外部突发事件而发生大面积停电的风险。这些问题的解决和风险的防范促进了智能电网的研究和发展。

（2）促进可再生能源大规模利用，满足环保要求。当前，为应对全球气候变化、加快清洁能源利用。我国已开始在西北、内蒙古、沿海等地加快对风能、太阳能等可再生能源的大规模开发，但是可再生能源间歇性和波动性的发电特点对电网安全稳定运行却是一个巨大的挑战，这将带来并网安全控制和储能配合等前所未有的技术难题。运用智能电网技术，可以有效控制这些新能源发电设施的接入，保证接入大电网的安全性和可靠性。

（3）提高电网电能质量，保障优质可靠电力供应。工业企业的调速和节能电机、家庭用户的智能电器和节能灯具都采用了大量的电力电子装置，这给配电网带来了严重的谐波、电压波动等电能质量问题；而电气化铁路、炼钢电弧炉等大型电力用户还会给电网带来无功冲击、电压闪变、电压不平衡等电能质量问题。这些问题需要通过智能电网的滤波和无功补偿等技术手段得以解决。

（4）满足用户多元化服务需求，推动低碳经济发展。用户多元化个性化的服务需求，将催生巨大的智能服务市场。未来智能服务运营商充分利用电网和社会第三方的优势资源，构建智能互动服务平台，为广大用户提供多元化、个性化的智能服务。通过应用软件、智能设备、电动汽车、智能家居等高技术产业的发展，推动智能电网低碳经济的发展。

（5）适应电力市场化要求，优化资源配置。随着用户分布式电源的大量接入、电动汽车的广泛应用，使得电网与用户间能源与信息的双向传送成为可能。通过灵活的电价政策和经济激励等市场化手段，采用智能化技术，引导用户主动参与需求响应，通过整合和优化需方资源，促进用户侧电力市场的发展，提高电网的资产利用率，实现管理水平和效益水平的提升。

## 第 59 问　美国智能电网发展历程有哪些借鉴作用

为了解决电网存在的问题，美国电力行业目前普遍公认的解决方案是建设一个基于全新技术和架构的“智能电网”，利用日新月异的信息技术对电网进行彻底改造，以期建成一个高效能、低投资、安全可靠、灵活应变的电力系统。

2001 年，美国电力科学研究院（EPRI）最早提出智能电网（intelligrid），并投入研究。2003 年把未来的电网定义为智能电网。

2003 年美国政府为推动电网现代化，由能源部（department of energy，DOE）发布了“Grid 2030”白皮书，对美国电网现代化的愿景进行了阐述，这是美国未来电力改革和电网发展的纲领性文件。

2003 年 DOE 牵头成立电网智能化联盟（the grid wise alliance，GWA），联盟的成立旨在推动电网现代化建设和发展，促进政府与电力公司之间的互动与沟通。目前，该联盟由最初的 7 家电力公司发展到目前的 90 个成员，包括政府、电力公司、研究机构、设备厂商和服务提供商等智能电网所有利益相关者。

2004 年，DOE 发布了“国家输电技术线路图”，为实现“Grid 2030”进行战略部署。同年，启动电网智能化（grid wise）项目，核心目标是利用 IT 技术改造电力系统，提高电网的可靠性、灵活性和自适应性。

2004 年，DOE 与美国国家能源技术实验室合作，发起了“现代电网”（modern grid initiative，MGI）倡议，提出了电网现代化的愿景和目标、性能、主要特征、关键技术及评价体系等。

2007 年 12 月，美国国会通过了《能源独立与安全法案》（Energy Independence and Security Act of 2007，EISA2007），规定 DOE 负责智能电网总体工作，并指派美国国家标准技术研究院（National Institute of Standards and Technology，NIST）组织制定相关标准和协议框架。

2009 年 1 月，美国政府发布《复苏计划尺度报告》，将铺设或更新约 4800km 输电线路，并为 4000 万美国家庭安装智能电能表。这是美国首次把以智能电网为平台的新能源政策上升到国家战略。

2009 年 6 月 22 日，美国众议院通过了《美国清洁能源安全法案》，法案的第一章明确规定，美国要发展智能电网，提高电力传输效率。

2009 年 8 月 5 日，美国总统奥巴马在印第安纳州发表讲话，提出美国应建设“可实现电力在东西海岸传输的更坚强、更智能的电网”，确保美国在新世纪里一如既往地保持引领创新的地位。

2009 年 10 月 27 日，美国奥巴马总统宣布向智能电网的建设投资 34 亿美元。这项投资作为《2009 美国恢复和再投资法案》（American Recovery Reinvestment Act 2009，ARRA2009）中经济刺激计划的一部分，是有史以来最大规模的电网建设投资。投资对象涉及企业、地方自治机构、供电服务机构等100多个团体。

2013年6月，第一个大规模智能电网在佛罗里达投入运行，由佛罗里达电力照明公司负责实施。该智能电网系统使用450万个智能电力仪表及1万多个其他仪器设备，突出特点是实现了仪器仪表的联网，从而提高电网的灵活性和恢复力。

在2010—2014年期间，NIST连续发布了三个版本的《NIST智能电网互操作标准的框架和路线图》，指导智能电网标准化工作，2015年发布了首批16项智能电网互操作标准。

截至2015年，美国能源部和电力行业为智能电网拨款和投资超过79亿美元，涉及200多家电力企业和其他组织，为实现电网现代化、加强网络安全、提高互操作性、收集影响智能电网运营和收益的实用性资料。在同一时间内，额外的16亿美元将拨款到成本分摊基金中，用来支持储能示范和区域示范，以评估新兴的智能电网。另外还有1亿美元的联邦资金，用来支持52项智能电网职工培训项目。

2016年，美国新增并网可再生能源装机容量达到24GW，这也是连续第三年实现新增并网可再生能源占新增并网总量的一半以上，尤其是风电和太阳能发电。

## 第60问　欧洲智能电网的发展历程带来哪些启示

欧洲在电网智能化方面的研究更加关注可再生能源接入和分布式发电。欧洲电网独特的发展背景表现在：

（1）较为发达的输配电网络，有充足的电力供应，有利于商业化运营。

（2）欧盟各国更加重视环境保护和可再生能源发展，风能、太阳能和生物质能等可再生能源发展是欧盟能源政策的基本思路。

（3）分布式发电技术为欧洲丰富的天然气资源和成熟的市场化运作提供

了先进的技术手段。

2004 年，欧盟委员会启动了相关的研究与建设工作，提出了在欧洲建设的智能电网的定义。

2005 年，欧盟委员会正式成立“智能电网欧洲技术论坛”，目标是把电网改造成运营商和用户互动的服务平台，提高输配电系统的效率、安全性及可靠性，并为可再生能源和分布式发电的大规模并网扫除障碍。

2006 年 3 月，欧盟理事会的能源绿皮书《欧洲可持续的、竞争的和安全的电能策略》明确强调欧洲已经进入一个新能源时代，智能电网技术是保证电能质量的一个关键技术和发展方向。2006 年 4 月，未来电力网络技术平台顾问委员会发布了《未来欧洲电力网络愿景和战略》（vision and strategy for europe's electricity networks of the future）。报告指出，未来的电力网络和电力市场必须能为用户提供一个安全可靠、灵活、经济和互动的电力系统，必须充分利用大型集中的发电厂和小型分布式的电源。

2007 年，欧洲委员会发布了最新的第七框架计划（the 7th framework programme，FP7），计划包括 10 个子项目，其中第 5 部分（能源）和第 6 部分（环境）与电力工业的发展密切相关，将直接影响电力工业的革新，并进一步促进欧洲智能电网的发展和部署。

2008 年底，欧洲公用事业电信联合会（UTC）发布了一份名为“智能电网—构建战略性技术路线图（smart grids：building a strategic technology roadmap）”的报告，以帮助公用事业公司更好地制定智能电网发展计划，实现智能电网的发展目标。

2009 年初，欧盟圆桌会议进一步明确要依靠智能电网将北海和大西洋的海上风电、欧洲南部和北非的太阳能融入欧洲电网，以实现可再生能源大规模集成的跳跃式发展。

2010 年，以英法德为代表的欧洲北海国家，正式推出了联手打造可再生能源超级电网的宏伟计划，该工程将把苏格兰和比利时以及丹麦的风力发电、德国的太阳能电池板与挪威的水力发电站连成一片。

在 2012 年，欧盟 27 个成员国及其联系国克罗地亚、瑞士和挪威共 30 个国家投入智能电网研发创新活动的总资本量达到 18 亿欧元，共资助了 281 项有关智能电网的研发创新项目。英国、德国、法国和意大利是欧盟智能电网技术应用开发示范项目的四大主要投资国家，而丹麦是欧盟智能电网技术研发创新活动最活跃的国家。

2013 年 2 月，欧洲标准化委员会、欧洲电工标准化委员会和欧洲电信标准化协会制定智能电网、智能电能表以及电动车充电三项标准。

2014 年，欧盟联合研究中心（JRC）发布《智能电网项目展望 2014》报告指出，自 2002 年到 2014 年第一季度，欧盟 28 个成员国加上瑞士和挪威共参与实施了 459 个智能电网项目，总投资额达到 31.5 亿欧元。其中，德国实施项目数最多，共 135 个项目；而法国和英国则在投资额上领先，各投入了约 5 亿欧元，平均每个项目投资额达到 500 万欧元。法国、英国、德国和西班牙四国占到智能电网投资总额的一半以上。

2015 年，JRC 发布了《智能电网实验室调查报告 2015》，报告采用调查问卷的方法，获取并分析了欧洲各国主要智能电网实验室拥有的研究设施、开展的研究活动以及支撑性基础设施的信息，以明确智能电网研究创新的发展趋势和需要弥补的差距。

2016 年，由欧盟“NER300”计划联合资助的首个区域性智能电网，在意大利阿普利亚地区完成了第一个阶段的安装工作。在今后的 3 年时间里，该地区还将有6000个左右的变电站接受改造，同时为3万多个用户配备智能电能表，建设 250 多个电动汽车充电站。这一行动方案的实施，将极大地促进阿普利亚地区的经济发展，推动该地区成为全球第一个智能化区域。

## 第 61 问　日本智能电网经过了哪些发展历程

日本的配电网比较先进，可靠性高。日本的智能电网主要关注可再生能源、需求侧管理、用户能源管理等技术。日本智能电网重点项目主要包括：智能电能表、超导电缆、超级电池、智能绿洲（电动汽车充电管理）、微电网及管理系统、智慧城市、楼宇能源管理系统、家庭能源管理系统、AMI。

2003 年 10 月 1 日，日本新能源产业技术综合开发机构（New Energy and Industrial Technology Development Organization，NEDO）成立。NEDO 直属于

日本经济产业省，设有产业技术本部和能源环境部。该机构除了进行新能源的技术开发，还进行新能源系统连接及电力系统周边的各种问题对策的研究。

2003—2007年，日本在群马县太田市一街区进行试验，在那里集中设置了550户住宅太阳能发电系统，目的是研究电压变动对策和停电时保安对策技术。

2008年，日本发表了福田构想，计划在2020年太阳能发电达到2008年的10倍，在2030年达到40倍。

2009年4月，日本公布了“日本发展战略与经济增长计划”，其中包括了太阳能发电并网、未来日本智能电网实证试验、电动汽车快速充电装置等与智能电网密切相关的内容。日本电气事业联合会在2009年7月表示，将全面开发“日本版智能电网”。

2010年2月，日本经济产业省为了推进其国际化标准，正式成立了“新世纪能源系统国际标准化研究会”。标准涉及输电系统宽带监视控制系统、系统用蓄电池、配电网管理、需求响应、电动汽车、AMI系统等。同年3月，横滨市与东芝、日产、松下等企业合作进行配电网的建设。

2010年，日本政府和民间企业组成“智能社区联盟”，该团体以运用信息技术的新一代电网“智能电网”为核心，通过一系列的规划和宣传活动，国际部署信息共享，旨在建立有效利用能源的社会设施，推动国内外智能社区发展。在日本已有将近150个智能社区项目正在进行。

2010年，日本公司参与了中国天津中新生态城智能电网综合示范工程项目建设；2011年，NEDO参加了江西共青城中日智能小区项目建设，负责可再生能源、储能电池部分的研发和实施。

2013年2月，日本电气公司与意大利Acea公司签订协议，开发锂离子储能系统，安装在Acea公司的变电站并为储能充放电状态及温度提供实时监控。2013年8月，东芝和东京电力公司共同出资成立新公司，开展从智能电能表、蓄电池等设备到系统运用、维护保养的技术研究，联手推进海外智能电网业务。东芝收购全球最大的智能电能表生产商瑞士兰吉尔，在美国新墨西哥州应用智能电能表开展夏季动态响应验证实验项目，系统以东芝电网控制监视系统为核心，由智能电能表综合管理系统、电能表数据管理系统以及客户信息管理系统组成。

2015 年，日本的光伏发电累计装机容量占全球的 17.4%，仅次于德国和中国，位居世界第三。获得 2020 年奥运会举办权后，启动了可再生能源发展专项规划，设置了分布式光伏发电的目标，也推行屋顶租赁项目，居民业主和商用建筑开发商可以将屋顶租赁给太阳能发电开发商，并收取一定的租赁费用。

日本智能电网与欧美不同，主要特征是积极地利用家庭进行太阳能发电。太阳能发电长期目标是 2020 年发电 2800 万 kW，相当于现在 20 倍；2030 年发电 5300 万 kW，相当于现在 30 倍。为此，需要增设电压调整装置和变压器，预计 2030 年前追加投资 6 千亿日元。

东京电力和关西电力等电力公司开始投资构建第二代智能电网，目标除在所有家庭安装智能电能表外，还计划加强输变电设施及蓄电装置建设。2020 年前相关电力设施投资预计超过 1 万亿日元。

智能电能表作为第二代智能电网的核心设备，主要测量每个家庭电力消费情况及随时掌握太阳能发电量等信息。东京电力 2010 年起主要面向家庭安装 2000 万只。关西电力 2010 年 3 月底前在 40 万个家庭安装，并计划更换 1200 万只。预计 2020 年前日本智能电能表需求量约 5 千万只。

## 第 62 问　韩国智能电网经历了怎样的发展历程

2009 年 6 月，在韩美双方会谈上，韩国与美国能源部签署了智能电网合作意向书。2009 年 7 月的 G8 峰会上，韩国和意大利一起被选为智能电网主导国，未来将主导建立向全世界推广智能电网的“国际智能电网行动网络高管会议”。李明博总统在会上表示，韩国将提出旨在扩大智能电网研发的国际合作具体方案。2010 年 1 月，韩国又与美国伊利诺伊州政府签署了合作备忘录，计划从 2010 年 12 月起，韩美将在分布式发电系统、服务器安全等两大领域共同开展技术研发。

韩国政府于 2010 年 1 月制定了《智能电网路线图》，促进相关技术研发、产业化并完善制度，目的是在 2030 年建成全国范围的智能电网。该路线图分三步：第一步（2010—2012 年）智能电网示范工程建设；第二步（2013—2020

年）大都市智能电网建设；第三步（2021—2030年）全国范围内智能电网建设。

2012年6月，济州特别自治道与韩国中央政府共同公布了最新计划——“2030年济州零碳岛”，旨在到2030年通过可再生能源实现无碳化及可持续发展。工程方案计划分三个阶段将济州岛打造为“零碳岛”：第一阶段，到2013年，已初步完成“零碳岛”示范模型；第二阶段，到2020年，利用智能电网和可再生能源，建设“零碳岛”基础设施，计划济州岛可再生能源发电量占比达到68%；第三阶段，到2030年，济州岛将采用陆上及海上风电、太阳能及储能系统来替代所有的化石能源。济州政府发展风电的最终目标是2.35GW，其中包括350MW的陆上风电和2GW海上风电，届时，济州岛将成为真正的“零碳岛”。

韩国政府目前正在打造“济州岛示范园”，从2009年12月到2013年5月，在济州岛内总计投资2.4亿美元，组建由226家电力、通信、家电等企业共同参与的“济州岛示范园”。到2010年年底，在岛内建成由600只智能电能表、73座电动汽车充电站、示范运营中心等构成的济州岛智能电网示范基地。

济州岛示范园海上风电的发展与“零碳岛”计划一样，也是分阶段进行的。到2019年为第一阶段，实现替代50%化石能源的目标，其中包括2011年到2016年由韩国电力公社与韩国南部开发株式会社共同承担的300MW风电场建设与试验以及2014年到2019年700MW海上风电场建设，为实现风电本地化并向济州岛外的地区输送多余电力打下基础；第二阶段到2030年，有针对性地发展储能技术，实现“零碳”目标，使其成为未来发展的引擎。太阳能也是济州岛又一大可利用的可再生能源，韩国陆续制定专项计划，如“10万户太阳能屋顶计划”。目前济州岛太阳能试验区内有大概1.2万个用户屋顶已经安装了光伏发电系统，同时正在使用太阳能发电，目前太阳能发电量在50MW左右。

此外，为了将污染降到最低，2013年开始，政府开始以财政补贴的方式引进电动车逐步取代化石能源的汽车，并在岛上建了70个充电站。目前济州岛上有37万辆化石能源汽车，政府计划到2030年之前，将所有在济州岛上行驶的汽车，全部更替为电动汽车。对于购买电动汽车的岛民，韩国政府将给予补贴。

韩国希望通过建设智能电网在未来20年内能将绿色能源在总能源中所占2.4%的比率提高到11%。除了能更好地利用清洁能源以外，智能电网还能让用户选择在电价便宜时段使用电器。韩国智能电网总的发展目标是，应用信息通信技术使电网智能化，减少碳排放并寻求新的经济增长点。目前，韩国智能电网还处于发展初期，商业运作上还存在不稳定性因素，需要通过正式运营示范园，发掘新的商业模式，探索多行业间双赢模式。此外，还需要完善基础制度和消除政策的不稳定性因素。

## 第 63 问 中国智能电网发展历程有哪些总结

2009 年 5 月，在北京特高压输电技术国际会议上，国家电网公司正式对外界公布了“坚强智能电网”计划，提出了建设以特高压电网为骨干网架、各级电网协调发展的坚强电网为基础，利用先进的通信、信息和控制技术，构建以信息化、自动化、互动化为特征的自主创新、国际领先的统一坚强智能电网的战略发展目标。2009 年 8 月，国家电网公司确定了坚强智能电网第一批 9 个试点项目，其中包括上海世博园智能电网综合示范工程，这标志着坚强智能电网试点全面启动。2010 年 1 月，在总结第一批试点工程的基础上，国家电网公司提出了第二批 12 个试点项目，其中包括在城市区域级扩展的中新天津生态城智能电网综合示范工程项目。

2010 年 6 月，国家电网公司发布了《智能电网关键设备（系统）研制规划》和《智能电网技术标准体系规划》。其中，《智能电网关键设备（系统）研制规划》在中国首次系统地提出了包括 7 个技术领域、28 个技术专题和 137 项关键设备的研制规划。该规划分析了目前国内外智能电网关键设备的研制状况，针对“已有设备”“在研设备”和“待研设备”，提出了明确的工作策略，制定每一类设备的研究内容、目标和计划。该规划是关键设备研制工作的行动纲领，可作为科研、制造企业的设备研制指南，同时也可作为制定相关产业化发展规划的指导依据。《智能电网技术标准体系规划》在中国首次系统地提出了包括 8 个专业分支、26 个技术领域、92 个标准系列的智能电网技术标准体系，明确了可以直接采用、需要修订、需要制定的智能电网技术标准。该规划是用于指导公司智能电网企业标准编制工作的纲领性文件和技术指南，也是我国智能电网行业标准和国家标准编制工作的重要参考资料。

2011年，智能电网建设列入国家“十二五”发展规划，成为一项国家战略。9月，在2011智能电网国际论坛上，国家电网公司向外界宣布，在“十二五”期间预计将投入约1.6万亿元用于坚强智能电网建设，其中输电和配电网建设各占50%。在国家“十二五”规划的背景下，国家电网公司将全面加快建设坚强智能电网。建设“三纵三横”结构的特高压骨干网架，建设110kV及以上智能变电站6100座，新建电动汽车充换电站2900座和充电桩54万个，安装智能电能表2.3亿只，支撑9000万kW风电和800万kW太阳能发电的接入和消纳，保障80万辆电动汽车的应用，实现全部客户用电信息的自动采集。

2016年8月，“十三五”国家科技创新规划发布，将智能电网列为九项重大工程之一，聚焦部署大规模可再生能源并网调控、大电网柔性互联等重点任务，实现智能电网技术装备和系统全面国产化，提升电力装备全球市场占有率。

2018年1—5月，海南全面启动智慧能源与能源互联网等智能电网9大领域32项重点任务。此次将规划建设智能微网和交直流混合配电网，大幅提高重要及敏感用户的供电可靠性和抗干扰性；结合供给侧改革、需求侧响应研究，通过市场价格等手段进行调峰，实现清洁能源的有效利用和客户用电成本的降低。

2018年6月，中国移动、南方电网、华为联合发布了《5G助力智能电网应用白皮书》。智能电网作为新一代电力系统，具有信息化、自动化、互动化等特征，通过应用数字信息技术和自动控制技术，实现从发电到用电所有环节信息的双向交流，系统地优化电力的生产、输送和使用。未来的智能电网将是一个自愈、安全、经济、清洁，能够提供适应数字时代的优质电力网络。到2020年，将全面建成坚强智能电网，形成“五纵六横”的特高压骨干网架，实现电网的智能调度和状态监测，形成完善的可再生能源利用网络和电动汽车充换电服务网络。届时，通过物联网、云计算、智能控制等技术的融合，支撑国家“三网融合”，使智能电网成为能源信息双向交换的公共服务平台，成为现代社会和智能时代的重要物质基础，为高效利用能源、享受现代生活、推动社会发展提供有力支撑。

## 第 64 问 美国为智能电网发展出台了哪些政策

2007 年，美国颁布的 EISA2007 明确提出，实现美国电网的现代化、创立智能化的电网、推广可再生能源、减少对进口石油的依赖是美国的重要能源政策，这也是美国最早关于智能电网的政策基础。

2009 年，奥巴马就任美国总统后，提出了以智能电网为核心的美国能源战略，智能电网建设更是被奥巴马政府选择为刺激美国经济振兴的核心主力和新一轮国际竞争的战略制高点。由奥巴马签署的 ARRA2009 成为推动美国智能电网发展的最有力的政策保障。

2009 年 10 月 27 日，奥巴马总统宣布向智能电网的建设投资 34 亿美元。这项投资作为 ARRA2009 中经济刺激计划的一部分，是有史以来最大规模的电力网建设投资，投资对象涉及企业、地方自治机构、供电服务机构等 100 多个团体。同时，美国政府宣布了七点关于智能电网的建设原则与建议：

（1）鼓励消费者在知情情况下的高度参与。在智能电网中，用户要么改变以往的用电习惯，要么为高峰负荷时用电承担高昂的电价，而用户的节能行为和向电网卖电的行为将得到相应的补偿。这样，企业用户及个人用户等能源消费者会选择最合适自己的供电方案和电价，既可以减少用户的整体电费开支，又可以降低电网投资。

（2）能够适应所有的电源种类和电能储存方式。智能电网允许“即插即用”地连接任何电源和储能设备。智能电网不仅支持传统型电力，同时也能够无缝地连接燃料电池、可再生能源以及其他分布式的电源。这种对小规模、地方化或就地发电形式的融合，能够有效提升电网可靠性和电能质量，减少电力成本并为消费者提供更多选择。

（3）支持新产品、新服务的开发，刺激经济发展。有专家预计，智能电网建设将拉动超过 1 万亿美元以上的投资，再加上智能电网之后的超级电网改造和可再生能源领域的变革，美国的电网变革将衍生成为一场跨行业、跨越式的新技术革命，它将引起电力、IT 等行业的深度裂变，同时导致建筑业、汽车业、新材料行业、通信行业等多个产业的重大变革，并催生出一系列新兴产业，这场新技术能源产业革命在未来 5～8 年内会形成 20 万～30 万亿美元的产业规模。

（4）提供适应 21 世纪数字经济发展需求的电能质量。智能电网可以提供清洁的、可靠的电力供应，断电概率更低；更重要的是，智能电网可更高效地利用能源，降低能源消耗。

（5）优化电力资源调配，提高电网营运效率。美国现有电力资源没有被充分利用，分配严重失衡。智能电网应用最新的技术，可最大限度地应用已有设备，协调当地配电状况与跨区域的、不同输电线路的拥堵状况，提高现有电网资产的使用率，减少电网堵塞和瓶颈，并最终达到为用户节约成本的目的。

（6）通过自动检测、控制和修复来预防系统事故故障。智能电网应能够快速发现电网故障并做出反应，迅速解决或减少停电时间和经济损失。

（7）电网可在自然及人为事故下保持平稳运行。智能电网嵌入各种传感器、摄像头、自动开关等设备，不论是对变电站、电线杆等物理设备的攻击，还是对软件、通信等信息系统的攻击，智能电网都能够进行自动抵抗和自我恢复。

总之，美国的智能电网政策聚焦于三个方面：可再生能源和用户服务、电动汽车以及电网运行控制。其中，可再生能源和用户服务方面重点研究风电、太阳能和生物质能的集中/分散式发电和并网技术、储能技术、双向信息交互和电力交换技术；电动汽车方面重点研究插电式电动汽车等智能装备技术、电动汽车与电网协调运行技术；电网运行控制方面重点研究传感器、向量测量装置安装应用、实时的动态安全评估和控制决策分析技术。

美国政府自 2003 年开始出台了一系列规划、经济法案和输电规划路线图，为智能电网的发展提供了政策和法律支持。为推进智能电网的建设，美国政府还积极探索组建智能电网相关机构，其中包括能源部建立了一个专门致力于智能电网领域研究的咨询委员会（Smart Grid－Advisory Committee，SGAC），用于为政策制定提供咨询建议。能源部还建立了一个智能电网特别行动小组（Smart Grid Task Force），其主要任务是确保、协调和整合联邦政府内各机构在智能电网技术、实践和服务方面的各项活动，该小组在 2008—2020 年间通过政府的资金资助维持有效运转。

## 第 65 问　欧洲各国的政策是如何引导智能电网建设的

欧盟是世界智能电网的领跑者之一，2005 年成立的欧盟“智能电网技术论坛”提出要把电网转换成用户和运营者互动的服务网，以提高欧洲输配电系统的效率、安全性及可靠性，并为分布式可再生能源发电的大规模整合扫除障碍。由于欧洲各国电网运行模式不同，国家间电网互联不够，2010 年 4 月 20 日，“智能电网技术论坛”发布《欧洲未来电网战略部署文件》最终版本，协调欧洲各国智能电网的发展规划，明确指出节能减排、环保统筹、低碳经济是欧洲智能电网发展的主要动因；实现绿色电力是欧洲智能电网建设的重要目标，即达到温室气体排放减少 20%，可再生能源利用占到 20%，能源利用效率提高 20%；强调欧洲智能电网建设应更加关注可再生能源和分布式电源的接入，带动整个行业发展模式的转变。

欧洲各国政府根据自身的情况制定了一系列配套政策来推动智能电网建设，形成了由政府主导，研究机构、电力企业、咨询公司积极推动，社会公众广泛参与，研究与应用并重，产学研高度结合的局面。

法国已经将电力用户使用智能电能表进行强制立法。法国电网公司也表示将加速风电的建设，计划将风电装机容量在 2010 年达到 5GW，2020 年达到 20GW。法国配电公司与美国美信公司与 2008 年 12 月签订合同，共同制定和开发下一代电力线通信规范及解决方案，促进法国自动抄表系统的基础设施建设；意大利电力与天然气监管机构 AEEG 发布决议，所有意大利电力用户必需配备安装自动抄表系统；西班牙出台相关法律，到 2014 年所有配电网运营商必须安装自动抄表系统，到 2018 年所有机电式电能表都要更换为智能电能表；德国法律规定，从 2010 年起，新建、改建房屋必须加装智能电能表，到 2020 年可再生能源比例达到 20%；奥地利、瑞士 AMI 试点刚刚开始，由于以水电为主，很容易达到 20%的减排指标；瑞典已经 100%安装完成智能电能表。

欧盟能源管理系列条例的电力管理规章中规定了相关举措的时限：在 2020 年之前实现智能电网在欧盟的 80%覆盖率；到 2022 年，欧盟所有家庭用户必须安装和使用智能电能表。在欧盟的各主要成员国中，英国 2009 年发布了《英国可再生能源发展战略》和《英国低碳转型计划》，德国 2009 年发布了《新思路、新能源—2020 年能源政策路线图》等战略性文件。

## 第 66 问　日本智能电网的政策是如何影响产业的

日本智能电网计划的核心是大规模推广开发“与太阳能发电时代相适应的电网”，其重点研究领域集中在太阳能发电输出功率预测系统、高性能蓄电池系统和火力发电与蓄电池相组合的供需控制系统等。

日本智能电网建设工作由政府主导，日本经济产业省在 2010 年度预算中列入 55 亿日元支持研发智能电能表和蓄电池技术。2010 年 4 月，日本经济产业省批准横滨等四个城市开展智能城市建设工作，其中横滨市计划投资 740 亿日元，到 2014 年建设 27MW 的光伏发电系统，为 4000 户居民提供家庭能源管理解决方案，支持 2000 辆电动汽车的日常行驶。

2009 年 3 月，日本政府公布了政府发展战略议案，该议案由太阳能发电－世界第一节能计划、快速普及生态汽车－低碳物流、实现资源大国计划三部分组成。该议案充分强调了“在环境技术方面的全球领先地位”。

2010 年，日本政府开始在孤岛进行大规模构建智能电网试验，主要验证在大规模利用太阳能发电的情况下，如何统一控制剩余电力、频率波动以及蓄电池等问题；日本经济产业省设立了“智能电网国际标准学习会”，为谋取智能电网国际标准话语权做准备。

日本九州电力与冲绳电力在九州及冲绳的岛屿地区，对利用太阳能等可再生能源的“岛屿微电网”进行验证试验。两家公司将利用日本能源厅的“孤立岛屿电力系统引入新能源补助金”，导入太阳能发电以及使用锂离子充电电池的蓄电池设备，对电力系统与可再生能源的联动进行验证。此外，日本日立制铁所与东芝公司等设备制造企业已进军美国智能电网市场，与美国国内十多家企业联手，在美国南部研发太阳能发电高效控制系统。

2011 年 3 月，日本福岛核电站的爆炸泄漏引起日本政府对发展新能源的思路有所改变。在灾后的重建中，日本政府更加重视智能电网技术的应用。

2012 年，日本政府开始实施可再生能源上网电价补贴政策。通过补贴可再生能源发电成本与常规上网电价的差额，使技术尚未成熟和开发运营成本仍然较高的可再生能源供电项目能够有长期稳定的合理回报，从而吸引部件、系统和运营商及投资人的积极参与，进而推动整个行业的持续发展。

2015 年，日本已经实施了可再生能源配额制。配额制度指供电商、消费者每年必须消费一定额度的绿色电力，未能完成的必须向国家支付一定的费用。强制性年度配额制度的实施可保证绿色能源市场的需求，从而增强相关设备生产商和绿色能源生产厂商的投资和生产信心，调动相关技术开发的积极性，以便使绿色能源生产进入良性循环的轨道。

## 第 67 问　韩国智能电网的政策有怎样的影响

为了应对能源危机和气候变化，减少温室气体的排放，促进可再生能源利用，推动电动汽车的广泛应用，提高能源利用效率，韩国政府已经把智能电网建设提升到促进国家实现绿色经济增长的战略高度，并加大了在组织、规划、投资、财税、研发和推广等方面的支持力度。其智能电网相关政策主要体现在以下七个方面：

（1）重视智能电网核心技术研发及推广应用。韩国政府重视储能技术、信息技术和网络安全等智能电网核心技术研发与工业应用。2005 年制定的“Power IT”计划提出了多项科研计划，是韩国关于智能电网的初步构想。2008 年，韩国提出以出口为导向的 Power IT 工业增长政策，支持其科研成果出口。2009—2012 年，韩国知识经济部将投入 2547 亿韩元推动智能电网技术的应用。

（2）调整能源结构加快能源转型。2008 年发布第一份国家能源计划，第一次全面阐述韩国的能源政策，旨在推动能源的可持续发展，兼顾能源安全、经济发展和环境保护，确定了减少对进口化石能源依赖，提高核电和可再生能源在能源结构中的占比等基本措施；2014 年发布第二份国家能源计划，也是目前为止最新的能源政策，该计划削减了原先计划的核电在能源总供应中所占的比例。2017 年，韩国新任总统文在寅表示他领导的新一届政府将终止所有建设新核电站的计划，也不再批准延期运行现有核电站，韩国正调整政策，提议的新能源战略是不鼓励使用煤炭和核电，而是更偏好天然气和水电、太阳能等可再生能源。

（3）加大对智能电网建设的投资和政策支持。2009 年 1 月，韩国政府出台了名为“绿色新措施”的经济刺激一揽子方案，从财政、金融和税收等方面支持智能电网发展。2009—2012 年，韩国将在可再生能源、高能效建筑、低碳汽车等方面投入约 97.9 亿美元。

（4）建立政府主导的智能电网发展协调组织机构。2009 年 2 月，时任韩国总统李明博宣布成立直接向总统负责的绿色增长总统委员会。该委员会是跨部门的政策制定机构，由财政部、运输部、能源部、知识经济部、环境部、土地部和旅游部等政府部门和相关领域的专家组成，主要职责为审议与国家绿色增长有关的重要政策、计划以及落实相关事项。韩国的这一举措在国际上也颇具创新性。

（5）营造促进智能电网建设的法律环境。2009 年 12 月 29 日，韩国国会通过了《绿色增长基本法》，明确了韩国经济绿色增长的基本理念、原则、战略以及绿色增长委员会的作用等，同时提出了实现经济绿色增长、绿色生活、低碳社会和实现可持续发展的基本原则和措施。该法案明确提出“促进绿色发展是国家的第一优先课题”。以此为背景，韩国于 2011 年 5 月颁布了“加速推进电网智能化的相关法”，目的在于加速智能电网的建设，为低碳绿色增长提供有利环境，在应对国际气候变化的同时进一步推动相关产业发展，促进国民经济增长。作为韩国减少二氧化碳排放量政府计划的一部分，韩国智能电网法案于 2011 年 11 月 25 日起生效。这为电动车充电服务和使用智能电网的电力分销商建立了法律的框架。

（6）超前谋划并制定智能电网发展战略。2010 年 1 月，韩国知识经济部发布了“韩国智能电网发展路线 2030”（以下简称“路线”），指出智能电网的发展方向、目标及五大推进领域，“路线”指出韩国建设智能电网的战略目标在于实现低碳绿色增长。为实现这一目的，韩国秉持循序渐进原则，提出了三个阶段建设路线：第一阶段为 2010 年至 2012 年技术验证期，致力于 2012 年建设世界最高水平智能电网示范城市；第二阶段为消费推广期，2020 年实现广域范围的电网智能化；第三阶段为全国部署期，2030 年使韩国成为世界上第一个实现全国范围电网智能化的国家。为按期达成上述阶段性目标，“路线”规划至 2030 年投资 27.5 万亿韩元用于技术研发及基础设施建设，具体包括至 2011 年在示范城市建设 200 个电动汽车充电站，至 2030 年在机关、大型超市、停车场和加油站设立 2700 个电动汽车充电站。随着济州岛实验基地推进，韩国电网智能化的第一阶段已告一段落。韩国的电力基础设施现代化程度大幅提高，尤其是近五年发展更为明显，目前韩国已经制定浮动电价政策。韩国的下一步任务还有分散性电力控制系统的体现、中央集中型转变为分散型电力控制系统、电动汽车普及、实现自由电力交易等。据既有电网实际情况看，韩国的智能电网构筑比起基础设施建设更加注重智能化的结构。

（7）积极参与国际交流合作，提升国际影响力。为了提高韩国经济绿色增长战略的国际影响力，韩国在 2010 年 6 月 16 日正式成立全球绿色增长研究院，这是第一个由韩国发起的国际性机构，旨在建立系统的绿色增长理论并在全球范围内推广。从 2009 年至今，韩国先后与美国、菲律宾、澳大利亚等国积极开展智能电网国际合作。2010 年 11 月，第五次 G20 峰会在韩国首尔召开，期间举办了“韩国智能电网周”活动，集中展示济州岛智能电网示范项目建设经验和成果。

## 第 68 问　中国智能电网政策起到了哪些促进作用

中国智能电网的能源战略目标主要表现在开源和节流两个层面。开源就是改善能源结构，大力发展可再生能源发电；在安全的条件下，稳步发展核电；减少化石能源消耗，降低温室气体的排放。节流就是节约能源和提高能效。早在智能电网概念提出之前，我国就已推出有关发展新能源与可再生能源、提高能源利用效率和节能减排等多项政策。

我国与智能电网相关能源法规包括《节约能源法》《可再生能源法》，这些法规的实施标志着中国的可再生能源利用和节能工作逐步纳入法制化和规范化轨道。国家发布的《能源中长期发展规划纲要（2004—2020 年）（草案）》《节能中长期专项规划》《可再生能源中长期发展规划》《国家核电发展专题规划（2005—2020 年）》，为我国的能源可持续发展、可再生能源的规模化开发和利用、核电稳步发展和节约能源提出了明确的目标方向和任务。

2009 年 5 月，在北京特高压输电技术国际会议上，国家电网公司首次向外界公布了“坚强智能电网”战略目标和发展计划，这对于社会认识了解智能电网，国家研究和制定智能电网相关政策起到了积极的推动作用。

2010年3月5日温家宝总理在政府工作报告中提出要“大力开发低碳技术，推广高效节能技术，积极发展新能源和可再生能源，加强智能电网建设”。科学技术部在《关于加快我国智能电网技术发展的报告》中明确提出发展目标和任务，并2010年11月启动了国家863计划重大项目“智能电网关键技术研发”。

2011年3月国家发布了《国民经济和社会发展第十二个五年规划纲要》，提出“发展特高压等大容量、高效率、远距离先进输电技术，依托信息、控制和储能等先进技术，推进智能电网建设”。

2011年7月科学技术部发布国家“十二五”科学和技术发展规划，在能源领域基础研究和战略性新兴产业方面都把智能电网列为重点研究和产业项目。

2012年，国务院印发《“十二五”国家战略性新兴产业发展规划》，规划对发展智能电网做出了部署，加快建设适应新能源发展及运行体系，将智能电网建设上升至国家战略层面的高度。

2015年7月国家发展改革委、国家能源局正式发布《关于促进智能电网发展的指导意见》，要求编制智能电网战略规划，提高输电网智能化水平。与此同时，加强发展智能配电网，鼓励分布式电源和微电网建设，促进能源就地消纳。到2020年，初步建成安全可靠、开放兼容、双向互动、高效经济、清洁环保的智能电网体系。

2016年，国家能源局正式印发《电力发展“十三五”规划》（2016—2020年）。规划强调，推进“互联网+”智能电网建设；全面提升电力系统的智能化水平，提高电网接纳和优化配置多种能源的能力，满足多元用户供需互动；全面建设智能变电站；全面推广智能调度控制系统，应用大数据、云计算、物联网、移动互联网技术，提升信息平台承载能力和业务应用水平。

# 第三篇

# 标 准 篇

## 第69问　欧洲智能电网标准化做了哪些工作

在智能电网领域，欧盟的目标是减少9%的$CO_2$排放，节约10%的家用能耗，同时还要大力推广光伏和风电等可再生能源，以应对气候变化，进行能源转型。为了达到上述目标，欧盟高度重视相关标准的制定和推广。欧盟的智能电网标准化工作主要由欧盟标准化联盟组织（European Standardization Organizations，ESOs）负责推动，联盟组织的主要成员有欧洲标准化委员会（Comité Européen de Normalisation, CEN）、欧洲电工标准化委员会（CENELEC）和欧洲电信标准化委员会（European Telecommu nications Standards Intitute, ETSI）。

2011年，欧盟委员会向ESOs下达了具体任务：① 提出一套技术参考架构，兼容智能电网的主要域和相关系统；② 提出一套支持信息交互（包括通信协议和数据模型）和整合所有运营商的一致性标准；③ 可持续的标准化进程和协作工具，确保互操作性；④ 确保信息安全和隐私。

为了完成上述任务，ESOs根据欧盟委员的政令成立了若干标准工作组，对应于M/441政令的智能电能表工作组，对应于M/468政令的电动交通工作组，对应于M/490政令的智能电网标准体系工作组。同时，ESOs还成立了智能电网协调组（Smart Grid Coordination Group，SGCG），负责协调上述标准工作组的工作，以确保标准的一致性。根据欧盟委员会的要求，SGCG提出了标准化项目清单和优先项，以及标准化工作方案。同时，SGCG还参与国际和区域标准化组织的工作，与国际电工委员会（International Electrotechnical Commission，IEC）以及美国标准化组织建立了合作关系。

（1）M/441政令。M/441政令负责制定智能电能表互操作解决方案，提出针对智能电能表功能和接口的技术标准。为公平和保持开放性起见，不推荐任何特定的架构或技术。

（2）M/468政令。M/468政令实现供电端与电动汽车充电装置、电池之间的互操作，确保任何型号的充电装置、电动汽车和电池在欧盟区域内均能入网和互操作；开展智能充电研究；在低电压指令2006/95/EC和电磁兼容指令2004/108/EC框架下，考虑电动汽车充电装置的安全风险和电磁适应性。

（3）M/490 政令。M/490 政令包含以下内容：① 建立一个智能电网技术参考架构，能够体现智能电网主要域之间的信息流，并兼容其他有关的系统和子系统框架；② 制定内部统一的系列标准，能够支持信息交换（通信协议和数据模型）和所有用户与电力系统控制的融合；③ 开发可持续化发展的标准化流程以及协作工具，实现不同利益相关方之间的互动；通过缺失分析和迭代优化，使其能够适应新的需求，同时确保符合顶层设计等。作为构建可持续发展流程的一部分，CEN/CENELEC/ETSI 还将联合开展用例收集整理工作，并将用例与现有标准进行映射，作为未来标准开发的依据之一。

目前，SGCG 已经发布了两个研究报告，分别是《智能电网标准联合工作组最终报告》和《欧洲智能电网标准化推荐建议》，研究报告提出了欧洲智能电网标准化工作建议。

为了使电网能够与家庭和建筑电子系统（home and building electronic system，HBES）进行互操作，CENELEC 的若干技术委员会正在协调开展工作，其中，TC57 WG21 负责智能电网用户接口的电网侧；TC205 负责智能电网连接到 HBES；TC59 负责用户侧设备，如：洗衣机、冰箱等。标准的建立确保了来自不同厂商的设备之间能够进行互操作。

## 第 70 问　美国是如何开展智能电网标准化工作的

美国智能电网标准化工作的方针是：政府主导、广泛参与、重点推进。

从 2003 年开始，美国陆续出台了一系列规划、经济法案和发展路线图，为智能电网的发展提供了政策和法律支持。美国能源部建立了一个专门致力于智能电网领域研究的咨询委员会，用于为政策制定提供咨询建议。

根据 EISA2007，NIST 统管美国的智能电网标准体系研究和建设，其职责是协调组织和协调智能电网利益相关方共同研究和制定智能电网技术标准，以达到智能电网和系统的互操作目标。

2010 年 1 月，NIST 发布了《NIST 智能电网互操作性标准：框架和路线图

（1.0 版）》，绘出了智能电网的概念性参考模型，涵盖大规模发电、输电、配电、用户、运营、市场和服务提供商 7 个领域。2011 年，NIST 又发布了《NIST 智能电网互操作性标准：框架和技术路线图（2.0 版）》，补充了智能电网体系、信息安全、测试与认证等内容，为美国智能电网标准体系建设打下了坚实的基础。由 NIST 发起成立的智能电网互操作委员会（Smart Grid Interoperability Panel，SGIP）为智能电网利益相关方制定统一的技术标准提供了一个开放的平台。目前，SGIP 已经成为世界上最大的标准开发协作组织，通过与标准组织、工业联盟、制造商、用户组织等利益相关方的合作，已经在参考架构模型、政策制定、安全与隐私、测试和认证等方面取得重大成果。其中，SGIP 制定的优先行动计划（priority action plan，PAP）在智能电网优先领域重点标准研究和制定方面发挥了巨大作用。

美国智能电网标准主要来自三类组织：① 标准制定组织（Standards Developing Organization，SDO）；② 工业联盟或工业协会；③ 用户组织。

美国认可的与电力工业相关的标准制定组织主要有 IEC、国际标准化组织（International Organization for Standardization，ISO）、国际电信联盟电信标准分局（ITU－T for ITU Telecommunication Standardization Sector，ITU－T）、美国国家标准学会（American National Standards Institute，ANSI）、IEEE 和德国标准化学会（Deutsches Institutfür Normung，DIN）。美国在 PAP 中，重点关注被世界各国广泛接受的国际标准，特别把 IEC 的信息交换、ITU 的通信、IEEE 的储能和时间同步等列为美国智能电网核心标准。

美国工业联盟和学术组织是智能电网标准领域不可忽视的标准化力量。SGIP 吸收了美国的相关联盟和学术组织，在 PAP 中发挥了积极的作用。美国工业联盟和学术组织编写标准的情况见表 3－1。

**表 3－1　　美国工业联盟和学术组织编写标准**

| 缩写 | 机构名称 | 参与的 PAP | 标准成果 |
|---|---|---|---|
| ZigBee | ZigBee 联盟<br>2001 年 | PAP09：标准 DR 和 DER<br>PAP18：1.x 向 SEP 2.0 的转变 | SEP 2.0 |
| OpenADR 2010 | 开放式自动需求响应 | PAP09：标准 DR 和 DER | OpenADR 2.0 |

续表

| 缩写 | 机构名称 | 参与的 PAP | 标准成果 |
| --- | --- | --- | --- |
| OASIS 联盟 | 结构化信息标准组织联盟（organization for the advancement of structured information standards，OASIS），1993 年成立 | PAP03：通用价格通信模型<br>PAP04：通用计划通信机制<br>PAP09：标准 DR 和 DER<br>PAP10：标准能量使用信息 | OASIS EMIX<br>WS－Calendar<br>OASIS EI 1.0 |
| ANSI | 美国国家标准学会（American National Standards Institute，ANSI） | PAP05：标准电能表数据配置规范<br>PAP10：标准能量使用信息 | ANSI C12.18/19，21.22<br>ANSI C12.19/22 |
| SAE | 美国汽车工程师学会（Society of Automotive Engineers，SAE） | PAP11：电动交通公共对象模型 | SAE J1772，J2836/1，J2847－1 |

ZigBee 联盟于 2001 年 8 月成立，早期致力于开发家庭低功耗的无线通信标准，目前已经转向智能电网的能源管理和应用。ZigBee 联盟通过美国加入 SGIP 的 PAP18，现已完成由 SEP 1.x 向 SEP 2.0 的转变，已经成为美国 SGIP 推荐智能电网标准。

OpenADR 联盟于 2010 年成立，早期致力于开发适用于公用事业的自动需求响应通信规范。OpenADR 1.0 在增加测试和验证内容后发展成 2.0，已经列入 SGIP PAP09，成为美国的智能电网核心标准。

OASIS 联盟于 1993 年成立。OASIS 的 3 个智能电网系列标准：能源市场信息交换（energy market information exchange，EMIX），时间日历信息（ws－calendar）和能源互操作（energy interoperation，EI）已经列入 SGIP 的 PAP。

美国国家标准学会（American National Standards Institute，ANSI）成立于 1918 年。ANSI 现有工业学、协会等团体会员约 200 个，公司（企业）会员约 1400 个。ANSI 的经费来源于会费和标准资料销售收入，无政府基金。ANSI 下设电工、建筑、日用品、制图、材料试验等各种技术委员会。ANSI 是非营利性质的民间标准化团体，但事实上已成为美国标准管理中心，该组织本身不制定标准，主要负责美国标准的审查、批准、发布和管理。ANSI 对专业机构、工业组织、企业联盟、ANSI 技术委员会等制定的标准进行管理。同时，ANSI 技术委员会也对具有普遍意义、成熟的标准进行审核，通过后的标准可提升为美国国家标准，并被授予 ANSI 代号和分类号。ANSI 参与了 PAP05 和 PAP10

的工作。

美国电气制造商协会（National Electrical Manufactures Association，NEMA）于1926年成立。NEMA由美国560家核心电气制造厂商组成，主要由发电、输电、配电和电力应用的各种设备和装置的制造商组成，制订标准的目的是消除电气产品制造商和用户之间的误解，并且规定应用这些产品的安全性。NEMA还代表美国国家标准学会，参加IEC并主持几个委员会。参与了PAP 0 电能表升级标准的工作。

北美能源标准委员会（North American Energy Standards Board，NAESB）是一个促进标准开发的工业论坛，旨在为天然气和电力的批发和零售提供了一个无缝的大市场，并已获得用户、商业团体、参与者及监管机构的认可。NAESB目前参与了PAP 04计划通信机制标准的制定。

美国汽车工程师学会（Society of Automotive Engineers，SAE）于1905年成立，是国际上最大的汽车工程学术组织。SAE的研究对象是轿车、载重车及工程车、飞机、发动机、材料及制造等。SAE所制订的标准具有权威性，广泛地为汽车行业及其他行业所采用，并有相当部分被采用为美国国家标准。目前SAE已拥有97个国家的超过84 000成员，每年新增或修订600余个汽车方面及航天航空工程方面的标准类文件。SAE参与了PAP11电动交通公共对象模型的标准制定。

美国采暖、制冷与空调工程师学会（American Society of Heating Refrigerating and Airconditioning Engineers，ASHRAE）是一个拥有50 000多个会员，分会遍及全球的国际性组织。ASHRAE唯一目的是造福社会公众，通过开展科学研究，提供标准、准则、继续教育和出版物，促进加热、通风、空调和制冷方面的科学技术的发展。ASHRAE是ISO指定的唯一负责制冷、空调方面的国际标准认证组织。目前，ASHRAE标准已被大多数国家的制冷设备标准制订机构和制冷设备制造商所采用。

SGIP建立以来，与主要工业国家、重要国际标准组织（IEC、ITU－T、IEEE）建立了良好的合作关系。由于在NIST2.0、测试与验证、PAP方面所取得的成就，在全球范围内赢得了良好的声誉，赢得了广泛认可。随着SGIP的全面转型，美国将进一步通过SGIP2.0，向世界各国推行其理念，提升美国在国际标准领域的影响力。

美国是世界上最早提出智能电网概念的国家。智能电网标准重点在智能电网顶层架构、方法论、测试与验证、网络安全等领域。美国的智能电网专业主要关注配用电、新能源和电动汽车的等重点领域。美国希望通过标准国际化这把钥匙，打开世界智能电网市场的大门。

## 第 71 问　加拿大智能电网标准化工作有哪些特色

加拿大非常重视智能电网标准的制定，其标准活动主要由加拿大标准委员会（Standards Council of Canada，SCC）主导，并且与 IEC 加拿大国家委员会合作，通过委派专家参与 IEC SG3 和 TC57 的工作。为了验证智能电网技术和标准，加拿大还开展了若干示范工程。

由于政治原因，加拿大的联邦政府和各省政府之间保持一定的独立性，在开展智能电网标准活动时需要加以协调，以确保互操作性。为此，加拿大标准委员会、IEC 加拿大国家委员会鼓励各省和地方在制定智能电网方案和商业计划时，要保证系统从专利技术向开放标准转移，从现有架构向加拿大智能电网参考架构转移。

IEC 加拿大国家委员会建立了智能电网技术和标准特别小组，工作组的成员由智能电网领域的利益相关方构成，包括：发电、输电、配电、用电；公用事业设备供应商；建筑基础设施专家；企业和消费层面的制造商；联邦、省市的监管者；标准制订组织（SDO）。

智能电网技术和标准特别小组提出了 3 项基本原则：

（1）确保加拿大智能电网的需求反映到 IEC 智能电网标准产品中。

（2）确保加拿大的标准计划优先得到 IEC 确认。

（3）尽可能避免国家和地区的差别（除非已经确定的、并被理解的）。

加拿大的智能电网标准活动主要围绕加拿大的核心能源政策目标来开展，即可靠性、充足性和环境绩效。

（1）可靠性。可靠性指通过高级测量系统了解系统的实时状况，尽可能避免非计划停电，减少停电时间，这就需要各个子系统之间相互配合以及标准的支撑。

（2）充足性。充足性指为满足用户的负荷需求，电力系统应具备充足的基础设施，包括可再生能源的使用，并且通过需求侧管理保证电力资产得到充分利用。

（3）环境绩效。环境绩效指智能电网应允许用户购买或利用清洁能源，并管理自身的能源消费，为改善环境性能做出贡献。

智能电网技术和标准特别小组下设三个工作组。其中，第1工作组（WG1）致力于高级计量体系（如智能电能表）、用户网络、电动汽车（储能装置）、用户接口；第2工作组（WG2）致力于输电和配电标准；第3工作组（WG3）致力于智能电网的隐私和安全问题。

（1）WG1的工作。加拿大的高级量测体系（AMI）包括电能表、电网与用户之间的通信系统、计量前端系统、电力企业的计量和数据管理系统，应用的标准有ANSI C12、IEEE 1317、IEEE 170x等。目前，加拿大的电力公司正在制定AMI一致性测试规范、部署管理指南和认证要求，并且建立了北美终端装置注册管理局，提出了电能表通信和支持企业网络互操作导则2.0。加拿大的AMI逻辑架构如图3－1所示。

从逻辑的角度，AMI包括用户域设施网络（facility area network，FAN）和个人网络（personal area network，PAN）两部分。从通信的角度，AMI分为3个区域：① 电力公司拥有和控制的可信FAN区域；② 用户控制的可信的PAN；③ 用户控制和非可信PAN。通过分区，明确了彼此之间的接口需求、安全和隐私需求、互操作需求等，同时也使运营成本降低。

（2）WG2的工作。WG2的工作是在输配电领域，智能电网技术和标准特别小组遵从IEC TC57的核心架构（IEC 62357－1），但也有所扩展。

在能源市场的通信，加拿大的专家没有直接参与IEC 62357的制定，但参与了NAESB的几个技术委员会的工作，正在开发批发和零售电力市场标准。下一步，NAESB将与IEC TC57 WG16协调，共同为北美批发市场开发IEC 62325－356配置文件。

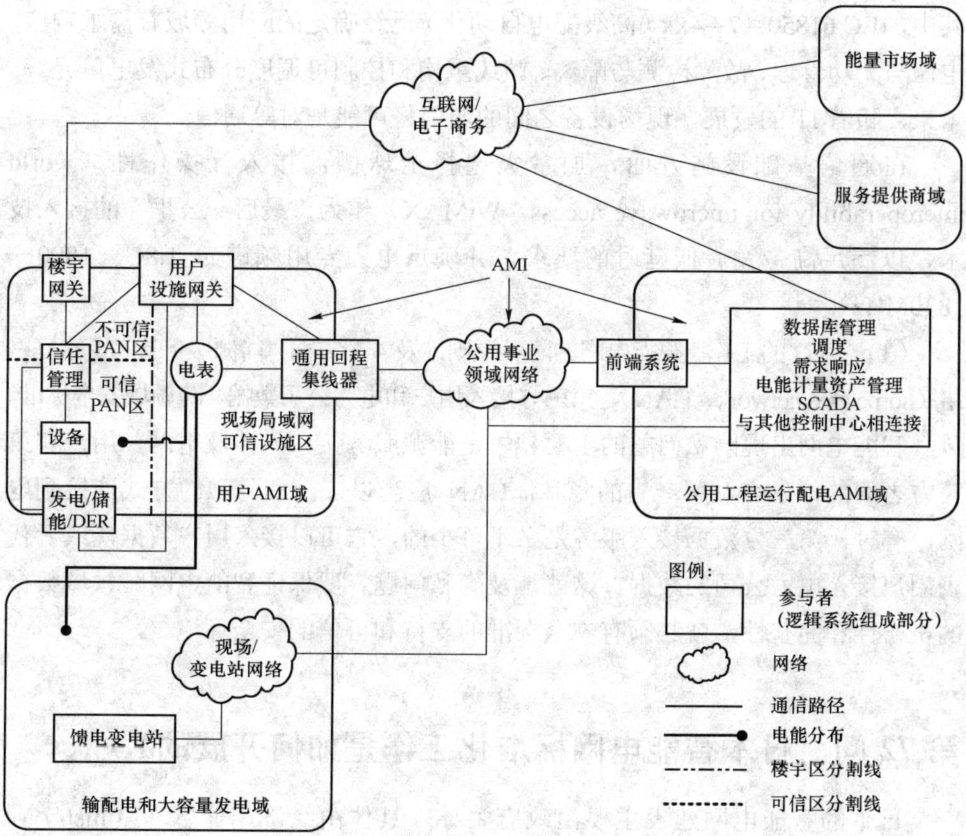


图 3-1　加拿大的 AMI 逻辑架构

在控制中心（EMS）的通信，加拿大采用公共信息模型（common information model，CIM），遵循 IEC 61970、IEC 61968、IEC 62325 等标准。

在控制中心与现场设备之间的通信，加拿大采用 IEC 61850 来接入变电站和现场设备数据，与 EMS 交换数据仍然采用 IEC 61970。至于 IEC 61970 与 IEC 61850 模型之间的差异，正是目前要解决的问题。

在变电站和配电自动化的现场设备通信，加拿大采用 2 个标准，即 IEC 61850 和 IEEE 1815 分布式网络协议（DNP 3.0）。目前，IEC 61850 还在向一些新的领域扩展，包括分布式能源集成（IEC 61850－7－420）、馈线自动化和高级配电管理系统、电力消费者的集成（电动汽车充电站、家庭、楼宇和工厂）。

其中，IEC 61850－7－4xx（高级配电自动化）已经确定的应用领域有需求响应、电压与无功管理、故障检测与隔离、馈线重构和控制可调度分布式发电单元等。未来，随着IT的发展，现场设备之间的通信将可能是对等通信。

在通信基础设施方面，加拿大选择全球微波接入互操作性（world interoperability for microwave access，WiMAX）作为“最后一公里”的接入技术，以满足高带宽、低延时的要求，并确定电力专用频谱为1.8G（1800～1830MHz）。

（3）WG3的工作。智能电网的隐私原则涉及4个方面：能源服务接口、家庭网络（home area network，HAN）、第三方接入用户和电力公司数据、跨领域安全标准。

智能电网出现隐私问题的主要领域是能源服务接口，涉及电网、用户和第三方之间的信息交互所产生的隐私，HAN应当以安全和隐私的方式连接到电网。有时，第三方数据接入服务是必不可少的，它可以接入用户数据，或者代表用户接入电力公司的数据，这就涉及隐私问题。要保证智能电网跨领域数据的机密性和完整性，就必须有安全标准的支持和可信的安全环境。

## 第72问　日本智能电网标准化工作是如何开展的

日本的智能电网建设主要由政府主导，具体由经济产业省（Ministry of Economy Trade and Industry，METI）统筹和指导。METI为推进智能电网国际标准的开发，于2009年8月专门成立了战略咨询专家委员会，即“关于下一代能源系统国际标准化研究会”，发布了智能电网标准国际化专题研究报告。2010年1月，METI发布了智能电网国际标准路线图，描绘了未来日本智能电网的发展方向，确定了业务、用例、关键系统、优先领域，并对海外市场做出了分析，提出了开展智能电网标准国际化合作的策略。具体包括：

（1）需求分析：描绘面向未来的宏伟蓝图；确定业务、用例和关键系统；通过优劣势分析，确定优先领域；分析海外市场。

（2）路线图：检讨智能电网国际标准化战略；确定26个核心领域，包括分布式发电的控制设备、电动汽车充电设施；建立国际标准化路线图。

（3）工作建议：为国际标准化活动做贡献；与国际标准化组织进行合作，

如 NIST、CENELEC；推动政策制定；建立私有行业的智能电网建设财团。

METI 根据日本企业在智能电网的技术先进性，确定了包括输电系统广域监视控制系统、电力系统用蓄电池、配电网管理、需求响应、需求侧用蓄电池、电动汽车和先进测量装置 7 个领域中的 26 项核心技术项目作为发展重点，如输电领域的输电系统广域监视控制系统、配电领域的配电自动化、储能领域的系统用蓄电池的最优控制、电动汽车领域的快速充电等，并建立了相应的国际标准化路线图。

除了 METI，日本的民间社团－智能社区联盟（Japan Smart Community Alliance，JSCA）也比较活跃。JSCA 成立于 2010 年，主要侧重智能电网、智能交通与智能社区生活相关的标准制定，吸引了很多组织和著名企业参与，其成员包括各类公私营部门和组织组成，包括公共服务公司、高校和地方城市政府。截至 2017 年，共有成员 257 家单位。JSCA 下设 4 个工作组，分别是国际战略工作组、国际标准化工作组、路线图工作组、智能住宅工作组。新能源产业技术综合开发机构（NEDO）承担联盟秘书处工作。2015 年，JSCA 发布《智能社区－日本经验》手册，简要介绍了智能社区的定义、相关技术以及日本 4 个具有代表性的智能社区项目开展情况，最后针对智能社区的发展，提出了 JSCA 参与相关国际标准化工作的策略方针。

日本高度重视参与国际标准化组织的工作，并积极争取以日本为主导设立技术委员会。例如，东芝和日立制作所向 IEC 提议设立关于储能系统的标准化技术委员会，IEC TC120 储能技术标委会已经于 2012 年获批，从而使日本在这个领域的优势向全球扩张。在大部分技术领域，日本采取国际标准跟随策略，通过参与国际标准组织的活动，充分了解国际标准制定趋势和动态，推动日本国内智能电网技术标准的研究和创新，促进电动汽车储能电池、智能楼宇家居、太阳能发电等日本优势智能电网产品的出口，带动日本智能电网产业发展，为日本的能源可持续发展提供标准支撑。

## 第 73 问　中国智能电网标准化取得哪些成就

中国的智能电网标准化工作主要包括智能电网标准体系建设、国内标准制定和标准国际化三项内容。中国的智能电网标准化工作主要承担单位是国家电网有限公司，其开展了智能电网标准化工作，主要涉及两方面工作内容：一是滚动修订已有标准，补充制定所需新的标准，持续完善智能电网技术标准体系；二是持续推进智能电网的优势领域标准的国际化工作。截至2016年底，国家电网公司已经完成了近百项系列标准中主要标准的制定工作。

国家电网有限公司从智能电网技术标准的需求入手，确定了智能电网相关技术领域，以能量流和信息流为主线建立了智能电网技术标准体系概念模型。模型划分为综合与规划、智能发电、智能输电等8个专业领域，每个专业领域由若干行为主体和应用组成。其中行为主体是指设备、系统以及用于交换执行应用所需要信息和做决策的程序等；应用是指在本专业领域内被一个或多个行为主体执行的任务。

2009年，国家电网公司提出建设坚强智能电网，并同步启动了《智能电网技术标准体系研究》项目。项目中，国家电网公司制定并发布了《智能电网技术标准体系规划》，提出8个专业分支、26个技术领域、92个标准系列，如图3－2所示。

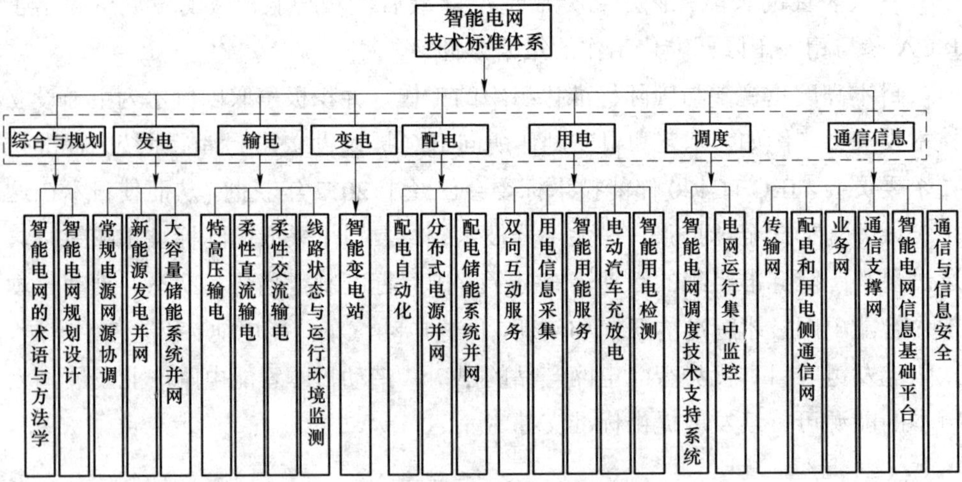


图3－2　智能电网技术标准体系架构

在《智能电网技术标准体系规划》的指导下，国家电网公司智能电网标准的研究和制定工作顺利推进。2010年智能电网标准体系正式发布，形成了由电网企业主导，科研机构、设备厂商、用电客户共同参与，涵盖技术攻关、设备研制、试验检验、工程应用、标准编制的智能电网技术研究体系。截至 2017 年底，国家电网公司已发布智能电网相关企业标准 671 项，参与编制 134 项中国国家标准及 250 项行业标准。2010 年 12 月，国家能源局与国家标准委共同成立国家智能电网标准化总体工作推进组，开始组织起草《国家智能电网技术标准体系框架》。该框架提出了几个要重点开发领域，包括：① 新能源并网技术标准体系；② 输变电领域智能化标准体系；③ 智能用电标准体系；④ 电动汽车充放电标准体系。目前，国家能源局已经完成了 IEC 61850 系列标准的转化工作；批准发布了《电能信息采集与管理系统》系列标准和电动汽车充电接口和通信协议标准等。

另外，中国还十分重视智能电网标准国际化工作。国家电网公司按照国家能源局与国家标准委的要求，积极参与智能电网标准国际化工作，先后派出多名专家参与战略工作组（IEC SG3）、智能电网通信网络和信息交换（TC 57）、用户侧电源并网（TC8）等技术委员会的活动。并主导成立了 TC115 高压直流输电、PC118 智能电网用户接口、SC8A 可再生能源接入电网和 TC120 特高压交流系统 4 个技术委员会，将进一步助推我国智能电网、特高压技术创新和产业升级。2010 年，国家电网公司与电气和电子工程师学会（Institute of Electrical and Electronics Engineers，IEEE）签订全面战略合作协议，牵头制定 IEEE 特高压、储能系统等国际标准制定。国家电网公司已在世界上建立了完整的特高压交直流、智能电网技术标准体系，发起设立国际标准 28 项，中国标准“走出去”步伐不断加快。国家电网公司在已开工建设的巴西美丽山一期和已中标的巴西美丽山二期±800kV 特高压输电项目，以及承建的埃塞俄比亚、肯尼亚、巴基斯坦等国家电力工程和尼日利亚智能电能表本土化生产等项目，将全部或者大量采用中国智能电网技术标准，实现中国技术、装备、标准整体输出，有力促进了我国电力技术和电工装备“走出去”。2013 年国际智能电网论坛在德国柏林召开，国际电工委员会主席克劳斯·乌赫勒在会上肯定了中国智能电网技术的先进性，并对中国的特高压交流电压作为国际标准向世界推广的可行性做出了论断。2015 年 7 月，国家发展改革委、国家能源局印发了《关于促进智能电网发展的指导意见》（发改运行〔2015〕1518 号），明确了发展智能电网的重要意义，同时也提出了完善标准体系，加快智能电网标准国际化的任务。

## 第74问　澳大利亚智能电网标准化有哪些特色

澳大利亚智能电网标准化工作主要由澳大利亚标准化委员会负责管理和协调。

从澳大利亚智能电网标准化工作现状看，澳大利亚在智能电网标准化工作中的角色是国际标准的跟随者和应用者，其战略就是跟踪IEC和NIST等国际智能电网最新标准，结合澳大利亚的商业化需求，对照IEC和NIST的研究成果，提出国际标准的差距，为澳大利亚的智能电网建设和运营提供标准支撑。澳大利亚目前主要关心的问题是如何将现有的国内国际标准适用在本国，并支持澳大利亚智能电网商业化的实现。

澳大利亚智能电网为了实现商业应用的标准化需求，在研究标准化时，采取的方法和思路与IEC及NIST也是不同的。IEC和NIST是对每一项技术的标准差距进行分析，但没有对如何实现近期商业化需要提出导则。澳大利亚认为为了促进商业化，还需要提出不同经济背景、特点下的导则。因此澳大利亚智能电网标准化工作的主要目的是要制定出可实现智能电网商业化的技术导则。

澳大利亚把标准分为了两大类，一类是基础性标准，另一类是基础设施标准。基础性标准主要关注顶层架构，包含：数据安全协议、通信协议、电磁兼容、互联协议、智能电网术语。基础设施标准提出了设备规范和与现有系统的运行接口，分为电网侧标准和用户侧标准，其中电网侧标准包含：系统安全防御、配电自动化、配电管理系统、变电站自动化、微网运行（包括孤网运行）、微网并网；用户侧标准包含：智能电能表设计、智能电能表安装、智能电能表安全技能和培训，电动汽车连接、电储能、智能家居自动化和自动办公自动化。

澳大利亚通过跟踪研究国内外智能电网相关标准的制定情况，分析了对应于基础性标准和基础设施标准中的国际标准在本国的适应性。对基础性标准，澳大利亚重点分析了信息安全标准 IEC/TS 62351 等，通信协议标准 IEC/TR 62357等，电磁兼容标准IEC 61000系列（澳大利亚等同采用），并网协议标准

IEC 60904 等，智能电网词汇标准 IEC 60050；对基础设施标准中的电网侧标准，澳大利亚重点分析了信息传输标准 IEC/TR 62357 等、电网安全稳定性标准 IEC 61869 系列、配电自动化标准 IEC 61968 系列、变电自动化标准 IEC 61869 系列、IEC 61850 系列、配电管理系统 IEC 61968 等。对基础设施标准中的用户侧标准，澳大利亚重点分析了智能电能表设计标准 IEC 62052 等、电动汽车充电标准 IEC 62196 等、电动汽车放电标准 IEC 61982 等、智能家庭自动化标准 ISO 16484 系列等、智能楼宇自动化标准 ISO 16484 等、需求响应接口标准 ISO 16484 系列等、分布式发电标准 IEC 60904 等。

其中在智能电能表施工、智能电能表安装技能和培训、储能设备并网、智能电网 GIS 协议这四个方面，澳大利亚尚未制定出相应标准。此外，澳大利亚也一直在编制着适应于本国智能电网发展的各项标准，比如：智能电器需求响应能力和支撑技术的相关系列标准 AS/NZS 4755、微网运行与电网连接标准 AS 4777 等。

澳大利亚智能电网标准化工作主要集中在研究国内外现有标准在本国的适用性上，对于一些国际的智能电网核心标准，澳大利亚则期望能有更多的应用导则，指导这些标准的工业应用，以实现近期智能电网的商业化。

## 第 75 问　IEC 智能电网标准化路线图是什么

国际电工委员会（International Electrotechnical Commission，IEC）成立于 1906 年，是目前世界上最具权威的三大国际标准化机构之一，负责制定电工、电子及相关领域的国际标准，负责建立评定国际互认体系，其工作领域涉及全球具有巨大市场潜力的热点领域和战略性新兴产业，其中热点领域包括电力能效、可再生能源、可再生能源接入电网、智能电网和电动交通等。目前，全球共有 164 个国家加入了该组织。

为了推动智能电网标准的研究和制定工作，2008 年，IEC 标准化管理局（Standardization Management Board，SMB）成立了 IEC 第 3 战略工作组（IEC SMB strategy group3，IEC SMB SG3），也称为智能电网战略工作组。IEC SMB SG3 负责制定智能电网标准体系和技术路线，协调 IEC 内部大约28个相关技术委员会，下设路线图工作小组、架构工作小组以及用例工作小组。

2009年4月，IEC SMB SG3在法国巴黎召开第1次工作组会议，正式启动智能电网标准化研究工作。2009年8月，完成《IEC智能电网标准化调研报告》，描述了智能电网标准技术路线图，针对各相关技术领域，分析了智能电网的需求以及现有标准与需求之间的差距。2010年1月，完成智能电网标准化路线图（IEC smart grid standardization roadmap）1.0版，原计划在2013年推出2.0版，现改为推出智能电网标准路线图1.1版。2010年4月，IEC SMB SG3在日内瓦会议上成立若干个工作组。其中，体系工作组将开发一个叫映射图工具（mapping chart tool），将需求、量值、结构和标准关联起来，最终成为管理整个IEC智能电网标准的系统工具；用例工作组依托IEC TC 8成立，负责收集用户案例，并实现用例标准的规范化。

IEC SMB SG3组织编写并发布了IEC智能电网标准体系报告，描述了具体的智能电网标准体系、相关领域的互联关系以及智能电网标准化发展的方向等。2014年2月成立IEC SMB系统评估组（system evaluation group，SEG2）（替代原IEC SMB SG3），负责提供智能电网和智慧能源系统层面的标准并进行协调和指导工作。

IEC SMB SEG2（原IEC SMB SG3）提出的智能电网标准体系构架覆盖高压直流输电/柔性交流输电系统、停电预防/能量管理系统、配电管理系统、配电自动化、变电站自动化、分布式能源（DER）、高级量测体系（AMI）、需求响应、智能家居与智能楼宇、电力存储、电动交通、状态监测、可再生能源发电13个应用类领域和通信、安全与规划3个通用领域，共计36个标准系列295项标准，如图3－3所示。

其中IEC SMB SG3推荐的IEC智能电网核心标准（系列）7个，由IEC TC57编写制定，均是跨领域标准且能够指导智能电网具备互操作能力，见表3－2。核心框架类标准包括：IEC TR 62357电力自动化标准框架和面向服务体系架构（service－oriented architecture，SOA）、IEC 61850变电站自动化、IEC 61970能量管理体系－通用信息模型（common information model，CIM）和通用接口定义（generic interface definition，GID）的定义、IEC 61968配电管理系统－通用

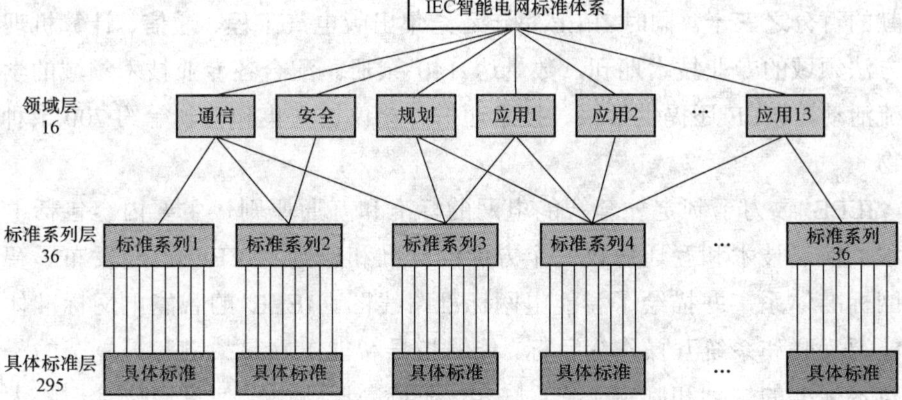


图 3－3　IEC 智能电网标准体系架构

信息模型 CIM 和组建接口标准（component Interface Specification，CIS）的定义、IEC 62351 安全性、IEC 62056 抄表/费率/负荷控制的数据交换和 IEC 61508 电力/电子/可编程电子安全系统的功能安全等标准。

**表 3－2　　IEC 推荐的智能电网核心标准**

| 核心标准 | 技术领域 |
|---|---|
| IEC/TR 62357 | 面向服务体系架构 |
| IEC 61970 | 公共信息模型/能量管理 |
| IEC 61850 | 变电站自动化 |
| IEC 61968 | 公共信息模型/配电管理 |
| IEC 62351 | 安全 |
| IEC 62056 | 抄表/费率/负荷控制的数据交换 |
| IEC 61508 | 电力/电子/可编程电子安全系统的功能安全 |

## 第 76 问　IEEE 在智能电网标准化方面做了哪些工作

IEEE 前身是成立于 1884 年的美国电气工程师协会（AIEE）和成立于 1912 年的无线电工程师协会（IRE）。IEEE 作为全球最大的专业技术组织，在电气及电子工程、计算机、通信等领域中，IEEE 发表的技术文献占到了全球同类文献的百分之三十。同时 IEEE 每年还结集出版电气工程、通信、计算机理论及方法领域的专业技术期刊，数量达 140 余册。配合各专业技术领域的学术交流活动，IEEE 还提供学报、技术通信、会议论文集和会刊等约 700 余种出版物。

IEEE 致力于制定一套智能电网的标准和互通原则，主要内容包括电力工程、信息技术和互通协议三个方面的标准和原则。IEEE 已经发布了智能电网标准体系，并描绘了智能电网标准路线图。IEEE 的智能电网标准体系以能源互联和系统互操作为目标，能够指导智能电网最关键和最复杂的跨领域技术标准的规划和制定工作；IEEE 在特高压输电、信息通信管理、大电网联网、安全及可靠性评估和分布式能源并网等领域也开展了大量具体的标准化工作。

IEEE 在智能电网领域约有 100 项标准，其中已经发布实施的约 80 项。围绕电力工程、信息技术和互通协议，IEEE 智能电网领域形成了以 IEEE P2030 互操作性指南系列标准为主，包括 IEEE 1901—2010 宽带电力线网络、IEEE 1547 分布式电源与电力系统的互联标准系列、IEEE 1686—2007 智能电子设备安全性等多个标准系列的智能电网标准体系。

IEEE P2030 系列标准构建了智能电网互操作参考模型，为智能电网互操作提供指导。围绕 P2030 指南，IEEE 在电能动力交通、接入电力系统的储能系统、储能系统接入电网测试三个方面也制定了具体标准。在电能动力交通方面，IEEE P2030.1 电能动力交通设施指南为公共机构、制造商、输电运营商、基础设施开发商、电动车消费者等提供了标准指导；在电力储能系统方面，IEEE P2030.2 接入电力系统的储能系统互操作性指南帮助消费者更好地了解接入电力系统的储能系统；在储能系统接入电网测试方面，IEEE P2030.3 储能系统接入电网测试标准为电力能源存储设备和系统中的测试过程以及电力能源系统应用确立了标准。IEEE P2030 其他主要标准包括：IEEE P2030.5 智能能源规范 2.0 应用协议、IEEE P2030.6 电力需求响应效果监测与综合效应评价导则、IEEE P2030.9 微电网规划设计推荐性实践。

## 第77问 智能电网用户接口项目委员会IEC PC118取得了哪些成果

2011年9月，经IEC标准管理局批准，智能电网用户接口项目委员会IEC PC118正式成立，秘书处设在中国，国家标准委和国家电网公司确定由中国电力科学研究院承担IEC PC118秘书处工作。目前有参加成员国（代号P）17+1个，观察成员国（代号O）12个。秘书处下设两个标准制定工作组WG1和WG2，其中WG1制定电网与用户侧设备之间的交互接口标准，WG2制定电力需求响应标准。

IEC PC118在国际标准化活动方面，主要通过每年召开的PC118全体大会及WG1/WG2工作组会议，来组织各国专家代表交流讨论智能电网用户接口和电力需求响应的相关议题，并确定IEC PC118下阶段的任务计划。截至2018年，IEC PC118共成功召开了7次全体大会和15次WG1/WG2工作组会议。

在各国专家的共同努力下，IEC PC118于2014年11月正式出版即IEC 62939－1《智能电网用户接口第一部分：接口概述和各国观点》（Smart grid user interface－Part 1：Interface overview and country perspectives）。同时，在美国代表的积极努力下，IEC PC118于2014年2月发布了IEC/PAS 62746－10－1：2014用户能源管理系统与电力管理系统的接口 第10－1：开放的自动需求响应，该标准也是IEC PC118在电力需求响应方面发布的首个公用参考规范。2018，IEC PC118出版三项标准：① IEC 62746－10－3智能电网用户接口与IEC CIM的适配器；② IEC 62746－10－1 开放的自动需求响应；③ IEC TS 62939－2智能电网用户接口：架构与需求。

全国智能电网用户接口标准化技术委员会（SAC/TC549）于2013年6月获得国家标准委批准成立，并于2014年8月召开了正式成立大会。标委会的秘书单位由中国电科院承担，负责智能电网用户接口技术领域的标准化技术归口工作，包括智能电网用户接口的基础综合、用户侧系统和设备、智能用电服务专业等，是IEC PC118智能电网用户接口项目委员会的国内对口标准化技术委员会。SAC/TC549下设四个工作组分别是：系统架构组（WG1）、电力需求响应组（WG2）、用户侧设备组（WG3）、用户侧能效管理与系统组（WG4）。随着 SAC/TC549 工作的稳步开展，将陆续组织更多的标准研究制订工作，以解决本领域当前产品研发、业务发展面临的标准缺失问题，并将对 IEC PC118 国际标准的制定提供坚实的支撑，增加中国专家的在国际标准制定舞台上的话语权。

截至 2018 年 12 月，SAC/TC549 归口制定和管理国家标准 3 项，行业标准 9 项，团体标准 10 项。IEC PC118 的成立，为中国参与国际标准的研究和制定提供了一个很好的舞台，可以更好地学习国际先进的思路和方法，同时也能反映中国在智能电网标准化方面的需求。

## 第 78 问　高压直流输电技术委员会 IEC TC115 做了哪些工作

2008 年 8 月 15 日，由中国提出的建立“100kV 及以上高压直流输电技术委员会”的提案获得 IEC SMB 批准，成立 IEC TC115，专门进行高压（特高压）直流输电系统相关标准工作。

IEC TC115 的工作范围是制定 100kV 以上高压直流输电技术标准，包括设计、技术要求、施工调试、可靠性和可行性以及运行和维护等领域，涉及与高压直流设备或系统相关的标准，IEC TC115 将与 IEC 的其他相关 TC 以及 ISO、IEEE、国际大电网会议（Conference International Des Grands Reseaux Electriques，CIGRE）等组织合作。

目前 IEC TC115 已经发布了 IEC/TS 61973、IEC/TS 62344、IEC/TR 62672、IEC/TR 62681、IEC/TR 63065、IEC/TR 62978 和 IEC/TS 63014－1 等 7 项高压直流标准，还有多个工作组正在开展直流标准的制修订工作。

标准路线图是指导一个技术委员会标准制修订的纲领性文件，TC115 自成立之初就着手组织编写“高压直流标准路线图”。TC115 还成立了咨询工作组，负责“高压直流标准路线图”的滚动修编工作，每年都会根据高压直流领域的最新发展和 IEC 内外部国际组织的工作动态对标准路线图进行更新发布。“高压直流标准路线图”梳理了 IEC 现有的直流相关标准以及未来可能需要制修订的直流（包括柔性直流）输电相关标准，标准类型涵盖通用技术条件、设计、设备技术要求、设备试验方法、运行维护和建设等。

截至 2019 年 5 月，TC115 正在修订 IEC/TS 62344 和 IEC/TR 62681，正在制定 IEC/TR 63127 和 IEC/TR 63179 等高压直流标准，内容涉及架空线路电磁特性、换流站系统设计、直流侧谐波和滤波器以及柔性直流输电系统性能等方面。

## 第 79 问 智能电网互操作委员会 SGIP 在标准领域有怎样的地位

为进一步推动智能电网互操作标准的发展，NIST 于 2009 年 11 月成立了智能电网互操作委员会（SGIP），为利益相关方提供了一个参与活动和表达观点的平台。截至 2012 年，SGIP 由超过 780 个组织成员组成，分为国际组织、联邦机构、州和地方监管者等 22 个利益相关方类别。约有 2000 多个人成员参与 SGIP 活动。2013 年 SGIP 的发展进入了一个新阶段，SGIP 已经成功转制为公私伙伴型的会员制机构，主要费用来源于利益相关方的资助。2017 年，SGIP 并入了非营利组织智能电力联盟（SEPA），该联盟继续促进采用智能电网框架和随附的标准目录。SEPA 包括 1000 多个成员组织，并得到 NIST 参与和研究的支持， SEPA 将继续在智能电网投资方面提供引导。

SGIP 监管标准制定组织（standard setting organizations，SSOs），为制定智能电网标准提供技术指导，且确定必要的检测和认证要求。SGIP 是一个代表公共和私营部门伙伴关系的会员制组织，用来协调和规范各种标准组织活动。SGIP 本身并不制定标准，只是为利益相关方和 NIST 之间的互动提供一种开放的流程。此外，SGIP 也开展用例评估、需求提炼、确定参考架构模型、智能电网技术测试和认证等工作，并且提供相应的行动方案。

SGIP 由常任委员会、永久性工作组和领域专家工作组组成。常任委员会包括智能电网架构委员会、和智能电网测试和认证委员会；永久性工作组目前仅指网络安全工作组；领域专家工作组根据专业领域共设 9 个专家工作组：输配电工作组、家庭到电网工作组、楼宇到电网工作组、工业用户到电网工作组、电动汽车到电网工作组、商业和政策工作组、以及分布式电源和储能工作组。

SGIP 日常承担的基础性工作为：① SGIP 的常任委员会在跨领域问题和不同立场相关方之间的协调作用；② 架构委员会开发的智能电网互操作性概念模

型和参考框架成为欧洲和日本等多国智能电网架构模型的基础；③ 测试和认证委员会奠定了互操作性测试的基础；④ 网络安全工作组编制了 NISTIR7628，为标准组织提供分析架构。

目前已经开展了 26 项 PAP，其中完成 11 项。SGIP 优先行动计划表见表 3－3。

**表 3－3　　SGIP 优先行动计划表**

| 序号 | 优先行动计划 | 范　围 | 成果 | 状态 |
|---|---|---|---|---|
| 0 | 电能表升级标准 | PAP00 规定了包括智能电能表安全本地和远程升级在内的要求 | 电能表可升级性标准 SG－智能表计量测（AMI）1－2009 | 2009 年完成 |
| 1 | IP 在智能电网中的角色 | PAP01 的工作范围就是通过与关键 SSO 委员会共同判断每个通信协议在智能电网的应用范围和类型，来研究互联网协议和技术的适应能力 | 出版《基于 IP 的智能电网核心互联网通信协议编目 RFC》 | 2010 年完成 |
| 2 | 无线通信用于智能电网 | PAP02 编制了智能电网的通信需求，以及无线通信标准及其特征名录 | 发布《无线通信应用于智能电网的评估指南 1.0 版》 | 未完成 |
| 3 | 通用价格通信模型 | PAP03 对能源金融市场和需求响应的已有工作成果，以及在研的分时计价相关规定进行了整合研究。该 PAP 和其他包含价格和产品信息的 PAP 有所重叠（04、06、08、09、10 和 11） | OASIS 能源市场信息交换（EMIX）标准被收录，ZigBee 的 SEP 2.0 已完成 | 2012 年完成 |
| 4 | 通用计划通信机制 | 在该 PAP 下，NIST 将与合作者共同制定关于如何实现计划和事件信息是在各项服务之间及其内部传递的标准。该项技术规范可与价格、需求响应和其他规范联动 | WS－Calenda 被加入 SGIP 标准目录中 | 2011 年完成 |
| 5 | 标准计量数据规范 | 计量接口会涉及不同的领域，包括运行设备（如计量系统）、用户［如用户能源管理系统（EMS）和子表］和配网（如人资管理工具和现场设备） | 减少了 ANSI C12.18－2006 等标准下的应用服务和活动的差异，并提高了他们的互操作性 | 2012 年完成 |
| 6 | 电能表数据表格通用语义模型 | PAP06 使用 UML 语言开发了一种确切且可重复使用的 ANSI C12.19 数据模型表达方式 | 出版《PAP06 UML 元标签模型和 EDL 白皮书》 | 2012 年完成 |
| 7 | 分布式能源与电网互联 | 该项目在配电网层面主要涉及居民、商业和工业应用和在输电网层面主要涉及公共/区域输电运营商（RTO）应用 | IEEE 1547.8，IEC 61850－7－420 | 2011 年完成 |

续表

| 序号 | 优先行动计划 | 范　围 | 成果 | 状态 |
|---|---|---|---|---|
| 8 | 配网管理 CIM 模型 | PAP08 将与 PAP03、PAP04、PAP09 或 PAP10 在需求响应（DR）、价格信号及其他用户侧交互方面通过用例进行合作；并与网络安全工作组开展安全方面的协作 | IEC 61968，IEC 6190，IEC 61850 | 未完成 |
| 9 | 标准 DR 和 DER 信号 | 需求响应通信覆盖了批发市场和零售市场与公用事业企业和集成商之间的交互，以及各方自身之间、各方与愿意响应电网可靠性或价格信号的终端用户之间的交互 | OASIS 能量互操作标准 1.0 版，ZigBee 的 SEP 2.0 | 2012 年完成 |
| 10 | 能量使用信息标准 | 该 PAP 致力于为用能详细信息制定实时交换数据标准 | OASIS，IEC 61970/61968，IEC 61850，ANSI C12.19/22，PAP17/ASHRAE 的 SPC201，和 ZigBee 的 SEP 2.0 | 2012 年完成 |
| 11 | 电力交通的公共对象模型 | PAP11 确保电网有能力支持大规模电动汽车充电并协助推广插电式电动汽车 | SAE J1772，SAE J2836/1 和 SAE J2847/1 | 2011 年完成 |
| 12 | IEC 61850 对象与 DNP3 的映射 | 该 PAP 致力于开发利用传统配网协议（DNP3.0）传输选定的智能电网数据及相关服务 | IEEE1815 已通过审核并收录于 2011 年标准目录 | 未完成 |
| 13 | IEC 61850 对象与 IEEE C37.118 的协调以及精确时间同步 | 该 PAP 旨在协助、推动有关相量测量和基于 PMU 和 PDC 数据和信息的应用标准的融合 | IEEE C37.118.1，IEEE C37.118.2（升级版），IEC 61850-90-5 和 IEEE C37.238 | 2012 年完成 |
| 14 | 输电与配电系统模型映射 | PAP14 的工作定义了跨环境标准集成的策略，以支持不同的实时和后台应用 | 更新 IEC 61850，IEC 61970，IEC 61968，IEEE C37.239，IEEE C37.237 和 MultiSpeak v1－v4 | 2013 年完成 |
| 15 | 协调用于家用电器设备通信电力线载波标准 | 该 PAP 旨在制定囊括家电应用普遍特征的互操作规范，以实现产品见的互操作 | 更新相关的标准，包括 ITU G.Hn（G.9960，G.9961，G.9972），IEEE P1901，系统间协议（ISP）和 ANSI/用户电子联盟（CEA）709.2（Lonworks™） | 未完成 |
| 16 | 风电场通信 | PAP16 的目标是建立风电场通信标准 | 基于 IEC 61850 制定 IEC 61400－25 风电场通信 | 2017 年完成 |

续表

| 序号 | 优先行动计划 | 范　围 | 成果 | 状态 |
| --- | --- | --- | --- | --- |
| 17 | 设施智能电网信息标准 | 该PAP旨在制定数据模型标准，实现用户侧用电设备和控制系统对用电负荷和电源的管理，以响应与智能电网侧的通信 | 开发ANSI核准且不依赖于特定通信协议的智能电网设施信息标准 | 未完成 |
| 18 | SEP 1.x 向SEP 2.0过渡和共存 | 该PAP致力于辨识实现SEP 1.X和2.0并行及升级转换的必要条件 | 编制白皮书总结技术转换的关键问题，并就SEP2.0技术规范所必须的改进，向ZigBee联盟提交具体建议书和明确要求 | 2011年完成 |
| 19 | 批发市场需求响应通信协议 | 这项工作的目的是建立一个基于国际电工委员会（IEC）公共信息模型（CIM）的批发需求响应通信的信息模型 | 该PAP将建立一个公共批发市场（ISO/RTO） | 未完成 |
| 20 | 绿键ESPI 演变 | 该PAP遵循绿键和ESPI的演变，满足了标准制定，测试和认证规范的要求，促进了样本或参考实现和测试框架的建立 | PAP将产生一组可交付成果，以支持对智能电网的关键标准的能源使用信息的可用性，数据用途和来源市场 | 未完成 |
| 21 | 天气信息 | 该PAP把各行业（包括可再生/DER，配电公司，ISO/RTO市场和预报员）的投入与用例开发相协调 | WMO，IEC，ASHRAE和其他确定的SSO中产生的天气信息双向交换的统一标准 | 未完成 |
| 22 | EV燃料辅助计量要求 | 该PAP将用于辅助计量的核心需求的编译，因为它们适用于嵌入式，便携式和固定应用的外形尺寸，精度，性能，安全性，数据格式和认证 | — | 未完成 |
| 23 | IEC 61850，变电站通信网络和系统的测试配置文件 | 该PAP的范围是通过配置文件来解决互操作性–为了实现多厂商互操作性的承诺并降低使用61850的系统集成的成本，需要一些附加的约束和定义 | 具体应用的高级要求定义，支持应用配置文件的具体要求，向ITCA（例如UCA）的交接商业测试程序的开发 | 未完成 |
| 24 | 微电网操作接口 | 该PAP关注面向电网的功能和通信，解决了微电网和更广泛电网与微电网运营、市场以及其他微电网在通信和交互方面的相关需求，检查微电网控制器使用的信息模型和信号的互操作性 | 微电网控制器的功能用例和交互用例，IEEE P2030.7被IEEE标委会批准 | 未完成 |

续表

| 序号 | 优先行动计划 | 范　围 | 成果 | 状态 |
|---|---|---|---|---|
| 25 | 协调财务数据 | 该 PAP 将支撑用于报告与能源相关项目的财务信息的标准信息模型（GWAC Stack Level 4 语义模型）的开发，用于各种报告和分析工具 | 建立 XBRL－CET 初始分类法，一种基于开放标准的 XBRL 语义扩展，专门用于建筑，能源和交通，以实现利益相关者之间的互操作性 | 未完成 |

目前，SGIP 已经取得了大量的工作成果。通过优先行动计划（PAP），持续开展标准认定和重要标准缺失分析工作，快速定位并解决关键问题，例如 SEP1.X 向 SEP2.0 的转化和兼容问题。建立了标准目录，CoS 收纳的标准主要源自 PAP 研究成果，以及通过互操作性审查的现有从业者、集成商和其他利益相关方准入标准。成立项目管理办公室（PMO），一方面负责制定和管理 PAP 的活动周期过程，另一方面负责监督和协调 PAP 工作，起居中调停、把握方向的作用，确保各方紧扣 PAP 目标开展工作，并遵守相关 CoS 流程要求。其开发的 NIST 框架已被联邦能源管理委员会（FERC）认为是智能电网标准开发的最佳载体。GreenButton 小组致力于解决信息格式、信息交换、安全和隐私等问题，为 GreenButton 计划提供一个互操作平台。

## 第 80 问　开放式需求响应标准包含哪些内容

开放式自动需求响应（open automated demand response，OpenADR）的研究始于 2002 年的美国加利福尼亚州大规模电力危机，美国政府、电力公司、独立系统运营商（independent system operator，ISO）、消费者以及 IT 公司开始考虑用需求响应（demand response，DR）技术来解决电力需求增长和高峰用电问题。加利福尼亚州能源委员会（California Energy Commission，CEC）提出了公益能源研究计划，劳伦斯伯克利国家实验室（Lawrence Berkeley National Laboratory，LBNL）按照公益能源研究计划的要求，成立需求响应研究中心，正式开始 OpenADR 项目的研究。其发展历程如图 3－4 所示。

通过长时间的研究和测试，2009 年 4 月，CEC 发布了 OpenADR 通信规范 1.0 版本，系统地介绍了 OpenADR 的通信架构、数据模型、功能规范、应用程

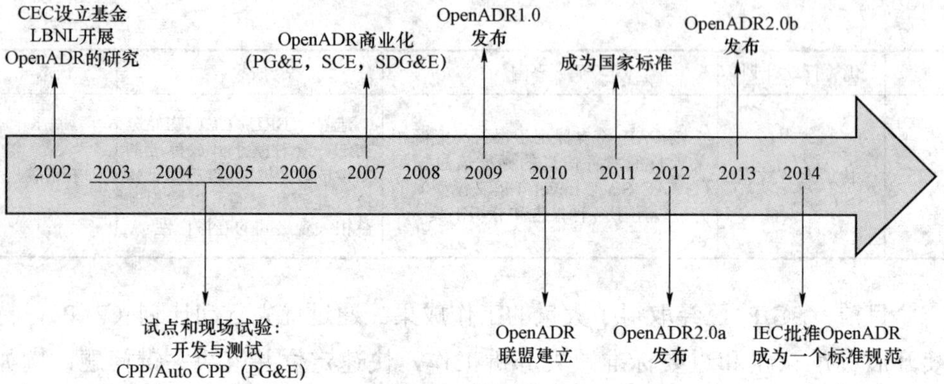


图 3-4　OpenADR 发展历程

序接口规范、安全策略和开发计划等，定义了需求响应自动服务器（demand response automatic server，DRAS）的功能接口与特点。基于这个自动服务器，客户端可获得包含动态电价在内的各种 DR 项目信息。OpenADR 通信规范 1.0 版本也适用于电网公司、集成商、硬件和软件厂商通过 DRAS 来实现各种 DR 项目的自动化。

2011 年，通过 OASIS 和 UCA 等组织的努力，形成 OpenADR 2.0。与 OpenADR 1.0 相比，OpenADR 2.0 更加全面，涵盖了针对美国批发与零售市场的价格、可靠性信号的数据模型，并且根据满足利益相关方和市场需求的程度，分为不同的产品认证等级，包括 OpenADR 2.0a、OpenADR 2.0b 和 OpenADR 2.0c 等 3 个框架，后一个比前一个提供更多的服务和功能支持。

2010 年，为促进 OpenADR 的应用、商业开发、测试与部署，成立了 OpenADR 联盟，负责引导并制定联盟的具体战略目标和运营政策。OpenADR 联盟的成员来自系统集成商、设备供应商、电力企业、政府或研究机构，联盟理事会由霍尼韦尔公司（honeywell）、太平洋燃气与电力公司（Pacific Gas and Electric Company, PG&E）、索尼电脑娱乐、LBNL 等单位组成。目前，联盟的成员已经超过 60 个，并且还在不断增长。

经过不断完善和应用，OpenADR 已经成为美国 SGIP 推荐的智能电网核心标准。2013 年，IEC PC118 批准 OpenADR 2.0b 作为 PAS 的决议。2014 年发布了 IEC PAS 62746-10-1。2018 年正式出版了 IEC 62746-10-3、IEC 62746-10-1 标准。

## 第81问 智能能源规范是一个什么标准

智能能源规范2.0（smart energy profile 2.0，SEP2.0）由ZigBee联盟、HomePlug联盟、Wi-Fi联盟等联合开发的，采用基于IP的高级计量架构和家庭区域网络，为能源提供商提供能源服务。SEP1.1版本已经提供服务和设备的定义，SEP2.0的特色是在家庭装置、预付费服务、用户信息交互、负荷控制、需求响应、驱动下载控制等方面定义了应用配置接口和通用信息模型，增加了控制纯电动汽车的充电接口，致力于构建统一的能源网络，辅助规范对智能能源生态系统的许多环节的要求。SEP2.0已经成为美国SGIP推荐智能电网核心标准之一，并于2012年获准成为IEEE P2030.5智能能源规范2.0。

SEP2.0强调支持多种媒体接入控制层和物理层协议和安全协议。目前，SEP2.0已开始用户侧有关能源管理对象的对象建模工作，基于功能集基础上把用户侧主要对象分为19个分组（package），每个分组包括多个对象（class），并在每个分组中定义对象之间的关系（relationship），每个对象包括若干属性（attribute），19个分组包括需求响应和负荷控制分组、电价分组、计量分组、预付费分组、分布式电源分组和账单分组等。SEP2.0主要设计为指导设备之间的通信方式，定义了各种设备的可控制属性，并分成逻辑组运行。SEP2.0的协议针对不同的业务系统建立了不同的指令集，如抄表系统或计费系统都是专用指令集。智能用电设备执行一个或多个指令集，提供用量统计和趋势等增值服务。能源提供商或者消费者可以利用这些费用统计与趋势，分别加强对服务或者使用情况的管理。

SEP 2.0的协议栈如图3－5所示，虽然建议采用802.15.4或802.11无线协议，但是事实上对于任何能够采用超文本传输协议（hypertext transfer protocol，HTTP）协议的接入方式都是支持的（包括有线的），SEP2.0着重定义最高层的CIM模型与高效XML交换格式（efficient xml interchange，EXI）部分，对于其他支撑协议采用现有的、适用面广、普及度高的协议实现，如：HTTP、DNS service discovery（DNS－SD）、安全传输层协议（transport layer security，TLS）等。

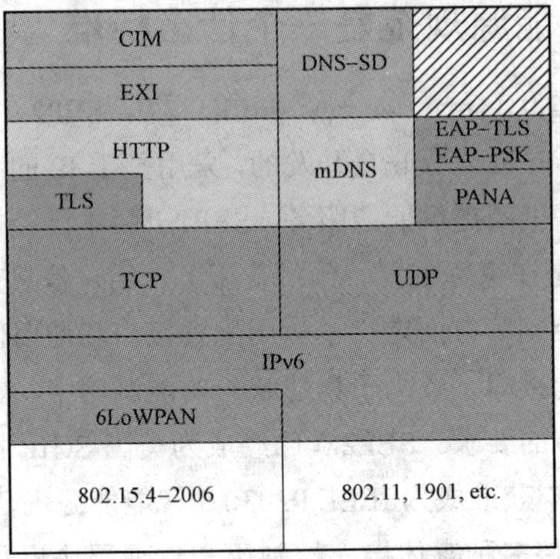


图 3－5　SEP2.0 协议栈

由于 SEP 2.0 是可互操作方面的世界领先的产品标准，因此能够对水和能源的使用实现监视、控制、通知和自动交付。SEP 2.0 能够帮助消费者创建更绿色环保的家庭，所有的 SEP 2.0 产品（无论任何制造商生产的）都是 ZigBee 认证并执行的，使公用电力公司和消费者能够放心购买，每一个需要强大的 SEP 2.0HAN 支持的产品都是可用的，这些产品使公用电力公司和政府部门易于展开一个安全，易于安装和消费者友好的智能电网解决方案。毫无疑问，采用 SEP2.0 协议改造后的用电设备，可以实现网络服务的动态发现，支持用电设备的自动注册、退出，可以提供跨越地区的远程访问、控制，有利于提升用电侧的智能性。但是，由于国内智能用电的标准尚未统一，考虑到产品实施存在的风险及设备的成本，目前国内尚没有大规模采用 SEP2.0 协议的应用，大多数家电厂商尚处于观望阶段，未来将逐步尝试通过信息化技术，实现用电设备的联网与智能用电管理。

## 第 82 问　结构化信息标准促进组织都做了哪些工作

结构化信息标准促进组织（OASIS）是一个推进电子商务标准的发展、融合与采纳的非营利性国际化组织，该组织最初代表用户和产品提供商致力于推动产品互操作性架构的开发以及支持标准广义标记语言（standard generalized markup language，SGML）。

OASIS 成立于 1993 年，1998 年正式更换为 OASIS 开放组织，以表示其在技术领域的工作已经扩展到可扩展标记语言（extensible markup language，XML）及相关标准以外的范围。

OASIS 在软件开发领域具有很强的影响力，该组织提交了著名的 XML 和 Web Services 标准。OASIS 在形成 Web 服务标准的同时，也提出了面向安全、电子商务的标准，同时在针对公众领域和特定应用市场的标准化方面也付出很多努力。OASIS 推动的标准包括访问和身份策略安全，格式控制和数据输入输出内容、目录池、目录和注册表标准，和面向服务架构方法和模型，网络管理和服务质量和互操作性。OASIS 开放标准有助于降低成本，推动创新，促进全球市场增长，保护技术的自由选择权。到目前为止，OASIS 的重要工作及进展情况如下：

2011 年 6 月，OASIS IDCloud 技术委员会发布了第一版用例：OASIS Identity in the Cloud TC Use Cases Version 1.0，详细描述了在云计算环境中进行身份部署、配置和管理的具体用例。

2011 年 8 月，高级消息队列协议（the advanced message queuing protocol，AMQP）工作组成为 OASIS 国际开放标准联盟的最新成员组。2011 年 10 月，由 OASIS 开放标准联盟召开了 2011 国际云计算研讨会（international xloud aymposium，ICS），重点关注公共部门在部署云计算过程中面临的特有安全挑战，该会议得到了欧盟资助的 Siena 计划、云计算最佳实践网络（the cloud vest practices network）和 NIST 的支持。

OASIS 的发展也推动了智能电网领域其他标准的制定。美国 LBNL 需求响应研究中心将 OpenADR 规范的 1.0 版本赠予结构化信息标准组织 OASIS。OASIS 能源交互技术委员会开发一个标准用以描述一种信息模型和通信模型，该模型能够实现能源、服务定义的协商以及交互使用。基于 OASIS 的面向服务架构参考模型（SOA－RM）中能源、服务的定义，建立了对应的 OpenADR 标准，考虑到 OASIS 能源互操作技术委员会的目标不限于需求响应 DR 与分布式能源，它在能源互操作（EI 1.0）内为智能电网的一些特殊应用创建配置文件，其中EI 1.0是NIST/SGIP推荐和支持的关键的跨领域（cross－domain）需求响应和市场交易标准。OASIS组织在美国LBNL的OpenADR1.0规范基础上，结合公用事业通信架构（utility communications architecture，UCA）、北美能源标准委员会（NAESB）、ISO/RTO委员会（IRC）等相关机构的输入，制定出了EI 1.0规范。

OASIS推动的标准覆盖安全、云计算、面向服务架构、网络服务、智能电网和应急管理等众多领域，OASIS为智能电网的安全、快速发展提供了理论基础，保障了坚强智能电网的建设。

## 第83问　楼宇自动化与控制网络是一个什么协议

楼宇自动化与控制网络（Building Automation and Control Networks，BACnet）是ASHRAE经过近9年时间的研究，制定的世界上第一个开放的楼宇自动控制网络协议。BACnet标准详细地阐述了楼宇自控网的功能，阐明了系统组成单元相互分享数据实现的途径、使用的通信媒介、可以使用的功能以及信息如何翻译的全部规则。BACnet标准确立了不同生产厂家生产的各种BACnet兼容系统，在不依赖任何专用芯片的情况下，相互开放通信的基本规则。BACnet标准使不同厂商生产的设备与系统在互连和互操作的基础上实现无缝集成成为可能。BACnet标准用于楼宇自控网络的数据通信协议，将各个厂商的楼宇自控设备集成为一个高效、统一和具有竞争力的自控网络系统，代表了智能建筑发展的主流趋势。

1995年6月，由ASHRAE组织的标准项目委员会制定了楼宇自动控制网络数据通信协议BACnet，同年12月正式成为美国国家标准，并得到欧盟标准委员会的承认，成为欧盟标准草案。2000年1月，ISO组织TC205委员会的国家代表一致通过决议，将BACnet作为“委员会草案”进行广泛评议，修改后列为“国际标准化草案”，最后成为国际标准。

从实际的应用来看，现在世界上一些从事楼宇自控的专业公司已经开始全面地接受BACnet协议，并且从BACnet协议颁布以来就开始开发相应的产品，如最近ABB，Siemens，Honeywell等公司就宣布其产品全面支持和应用 BACnet 协议。我国是一个超级建筑业市场，智能楼宇产品潜力巨大，我国“奥运”场馆和“世博会”设施的建设均对智能楼宇产品产生巨大的需求，只有开发出符合国际标准的产品，才能在我国智能楼宇市场中有所作为。另外，在国内率先开发出符合 BACnet 标准的产品是提升企业核心竞争力的根本，也是我国企业走向世界，参与国际竞争的基础。国外，日本在楼宇自动化方面取得了一定的进展，日本电气安装工程师协会将 BACnet 作为该协会的协议标准。日本自 1984 年以来，在许多大城市建设了“智能化街区”、“智能化群楼”，新建的建筑中有 80%以上为智能化建筑，比如横滨市智能城市试点项目，以建筑为单位监测电力消费情况和可再生能源使用情况。新加坡政府为推广智能建筑，拨巨资进行专项研究，计划将新加坡建成“智能城市花园”。印度也在加尔各答的盐湖开始建设“智能城”。其他国家如法国、瑞典、英国、泰国等国家也不断兴建智能建筑。这些工作都离不开 BACnet。

一般，BACnet 从功能上讲分为两部分：一部分专门处理设备的控制功能；另一部分专门处理设备的数据通信功能。BACnet 通过建立统一的数据通信标准，实现设备间的互操作。BACnet 的协议模型为：① 所有的网络设备，除基于主－从/令牌数据链路协议（master slave/token passing，MS/TP）的以外，都是完全对等的（peer to peer）；② 每个设备都是一个“对象”的实体，每个对象用其属性描述，并提供了在网络中识别和访问设备的方法，设备相互通信是通过读/写某些设备对象的属性，以及利用协议提供的服务完成；③ 设备的完善性，即其实现服务请求或理解对象类型种类的能力，由设备的“一致性类别”所反映。

BACnet 标准作为楼宇自控领域中唯一的开放性国际标准，是我国楼宇自控领域与国际接轨和赶上国际先进水平的机遇。开放、兼容、灵活、获得广泛支持并且专门针对智能建筑的通信协议或现场总线必将成为智能建筑领域的一个发展方向。而 BACnet 协议正是这样一种具有开拓性的技术，使不同厂商的设备能够互联、互换和互操作，打造无缝连接的楼宇自动化系统，充分满足了业主、用户和集成商的需求并提供了多种网络互联和接入 Internet 的方案，为智能建筑内部各系统之间的集成提供了便利条件，使智能建筑搭乘信息高速公路变得轻而易举。

## 第 84 问　节能和家庭护理网络的组织功能和作用有哪些

节能与家庭护理网络（energy conservation and homecare network，ECHONET）成立于 1997 年，其宗旨是通过开发 ECHONET 系统实现家庭中的节约能源和照料家庭的功能。ECHONET 的主要目标是开发标准化的家庭网络标准规格，并应用至家庭能源管理、居家医疗保健等服务上。ECHONET 的家庭网络架构是由 ECHONET 控制装置、ECHONET 路由器、ECHONET 机器设备所构成，采用无线方式或电力线方式连接家中的空调、冰箱、照明器具、传感器及家庭医疗设备的网络。ECHONET 目前发布的标准包括 ECHONET Specification Ver2.11 家庭网关应用及业务，主要实现家庭监控应用。

ECHONET 认为目前家庭网络无法广泛推广的一个原因是在家庭中重新布线的高成本，因此该组织开发的标准体系对于设备的物理互连没有特殊规定，希望可以应用于已存在的家庭布线系统中，并可以广泛地适用于各种设备。ECHONET 致力于在家庭内部对家用电器的直接控制，也包括通过家庭网关对家电的远程控制，目前 ECHONET 发布的规范有：① ECHONET Specification Ver1.0；② ECHONET Specification Ver2.11。ECHONET Specification Ver1.0 和 ECHONET Specification Ver2.11 规范的内容涵盖通信接口、通信设备、服务中间件、网关以及基本 API 规范等。

ECHONET 具有基本的家庭网络软件和硬件，可用于远程控制或监测家用电器，目的是减少二氧化碳的排放量，同时解决日益复杂的家庭安全和家庭医疗保健问题。ECHONET 对家用电器和家居设备的家庭网络技术进行了进一步研究，并发表了“ECHONET Lite 规范”，该规范更容易使用，并且能够与其他协议互通。2011 年，“ECHONET Lite 规范”被 ISCA 推荐作为家庭能源管理系统中开放的标准接口。2013 年，该“ECHONET Lite 规范”，被批准为国际标准。如今，人们越来越期望创造基于“智能住宅”特征的家庭网络，为了满足这些期望，在多样化市场背景下不仅推出基于 ECHONET 标准的产品和服务，智能城市和社区相关的项目也在全球范围内传播；更进一步推进 ECHONET 作为国际标准的扩展，其与相关机构的合作，以及日本等国家对促进智能小区试点建设开展的项目；为加强 ECHONET 兼容设备的发展提供支持，对标准进行升级从而与新技术和符合 ECHONET 规范的家电的增长保持同步。由早稻田大学研究生院教授林泰弘担任主席、旨在实现家庭能源管理系统（home energy management system, HEMS）标准化的日本“智能住宅标准化研讨会”发表了中期报告，推荐自由度较高的“ECHONET Lite”作为标准接口。ECHONET Lite 是用于新一代家庭网络的通信标准，由日本各大电子设备及家电企业以及东京电力等参加的 ECHONET 联盟（ECHONET Consortium）进行管理和开发，其特点是：选择传输媒体的自由度较高，允许与多种设备及网络标准的相互兼容。

2014 年 4 月，新成立的 ECHONET 协会，旨在解决各种社会请求来扩大其活动领域。ECHONET 标准的制定为智能电网中用户侧工作的开展提供了可靠的理论支撑。居民用户作为智能电网参与用户中重要的一方，ECHONET 协会对其用电行为以及家用负荷控制方式进行研究，减少不合理用电，加快智能电网的建设。

## 第 85 问　汽车工程师学会的职能是什么

美国汽车工程师学会（SAE）成立于 1902 年，是国际上最大的汽车工程学术组织，研究对象包括轿车、载重车及工程车、飞机、发动机、材料及制造等。SAE 所制订的标准广泛地应用于汽车行业及其他行业，并有相当一部分被美国国家标准采用。

1910 年，SAE 接管了特许汽车制造商协会的机械分部的技术数据编制工作，成为美国汽车工业的专业标准委员会。1916 年，SAE 又与美国航空工程师学会（American Society of Aeronautical Engineers，ASAE）和拖拉机工程师学会（Society of Tractor Engineers，STE）合并。不久，全国内燃机与船舶制造商协会和全国燃气轮机协会将其工程与标准化工作并入 SAE。1917 年 2 月，SAE 正式定名为美国汽车工程师学会。目前，SAE 的标准化工作，除汽车制造业外，还包括飞机、航空系统、航空器、农用拖拉机、运土机械、筑路机械以及其他制造工业用的内燃机等。

SAE所制定的标准不仅在美国国内被广泛采用，而且成为国际上许多国家工业部门和政府机构在编制标准时的依据，为国际上许多机动车辆技术团体广泛采用，美国及其他许多国家在制定其汽车技术法规时，也在许多技术内容或环节上常常引用SAE标准，成为国际上最著名的标准体系。同时，在美国国家标准协会（American National Standards Institute，ANSI）的支持和领导下，SAE代表美国汽车工业界积极参加国际标准化组织（International Organization for Standardization，ISO）道路车辆技术委员会（TC22）的工作。

SAE标准委员会制定了各种材料、润滑剂、配件、紧固件和元件的标准。目前，SAE标准委员会制定的标准覆盖汽车制造和维修的每一个领域。从简单扳手到电子诊断和编程仪器，各种参数由SAE的标准引导。SAE在汽车领域拥有世界上最庞大、最完善的标准体系，目前标准总数已达到1743项，包括与汽车有关的可靠性、维修性、保障性标准。

预计到2030年，中国汽车的能源消费将达到2.5亿～3.0亿t石油当量，占石油消费的比例将上升到40%左右。另外，以燃油汽车排放为代表的主要污染源已严重威胁着我国大中城市的空气质量。发展新能源汽车，尤其是电动汽车已经是大势所趋，SAE标准的对于规范电动汽车的发展起到了重要的作用。

智能电网的建设正在蓬勃兴起和发展，而与此同时，电动汽车的大规模推广和运行与其不期而遇。依托于SAE，使得电动汽车的服务和运营与智能电网的建设与运行完美地结合起来，开创智能电网未来的发展愿景。电动汽车肩负着我国产业升级、民族汽车制造业整体水平提高的使命，更被寄予减缓能源危机、降低城市污染问题的希望。电力系统作为电动汽车能量的主要来源，对未来电动汽车的市场推广以及电力系统自身业务范围的拓展有着重要的意义。

## 第86问　配电自动化接口有哪些标准

配电自动化（distribution automation，DA）是一项集计算机技术、数据传输、控制技术、现代化设备及管理于一体的综合信息管理系统，其目的是提高供电可靠性，改进电能质量，向用户提供优质服务，降低运行费用，减轻运行人员的劳动强度。

IEC 61968 是一个在不断开发和完善的标准系列，为配电系统之间的信息交换标准。这些标准由 EC TC57 WG14 开发。有些公用事业企业需要通过现有或新的不同应用采集数据，而且，这些应用都有不同的接口和运行环境。因此，IEC 61968 的目的是支持这些公用事业企业的内部应用的集成。IEC 61968 标准体系见表 3-4。

**表 3-4　　IEC 61968 标准体系**

| 标准号 | 标准名称 |
|---|---|
| IEC 61968-1 | 接口架构和总体要求 |
| IEC 61968-2 | 术语 |
| IEC 61968-3 | 网络操作接口 |
| IEC 61968-4 | 记录和资产管理接口 |
| IEC 61968-5 | 业务规划与优化接口 |
| IEC 61968-6 | 维护与建设接口 |
| IEC 61968-7 | 网络扩展规划接口 |
| IEC 61968-8 | 客户服务接口 |
| IEC 61968-9 | 抄表与控制接口标准 |
| IEC 61968-11 | 用于配电的公共信息模型（CIM）扩展 |
| IEC 61968-12 | 61968 公共信息模型（CIM）用例 |
| IEC 61968-13 | 用于配电的公共信息模型（CIM）的资源描述框架（Resource Description Framework，RDF）模型交换格式 |
| IEC 61968-14-1-3～14-1-10 | 被推荐的 IEC 标准映射到 IEC 61968 和 MultiSpeak 标准 |
| IEC 61968-14-2-3～14-2-10 | 被推荐的 IEC 标准创建一个 CIM 配置文件来实现 MultiSpeak 功能 |

配电信息量大面广，配电业务涉及多个业务环节，配电自动化系统需要与上一级调度自动化、生产管理系统、电网地理信息系统、营销管理信息系统、95598 等进行数据交互，因此配电自动化系统需要与相关系统实现信息交互和业务集成。在智能电网建设中，配电自动化系统遵循 IEC 61968 标准，采用信息交互总线实现了多系统的信息交互与共享集成，如图 3-6 所示。依据“源端维护、全局共享”的信息交互原则，采用符合 IEC 61968 标准的信息交互总线，通过基于消息机制的总线方式完成配电自动化系统与其他应用系统之间的信息交换和服务共享，不仅大大减少了接口数量，而且对不同应用领域的信息孤岛系统进行了有效整合，定义了标准和统一的数据交换模型，开发了系统间的规范化接口，不同程度上实现了配电自动化系统与相关应用系统的综合性应用，为互动化、智能化的配电网进行了有益的探索。

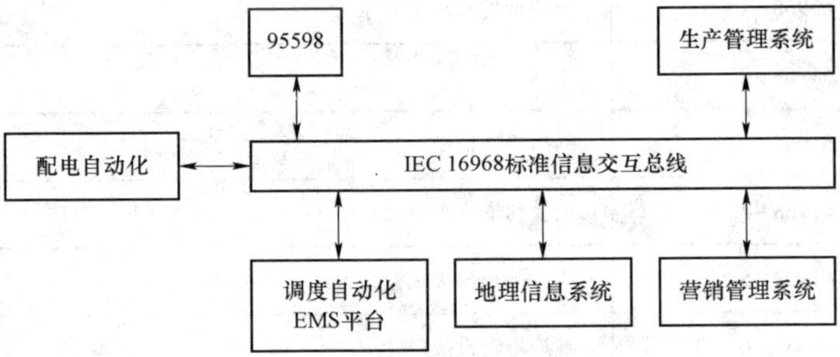


图 3-6　采用 IEC 61968 标准的信息交互总线的系统互联

随着智能电网的建设以及通信技术的发展，作为智能电网重要组成部分的配电自动化技术取得了重大进步，在配电自动化主站、终端、通信网络、测试技术等方面都取得了许多建设性的进展，IEC 61968 标准体系对于配电自动化愈发重要，也为配电自动化系统的实用化应用奠定了坚实的基础。

## 第 87 问　特高压技术领域国际标准化情况如何

国际上，各国对特高压交流输电技术进行了多年的研究，例如，俄罗斯和日本都有特高压工程的实际建设经验，意大利、加拿大和美国等先后建成了特高压试验线段和试验站。

目前，国际上很多研究机构都在积极开展特高压交流输电技术标准的研究。其中，最具代表性的是国际电工委员会（IEC）、美国国家标准与技术研究院（NIST）和美国电气与电子工程师协会（IEEE），另外，欧洲、亚洲一些国家的研究机构也开展了相关工作。

特高压技术飞速发展，IEC 现下设特高压交流系统技术委员会（TC122）和高压直流输电技术委员会（TC115）开展高压相关标准化工作。中国电科院作为 TC122 主席单位，由中国电科院专家担任 TC122 技术委员会主席。TC122 下设系统规划与设计、变电站与线路设计、系统调试三个工作组。同时 IEC 与 CIGRE 成立了联合工作组 Ad－Hoc 开展相关研究，制定了特高压交流标准化路线图。TC115 专门进行高压（特高压）直流输电系统相关标准工作。基于国际上高压直流领域的标准现状和未来发展趋势，编写了高压直流标准路线图，并由咨询工作组 AG1 每年进行更新。

截至 2019 年 5 月，TC122 已经发布了四项相关标准：IEC/TR 63042－100、IEC/TS 63042－101、IEC/TS 63042－201 和 IEC/TS 63042－301，内容涉及特高压交流系统电压调节与绝缘设计、变电站设计、现场交接试验等方面。TC115 正在修订 IEC/TS 62344 和 IEC/TR 62681，正在制定 IEC/TR 63127 和 IEC/TR 63179 等高压直流标准，内容涉及架空线路电磁特性、换流站系统设计、直流侧谐波和滤波器以及柔性直流输电系统性能等方面。

国家电网有限公司是 TC115 秘书处的承担单位。TC115 与 IEC 其他 TC 以及 CIGRE SC/B4、ISO/TC251 和 CENELEC 等组织紧密合作共同推进高压直流输电领域的标准化，并已经提出了一个完整的高压直流标准体系路线图。国家电网有限公司根据已制定的特高压直流标准体系，正积极进行国家标准、行业标准和企业标准的完善，并积极开展特高压直流标准国际化工作，目前已经结合高压/特高压输电技术的发展需求提出了多项需要制定的 IEC 标准。

IEEE 标准协会于 2011 年成立了“特高压交流”工作组，由国家电网公司专家担任主席，负责特高压交流系列标准的制定工作。由于 IEEE 的标准制定及体系较为灵活，便于申请并编制新标准，所以将采取编制新标准的方式不断推进 IEEE 标准的国际化工作。为适应特高压交流技术的快速发展，

IEEE 在特高压交流、特高压直流和新型输电领域开展了相关工作，目前，IEEE 已发布三项特高压交流技术标准，分别是 1000kV 及以上特高压交流系统过电压与绝缘配合（IEEE P1862），1000kV 及以上特高压交流设备现场试验标准及系统调试规程（IEEE P1861）和 1000kV 及以上特高压交流系统电压与无功技术导则（IEEE P1860）。另外，除了以上 3 项标准外，我国还积极参与到 IEEE 的国际标准制定工作中，将我国特高压交流输电领域已经取得的成果推广应用到国际范围。IEEE 现有 40 余项高压直流标准，涵盖高压直流输电系统设计、调试、控制保护和设备等领域，目前暂未发布特高压直流的相关标准。

国际大电网会议（CIGRE）是大电网运行方面的国际性学术组织，其 B3.29 工作组（特高压变电站现场试验技术）隶属于变电站（CIGRE B3）专委会，主要为国际电工委员会（IEC）特高压变电站的现场试验技术相关标准条款制定技术准备。B3.29 工作组为我国进一步展示特高压设备现场试验领域的研究成果提供交流平台，其研究报告将为以后 IEC 的特高压相关标准提供技术支持。目前 CIGRE 已完成 3 个标准的准备工作，包括 CIGRE B269DC 导则 1 项，CIGRE B447 和 CIGRE B370 标准 2 项。

依托特高压研究成果和工程建设，中国在世界上率先建立了全面系统的特高压交流标准体系。特高压交流标准体系包括 6 大类国家标准和能源行业标准，全面涵盖规划设计、设备材料、工程建设、测量试验、运行检修和环境保护与安全六大领域，其中 33 项国家标准、45 项电力行业标准已正式发布。2017 年度国家科学技术进步奖特等奖“特高压±800kV 直流输电工程”项目攻克了特高压直流外绝缘、过电压、电磁环境、系统控制等一系列世界性难题，构建起完整的特高压直流输电技术体系。基于特高压直流工程，我国主导编制并发布了相关国际标准 4 项，建立了世界上首个特高压直流全套技术标准体系，我国确立的特高压输电项目的相关标准已经开始反哺世界，国际上在确立相关标准时也会参照我国制定的相关标准。但是，还需要继续总结我国在特高压交直流输电技术的相关成果，进一步实质性参与国际标准制修订工作，因此仍需持续深入开展相关标准化工作。

## 第 88 问 电动汽车领域有哪些国内外标准

电动汽车是指以车载电源为动力，用电机驱动车轮行驶，符合安全法规、道路交通规定等各项要求的车辆。由于对环境影响相对传统汽车较小，其前景被广泛看好。电动汽车要实现与智能电网的融合，首先要实现与电网的双向信息互动，同时也要求电动汽车、充换电设施、充换电服务网络运营管理系统以及电网调度自动化系统相互之间实现智能化的交互，而充电设施建设的大规模开展，需要相应的技术标准作为支撑；将电动汽车纳入智能电网的体系，需要制定标准对其接入电网的设备、方式和信息交互接口等进行规范。

IEC 中直接与电动汽车相关的技术委员会为 TC69（电动道路车辆和电动工业卡车）和 TC23/SC23H（电器附件/插头插座分委会）。2001 年 IEC 61851 系列标准陆续发布，该标准涉及范围广泛，是电动汽车充电设施建设的核心标准，已被广泛接受。IEC 61851 充电系统系列标准与 ISO/IEC 15118 通信协议系列标准、IEC 61980 无线充电系列标准、IEC 62196 充电接口系列标准以及 IEC 62840 电池更换系列标准共同构建了电动汽车充电设施国际标准框架。电动汽车充电设施国际标准经过近十几年的发展和制修订，标准内容趋于稳定，其中 IEC 61851－1 第三版于 2016 年 7 月发布，IEC 62196 系列标准稳定期延伸到 2018 年，IEC 61980－1 稳定期也将达到 2018 年，可以很好地规范和指导电动汽车充放电设施的发展建设。

从目前国际上电动汽车充换电领域标准的现状看，充电相关技术已经有较为统一的认识，标准体系也日趋成熟，而电池更换模式下接入智能电网的电池换电设备、设备接口、电池更换系统等方面缺乏相应标准。

在各行业的共同努力下，目前我国已发布电动汽车标准 75 项，涵盖电动汽车基础通用、整车、关键总成（含电池、电动机、电控）、电动附件、基础设施和接口与界面等各领域。我国电动汽车标准体系已基本建立，可以基本满足我国现阶段电动汽车推广应用发展的需要。

在加强国内标准体系建设的同时，我国积极参与并致力于推动全球电动汽车标准法规的协调发展。在世界车辆法规协调论坛（WP29）的电动汽车安全（EVS）和电动汽车与环境（EVE）两个工作组中担任副主席，承担着电动商用车和整车防水安全等内容的制定工作。在国际电工委员会（IEC），我国的直流充电方案已和美、日、欧等共同成为国际标准的组成部分，并正在主导《电动汽车换电站》系列国际标准的起草。我国在国际上率先发布了电动汽车关键部件、充换电站等 30 多项标准，直接带动了相关国际标准的立项和制定，我国电动汽车标准已基本处于国际前列。此外，我国还注重电动汽车领域的国际合作。2017 年 6 月，国家标准委与德国标准化协会在青岛中德生态园共同组织召开了“中德电动汽车标准工作组会议第五次会议”，会议双方同意在加强中德标准化合作、进行国际标准化协调和信息交换、共同开展标准实验验证等达成共识，在电动汽车无线充电、大功率充电、传导充电互操作测试及电动汽车充电信息安全领域标准制定上开展合作与交流。

## 第 89 问　海峡两岸智慧电网产业有哪些共通标准

“海峡两岸智慧电网产业共通标准”（以下简称两岸共通标准）是由中国电机工程学会和台湾智慧型电网产业协会于 2011 年在上海共同发起的一项跨越两岸的技术标准化活动。该活动以 2009 年政府间签署的《海峡两岸标准计量检验认证合作协议》为指导方针，提出了在智慧电网领域开展共通标准技术交流与合作。该项目不仅得到了国家能源局以及台湾地区经济研究院、经济部标准检验局等机构的肯定与支持，还得到了两岸部际联络会议的认可。

两岸专家及学者于 2011—2014 年多次召开关于“海峡两岸智能（慧）电网共通标准”的学术技术交流与标准研制研讨会，并提出了相应工作建议。2014 年底，根据开展“两岸共通标准”报告，国家标准委以“同意成立智能（慧）电网专业组、协调推进两岸共通标准研制”的精神予以批复，此项工作正式成为两岸电力技术标准化合作活动之一。两岸工作组于 2014 年 9 月在深圳会议上，提出了分别在配电和用电领域，确定了技术标准制定的名称和计划，正式启动了共通标准的编制工作。2015 年 3 月在福建省平潭县召开了“海峡两岸智能（慧）电网共通标准编制工作座谈会”，对 2015 年度工作计划和两个专题标准编制框架进行了审议，确定了相关专题共通标准编写组的召集人、联络机制和任务衔接节点。2015 年 5 月，在台湾台北市召开了“海峡两岸智能（慧）电网共通标准与技术交流座谈会”，双方共同签署了 2015—2017 年海峡两岸智能（慧）电网共通标准制定合作备忘录，明确了双方开展共通标准制定的内容、计划，以及合作机制。2015 年 9 月在南京召开了第三次工作组会议，审议了编写小组起草的征求意见稿草案，提出了修改意见。2015 年 11 月在成都召开第 4 次会议，对编写组修改后的送审稿初稿进行了专家审查，完成了内容的实质性审查，该送审稿经过进一步修改完善后，于 11 月的 TC549 全体大会上进行了投票表决，获得一致通过。

“两岸共通标准”工作从两岸智慧电网建设的愿景出发，梳理双方现有的相关技术标准，确定两岸共同认可的重点领域，提出共通标准的入选原则和条件，开展标准缺失和差异分析，提出当前急需制定的共通标准清单。在此基础上，遵循急用先行的优先原则，推进有关专题的共通标准制定。通过参与 IEC 标准制定、把握国标制定进程、研发智能化产品及投入智慧电网建设等形式，及时收集并了解国内外智能电网标准化信息。以共通标准为交流和培训平台，有计划地在两地组织宣讲和培训相关 IEC 国际标准、国家或地区标准，交流具有特色有成效的企业标准（QB）及其技术实施经验（或教训）、案例。目前，两岸工作组提出了配电自动化、智能用电及需求响应两个专题项目工作规划。近期 2～3 年，将重点推进“配电网自动化”和“需求响应及用户能源管理”两项专业领域产业共通标准的工作规划，并组建了 2 个工作组，依托工作组成员及所属机构的资源，编写共通标准工作规划书，用于指导该领域的标准调研、技术交流、分析研究。引导、助推两岸相关产业技术研究和产品开发，积极探讨设备检测合作及互认机制。支持企业产品走向国际市场，带动产业健康快速发展。

“两岸共通标准”的研究与制定能够促进智慧电网学术技术交流与合作；通过标准化信息平台，实现信息共享；降低两岸在产品标准化的研发成本；满足两岸智慧电网产品的输出需要。“两岸共通标准”工作的开展，对于国际、国内行业以及企业标准研究制定和促进智慧电网建设及两岸产品标准化、产业发展都具有现实意义。

## 第 90 问　新一代智能电网技术标准体系是如何构建的

可再生能源、储能系统、微电网与分布式电源等一系列创新性的探索和实践表明，智能电网技术能够满足安全稳定运行需求，增强电网与用户友好互动，提高能源效率和效益，是实现低碳电力的基础和前提，已经成为当今世界电网发展的新趋势、新方向。

2010 年，国家电网公司制定并发布了《坚强智能电网技术标准体系规划》。该标准体系由 8 个专业分支、26 个技术领域、92 个标准系列和若干具体标准构成，是一个具备系统性、逻辑性和开放性的层级结构。同时，为加快智能电网试点工程建设，国家电网公司选取了部分与智能电网建设密切相关、系统性强、涉及面广、相对重要的 22 项标准作为首批推荐的核心标准。截至 2018 年年底，国家电网有限公司已发布智能电网相关企业标准 789 项，参与编制国家标准 151 项以及行业标准 315 项，主导立项国际标准 68 项。受国家能源局委托，中国电力企业联合会联合电工行业，开展了中国智能电网标准体系研究，在国家电网有限公司智能电网标准体系的基础上，形成了国家级的智能电网标准体系。

在 2010 版标准体系架构的基础上，新一代智能电网标准体系对原有的专业分支进行了调整和优化，对技术领域进行了扩充，对标准系列进行了补充和完善。标准体系的构建原则主要包括继承性、创新性和实用性。

智能电网技术标准体系采用由“8 个专业方向、36 个技术领域、134 个标准系列和若干项具体标准”构成的总体架构，具备继承性、扩展性和实用性，如图 3－7 所示，具体分为 4 个层级：

第 1 层级是专业方向，包括综合与规划、智能发电等 8 个方向；第 2 层级是技术领域，在考虑能源电力生产消费全环节以及现有工程实践和实际应用的基础上，聚焦智能电网关键技术发展方向，覆盖满足智能电网研究与建设需求的 36 个技术领域；第 3 层级是标准系列，基于各领域技术的发展现状和智能电网发展需要，充分考虑相关技术的未来趋势，提出 134 个标准系列；第 4 层级是具体标准，包括各知名标准组织、研究机构已发布和在编的相关可继承的技术标准，以及结合智能电网发展需要制、修订的技术标准。具体标准将持续动态更新和完善。

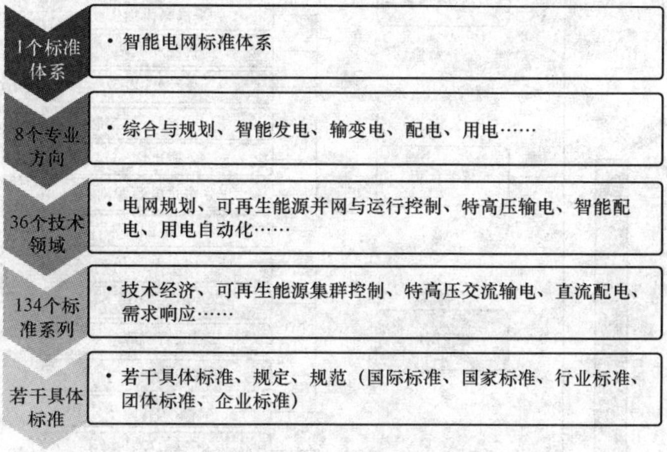


图 3-7 新一代智能电网技术标准体系层次结构

智能电网依然处于快速发展阶段，既需要快速跟进的政策和标准支撑，也需要社会团体支持，因此，团体标准在整个体系中有着特殊、重要的作用。智能电网技术标准体系框架如图 3-8 所示。

近年来国家电网有限公司通过完善创新体系、加强自主创新，积极参与IEC、IEEE 等国际标准组织，大力促进自主创新成果与国际标准深度融合，在标准国际化方面取得丰硕成果。截至 2019 年 6 月，国家电网有限公司主导立项国际标准累计 68 项，其中 IEC 标准 47 项、IEEE 标准 21 项，完成国际标准累计 34 项，其中 IEC 标准 28 项、IEEE 标准 6 项。

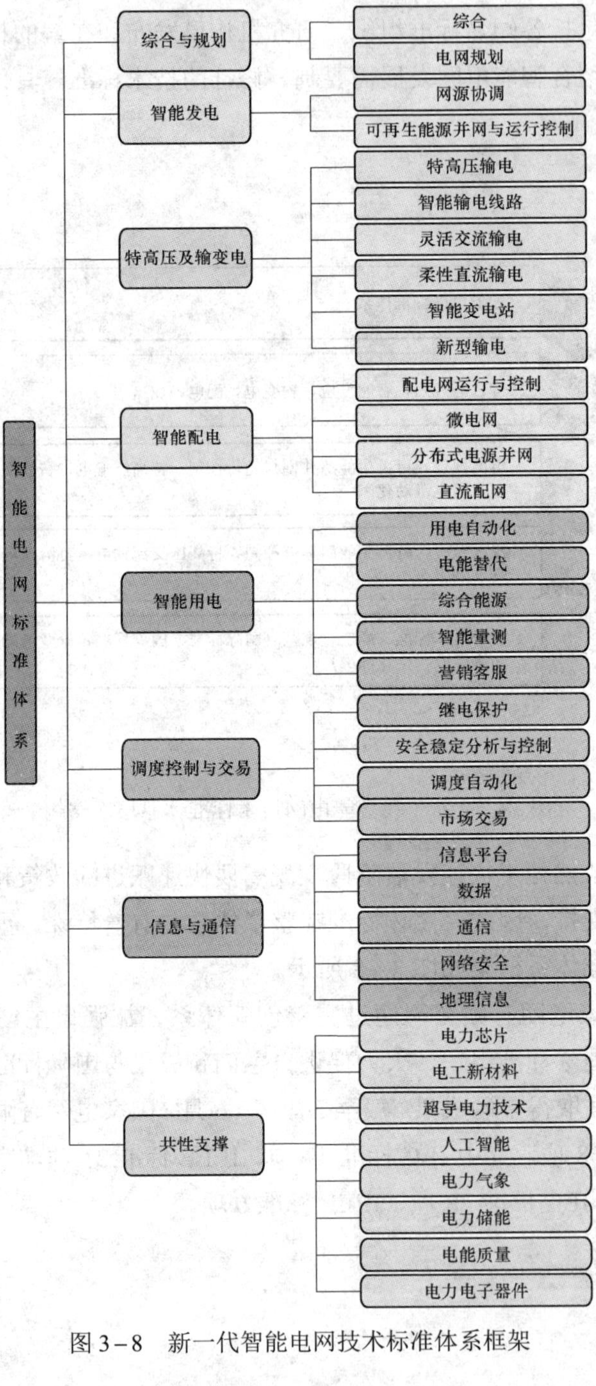


图3-8　新一代智能电网技术标准体系框架

# 第四篇

# 技 术 篇

## 第91问　大规模风力发电有哪些优势

风能是可供风力发电机所利用的动能。风力发电按照所处地区可划分为陆上风力发电和海上风力发电两种，陆上风力发电发展较为成熟，在全球范围内建设规模较大。海上风力发电和陆上风力发电相比，可利用的风能资源更优质，满负荷运行小时数更高，风机的单机发电容量更大。虽然海上风力发电正在起步阶段，但在未来的全球能源供应体系中，海上风电比陆上风电的前景更为广阔，风力发电机的示意图如图4-1所示。

(a)　　(b)

图4-1　风力发电

（a）陆上风力发电；（b）海上风力发电

风力发电是目前可再生能源利用中技术最成熟的、最具有商业化发展前景的利用方式，风力发电作为绿色能源的一种，已深受全世界的重视。风力发电技术可以灵活应用，既可以并网运行，也可以离网独立运行，还可以与其他能源技术组成互补发电系统。风电场运营模式可以为电网补充电力，小型风电机组可以为边远地区提供生产、生活用电。风能是清洁、无污染的可再生能源之一，和其他可再生能源一样，风能没有直接的温室气体或其他污染物的排放。在风能电能的转换过程中，不消耗任何燃料，基本不占用耕地，单台发电设备投资不大，建设周期短，不会对环境构成严重威胁。根据国外对各种发电方式碳排放生命周期分析成果，风电是一种高度清洁的能源技术，符合可持续发展的要求。发展风力发电是减少排放、防止全球气候变暖的一项主要措施，合理利用风能既可减少环境污染，又可减轻能源短缺的压力。

风力发电机按照转轴与风向的关系可以分为两类：一种是水平轴风力机，另一种是垂直轴风力机。水平轴风机包括：螺旋桨式风力机、多翼式风力机、离心甩出式风力机、涡轮式风力机和压缩风能型风力机。目前市场主流的是水平轴风力发电机，平时说的风力发电机通常也是指水平轴风力发电机，目前水平轴风力发电机的功率最大已经做到了 6.8MW 左右。

垂直轴风力发电机（vertical axis wind turbine，VAW）包括萨布纽斯（savonius）式风力发电机（S 式风力发电机）、达里厄（darrieus）式风力发电机（D 式风力发电机）、S 式和 D 式组合式风力发电机、Gorlov 式垂直轴风力发电机、旋转涡轮式风力发电机和美格劳斯效应风力发电机。垂直轴风力发电技术是全球风能利用前沿、先进的技术，世界上目前最大功率的风力机是超大型的 10MW 垂直轴风力发电机，它不但造价低，而且回收期只有 4 年，是投资人的最佳选择。与传统“大风车式”的水平轴风力发电技术相比，垂直轴风力发电机组看上去像是“藏式转经筒”，体积小，优势显著：风电场利用率高，只用原来三分之一的面积；发电效率高达 85%，比水平式的多 15%；结构简单，重量轻，维修方便；抗风能力可达 50m/s，相当于抗 14 级风；投资成本降低约 30%；设备使用寿命长；噪音污染低；制造设备的原材料可百分百回收利用。由于成本远低于目前的风力发电机，新型垂直轴风电机有望逐步取代水平轴风力发电机，成为世界新能源的主力军。风力发电机工作示意图如图 4－2 所示。

19 世纪末，丹麦首先研制出了风力发电机，世界上第一座风力发电站于 1891 年在丹麦建成。1941 年，美国建成了世界上第一台兆瓦级风力发电机，容量为 1.25MW，风轮直径达 53.3m，塔高 45m。近 20 年来，风电技术取得了巨大进步，欧洲在开发海上风能方面依然走在世界前列，其中，丹麦、英国、爱尔兰、瑞典和荷兰等国家发展较快，风力发电过程如图 4－3 所示。

根据全球风能理事会统计，2017 年全球风电新增装机容量超过 52.5GW，其中仅有 5 个国家的装机容量超过 4GW，累计容量达到 539.12GW，累计装机容量增长 10.9%。其中，中国新增装机容量 19.66GW，市场份额达 37%，位居全球第一，总装机容量达 188.39GW；美国新增装机容量 7017MW，总装机容量达 89GW；德国新增装机容量 6581MW，总装机容量超过 56GW；英国新增 4270MW，总装机 18.87GW；印度新增 4148MW，总装机 32.85GW。

图 4-2　风力发电机工作示意图

1—风流入；2—流入的风带动转子（A）和叶片（B）；3—转子和叶片转动主轴（C）和齿轮箱（D），最后带动发电机（G）并发电

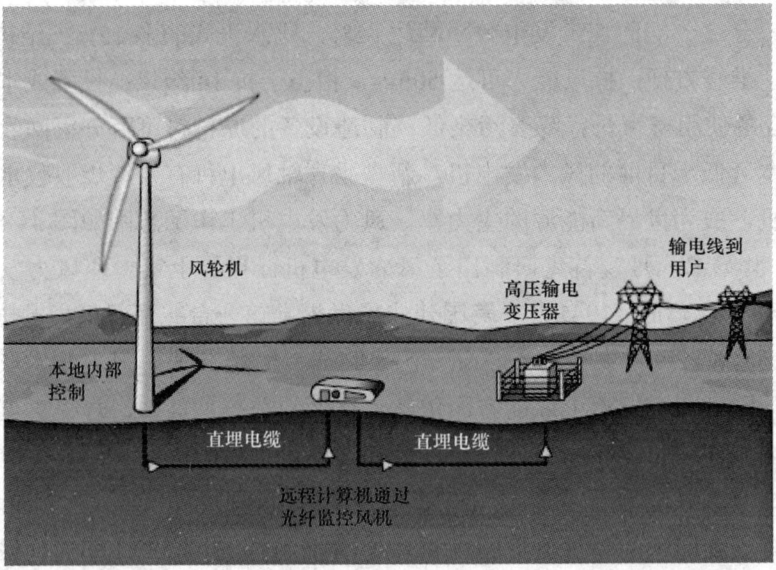


图 4-3　风力发电过程

由于风力发电技术相对成熟，因此许多国家对风力发电的投入较大，从而使风电价格不断下降。未来风力发电的技术将向着以下几个方向发展：单机容量增大、风电场规模增大、从陆上向海上发展、生产制造成本进一步降低。

和其他可再生能源技术一样，风力发电也是资本密集型产业，但是没有燃料成本，也因为这样，风力发电是经济效益好的可再生能源之一。风力发电的主要经济参数包括投资成本、运维成本、装机容量、经济寿命和资本成本。

## 第 92 问　太阳能发电的形式和特点是什么

目前太阳能发电有两种方法：一种是将太阳能转换为热能，然后按常规方式发电，称为太阳能热发电；另一种是通过光电器件利用光生伏打效应将太阳能直接转换为电能，称为太阳能光伏发电。当前太阳能热发电按照太阳能采集方式可划分为：太阳能槽式发电、太阳能碟式发电、太阳能塔式发电。

太阳能热发电指通过水或其他工质和装置将太阳辐射能转换为电能的发电方式。目前世界上现有的最有前途的太阳能热发电系统大致可分为：抛物面槽式聚焦系统、中央接收式或太阳塔聚焦系统和抛物面盘式聚焦系统。目前，太阳能热发电在技术上和经济上可行的三种形式是：① 30～80MW 抛物面槽式聚焦太阳能热发电技术（简称抛物面槽式）；② 30～200MW 中央接收式聚焦太阳能热发电技术（简称中央接收式）；③ 7.5～25kW 的抛物面盘式聚焦太阳能热发电技术（简称抛物面盘式）。除了上述几种传统的太阳能热发电方式以外，太阳能烟囱发电、太阳池发电等新领域的研究也有进展。

太阳能光伏发电是指直接将光能转变为电能的发电方式，包括光伏发电、光化学发电、光感应发电和光生物发电。太阳能光伏发电是利用太阳能级半导体电子器件有效地吸收太阳光辐射能，并使之转变成电能的直接发电方式，是当今太阳光发电的主流。目前世界上应用最广泛的太阳电池是单晶体硅太阳能电池、多晶硅太阳能电池、薄膜太阳能电池等。

随着热能存储设备的加入，可使槽式发电的效率比起初提高 7%。热能存储设备可以存储剩余的热量，保证发电的平稳，同时它也为独立的太阳能发电提供了保障。有了热能存储设备的加入，可使一座 80MW 的发电站的光电转换效率达到

13.8%。当前正在发展的技术方向为直蒸汽技术。

如今已经商品化、实用化的太阳能光伏电池主要有单晶硅电池、多晶硅电池、非晶硅电池、聚光电池、带状硅电池及薄膜电池等几类。在国际市场上，太阳能光伏电池的价格大约为 3.15 美元/W，并网系统价格为 6 美元/W，发电成本为 0.25 美元/（kW・h）。光伏电池的光电转化效率也不断提高，晶体硅光电池转化率达到 15%，单晶硅光电池转化率是 23.3%，砷化镓光电池是 25%，在实验室中特制的砷化镓光电池已达 35%～36%。同时太阳能光伏电池/组件的使用寿命也大大增长，最多可达到 30 年。根据研究机构 GTM research 的数据，截至 2017 年底，全球太阳能光伏发电新增装机达到 99GW，同比增长了 26%。其中，中国新增 53.06GW，同比增长 53.62%，累计装机达到了 130.25GW，其新增装机连续 5 年位居全球第一，累计装机也连续 3 年位居全球第一；美国新增装机 11.8GW，同比下降 22%，累计达 54.5GW；印度新增装机 9.6GW，同比增长 122%，累计达 20GW；日本新增装机约 7GW，同比下降 24%。

## 第 93 问　生物质发电会产生哪些影响

生物质能是指蕴藏在生物质中的能量，是直接或间接地通过绿色植物的光合作用，把太阳能转化为化学能后固定和储藏在生物体内的能量。生物质能发电技术起源于 20 世纪 70 年代，是指利用生物质直接燃烧或生物质转化为某种燃料后燃烧所产生的热量来发电的技术。完整的生物质发电技术，涉及生物质原料的收集、打包、运输、储存、预处理、燃料制备、燃烧过程的控制、灰渣利用等诸多环节。

生物质能发电有以下特点：① 适用于分散建设、就地利用：生物质更接近人类生活的场所，不需外运燃料和远距离输电；② 技术基础较好，建设容易：生物质组织机构与常规的化石燃料相似，利用方式也与化石燃料类似；③ 依然有碳排放，但比化石燃料少：与太阳能、风能相比仍会产生温室气体的排放，但比常规火电厂少很多；④ 变废为宝，更加环保：生物质能发电除污染少之外，还可以实现废物利用，解决废物、垃圾处理问题。

生物质能发电存在的问题：① 生物质能的转化设备必须安全可靠，在生物质能转化过程中和结束后有可能产生或残存一些有毒有害的物质，如果泄漏可能产生二次污染；② 能源作物需要占用大量土地，种植能源作物必须利用耕地，提供同样的能源，种植能源作物需要的土地量约为风电场需要土地的3～10倍。

生物质能发电主要分为直接燃烧发电、沼气发电、垃圾发电和生物质燃气发电。其中，沼气发电利用消化池产生的沼气经过汽水分离器、脱硫塔净化后进入储气柜，再经过稳压器进入沼气发动机，驱动沼气发电机发电。沼气发电机所排出的废气和冷却水所携带的废热经热交换器回收，作为消化池料液加温热源或其他热源再加以利用。沼气发动机与普通柴油发动机一样，工作循环也包括进气、压缩、燃烧膨胀做功和排气4个基本过程。

垃圾焚烧发电首先对垃圾进行品质筛选，符合规格的垃圾卸入巨大的封闭式垃圾储存池，池内始终保持负压，巨大的风机将“臭气”抽出，然后将垃圾送入焚烧炉，并使垃圾和空气充分接触，有效燃烧。焚烧垃圾需要利用特殊的垃圾焚烧设备，有垃圾层燃焚烧系统、流化床式焚烧系统、旋转筒式焚烧炉和熔融焚烧炉等。

生物质燃气发电机组主要有三种类型：内燃机发电机组、汽轮机发电机组和燃气轮机发电机组，三种方式可以联合使用，汽轮机发电机组和燃气轮机发电机组联合运行的应用前景较为广阔，尤其适用于大规模生产，生物质发电过程示意图如图4－4所示。

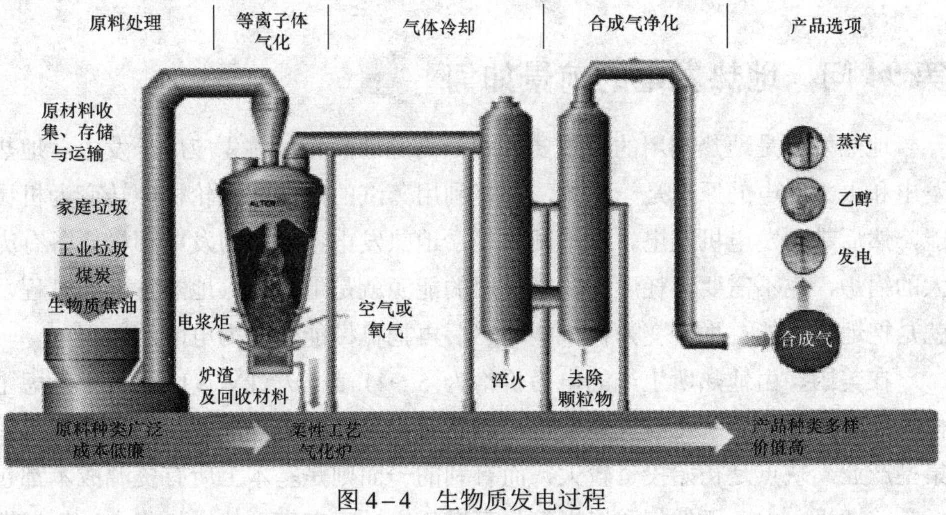


图4－4　生物质发电过程

生物质能发电起源于 20 世纪 70 年代，自 1990 年以来，包括直接燃烧发电和利用先进的小型燃气轮机联合循环发电两种形式的生物质能发电在欧美许多国家开始大力发展。

丹麦是世界上最早利用生物质能发电的国家之一，自 1988 年建立了世界上第一座秸秆生物质燃烧发电厂以来，丹麦已经拥有此类发电厂 100 多家，所生产的能源占全国能源消费的 24%。美国在生物质直接燃烧发电方面处于世界领先地位，20 世纪 90 年代初就已有 1000 个左右的燃木发电场。巴西具有自己独特的生物质燃烧技术，运行可靠，并且能用各种各样的生物质原料，已有近百年的利用历史。

20 世纪 70 年代以来，中国生物质发电装机容量逐年增加，由 2006 年的 1.4GW 增加至 2012 年的 8GW，年均复合增长率达 33.71%，表明中国生物质发电行业发展较快。截至 2017 年年底，全国生物质发电新增装机 2.74GW，累计装机达到 14.88GW，同比增长 22.6%。全年生物质发电量 79.4TW · h，同比增长 22.7%，继续保持稳步增长势头。2017 年生物质发电量约占三峡全年发电量（97.61TW · h）的 81.35%，占整个可再生能源发电量的 4.67%，占全国年总发电量的 1.23%。我国生物质能发电产业体系已基本形成，无论是农林生物质发电，还是垃圾焚烧发电，规模均居世界首位。

## 第 94 问　地热发电的前景如何

地热发电是地热利用的最重要方式，高温地热流体首先应用于发电。地热发电和火力发电的原理是一样的，都是利用蒸汽的热能在汽轮机中转变为机械能，然后带动发电机发电。所不同的是，地热发电不像火力发电那样要备有庞大的锅炉，也不需要消耗燃料，它所用的能源就是地热能。地热发电的过程，就是把地下热能首先转变为机械能，然后再把机械能转变为电能的过程。

在美国，由地热所生产的电力价格为 5～11 美分/（kW · h），其中考虑了税收优惠，这与传统化石燃料发电相比具有相当的竞争力。地热发电是资本密集型产业，缺点是初始投资较大，而有利的一面则是基本上所有资源成本都包括在前期投入中。天然气和煤炭等化石燃料电厂存在高额的燃料成本，如果燃料来自进口尤其如此。对于地热项目，一旦工程完成后燃料是免费的，这也意味着地热能可以作为电力价格的稳定因素，有抵消化石燃料价格波动对电力市场影响的作用。当一个地热发电项目完成后，大多数成本是已知的，只有少数市场因素可以影响它们，这就使得地热电厂在其整个生命周期里的均化成本非常具有竞争力（均化成本的定义为电厂整个生命周期的总投资金额、燃料和其他成本除以其整个生命周期内预计输出的电力）。一个 15MW 的地热双循环发电厂的均化成本可以低至 83 美元/（MW・h），而一个 30MW 的地热闪蒸厂的成本仅为 79 美元/（MW・h），具有极高的经济竞争力。各类发电技术均化成本比较如图 4-5 所示。

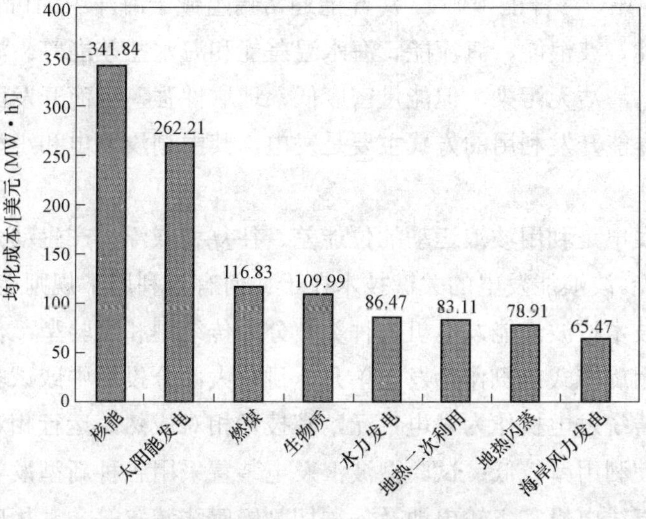

图 4-5　各类发电技术均化成本比较

地热发电至今已有近百年的历史，已经有了较大规模的发展。目前世界最大的地热电站是美国的盖瑟尔斯地热电站，地热发电在中国也有了较大的发展。目前为止，西藏羊八井地热电站是中国最大、运行最久的地热电站。羊八井地热电站装机容量已达到 9 台共 25.18MW，机组最大单机容量为 3MW 等级。目前，国内可以独立建造 30MW 以上规模的地热电站，单机可以达到 10MW。2017 年 2 月，国家发展改革委编制的《地热能开发利用“十三五”规划》已经正式印发，根据规划内容，“十三五”期间地热能开发将拉动总计 2600 亿元投资。

在此过程中，将探索建立地热能开发的特许经营权招标制度和PPP模式，并且将放开城镇供热市场准入限制，引导地热能开发企业进入城镇供热市场。“十三五”期间，新增地热发电装机容量500MW，到2020年，地热发电装机容量约530MW。

## 第95问　海洋能发电有哪些形式

海洋能发电指利用海洋所蕴藏的能量发电。海洋的能量包括海水动能（包括海流能、波浪能等）、表层海水与深层海水之间的温差所含能量、潮汐的能量等（见潮汐电站、海洋能电站）。海洋能通常指蕴藏于海洋中的可再生能源，主要包括潮汐能、波浪能、海流能、海水温差能和海水盐差能等。海洋能蕴藏丰富，分布广，清洁无污染，但能量密度低，地域性强，因而开发困难并有一定的局限。海洋能开发利用的方式主要是发电，其中潮汐发电和小型波浪发电技术已经实用化。

波浪能发电是利用波浪运动的位能差、往复力或浮力产生动力，通过发电机来产生电能。波浪能发电的关键技术在于如何有效利用不规则运动的波浪能。波浪能发电技术按波浪能发电机的种类被分为传统型和试验型：传统型波浪能发电技术采用旋转式电机作为发电单元，目前大部分投运中或试验效果较好的装置都采用传统发电机作为发电单元，其技术相对成熟，运行相对稳定，但能量转换装置使利用率较低；试验型波浪发电装置采用各种新型发电装置作为发电单元，如直线电机、飞轮电池及各种切割磁感线装置等，其相应技术都处于试验或理论设计阶段，但其简化或省去了能量转换装置，提高了能源利用率。振荡水柱式（oscillating water column，OWC）波浪能发电装置是当今世界最普遍的海洋波浪能转换器，其有效地将不规则波浪能转换为双向直线运动的气流，从而带动涡轮发电机发电，OWC波浪能发电原理和双向冲击式透平如图4-6所示。

当前，波浪能研究与开发取得了一定进展，出现较为成功的波浪能装置有OPT公司的点吸收式波浪能装置和OPD公司的“Pelamis”等，但波浪能发电的商业应用仍面临很多问题，包括波浪能发电装置的成本、并网等问题无法得

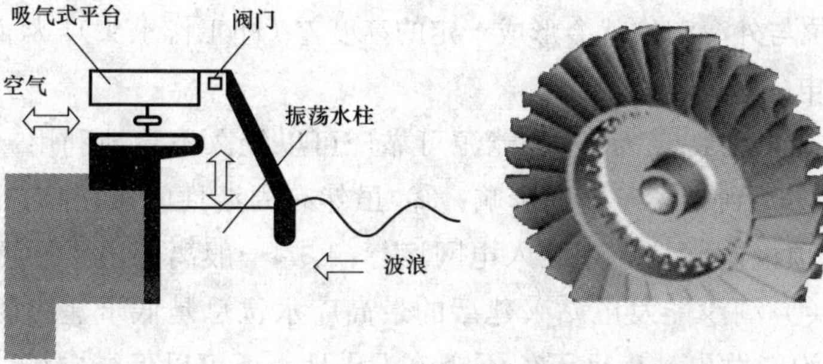


图 4-6 OWC 波浪能发电装置原理和双向冲击式透平

到解决。因波浪的随机性、不稳定特性，波浪能发电的输出电压的幅值、频率及相位均不稳定，并网时对电网会形成冲击。波浪能发电总体效率比较低，提高波浪能发电装置一级转换和中间转换的效率成为解决问题的关键。波浪能发电装置中间转换效率较高的转换方式主要有机械转换和液压转换，中间转换机构需匹配波浪能发电装置的一级转换和二级转换机构，效率提高难度较大。当前，借助电子技术、传感器技术、先进控制技术等提高波浪能发电装置的效率已经成为研究热点。

盐差能是指海水和淡水之间或两种含盐浓度不同的海水之间的化学电位差能，主要存在于河海交界处或淡水资源丰富的盐湖和地下盐矿。盐差能发电技术按发电原理分为渗透压法、蒸汽压法和反电渗析电池法。中国在盐差能发电技术领域一直处于低速发展态势，据预算，反电渗析电池装置投资成本约5000美元/(kW·h)，而渗透压法装置的发电成本也高达10～14美元/(kW·h)，蒸汽压能法装置研制更是无法估算。导致盐差能发电装置造价昂贵的原因是渗透膜成本太高、使用寿命过短。

潮汐能发电的工作原理与常规水力发电的原理类似，它是利用潮水的涨、落产生的水位差所具有的势能来发电。潮汐能发电差别在于海水与河水不同，蓄积的海水落差不大，但流量较大，并且呈间歇性，从而潮汐能发电的水轮机的结构要适合低水头、大流量的特点。具体地说，就是在有条件的海湾或感潮河口建筑堤坝、闸门和厂房，将海湾（或河口）与外海隔开围成水库，并在闸坝内或发电站厂房内安装水轮发电机组。海洋潮位周期性的涨落过程曲线类似于正弦波，对水闸适当地进行启闭调节，使水库内水位的变化滞后于海面的变化，水库水位与外海潮位就会形成一定的高度差（即工作水头），从而驱动水轮发电机组发电。

潮汐能发电的特点为：① 能源可靠，可以经久不息地利用。不像常规水力发电那样受到气候条件的影响；② 虽然有周期性间歇，但有准确规律，可用计算机预报，并按计划纳入电网运行；③ 一般离用电中心近，不必远距离送电；④ 潮汐能发电站兴建后的最高库水位总是低于建站前最高潮水位，因此潮汐能发电站库区不但不会淹没土地，还可以促淤围垦，发展水产养殖；⑤ 潮汐能发电站的主要部分建在水下，不污染环境，还美化环境，促进旅游；⑥ 单位千瓦的造价较常规水电站高。两种海洋能发电机对比如图 4-7 所示。

(a)

(b)

图 4-7　两种海洋能发电机对比

（a）潮汐能发电机；（b）波浪能发电机

中国潮汐能资源蕴藏量约为 110GW，可开发总装机容量为 21.79GW，年发电量可达 62.4TW·h，容量在 500kW 以上的站点共 191 处，主要集中在福建、浙江、江苏等省的沿海地区。目前中国潮汐能利用率较低，截至 2014 年，正在运行发电的潮汐能发电站共有 8 座，总装机容量为 6MW，年发电量超过 10GW·h。

# 第 96 问 分布式发电包含哪些关键技术

分布式发电（distributed generation，DG）是指为满足终端用户的特殊需求，安装在用户侧的中小型发电系统，发电功率通常在几十千瓦到几十兆瓦之间，所用能源包括天然气、氢能、生物质、太阳能等洁净能源或可再生能源。从 20 世纪 80 年代末开始，世界电力工业已出现了一个由传统的集中供电模式向集中和分散相结合的供电模式过渡的趋势。1996 年，美国电力科学研究院（Electric Power Research Institute，EPRI）在《分布式发电》一书中首次提出了分布式能源（distributed energy resource，DER）的概念。

DG 发出的电能无法直接供给交流负荷，须经一定的并网技术来实现。DG 与电力系统之间存在四种关系：方式 1：DG 独立运行向周围用户供电；方式 2：DG 独立运行但与当地电网之间有自动转换装置；方式 3：DG 与系统并联运行但对电网无输出；方式 4：DG 与系统并联运行且对当地电网输出电能。以上四种运行方式下 DG 的作用见表 4－1。

**表 4－1　　四种运行方式下 DG 功能**

| 功能 | 方式 1 | 方式 2 | 方式 3 | 方式 4 |
|---|---|---|---|---|
| 基本电源 | √ | √ | √ | √ |
| 联合发电 | √ | √ | √ | √ |
| 削峰作用 | | √ | √ | √ |
| 紧急/备用电源 | | √ | √ | √ |
| 优质电能 | √ | | √ | √ |
| 偏远地区供电 | √ | | | |

典型的 DG 并网系统结构如图 4－8 所示，根据实际应用中 DG 的发电方式不同，并网系统结构也会有所不同。DG 并网系统根据实现功能的不同，可以分为逆变器型并网系统、具有同步功能的并网系统和包含远方调度模块的并网系统三类：

（1）逆变器型并网系统。逆变器型并网系统指光伏发电、燃料电池等 DG 发出电能为直流电，微型燃气轮机发出的是高频交流电，这些分布式能源发出的电需经过逆变器等电力电子设备转换成适合电网的交流电。

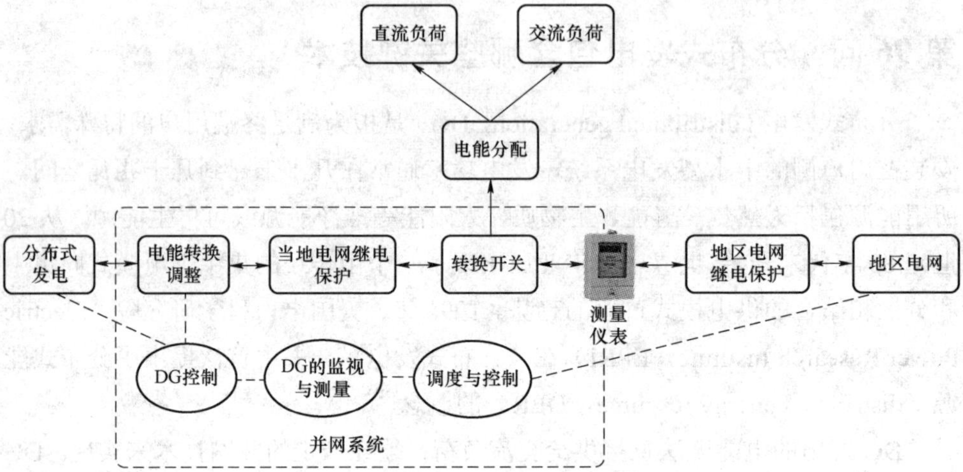


图 4－8　DG 并网系统结构图

←→ 电力流；－－－－信息流

（2）具有同步功能的并网系统。具有同步功能的并网系统指用于与地区电网并联运行的 DG，DER 通过并网系统与地区电网在耦合点实现同步运行。当 DG 担任削峰、联合发电、基本电源或作为备用和紧急时采用这种并网系统。

（3）包含远方调度模块的并网系统。包含远方调度模块的并网系统指电力系统可以根据实际需要对 DG 实现启停与实时电力调度，当 DG 需要向地区电网输送电能时，通常采用这种并网系统，同时还需附加测量、通信、监视和控制装置。

近年来，对新型分布式发电技术的研究取得了突破性的进展，分布式发电有望在电能生产中占有越来越大的比重，并对电力系统产生重大的影响。2010 年，美国分布式发电总装机容量约为 92GW，占全国发电量 14%。美国政府把进一步推进“分布式热电联产系统”的发展列为长远发展规划，并制定了明确的战略目标：力争 2020 年在 50%的新建办公楼或商用楼群中，采用“分布式热电联产”模式，将 15%现有建筑的“供能系统”改建成“分布式热电联产”模式。日本的高电价使得很大一部分工业企业自己发电，制造业 30%以上的用电是由当地企业发电厂供给的，这些大型企业的发电厂都以煤作燃料，其中约 16.7%的电力以热电联产的形式供应。

截至 2017 年年底，中国太阳能光伏发电累计装机容量达到 130GW，新增和累计装机容量均为全球第一。2015 年，国网山东省电力公司承担开发的山东长岛“分布式发电及微电网接入控制示范工程”通过国家发展改革委验收。同时，济南市清洁能源利用等重点项目也在加快推进，全市新能源发电装机总容量已达到 33.23 万 kW，占济南市发电总装机容量的 9.2%。2015 年，北京海淀区首个分布式光伏屋顶电站示范区项目——永丰产业基地分布式光伏屋顶电站并网发电，该电站装机量为 300kW，每年发电量为 33 万 kW · h，可为社会节约标准煤 112t，减少二氧化碳 350t。

2016 年，科学技术部启动了国家重点研发计划“智能电网技术与装备”重点专项，首批在 5 个技术方向启动了 17 个项目。在第一个技术方向“大规模可再生能源并网消纳”中设置的第一个项目即为基础前沿类项目“高比例可再生能源并网的电力系统规划与运行基础理论”。项目的研究有助于形成高比例可再生能源接入形势下未来电力系统形态构建、协同规划和优化运行的基础理论体系。

## 第 97 问　未来超导输电技术能够普及吗

1911 年，荷兰莱顿大学的 H · 卡茂林 · 昂内斯意外地发现，将汞冷却到 −268.98℃时，汞的电阻突然消失。后来他又发现许多金属和合金都具有与上述与汞相类似的低温下失去电阻的特性，这种特殊导电性能，被称为超导态。

20 世纪 60 年代，由于世界经济的快速增长，电力需求的急剧增加，输电线路上的损耗也越来越多，因此在能够传输较大电流的铌合金超导体发现后，美国、欧洲及苏联都开展了超导电缆的研究，但由于实现条件严苛以及经济增速放缓，超导电缆的研究进展缓慢。直到 20 世纪 80 年代后期人们发现了高温超导材料，用高温超导材料制造的超导电缆可以在液氮温区工作，与低温超导材料制造的超导电缆相比，高温超导材料制造的超导电缆的运行和维护成本可以大大地降低。

超导输电技术是利用高密度载流能力的超导材料发展起来的新型输电技术，超导电缆的结构与常规电缆有较大的差异，如图 4−9 所示，其基本组成部分包括：内支撑芯、超导体、热绝缘层、电绝缘层、超导屏蔽层和护层。

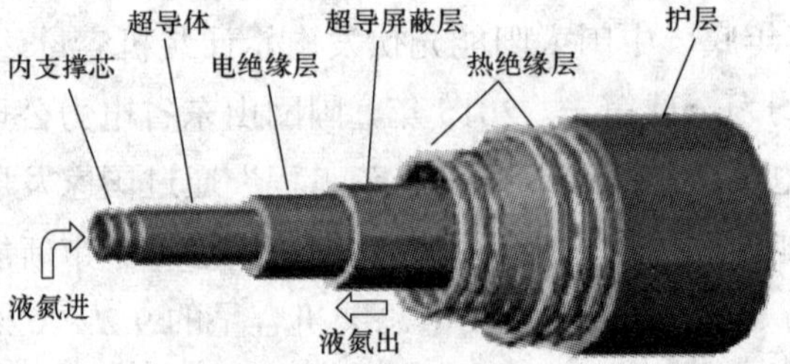


图 4－9　超导电缆结构图

一个可以实际应用的超导电缆输电系统除了需要电缆本身、电缆端头与电缆接头之外，还需要配套冷却系统、监控保护系统来控制、监视超导电缆的运行参数，在系统或电网出现紧急意外情况时自动采取保护措施。一个可以实际输电的超导电缆系统基本组件示意图如图 4－10 所示。

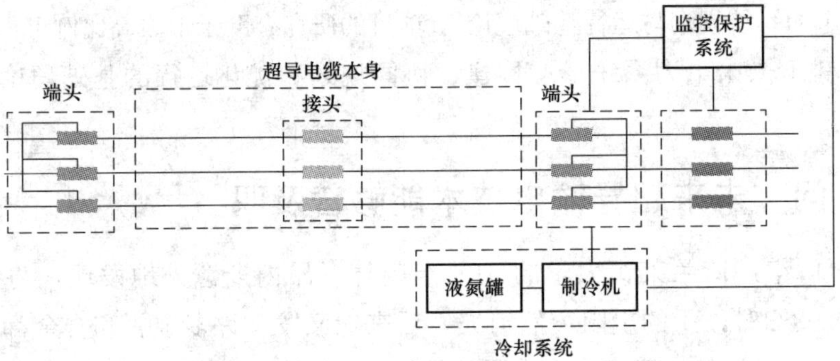


图 4－10　超导电缆系统组件示意图

自 20 世纪 90 年代末以来，世界范围内在超导输电技术方面开展了大量研究开发与应用示范。2007 年 8 月，长度达 360m、载流能力达 10kA 的高温直流超导电缆由中国科学院电工研究所与河南中孚公司合作研制成功，并于 2013 年 9 月在中孚铝冶炼厂投入示范运行。运行分析表明，与相同容量的常规电力电缆（或铝母排）相比，实现 65%以上节能。2009 年 10 月，美国启动了将三大电网（美国东部电网、西部电网、德克萨斯电网）实现完全互联和可再生能源发电并网的“TresAmigas 超级变电站”项目，该超级变电站采用高压直流输电技术（high voltage direct current，HVDC）实现电网互联，即任何两个电网互联均由 AC/DC 进行电能变换后通过高温超导直流输电电缆来实现双向流动。

2011 年 5 月，德国启动了长距离（1000km）高温超导直流输电示范工程的建设，希望通过建设长距离高温超导输电电缆来解决大容量的可再生能源输送问题。2015 年 9 月，日本 500m 直流超导输电试验成功，试验连接光伏发电设备和数据中心，将光伏电站的电力以高温超导线缆直流输电，供数据中心使用，实验系统如图 4－11 所示。

图 4－11 日本直流超导输电试验

2016 年，德国卡尔斯鲁尔技术研究院（Karlsruher Institut für Technologie，KIT）、德国能源企业莱茵集团公司和法国的电缆制造企业耐克森公司在德国西部城市埃森进行的高温超导输电试验项目“AmpaCity”，该项目在市中心地段铺设了长度为 1km 的高温超导输电线路，该输电电缆建设于埃森市中心两座变电站之间，是目前世界上最长的高温超导电缆试验线路，将对不同的高温超导材料和绝缘隔热材料进行试验。

## 第 98 问 为什么说电力电子技术是大电网运行控制的核心技术

电力电子技术是利用电力电子器件对电能进行变换、控制及优化利用的一种现代技术，节能效果可达 10%～40%，还可以减少机电设备的体积和实现最佳工作效率。电力电子技术包括电力电子器件、变流电路和控制电路三部分，是电力、电子、控制三大电气工程技术领域之间的交叉学科。随着科学技术的发展，电力电子技术由于和现代控制理论、材料科学、电机工程和微电子技术等许多领域密切相关，已逐步发展成为一门多学科相互渗透的综合性技术学科。电力电子技术的组成和应用如图 4－12 所示。

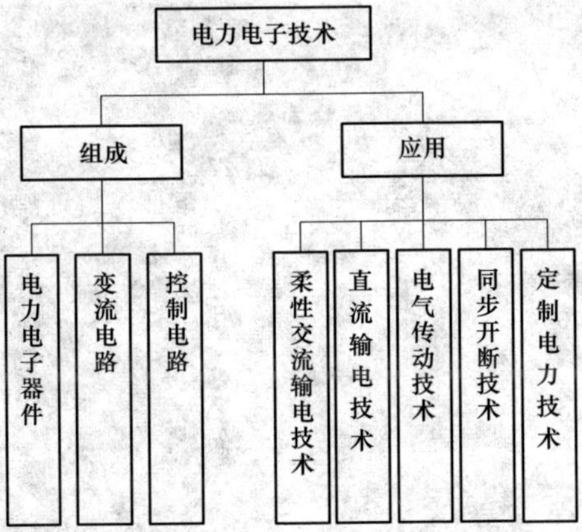


图 4－12　电力电子技术的组成和应用

电力电子技术起始于上个世纪 50 年代末 60 年代初的硅整流器件，其发展先后经历了整流器时代、逆变器时代和变频器时代。80 年代末和 90 年代，以功率金属－氧化物半导体场效应晶体管（metal－oxide－semiconductor field－effect transistor，MOSFET），简称金氧半场效晶体管和绝缘栅双极型晶体管（insulated gate bipolar transistor，IGBT）为代表的集高频、高压和大电流于一身的功率半导体复合器件开始出现，表明传统电力电子技术已经进入现代电力电子时代。

随着电力电子器件向高压化、大容量化发展，电力电子产业出现了以静止无功补偿器为代表的柔性交流输电技术，以高压直流输电为代表的新型超高压输电技术，以高压变频为代表的电气传动技术，以智能开关为代表的同步开断技术，以及以静止无功发生器、动态电压恢复器为代表的用户电力技术。目前，电力电子技术的应用已遍及电力、汽车、现代通信、机械、石化、纺织、家用电器、照明、冶金、铁路、医疗设备、航空和航海等领域。进入 21 世纪以来，随着新的理论、器件、技术的不断出现，特别是与微控制器技术的日益融合，电力电子技术的应用领域也必将不断地得以拓展，随之而来的必将是智能电力电子时代。

电力电子技术的重要作用概括如下：

（1）优化电能使用。优化电能使用指通过电力电子技术对电能的处理，使电能的使用达到合理、高效和节约，实现了电能使用最佳化。

（2）改造传统产业和发展机电一体化等新兴产业。据预测，今后将有95%的电能要经电力电子技术处理后再使用。特别是，电力电子技术是弱电控制强电的媒体，是机电设备与计算机之间的重要接口，它为传统产业和新兴产业采用微电子技术创造了条件。

（3）电力电子技术高频化，将使机电设备突破工频运行的传统模式，向高频化方向发展。

（4）电力电子智能化的进展，在一定程度上将信息处理与功率处理合一，使微电子技术与电力电子技术一体化，其发展有可能引起电子技术的重大改革。

电力电子技术能够提高电网安全经济运行水平，增强电网灵活性和可靠性，是智能电网的先进控制和调节手段。电力电子技术的进一步发展，必将促进新能源并网控制技术水平的提高，提升电网资源优化配置能力，同时有助于城市配电网增容改造和向偏远地区、岛屿等小容量负荷供电。

## 第99问　化学储能技术具备哪些优势

储能已被视为智能电网的重要组成部分，在系统中引入储能环节后，可以有效地平滑新能源发电带来的间歇性电源功率波动；减小负荷峰谷差，提高系统效率和设备利用率；增加备用容量，提高电网的安全稳定性和供电质量。

目前，电力储能技术大致分三类：① 把电能转化为机械能储存，如抽水蓄能系统（pumped hydro energy storage，PHES）和压缩空气储能（compressor air energy storage，CAES）是将电能转变为势能储存，飞轮储能系统（FWES）则是将电能转化为动能储存；② 把电能转化为化学能储存，如蓄电池储能系统（battery energy storage system，BESS）等；③ 电磁储能包括超导磁储能（superconducting magnetic energy storage，SMES）、超级电容器储能（super capacitor energy storag，SCES）等。这里着重介绍几种目前应用前景广阔的化学储能技术。化学储能技术组成如图 4－13 所示。

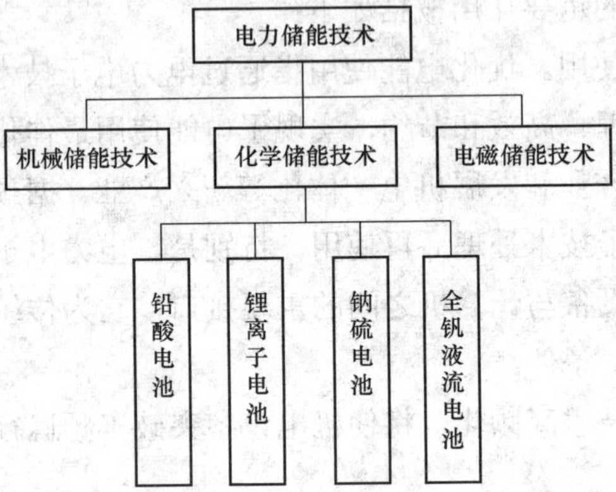


图 4－13　化学储能技术组成

（1）铅酸蓄电池（lead－acid，LA）。铅酸蓄电池的正极是以结晶细密、疏松多孔的二氧化铅作为储存电能的物质，负极是以海绵状的金属铅作为储存电能的物质，用纯净的稀硫酸作为电解液。电解液的主要作用是参加极板上的化学反应，导通离子，降低电池反应时的温度。铅酸蓄电池的正极和负极之间由隔板隔开，按照隔板类型主要分为吸附式密封蓄电池和胶体蓄电池两种，吸附式密封蓄电池的隔板是由超细玻璃丝绵制作的，这种隔板可以把电解液吸附在隔板内；胶体蓄电池的隔板种类比较多，很多厂家使用多种材料复合的隔板，在蓄电池充、放电时，正极、负极活性物质和电解液同时参加化学反应。

铅酸蓄电池的特点是成本低、技术成熟、比功率高、储能容量大（已达到兆瓦级），主要应用于电力系统的备载容量、频率控制、不间断电源。阀控铅酸蓄电池以其低廉的价格和广泛的工作温度范围，已广泛应用在太阳能发电储能、风力发电储能、发电厂储能等方面，在绿色能源发展方面起着重大作用。然而，它也存在诸如储存能量密度低、可充放电次数少、制造过程中存在一定污染等缺点。

（2）锂离子电池（li－ion，li）。锂离子电池是指分别用两个能可逆地嵌入和脱嵌锂离子的化合物作为正负极构成的二次电池，正极材料是氧化钴锂，负极是碳。电池在充电时，$Li^+$从正极中脱出，通过电解液和隔膜，嵌入到负极中；

反之，电池放电时，$Li^+$由负极中脱嵌，通过电解液和隔膜，重新嵌入到正极中。

锂离子电池具有电压高、比能量大、循环寿命长、无记忆效应和工作温度范围高等特点，因此它在便携式电子设备、电动汽车、空间技术、国防工业等多方面均有广阔的应用前景，但其成本较高，不能大电流放电。

（3）钠硫电池（NaS）。钠硫蓄电池是一种高能二次电池，属于金属熔融盐电解质电池系列。钠硫蓄电池中，负极的反应物质是熔融的钠，正极反应物是带有一定导电物质的硫，正常工作温度范围维持在 300～350℃。电解质为beta－氧化铝陶瓷管，它既是绝缘体又能自由传导钠离子，当外电路闭合时，负极不断产生钠离子并放出电子。上述反应不断地进行，电路中便获得了电流。

钠硫蓄电池具有高比功率和比能量、低原材料成本和制造成本、无自放电现象、运行寿命长、响应速度快、高安全性和可靠性、便于现场安装与维护以及与外界环境友好等诸多优点，成为目前最具市场活力和应用前景的储能电池。

（4）全钒液流电池（all vanadium redox flow battery，VRB）。全钒液流电池以溶解于一定浓度硫酸溶液中的不同价态的钒离子为正负极电极反应活性物质。全钒液流电池作为储能系统使用，具有以下特点：① 电池的储能容量取决于电解液储量和浓度，因此它的设计非常灵活；② 充放电性能好，可深度放电而不损坏电池；③ 自放电低；④ 系统可全自动封闭运行，无污染，维护简单；⑤ 电池系统无潜在的爆炸或着火危险，安全性高；⑥ 电池部件多为廉价的碳材料、工程塑料，材料来源丰富；⑦ 能量效率高，可达 75%～80%。

化学储能技术在智能电网中有着广泛的应用前景。引入化学储能后，将对分布式电源的推广应用起到巨大的推动作用，有效实现需求侧负荷调整，提高电力设备利用率，降低供电成本，同时也有助于调整系统频率，确保系统的稳定性。

## 第 100 问　超级电容技术有哪些场景

超级电容技术即超级电容器储能（SCES），超级电容器又称超大容量电容器、黄金电容等，是靠极化电解液来存储电能的新型电化学装置。SCES 根据储存电能机理的不同分为两类：双电层电容器（electric double layer capacitor，

EDLC）和法拉第准电容器（faraday pseudo－capacitor，FPC）。实际上各种超级电容器的电容同时包含双电层电容和法拉第准电容两个分量，只是所占的比例不同而已。

1897年，德国人Helmholtz首先提出了基于超级电容器的双电层理论。1954年，Becker首先申请双电层超级电容的专利，日本电气股份有限公司（NEC Corporation，NEC）和松下公司在20世纪70年代先后开发出了具有数F容量并可快速充放电的双层电容器作为小型后备电源使用，目前0.1～1.0F的扣式电容器已实现工业化生产。20世纪90年代，随着在世界范围内电动车技术的快速发展，出现了对大功率超级电容的旺盛需求，超级电容在电动车上与蓄电池组合起来承载负荷，满足车辆在启动、爬坡、加速以及刹车回收能量时功率变化的要求，是电动车公认的理想动力电源配件。目前超级电容在电动车、太阳能装置、重型机械等领域已呈现规模化应用趋势，已成为各国的重点投资的产业化项目。中国从20世纪80年代开始研制超级电容，并将其列为国家863计划项目。在20世纪90年代，美国、日本、欧盟都成立了超级电容器协会，尤其是美国的汽车巨头、能源部、军方都相当重视。俄罗斯在超级电容器方面的技术实力也较强。

双电层电容器的基本原理是利用电极和电解质之间形成的界面双电层来存储能量的一种新型电子元件。当电极和电解液接触时，由于库仑力、分子间力或者原子间力的作用，使固液界面出现稳定的、符号相反的两层电荷，称为界面双电层。双电层电容器的储能是通过使电解质溶液进行电化学极化来实现的，并没有产生电化学反应，这种储能过程是可逆的。

继双电层电容器后，又发展了法拉第准电容，简称准电容。法拉第准电容是在电极表面或体相中的二维或准二维空间上，电活性物质进行欠电位沉积，发生高度的化学吸脱附或氧化还原反应，产生与电极充电电位有关的电容。对于法拉第准电容，其储存电荷的过程不仅包括双电层上的存储的过程，而且包括电解液中离子在电极活性物质中由于氧化还原反应而将电荷储存于电极中的过程。

超级电容器是介于传统物理电容器和电池之间的一种较佳的储能元件，其优越性表现为：① 功率密度高。超级电容器的内阻很小，而且在电极/溶液界面和电极材料本体内均能实现电荷的快速储存和释放。② 充放电循环寿命长。超级电容器在充放电过程中没有发生电化学反应，其循环寿命可达万次以上。③ 充电时间短，完全充电只需几分钟。④ 实现高比功率和高比能量输出。⑤ 储存寿命长。⑥ 可靠性高。超级电容器工作中没有运动部件，维护工作极少。⑦ 环境温度对正常使用影响不大，超级电容器工作温度范围在－35～75℃。⑧ 可以任意并联使用，增加电容量；若采取均压后，还可串联使用，提高电压等级。

超级电容器的出现，解决了能源系统的功率密度和能量密度之间的矛盾。历经数十年的发展，已形成电容量 0.5～1000F、工作电压 12～400V、最大放电电流 400～2000A 的系列产品，储能系统储能量达到 30MJ。但超级电容器价格较为昂贵，在智能电网中多用于短时间、大功率的负载平滑和电压调节，如大功率直流电机的启动支撑、动态电压恢复器等，在电压跌落和瞬态干扰期间提高供电水平。

随着技术的进步，未来超级电容器将取代当前电动汽车需频繁充电和更换的蓄电池，用于家庭储能的超级电容器也有可能产生。可以相信，超级电容器将在智能电网和新能源发展中发挥关键作用。

## 第 101 问　抽水蓄能如何实现能量转换

抽水蓄能（pumped hydro energy storage，PHES）是一种储能方式，目的是平缓电网的峰谷差。

抽水蓄能在国外已经有上百年的历史。20 世纪 70—80 年代是国外抽水蓄能电站发展最快的时期，发达国家的抽水蓄能占系统总装机的比重一般在 3%～10%之间。中国抽水蓄能电站建设起步较晚，截至 2015 年年底，中国共有 18 座抽水蓄能电站投入运行，装机容量达到 1646 万 kW；在建抽水蓄能电站 10 座，在建容量 1266 万 kW，抽水蓄能装机占发电总装机比例仍不到 2%，远低于发达国家 5%的平均水平，远不能满足中国经济社会快速发展和电力系统安全稳定经济运行的需要。

抽水蓄能电站可以按照一定容量建造，储存能量的释放时间可以从几小时到几天，综合效率在 70%～85%之间。抽水蓄能电站在投入运行时必须配备上、下游两个水库（上、下池），负荷低谷时段抽水蓄能设备工作在电动机状态，将下游水库的水抽到上游水库保存；负荷高峰时抽水蓄能设备工作于发电机的状态，利用储存在上游水库中的水发电。抽水蓄能电站通过能量转换，将价值低的低谷电能转换为价值高的高峰电能。按水库有无天然径流汇入划分，抽水蓄能电站分为纯抽水、混合抽水和调水式三种方式，建站地点要求水头高、发电库容大、渗漏小、压力输水管道短、距离负荷中心近。抽水蓄能电站工作原理如图 4–14 所示。

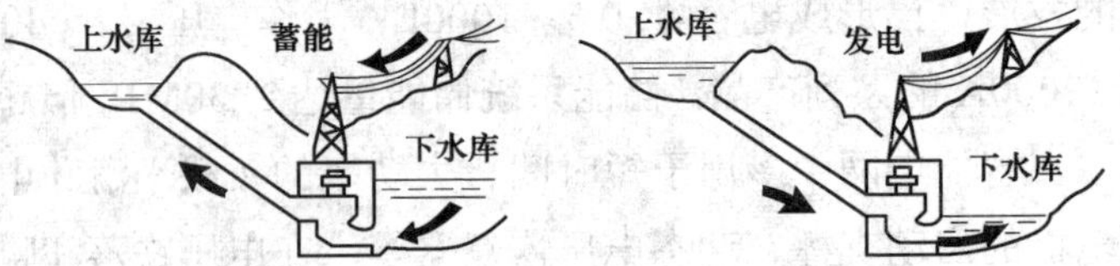


图 4–14　抽水蓄能电站工作原理图

抽水蓄能是在电力系统中应用最为广泛的一种储能和调峰技术，其主要应用场景包括调峰填谷、调频、调相、紧急事故备用、黑启动和提供系统的备用容量；还可以提高系统中火电站和核电站的运行效率，提高电网的可靠性，保障安全可靠供电；充当电网安全调节器，配合风电、太阳能发电等可再生能源大规模发展，提高电力系统消纳清洁能源的能力，为新能源发展提供支撑。同时可以利用抽水蓄能电站独有的快速反应特性，在智能电网的受电端、中间落点，甚至起点建立适当规模的抽水蓄能电站，可以提高受端电网的调节能力和整个区域输电线路的利用率，减少输电损失，防止事故扩大和系统崩溃。

## 第 102 问　为什么说冰蓄能技术是一项降低能耗的技术

冰蓄能技术是指利用电力系统的分时电价政策，在用电低谷时段采用电制冷机制冷，将冷量以冰的形式储存起来；在用电高峰时段将冰融化释放冷量，以达到部分或全部满足供冷需求（在夜间空调系统停止工作时）的成套技术。简单地说，制冷机在夜间用电低谷制冰；白天用电高峰时，由冰提供冷源，这时制冷机可以停开或少开。

冰蓄能的思想古已有之。旧时的北京，许多富商在冬天将冰放置于地窖存储，夏天拿出来用来冷藏食物，这应该是冰蓄能的早期应用。到了 20 世纪 70 年代中期，由于全球性能源危机，加之美国、日本和欧洲一些工业发达国家夏季电负荷增长速度惊人，致使峰谷差越来越大。在这个背景下，冰蓄能技术开始被引入集中式空调系统，此后采用冰蓄能空调系统的项目越来越多。1990—1998 年，冰蓄能空调系统增长很快。1993 年，日本建有 2335 个冰蓄能空调系统，移峰电力 50 万 kW。到 2001 年，日本已有多达 15 000 家冰蓄能空调用户。2010 年，日本通过冰蓄能空调系统可移峰 742 万 kW。在英国，大型冰蓄能系统有 300 多套。中国于 1995 年成立了全国冰蓄能空调研究中心，20 世纪 90 年代初，中国开始建造水蓄能和冰蓄能空调系统，主要集中在城市建设和经济发展迅速同时又电力紧缺的北京市和东南沿海地区。广州大学城区域供冷系统是目前中国最大的冰蓄冷区域供冷系统，项目蓄冰总量 253 248 冷吨时，广州大学城建筑面积 724 万 $m^2$，根据测算，通过冰蓄冷区域供冷，项目可节省 1.3 亿元，节省机房用地 5.5 万 $m^2$，减少装机负荷 5.2 万 kW，减少输变电设施投资约 1.7 亿元，每年减少空调维护费用 2000 万元以上，系统运行成本比单体建筑设置中央空调降低 28%。国内冰蓄冷技术近年迅猛发展，截至 2015 年，使用中央空调建筑物的蓄冷项目已经有 600 多个。

在节能减排的大背景下，应用冰蓄能技术来控制建筑物空调行业这个能耗龙头，有着重要的社会效益和经济效益。应用冰蓄能技术可使空调装机容量降低 45%以上，节省机房面积，提高建筑物的使用率。同时，减少制冷剂氟利昂等有害物质的排放。对于电网来说，冰蓄能的好处很多可以实现削峰填谷，使负荷曲线更加平滑。

冰蓄能空调系统一般由制冷机组、蓄能设备（或蓄水池）、辅助设备及设备之间的连接、调节控制装置等组成。冰蓄能系统的种类很多，按照是否使用载冷剂可分为直接蒸发制冰和间接蒸发制冰：

（1）直接蒸发制冰。直接蒸发制冰指在蓄能时，制冷剂直接在金属盘管内循环蒸发制冷，吸收水槽中水的热量，在盘管外表内形成冰层；融冰时，温度较高的空调回水直接送入保温水槽，空调冷媒水直接与金属盘管表面的冰层接触，使盘管表面上的冰层自外向内逐渐融化。

（2）间接蒸发制冰。间接蒸发制冰指在制冷循环过程中引入载冷剂传递热量，这样可以提高系统可靠性。

根据制冰方式的不同，冰蓄能又可以分为静态制冰、动态制冰两大类，此外还有一些特殊的制冰结冰。静态制冰方式冰本身始终处于相对静止状态，这一类制冰方式包括冰盘管式、封装式等多种具体形式；动态制冰方式在制冰过程中有冰晶、冰浆生成，且处于运动状态。

冰蓄能是智能楼宇的关键技术之一，冰蓄能技术可以使楼宇更加节能和环保，为人们创造舒适、安全、低碳的公共环境。冰蓄能技术能以相对节约的投资和运行成本实现智能电网移峰填谷的目的，平衡电力供需关系，将电力调峰由生产端改到需求端来执行，保证电网安全稳定运行。冰蓄能技术调峰性能优越，技术经济可行，社会、经济和环境效益良好，具有很大的推广应用价值。

## 第 103 问　碳捕捉和封存技术如何实现碳减排的

碳捕捉和封存（carbon capture and storage，CCS）是将工业和有关能源产业产生的$CO_2$分离出来，并用各种方法储存以避免其排放到大气中的一种技术。CCS 技术被认为是未来大规模减少温室气体排放，减缓全球变暖经济、可行的方法。

目前所研究的碳捕捉技术主要有吸收分离法、吸附分离法、膜分离法和冷凝法。

（1）吸收分离法。吸收分离法是利用吸收剂对混合气进行洗涤来分离 $CO_2$ 的方法，是使用时间最长、技术最成熟的 $CO_2$ 分离和富集方法，已经在合成氨、制氢、天然气净化和电厂烟道气等工业有广泛的应用。按照吸收剂的不同，吸收分离法可分为物理吸收法和化学吸收法。

（2）吸附分离法。吸附分离法旨在利用固体吸附剂对混合气体中的 $CO_2$ 的选择性可逆吸附作用来分离回收 $CO_2$，工业上多采用变压吸附法。吸附分离法的优点是分离效果好，吸收剂使用寿命较长，缺点是吸收剂使用量较大，设备体积大，只适用于温度较低的情况。

（3）膜分离法。近 20 年来，膜分离技术越来越受到重视，广泛运用于各种工业产品分离中，$CO_2$的膜分离法原理是基于混合气体中$CO_2$与其他组分透过膜材料的速度不同而实现$CO_2$与其他组分的分离，过程推动力是膜材料两侧的压力差。膜分离具有装置简单、投资低、效率高等优点，并且具有在高温高压下分离富集$CO_2$的潜力，但是使用该法很难得到高纯度的$CO_2$。

（4）冷凝法。冷凝法是一种利用原料中各种组分相对挥发度的差异的低温分离工艺，通过气体膨胀制冷，在低温下将气体中的各种组分按照工艺要求冷凝下来，然后用精馏法将其中的各类物质按照蒸发温度不同逐一加以分离。冷凝法能在较低的压力下得到液体$CO_2$，液体$CO_2$可利用液体泵升压，节省了大量的压缩功。

碳捕捉方法目前大体上分作三种：燃烧前捕捉、燃烧后捕捉和富氧燃烧捕捉。国际能源署将碳捕捉3种方法的成本进行对比，指出燃烧后捕捉技术过程简单，技术可行，但化学吸收剂的成本较为昂贵；燃烧前捕捉技术捕捉的$CO_2$浓度高，捕捉过程比较复杂，捕捉成本高；富氧燃烧捕捉的技术过程可弥补前两种方法的缺陷，但供氧成本高昂，尚处于示范阶段。

在碳封存方面，海洋封存经固定管道或移动船只将$CO_2$注入到水体中，大量的$CO_2$存在将可能较大地改变海底生态环境和海水性质，破坏海洋生态系统，对海洋生物的生存构成威胁，因此海洋封存的实际可操作性有待提高；另外，矿石封存法需要对矿物作高耗能的增强性预处理，且受到硅酸盐岩石储量的限制，因此应用前景并不乐观；地质封存在地质构造中封存$CO_2$，已由传统石油天然气开发商开发出来，并证实了该方法在特定条件下的可行性，目前成为可行性最高的一种方法，但仍存在$CO_2$地下的泄漏问题。

以工业利用为例，从华能北京热电厂有限责任公司已建成的一个23 000t/年捕捉$CO_2$实验装置的实验数据来看，要捕捉此电厂所产生的$CO_2$，需要耗费全厂产生电力的30%，再加上采用交通或管道运输产生的费用，以及可承受高压的储罐建造费用，投资要从原来的4000元/kW增加到8000～12 000元/kW，电价成本要增加20%～30%，这还不包括$CO_2$的液化和释放所产生的费用。可以看出，试图捕捉$CO_2$用作工业用途从经济的层面上看是不划算的。另外在捕捉过程中，建造捕集装置和更多附加装置、使用更多的动力，将消耗大量资源和材料，也就意味着将产生大量的$CO_2$，如果这个产生的$CO_2$值比我们试图封存的$CO_2$的量还要多，将得不偿失。对于其他方式的封存办法，由于生态特性被充分利用，理论上碳封存的费用将大为降低，这就为碳捕捉和封存技术在某些领域的应用提供了可能，可以通过不断的技术革新和材料研发来降低碳捕捉的成本，另外与石油开采等相关产业结合也将使净成本进一步下降，所以开发低成本的碳捕捉技术是当前的研发重点。

CCS已受到国际科技和产业界的高度重视，因其与现有能源系统的基础构造一致，且受能源条件限制小。中国首个CCS全流程项目于2010年9月17日在内蒙古自治区鄂尔多斯市启动，预计未来可捕获且封存工业排放 $CO_2$ 达100 000t/年，这相当于每年新增4150亩森林。目前在国内极具代表性的CCS示范项目有华能集团的100 000t/年碳捕集示范、3000t/年碳捕集试验。2017年延长石油集团与全球碳捕集与封存研究院合作的“中澳碳捕集利用与封存一体化国际合作示范项目”，将成为中国首个大型碳捕集封存示范项目，该项目主要从陕西榆林煤化工行业捕集二氧化碳，经提取纯化后注入延长石油部分油田进行驱油和封存，预计项目完成后，每年可以捕获41万 $tCO_2$，这是中国正在计划之中的八个大型CCS（碳捕捉与封存）项目之一。据全球碳捕捉与封存研究所统计，该项目已实现最终产能目标的12%，即每年捕获5万t二氧化碳。中国正在运行的CCS项目有约95万t的捕集能力。

## 第104问　柔性交流输电系统的现实意义是什么

柔性交流输电系统（flexible alternative current transmission systems，FACTS）是基于电力电子技术和控制技术对交流输电系统的阻抗、电压、相位、功率等实施灵活快速调节的一种交流输电技术。FACTS技术可以用来对系统的有功和无功潮流进行灵活控制，以达到提高线路输送能力、阻尼系统振荡、提高系统稳定水平、改善电能质量、提高可靠性的目的。FACTS概念由美国电力科学研究院（EPRI）的Narain G.Hingorani博士于1986年首次提出。FACTS技术改变了传统交流输电的概念，随着电力电子器件的发展会得到更为广泛的应用。

FACTS技术的主要功能可归纳为：① 实现对电力潮流的大幅度灵活控制，提高现有输电线路的输送容量；② 提高系统稳定水平，可以突破线路原有的稳定极限，使输电线路负荷接近线路的热极限；③ 可实现系统有功功率与无功功率的快速调节及潮流的合理分布，减小系统损耗，是节能的手段；④ 减轻系统事故的影响，防止发生联锁反应，提高可靠性；⑤ 阻尼系统振荡；⑥ 提高电能质量等。

相对于传统的电力系统潮流和稳定控制措施，FACTS 技术具有响应速度快、无机械运动部件因而不磨损、可以综合利用系统信息等特点。FACTS 技术可以实现母线电压、线路阻抗、功角等参数的连续实时控制，从而提高线路输送能力和系统稳定水平，充分利用了现有网络资源，降低运行成本。

经过 30 多年的发展与演变，FACTS 技术得到不断的发展和壮大。按照结构形式，FACTS 设备可分为并联型、串联型和串并联混合型。其中，并联型 FACTS 设备包括静止无功补偿器（static var compensator，SVC）、晶闸管控制制动电阻器（thyristor controlled braking resistor，TCBR）、静止同步补偿器（static synchronous compensator，STATCOM）等；串联型 FACTS 主要用于控制潮流、提高暂态稳定性和阻尼振荡等，包括晶闸管控制串联电容器（thyristor controlled series capacitor，TCSC）、晶闸管控制串联电抗器（thyristor controlled series reactor，TCSR），静止同步串联补偿器（static synchronous series compensator，SSSC）等；综合型 FACTS 设备综合了串、并联补偿的功能和特点，是实现电力网络控制潮流、抑制阻尼振荡、提高系统稳定性等多种功能的得力措施，主要包括统一潮流控制器（unified power flow controller，UPFC）和可控移相器（thgristor-controlled phase shifting transformer，TCPST）等。

世界上第一台 SVC 设备由美国通用电气公司（General Electric Company，GE）制造，于 1977 年在 Tri－State GT 系统投入运行，到 2011 年，世界上已投运的高压 SVC（以 TCR 为主）已超过 1000 套，中国广东江门、郑州小刘、东北沙窝、湖南云田和武汉凤凰山等 500kV 变电站也有 6 台投运。2012 年 4 月，由普瑞科技设计、施工的中国某科研试验新区 220kV 输变电工程中的两套 10kV 静止型动态无功补偿成套装置，全部一次性成功投运。2016 年 7 月 18 日，在埃塞俄比亚 500kV HOLETA 变电站，由南瑞继保成套设计和供货的 0～900Mvar 可调容量 PCS－9580 SVC 无功补偿系统，通过用户验收并成功投运，该 SVC 系统是目前世界上已投运的可调容量最大的无功补偿系统之一。

世界上第一台 SVG 设备（20Mvar）于 1980 年在日本投入运行，该装置采用了晶闸管强制换流的电压型逆变器。世界上首台采用大功率 GTO 作为逆变器元件的 STATCOM（±1Mvar）于 1986 年 10 月在美国投入运行。清华大学与河南省电力局联合研制的±20MVar STATCOM 于 1999 年投入现场运行。2011 年，500kV 200Mvar 链式 STATCOM 在广东东莞变电站投运。

1991 年 10 月，世界上第一台容量为 131Mvar 的晶闸管投切部分串联电容补偿装置在 AEP 公司的 345kV 线路上投入运行，将该线路的输送能力从 950MW 提高到 1450MW。中国东北电力系统在伊敏—冯屯输电线路的冯屯侧安装 TCSC，以解决伊敏电厂两台 500MW 和两台 600MW 发电机经双回 500kV 线路向东北电网主网送电时存在严重暂态稳定问题。2003 年，西电东送的主交流通道—天生桥—平果双回线装设了 35%固定串补和 5%可控串补 TCSC 设备，以充分利用已有的交流线路，尽可能输送更多功率到广东。

在综合型设备方面，1998 年世界上首台大容量的 UPFC 装置（±320MVA，由 160MVA 的 SSSC 和 160MVA 的 STATCOM 组成）在美国 500kV Inez 变电站运行。可控移相器 TCPST 首次应用在美国中西部的 230kV 联络线上，提高了线路的动态稳定性和暂态稳定性，使中西部联络线交换功率增加 200MVA。

2017 年 12 月 19 日，世界上电压等级最高、容量最大的江苏苏州南部电网 500kV UPFC 科技示范工程正式投运。在世界范围内首次实现 500kV 电网电能流向的灵活、精准控制，最大可提升苏州电网电能消纳能力约 130 万 kW。该工程的投运，相当于给苏州南部电网加装了一个“智能导航系统”，实现了电能的“无人驾驶”。

## 第 105 问　柔性直流输电是如何解决孤岛供电的

柔性直流输电（voltage sourced converter based high voltage direct current，VSC－HVDC）是基于可关断器件和电压源型换流器的高压直流输电技术。VSC－HVDC 技术通过控制电压源换流器中全控型电力电子器件的开通和关断，改变输出电压的相角和幅值，可实现对交流侧有功功率和无功功率的控制，达到功率输送和稳定电网等目的，是常规直流输电技术的换代升级。国际大电网会议（CIGRE）于 2004 年将其正式命名为“VSC－HVDC”，在中国则通常称之为柔性直流输电（HVDC Flexible）。

典型的两端 VSC－HVDC 的结构示意图如图 4－15 所示。VSC－HVDC 的运行过程为交流电经过送端的换流站 VSC1 整流成直流，经过直流输电线送到受端换流站 VSC2，逆变成三相交流电送入公共电网。

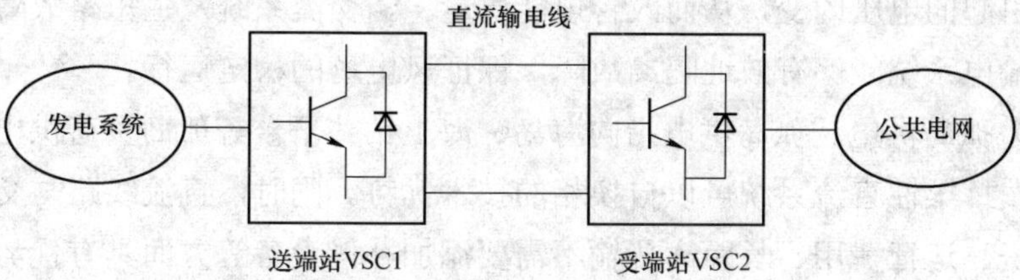


图 4－15　两端 VSC－HVDC 的结构示意图

多端柔性直流输电（voltage sourced converter based multi－terminal direct current，VSC－MTDC）是由多个 VSC 换流站（3 个及以上）及其相互连接的高压直流输电线路所组成输电系统，其区别于两端柔性直流输电最显著的特征在于能够实现多电源供电和多节点受电，与交流系统有 3 个及以上的连接端口。VSC－MTDC 结构示意图如图 4－16 所示。

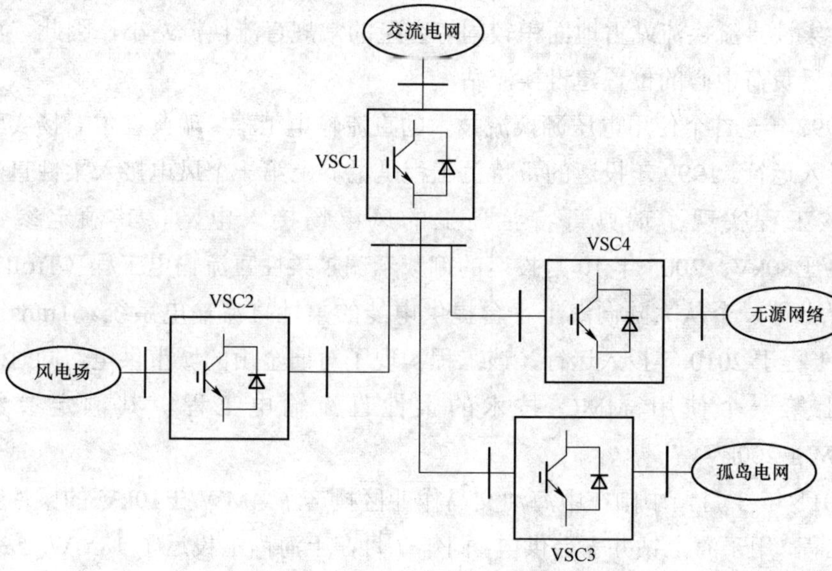


图 4－16　VSC－MTDC 的结构示意图

VSC－HVDC 在可再生能源接入、孤岛供电、城市配电网的增容改造、交流系统互联等方面具有较强的技术优势。

（1）可再生能源接入。可再生能源接入可以缓解由风电、太阳能等输出功率波动引起的电压闪变，从而改善电能质量。当交流系统发生短路故障时，柔性直流输电系统能够有效地隔离故障，保证风电场的稳定运行。

（2）孤岛供电。孤岛供电指向海岛、海上钻井平台等孤岛负荷供电时，可以充分发挥柔性直流系统可以自换相的技术优势。同时，直流线路与交流线路比在投资、运行费用、长距离传输不需要添加补偿设备等方面具有优势。

（3）城市中心供电。城市中心供电指 VSC－HVDC 不仅可以快速控制有功功率和无功功率，解决电压闪变等电能质量问题；还能够提供系统阻尼，提高系统稳定性，并在严重故障时提供“黑启动功能”。另外，柔性直流输电采用地下直流电缆，无电磁干扰、油污染、空中飞线，便于城市电网的增容改造，满足城市中心负荷的需求和环保节能的要求。

（4）交流电网互联。柔性直流不仅可以完成电网间功率交换的功能，而且还可以解决大规模电网中的动态稳定性、电网黑启动以及短路电流超标等问题。而且，柔性直流换流站占地面积较同等容量的常规直流换流站小，因此，可以在更靠近负荷中心的位置建设换流站。

1997 年，首个使用电压源换流技术的直流输电工程－瑞典霍尔斯扬实验性工程投入运行。1999 年投运的哥特兰工程是世界上第一个风电接入柔性直流工程，该工程实现了瑞典哥特兰岛上的风电场接入电网，其额定参数为 50MW/±80kV。2005 年 10 月投运的挪威泰瑞尔柔性直流输电工程（Troll A）是世界上第一个从大陆向海上平台提供电能的柔性直流输电系统。Trans Bay Cable 工程于 2010 年投入运行，该工程实现了对旧金山的城市供电，同时还是世界上第一个使用 MMC 技术的柔性直流输电工程，其额定参数为 400MW/±200kV。

2011 年 3 月，中国在中海油文昌作业区投产了 4MW/±10kV 的柔性直流输电工程，用于海上钻井平台供电；同年 7 月在上海南汇投运了 18MW/±30kV 的柔性直流输电工程，用于风电并网。2012 年，中国成功开发了世界上首套 1000MW/±320kV 换流阀及阀基控制器（如图 4－17 所示），并通过了 DNV

KEMA 公司［挪威船级社（DNV）和荷兰 KEMA 公司合并成立了一家服务于全球能源行业的咨询、测试和认证企业—DNV KEMA 能源可持续公司，简称 DNV KEMA］的验证试验。

图 4－17　1000MW/±320kV 柔性直流换流阀

国家电网有限公司承建的世界上端数最多的 5 端柔性直流输电工程于 2014 年 6 月在浙江舟山投运，包含 5 个换流站，系统总容量 1000MW，其中最大的换流站容量为 400MW，直流电压等级为±200kV。2015 年 12 月 17 日，福建厦门±320/1000MW 柔性直流输电科技示范工程正式投运，直流线路总长为 10.7km，全部为陆缆。

柔性直流技术以其有功无功独立调节、无源供电能力以及易于构建直流电网等特点，越来越受到人们的关注。同时，可关断器件、直流电缆等设备技术水平的不断提高，有效增强了柔性直流的输送容量水平，使柔性直流输电成为电网可采用的主要输电方式之一。可以预见，随着未来新能源广泛接入和智能电网建设的深入，世界范围内的柔性直流输电应用将会获得日益广阔的发展。

## 第 106 问　半波长交流输电技术离实际应用还有多远

半波长交流输电（half wavelength ac transmission，HWACT）是指输电的电气距离接近 1 个工频半波长，即 3000km（50Hz）或 2600km（60Hz）的超远距

离的三相交流输电。无损情况下的半波长交流输电线路就像一台变比为-1 的理想变压器，首端电压和末端电压大小相同、相位相反。

早在 1940 年，苏联的 A.A.Wolf 等人提出了半波长交流输电方式。但因当时没有工程需求以及一些关键技术尚未解决，迄今为止在世界范围内还没有真正投入使用。但是，半波长交流输电技术作为一种远距离、大容量的输电方式，具有很强的吸引力，许多国家对此都展开了积极的研究。例如，巴西为把亚马逊流域的大水电送到负荷中心，把半波长交流输电作为十分有竞争力的备选方案进行了研究，开展了较详细的理论研究和仿真计算。韩国也研究通过使用半波长交流输电把西伯利亚的水电送至本国。2010—2012 年，国家电网公司以新疆火电外送为例，对特高压半波长交流输电技术经济可行性进行初步研究，研究结果认为：半波长交流输电在技术上没有不可解决的问题。当输电距离为 3000km 左右时，特高压半波长交流输电与±800kV 和±1000kV 直流输电相比，年费用最低，经济性最好。

由电路理论可知，当传输线长度远小于一个电磁波波长时，全线的电压（电流）处于同一个变化状态，就可以使用集中参数模型；当传输线长度不是远小于一个波长时，沿线电压（电流）有明显的波动，各处数值不一，必须采用分布参数模型。交流输电长线路的正序参数可以等效为如图 4-18 所示的 π 形二端口网络。

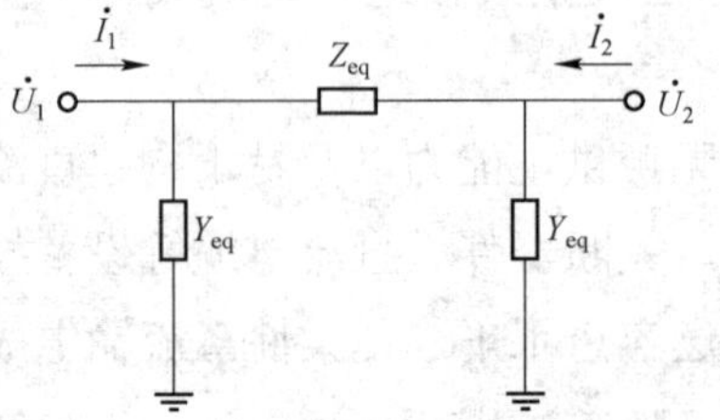

图 4-18　传输线二端口网络等值 π 形电路

在中国“西电东送，南北互供，全国联网”的电力发展战略中，远距离、大容量的输电方式不可避免。例如，一些西部的火电/水电能源基地到沿海负荷中心距离大约为 3000km，输电距离恰好接近工频半波长范围，因此可以考虑将半波长交流输电技术作为这些大容量电力送出的一种方案进行研究。其中，新疆维吾尔自治区火电资源非常丰富，新疆火电外送是西部大开发战略的重要组成部分。考虑到新疆维吾尔自治区距沿海的负荷中心距离已达 3000km 以上，已属于半波长输电范围，结合新疆火电外送的远距离输电需求，国家电网有限公司已经展开特高压半波长交流输电的工程可行性研究工作。此外，由于具有较好的经济性和较高的可靠性，特高压半波长输电作为一种特殊的超长距离的交流输电方式，必将促进在光伏和风电资源条件不是最好地区的集约式大规模开发。

## 第 107 问　输电线路状态监测技术有哪些内容

输电线路巡检是有效保证电力输电线路及其设备安全稳定运行的一项基础工作。传统的输电线路巡检管理方法经常出现由于巡检不到位、处理不及时而引发的输电线路事故。随着信息技术的发展，采用先进的状态监测技术手段及时获取输电线路的运行状态和环境信息显得越来越重要和迫切。

输电线路状态监测通过安装在输电线路上的监测设备可实时记录表征设备运行状态特征量，是实现输电线路状态监测、状态检修的重要手段。输电线路状态监测示意图如图 4－19 所示。

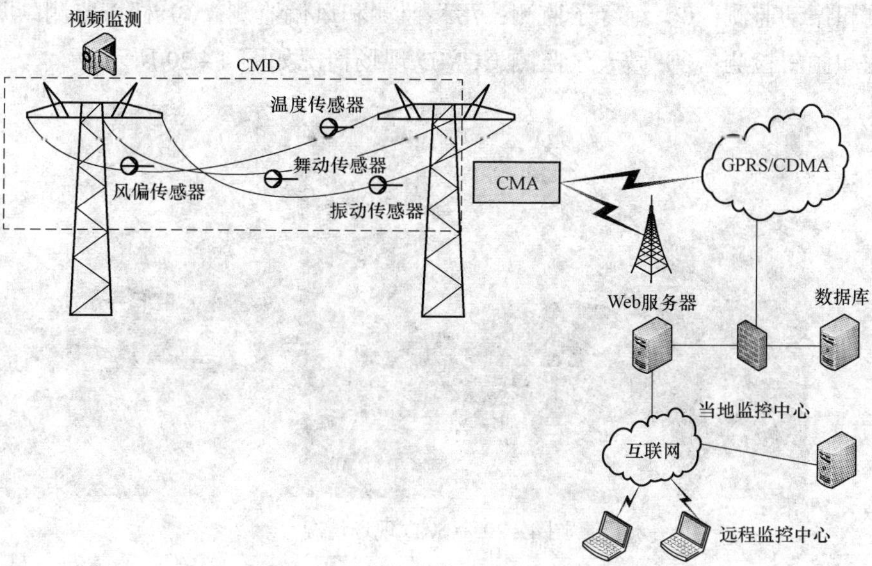


图 4－19　输电线路状态监测示意图

智能电网输电线路状态监测系统通过采集和分析铁塔、导地线和绝缘子等设备的状态检测数据，实现对输电线路设备状态信息、微气象状况和线路走廊环境信息的实时监测。智能电网输电线路状态监测系统主要由主站系统、状态监测代理（condition monitoring agent，CMA）和状态监测装置（condition monitoring device，CMD）组成。

主站系统是一种计算机系统，能接入各类输变电设备状态监测信息，并进行集中存储、统一处理和应用。主站包含集中数据库、数据服务、数据加工及各类状态监测应用功能模块。

CMA 是一种状态监测代理装置，能在一个局部范围内管理和协同各类输电线路状态监测装置，汇集各类状态监测装置的数据，并替代各类状态监测装置与主站系统进行安全的双向数据通信。

CMD 是一种数据采集、处理与通信装置，安装在被监测的输电或变电设备附近或之上，能自动采集和处理被监测设备的状态数据，并能和 CMA 进行信息交换。输电线路状态监测装置也可向数据采集单元发送控制指令。CMD 所监测状态数据可分为四类：① 导线监测：覆冰监测、温度计动态增容、舞动监测和振动监测；② 绝缘子监测：污秽监测和风偏监测；③ 杆塔监测：防盗检测和倾斜检测；④ 微天气监测。CMD 现场情况如图 4－20 所示。

图 4－20　CMD 现场情况

在输电线路灾害监测预警技术方面，加拿大、日本等发达国家的输电线路大量使用了输电线路状态监测装置，主要有两种方法：第一种是在现场安装力学传感器；第二种是在杆塔上安装视频监控系统，通过视频图像观察现场线路环境状况。

随着特高压和智能电网技术的发展，在雷电、冰雪等自然灾害条件下和长距离、大跨越等环境条件下，及时获取输电线路运行状态，就催生了输电线路状态监测技术快速得到了较快的发展。2008 年初的罕见冰雪灾害发生后，国家电网公司、南方电网有限责任公司均加大了对输电线路覆冰及覆冰引起的导线舞动的研究投入。2009 年 6 月，国家电网公司发布了 Q/GDW 245—2008《架空输电线路在线监测系统通用技术条件》等四项企业标准。安徽、山西等多个电力公司也开展了输电线路状态检测技术的应用，包括大跨越微风振动状态检测、输电线路动态增容系统、风偏监测、污秽监测和覆冰监测等。

## 第 108 问　输电线路如何实现除冰与融冰

输电线路除冰与融冰中的“除”指利用机械手段，去除覆冰的技术；“融”指通过提供附加热能等手段将覆冰融化，如利用交直流电流加热线路实现线路融冰达到消除冰害的目的。

直流融冰是指利用直流融冰装置将来自交流电网或交流发电机的交流电，通过大容量电力电子整流器转换为直流电，进而利用直流短路电流在导线电阻中产生热量使覆冰融化。直流融冰所需的电源容量只取决于融冰线路的直流电阻和导线长度。交流线路的电阻只有电抗的 10%左右，欲得到同样大小的融冰电流，直流融冰需要的电源容量比交流短路融冰小得多，因此直流融冰技术特别适合于超高压、长距离线路融冰。如图 4－21 所示为直流融冰示意图。

直流融冰装置主要由整流变压器、整流器、滤波器及各类开关组成，如图 4－22 所示。直流融冰装置输出电压、电流可调，适用于不同导线型号和长度的线路。基站式的直流融冰装置可以对全站所有的进出线开展融冰作业，倒闸操作少，可靠性高。为提高设备的利用率，维持设备的良好状态，通过主接线重构，直流融冰装置还可以转换为 SVC 运行，这种运行方式的优点是可以提高系统的输送能力、稳定电压、降低网损和抑制低频振荡等。

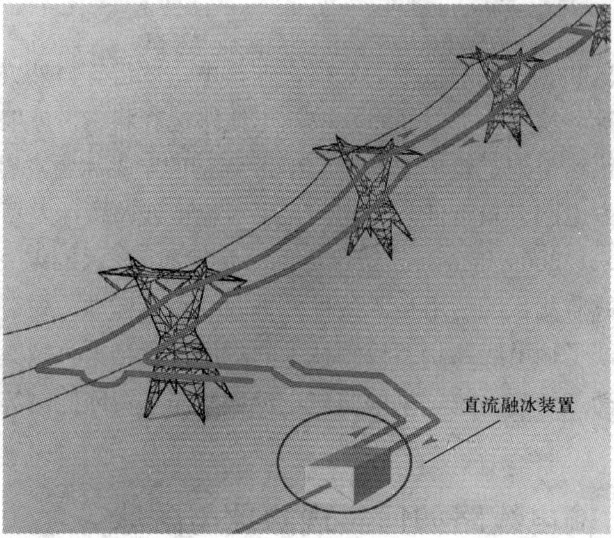


图 4－21　直流融冰示意图

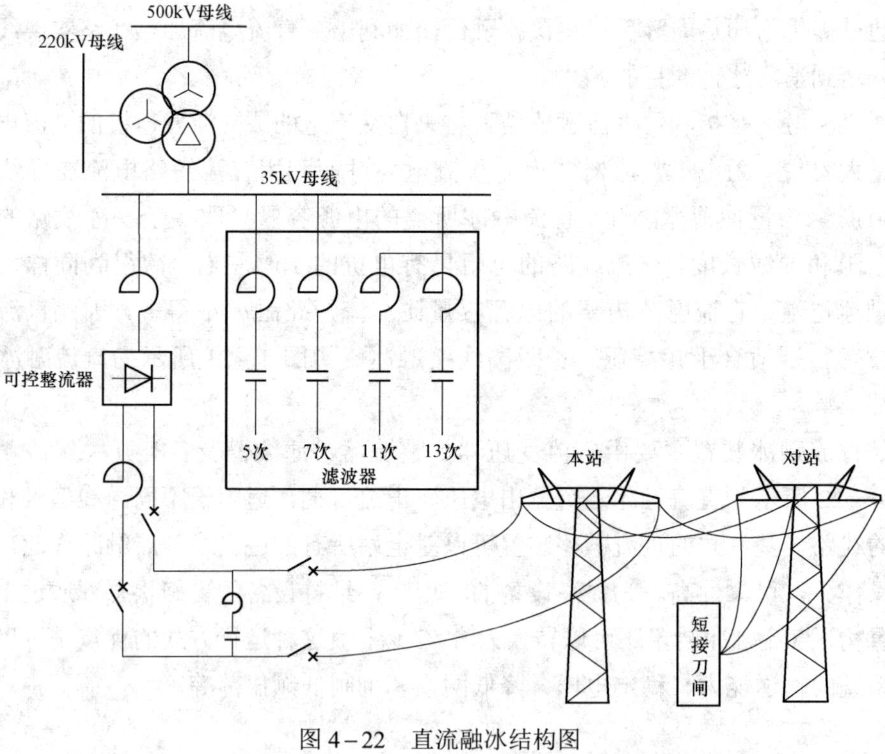


图 4－22　直流融冰结构图

直流融冰技术适用于易覆冰区 110kV 及以上电压等级输电线路；热力融冰技术适用于变电站变电设备、绝缘子等电力设施的带电融冰；新型交流融冰技术主要适用于 40km 及以下线路融冰；机械震动除冰技术适用于地线、单导线、分裂导线除冰，以及单个耐张段内多基直线塔间除冰、带电运行线路的地线除冰、跨江河湖泊及山谷的小气候环境下易结冰线路的除冰。

目前，世界范围内已有多套直流融冰装置投入工程应用。2008 年，国家电网有限公司研制出国内最大容量的固定式直流融冰兼 SVC 装置，安装于湖南益阳 500kV 复兴变电站的设备已投入运行，用于 500kV 交流输电线路的融冰，直流融冰功率为 120MW，额定电流为 6000A，具备 6 分裂导线的融冰能力，对 500kV 输电线路最长融冰距离达 180km。直流融冰装置已经在国网湖南、浙江、四川等多省推广应用，每年均成功实施多次直流融冰；特高压直流融冰装置已经在湖南试验成功，融冰电流高达 12 000A，融冰长度 100km；适用于农村配电网的移动式、便携式、固定式等多种形式的融冰装置已经在湖南、江西等推广应用，现场成功实施近 20 次；变电站带电热力除冰装置已经在湖南、江西、安徽、浙江等推广应用 30 套，现场实施 10 多次；机械震动除冰在河南 500kV 姚白线进行了地线震动除冰，取得了满意结果。

2018 年，国网重庆市电力公司运用输电线路直流融冰技术，使覆冰严重的 500kV 张隆一、二回线三相全部成功脱冰。由于重庆遭遇持续低温雨雪天气，重庆公司发现 500kV 张隆一、二回线 6 个线段、54 挡线路存在不同程度覆冰，为保障供电安全，及时启动直流融冰装置，对各处线路开始升压加热融冰。随着融冰电流逐渐加大，停留在线路上的覆冰迅速脱落，每次掉落冰棒 2～10m 不等，其余各线路也相继传来线路融冰成功的消息，经过 30h 的奋战，500kV 张隆一、二回线覆冰段线路三相覆冰全部成功脱冰，有力保障了全市冬季电网安全稳定运行。

## 第 109 问　智能巡检采用了哪些新技术

智能巡检指利用装载在直升机、无人机或机器人上的红外线摄影仪、数码摄像机、高分辨望远镜、可见光录像机和激光雷达系统等设备对途经输电线路进行观测，使直升机或机器人根据自己的“视觉感官”所获得的信息自行寻找路线以到达执行任务的地点，同时对该地点的环境等信息进行检查。

目前，普遍采用人力巡线，利用肉眼或借助望远镜来观察输电线路的外观及缺陷。人力巡线检查方式劳动强度大，而且由于不少输电线路穿山越岭，甚至横跨江河，所以存在不少人力不能到达的巡线盲区。为了解决人力巡线检查方式所遇到的难题和障碍，智能巡检技术应运而生，主要包括直升机巡检、无人机巡检和机器人巡检等技术。

直升机智能巡检技术是指巡检人员利用直升机作为平台，采用在直升机上装备的具有陀螺稳定功能的可见光检测和红外检测等技术，对输电线路进行巡检检查，实现输电线路设备在线运行状态检测的技术。直升机智能巡检比人工巡线效率更高，依靠直升机智能巡检平台可以全方位、多角度，近距离观测，可以发现地面无法发现的缺陷。直升机智能巡检还具有不受地形限制、在灾害条件下巡检等优点。直升机智能巡检距离长，缺陷发现率高，尤其是瓶口以上的导地线、金具及设备隐蔽性缺陷。截至 2014 年年底，国家电网有限公司共拥有直升机 17 架，累计巡检里程 25 余万 km，发现严重以上缺陷 1600 余处，巡检范围涵盖全国 22 个省（市、区），覆盖特高压交直流线路、750kV 线路、±660kV 以及省网重点 500kV 交直流联络线路等。不过，直升机智能巡线也存在一定的弊端，主要是运营成本高，维护成本高，受天气、地理等因素的影响较大，还受操作距离限制。直升机智能巡检技术如图 4－23 所示。

图 4－23　直升机智能巡检

输电线路无人机巡检技术是指利用各型无人机巡检系统对线路本体及通道缺陷进行巡检。按飞行器结构和工作原理，无人机可分为旋翼无人机和固定翼无人机；按起飞重量，无人机可分为大型无人机、中型无人机、小型无人机。输电线路无人机巡检系统包括飞行平台分系统、任务分系统、测控与通信链路分系统、地面控制站分系统。其中，飞行平台分系统主要提供飞行能力和装载设备能力；任务分系统提供采集设备信息的能力，通常带有可见光传感器、红外传感器或紫外传感器；测控与通信链路分系统提供飞行平台与地面站之间的遥控和遥测数据、视频图像的传输，必要时可增加中继链路；地面控制站分系统可控制飞行状态、监控飞行情况。

自 2012 年以来，国网湖北省电力公司在无人机巡检领域进行了一系列的探索和创新，通过搭载可见光、红外、紫外和三维激光雷达等设备，实现销钉级隐蔽缺陷巡检、接点精确测温及输电通道精准排查；通过搭载喷火、激光等除异物装置和灭火弹等设备，实现导/地线异物处理、山火高效防控；通过在无人机上安装机械臂，实现无人机辅助开展带电作业。

变电站机器人巡检技术是一种全新的变电站智能化巡检技术，它利用机器人携带多种检测传感器，代替人工在变电站内进行设备状态巡检，实现红外测温，刀闸和断路器状态检测、表计读取、设备外观异常检测和基于声音的变压器异常状态检测等功能，并可综合历史巡检数据、当前巡检数据、电网运行状态对设备状态进行趋势及预警分析，实现变电站设备的全寿命周期管理。采用机器人技术进行变电站巡检作业，能够最大限度地实现巡检的灵活性、智能性，并同时克服和弥补人工巡检存在的缺陷和不足，更贴近于智能变电站和无人值守变电站的发展的实际需求，具有巨大的优越性，是智能变电站和无人值守变电站巡检技术的发展方向，具有广阔的发展空间和应用前景。截至 2016 年年底，22 家国网省公司开展了变电站机器人智能巡检试点工作，共安装机器人 760 台。

未来的智能巡线将会逐步实现输电线路感知本地化、数据处理终端化、故障告警自动化、通信传输网络化、通信方式多样化和运行维护低成本。届时，输电线路巡线的效率和可靠性又将迈上一个新的台阶。

# 第 110 问　如何解决新能源接入后带来的自动发电控制问题

自动发电控制（automatic generation control，AGC）利用调度监控计算机、通道、远方终端、执行（分配）装置和发电机组自动化装置等组成的闭环控制系统，其任务是进行频率与有功功率的调整，其目的是保持电网的额定频率和计划的交换功率，并尽可能经济地保持电力系统运行的发电、供电平衡。

随着太阳能、风能等新能源的大规模并网，新能源发电的随机性和间歇性特性对电网的安全运行和电能质量造成了非常不利的影响，由此可见，传统的AGC 无法消纳大规模的新能源。因此，考虑新能源接入的 AGC 技术是目前的主要研究方向。

自动发电控制系统主要由三部分组成：跟踪控制、调节控制以及机组控制，如图 4－24 所示。

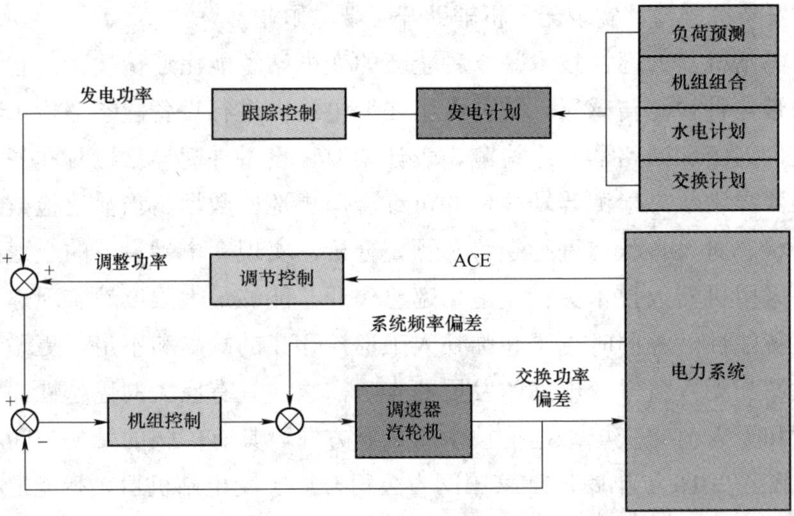


图 4－24　自动发电系统结构图

（1）跟踪控制综合负荷预测、机组组合、水电计划和交换计划等信息，通过经济调度（economic dispatch，ED）提供发电机组的每日发电基本计划。跟踪控制为电力系统频率三次调频，该环节控制周期一般为 5～10min。

（2）调节控制即负荷频率控制，为自动发电控制核心：控制器通过系统区域控制偏差（area control error，ACE）计算调整功率，调节 AGC 机组输出功率，改善供给、负载不平衡问题，形成闭环控制。调节控制为电力系统频率二次调节，其控制周期一般为 4～8s。负荷频率控制的调节性能受控制策略选择的影响。

（3）机组控制在跟踪控制和调节控制基础上，将需要调节的有功功率分配到各机组，通过控制器调节各机组使 ACE 至零。自动发电控制信号到达厂级控制器后，控制器根据一定原则将功率分配到各机组。

与常规的参与 AGC 的调峰调频的水火电相比，新能源的有功调节能力非常有限，并且受预测精度的影响拥有很大的不确定性。新能源 AGC 系统要能对未来的时段进行分析控制，就必须配合新能源功率预测技术。新能源 AGC 系统采用多时间维度的新能源功率预测，并结合相同时间级的负荷预测、网络拓扑、检修计划等，综合考虑电网的安全约束，实现经济目标最优的发电计划优化编制。其中，依据新能源超短期预测结果，新能源 AGC 系统实时调度新能源出力，新能源厂站在其能力范围内，与常规水力发电和火力发电一样主要响应电力系统的调频、调峰等需求；依据新能源短期预测结果，新能源 AGC 系统将新能源的随机性与负荷预测中的不确定性进行结合，安排新能源发电计划；新能源出力在无其他命令下，新能源 AGC 系统按照调度下发的发电计划运行。考虑新能源接入的 AGC 如图 4－25 所示。

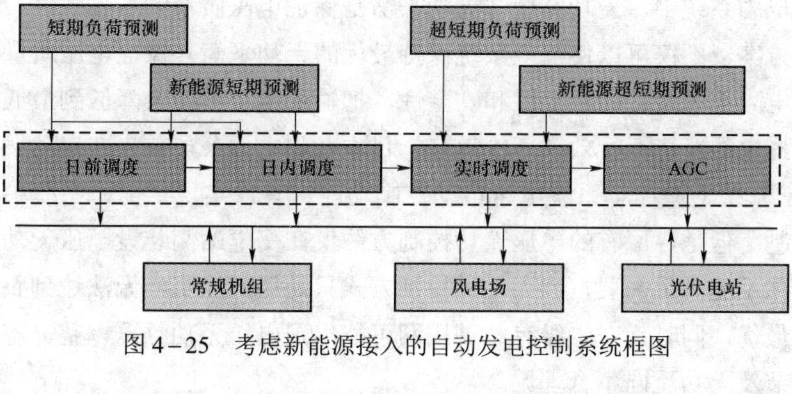


图 4－25　考虑新能源接入的自动发电控制系统框图

2015 年，德国风电总装机容量为 44.95GW，排名欧洲第一，但是德国的弃风弃光率仅为 1%，其中一个重要原因就是德国新能源功率预测精度极高，AGC

十分完善，早在2012年，德国不来梅大学和工业界联合开发出一种智能控制系统，可以使风力发电设备更好地适应多变的风力强度，降低故障率，优化维护与检修提高工作寿命。

中国风能资源丰富，风电累计装机容量已经数年保持在20%以上的增速，2016、2017年略有放缓但仍然保持着世界第一。在过去的10多年中，中国风电市场得到了迅速扩容，2017年全国风电新增装机19.66GW，累计装机达188GW。到2020年，中国风电装机预计将达到210GW，因此，考虑风电接入的AGC技术研究较为成熟。冀北风电AGC系统于2014年2月试运行，截至2014年7月底已应用于26座风电场，累计增发风电电量突破100GW·h，占2014年冀北风电发电量1.3%，提升张北坝上地区风电平均利用小时数28.5h，一定程度上缓解了该地区风电消纳压力。国网山西省电力公司于2014年11月20日组织开展全网风电场AGC联合闭环试验，通过风电功率预测模块、D5000系统以及发电计划系统的数据采集，自动计算出全网风电发电的接纳空间，按照公平合理的原则，根据不同情况采取相应控制策略，自动分配各风电场AGC控制指令。

## 第111问　先进电压如何实现无功控制

在电力系统中，无功补偿与无功平衡是保证电压质量的基本条件。采用无功补偿方案，不仅可以使配电系统保持最优的无功平衡，保证电压质量，而且会提高电力系统运行的稳定性和安全性，把输配电功率损失降低到最低水平，充分发挥电网经济运行效益。1968年，日本九州电力公司首先在自动发电控制（AGC）系统上增加了系统电压自动控制功能，首次实现了电力系统中的电压无功控制。但是，原有的电压无功控制方法仅在变电站侧装设电压无功自动控制装置已不能满足需要，因为这种控制方式只是局部控制，无法达到整个电网的全局最优，同时，在二级有载调压网可能出现电压无功频繁调整，容易造成电压调节及无功流向不合理。

先进电压无功控制（advanced voltage var control，AVVC）是从整个电网的角度出发，以网损最小、控制代价最小为目标，以节点电压满足合格率要求为约束，进行最优潮流计算。AVVC 通过调整变压器有载调压抽头位置及投切无功设备（电容器/电抗器）等措施，使系统在满足节点电压合格率最高的情况下，获得全网网损最小的效果。

先进电压无功控制技术采用两级分散决策方式，控制系统可以分为全网协调层（调度中心的主站系统）和各变电站内的执行层。全网协调层中的电力调度中心通过数据采集与监视控制系统（supervisory control and data acquisition，SCADA）系统采集全网各节点运行电压、无功功率、有功功率等实时运行信息，进行全网无功优化计算，并再通过 SCADA 系统向各子站传送相关控制决策信息；处于变电站内的执行层存储本站的控制策略，并控制电压无功自动控制装置自动调整有载调压变压器抽头位置和投切电容器/电抗器。系统结构如图 4－26 所示。

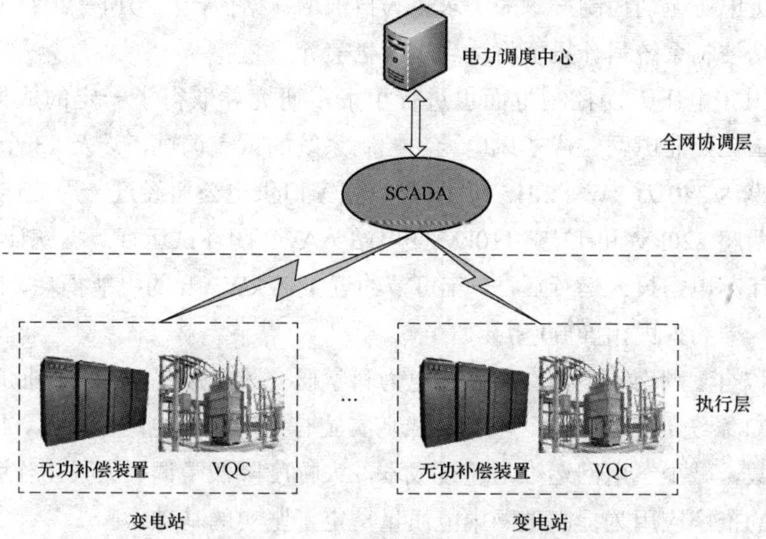


图 4－26　先进电压无功控制系统结构

与传统电压无功控制技术相比，先进电压无功控制技术有以下优点：

（1）全网无功补偿优化。全网无功补偿优化指电网内各级变电所电压处在合格范围内，先进电压无功控制技术可以控制本级电网内无功功率流向合理，达到无功功率分层就地平衡，提高受电功率因数。同电压等级不同变电所电容器组根据计算决策谁优先投入，同变电所不同容量电容器组根据计算决策谁优先投入。

（2）全网电压调节优化。全网电压调节优化指当无功功率流向合理，某变电所母线电压超上限或超下限运行时，先进电压无功控制技术可以分析同电源、同电压等级变电所和上级变电所电压情况，决定是调节本变电所有载主变分接开关，还是调节上级电源变电所有载主变分接开关挡位。

（3）设备动作优化。设备动作优化指采取全局电网优化控制时，先进电压无功控制系统进行全局的优化协调控制，避免了各变电站孤立、局部的调节控制，可更有效地控制设备的操作和变电站间的协调配合，保证设备动作的效果，减少全局电网总的设备动作数量。

电力负荷变得更加多变，分布式能源逐渐成为能源供给的主角，全球各国对于先进电压无功控制技术的需求也与日俱增，据估计，2014—2023 年，全球电压无功控制系统累计投资将达到 177 亿美元。

中国在电压无功控制方面也进行了很多研究并取得了一定的成果。2013 年，中国在西北电网完成了风电无功控制系统的试点调试，涉及 13 个风电场、装机规模达 240 万 kW。2015 年 10 月，张家口供电公司经过一周的连续投运，已实现两座 220kV 和 13 座 110kV 变电站 AAVC 闭环试运行。据统计，AVVC 系统在江苏电网投入运行后，一年可节约近 1 亿 kW・h 的电能损耗，相当于每年节省开支约人民币 5000 万元。

2017 年，湖南省电力有限公司电力科学研究院完成了湖南省首批风电场接入 AVVC 系统的调试工作。项目的成功实施有效降低了电网电抗器、电容器的投切次数，减少了电网运维与建设成本，大幅度降低了调控人员工作强度，同时项目的推广应用为提高电网电能质量奠定了坚实的基础。

## 第 112 问　电力防污闪技术主要解决什么问题

电力防污闪工作一直是外绝缘设计与改造的重点，减少或杜绝电力污闪事故对减少电网接地故障具有重要意义。随着科技的进步，各种新型的电力防污闪技术不断涌现并在电力系统中得到广泛应用，使电网大面积污闪得到有效控制。通过近年来的应用与实践，国家电网有限公司重点实施和推广的防污闪新技术主要有：采用饱和盐密指导电网外绝缘防污闪设计的技术、采用防污闪涂料（RTV涂料）提高防污闪能力的技术、采用电子污区图表征污秽严重程度的技术以及使用复合绝缘子的技术等。这里重点介绍前两项防污闪技术。

采用饱和盐密指导电网外绝缘防污闪设计技术主要包括两部分内容。首先，用饱和（或最大）污秽度划分电网污秽等级（进而绘制电网污区分布图）；其次，按照饱和盐密值，用绝缘子耐受电压进行交直流外绝缘配置，进行电网外绝缘防污设计，从而提高电网的防污闪能力。饱和盐密指导电网外绝缘防污闪设计技术的目标是采用饱和（或最大）污秽度实现电网污秽等级划分，作为未来电网建设或改造的外绝缘防污设计参考，改变原一年一次大规模清扫的防污闪模式，依靠提高设备本体绝缘水平抵御恶劣自然环境导致的污闪，最终实现“绝缘到位，留有裕度”的目标。

为了准确指导电网外绝缘防污闪设计，应根据输变电工程用全尺寸盘型悬式绝缘子串（或支柱绝缘子）在不同盐密、灰密条件下的50%闪络电压特性曲线，并考虑直交流积污比、污秽物的成分以及污秽不均匀分布等一系列校正方法进行新技术条件下的电网外绝缘防污闪设计。采用饱和盐密指导电网外绝缘防污闪设计技术已在国内部分超、特高压交直流工程外绝缘设计和可行性分析中得到应用，运行效果表明，该项技术可有效提升电网防污闪可靠性，随着后续工程的设计与建设，应加大该技术的推广应用力度。

防污闪涂料技术是指将具有优异憎水性能的硫化硅橡胶材料覆盖于陶瓷或玻璃绝缘子表面，使原有亲水性的绝缘表面具有优异的憎水性。防污闪涂料可提高绝缘子抗污闪能力的根本原因在于其憎水性使绝缘子表面在受潮的情况下不会形成连续水膜而具有较高的电阻，或绝缘子表面积污后防污闪涂料的憎水迁移性使污层表面也具有较好的憎水性，从而提高外绝缘水平。

中国早期的防污闪涂料制造工艺简单，甚至部分厂家的产品将双组分或三组分材料仅仅通过人工搅拌的方式配制而成，造成防污闪涂料的产品质量不稳定、技术参数偏低、可靠性较差。随着人们对防污闪涂料防污闪效果、作用、特性等认识的不断加深，防污闪涂料在中国的发展过程主要体现在：由多（双）组分到单组分；机械强度、附着力、耐漏电起痕能力由弱到强；技术含量、制作工艺及施工水平由低到高。目前，防污闪涂料的可靠性已得到大大改善。

防污闪涂料在中国已具有多年的发展历程，并且在电网已得到大面积使用。从现场应用的情况看，室温硫化硅橡胶涂料的应用效果最为突出，该涂料根据性能不同可分为Ⅰ型防污闪涂料和Ⅱ型防污闪涂料两类，主要差别在于Ⅱ型防污闪涂料关键性能指标优于Ⅰ型防污闪涂料。例如，耐漏电起痕能力由TMA2.5级提高至TMA4.5级，机械性能提高3倍以上，使用寿命提高1倍以上等。一般来说，现有电网主要推荐使用Ⅱ型防污闪涂料。防污闪涂料主要应用在污秽较为严重地区，且原有瓷、玻璃绝缘子的防污绝缘性能已不能满足现有污秽等级的情况。在线路、变电站、换流站涂有防污闪涂料的绝缘子串的运行经验表明，其伞套起痕及电蚀损性能、附着力和耐腐蚀性能、憎水迁移和劣化性性能优良。在较重污秽地区，通过在瓷或玻璃绝缘子表面喷涂防污闪涂料的方式，大大提高了污闪频发地区输变电设备的抗污闪能力，社会效益和经济效益显著。但是，绝缘子表面喷涂涂层的憎水性和憎水迁移性会随着使用时间的延长或积污程度的加重有所下降（不同产品下降速率有差异），从而降低耐污闪性能。憎水性的减弱主要表现在潮湿条件下憎水性丧失时间的缩短，大雨时绝缘子表面绝缘用长效室温硫化硅橡胶（persistent room temperature vulcanized silicone rubber，PRTV）涂层耐雨闪性能的降低以及大雾条件下绝缘子涂层耐污闪性能下降等。

## 第113问　为什么要开展带电作业

带电作业是指在高压电工设备上不停电进行检修、测试的一种作业方法。电气设备在长期运行中需要经常测试、检查和维修。带电作业是避免检修停电，保证正常供电的有效措施。由于部分输电线路往往与几十个台区和高压用户直接相连，并且大部分不是双电源用户，若采用停电作业势必影响周围企业和居民用户的正常用电。广泛开展带电作业能减少对用户的停电，对保证电网安全运行有积极的作用，提高供电的可靠性，对完成更多的售电量是一个积极的因素。

带电作业具有如下意义：

（1）能保证可靠地、连续地向用户供电。停电检修会降低供电线路的可靠性，造成供电不足，断开系统间的联络线，还会影响到系统的稳定性。500kV线路停电，在很多情下要减少发电机的发电量，这将增加发电的煤耗指标，不停电检修能够保证系统最佳工况和保证发电机在经济工况下运行。

（2）能及时消除线路缺陷，架空线路运行的可靠性得到提高。供电检修线路在很多情况下受到限制，这将使线路的小缺陷由于不能及时处理而发展，引起线路故障停电，而带电作业可以保证区域的生产生活不受影响。

（3）能减少电能损耗。在配电网中，由于断开线路将使得最佳配电形式发生变化，如通过环网等远距离送电，这将增大线路的损耗，因此带电作业可降低电网的电能损失。

（4）由于带电作业实施的灵活性，人员和机械能更好地按计划和均衡地承担线路检修的任务和工作，减少不必要的加班。

（5）无论在系统任何设备上，带电作业既能实现对设备的检修、消缺，又能使设备保持继续运行的状态，保证电力系统的稳定运行，使用户得到不间断的电能，具有极大的社会效益和经济效益。

带电作业根据人体与带电体之间的关系可分为三类：等电位作业、地电位作业和中间电位作业。① 等电位作业时，人体直接接触高压带电部分。处在高压电场中的人体，会有危险电流流过带电作业，危及人身安全，因而所有进入高电场的工作人员，都应穿全套合格的屏蔽服，包括衣裤、鞋袜、帽子和手套等。全套屏蔽服的各部件之间，须保证电气连接良好，最远端之间的电阻不能大于20Ω，使人体外表形成等电位体。② 地电位作业时，人体处于接地的杆塔或构架上，通过绝缘工具带电作业，因而又称绝缘工具法。在不同电压等级电气设备上带电作业时，必须保持空气间隙的最小距离及绝缘工具的最小长度。在确定安全距离及绝缘长度时，应考虑系统操作过电压及远方落雷时的雷电过电压。③ 中间电位作业系通过绝缘棒等工具进入高压电场中某一区域，但还未直接接触高压带电体，是前两种作业的中间状况。因此，前两种作业时的基本安全要求，在中间电位作业时均须考虑。带电检修的方法有以下三种：

（1）杠杆法。杠杆法是针对输电线路的导线（或耐张引流线）无法满足人体带电作业的安全距离而存在的，也是一种间接的带电作业方法。杠杆法的操作原理是，在进行检修作业时，通过两套不同作用的杠杆与一套滑轨的结合运用，将与导线及横担连接脱离的绝缘子串移至塔身后，从而实现对绝缘子的间接更换操作。这两套杠杆中的其中一套用于取代单滑轮起吊绝缘子串，而另一套则用于转移导线加在绝缘子串上的荷载。

（2）悬臂抱杆辅助法。悬臂抱杆辅助法适用于多回路直线塔检修时无法进入下相和中相横担的情况，由于其作业中的导线位置无法满足作业人员的安全距离，因此，通过悬臂抱杆的辅助作用来对导线进行适当的移位，以达到作业人员相对于横担端的安全距离。

（3）绝缘悬臂梯法。绝缘悬臂梯法是一种从线路外侧向内进入电场的方法，解决了塔身无法从内向外进入电场的难题。采用绝缘悬臂梯法进入电场的方式，可进行上相和中相横担的等电位作业。

中国早在1952年就开始了带电作业尝试，1954年鞍山电业局研制出第一套3.3～6.6kV带电作业工器具，标志着中国带电作业的正式开展。经过几十年的研究与发展，中国带电作业技术日臻完善，从检测、更换绝缘子、线夹、间隔棒等常规项目到带电升高、移位杆塔等复杂项目均有开展。2015年，中国首次于浙北－福州同塔双回特高压线路成功实施1000kV带电作业，此次带电作业除确保该特高压线路的安全、稳定外，也带来明显的经济效益。如果按照1000kV特高压线路停电作业计算，该项工作从停役到恢复送电最少需8h，按社会用电量平均电价计算，本次带电作业可产生直接经济效益350余万元。

随着智能电网建设步伐的不断加快，如何高效运行维护大容量、复杂结构的配电网已成为当前面临的主要问题。开展配电网设备状态检修工作将大幅减少计划停运次数，有效提高供电可靠性和服务质量。带电检测技术作为在不停电状态下对设备状态量进行现场检测的重要技术手段，对于在设备运行状态下进行缺陷分析和状态诊断，避免设备事故具有重要价值。目前，应用带电检测技术还处于起步阶段，检测装置质量良莠不齐，人员操作水平及检测判断辅助分析工具等均亟待进一步的提高和加强。

## 第 114 问　新一代智能变电站有哪些“新”的内容

智能变电站是采用可靠、经济、集成、节能和环保的设备与设计，以全站信息数字化、通信平台网络化、信息共享标准化、系统功能集成化、结构设计紧凑化、高压设备智能化和运行状态可视化等为基本要求，能够支持电网实时在线分析和控制决策，进而提高整个电网运行可靠性及经济性的变电站。

2004 年，IEC 61850 变电站自动化标准开始在国内变电站推广应用，行业内对采用这一标准的变电站统称为“数字化变电站”。2009 年，国家电网公司发布了《智能变电站技术导则》；2012 年，该标准升级为国家标准（GB/T 30155—2013）。该标准作为智能变电站顶层设计，对智能变电站的发展思路和建设理念提出了系统性要求，为智能变电站的发展建设提供了指导。

智能变电站与常规变电站相比，主要差别体现在三个方面：① 一次设备智能化。一次设备智能化指大量智能组件和传感器得到应用，一次设备结构更紧凑，采用低碳无油等新技术，带来生态效益。② 二次设备网络化。二次设备网络化指大量的信号电缆被光缆所取代，电磁干扰明显降低，网络通信替代了点对点通信，通信速率和可靠性显著提高。③ 设备检修状态化。设备检修状态化指通过监视设备状态信息，开展设备状态检修，使运行维护更科学合理，降低了定检带来成本，也提高了变电站的安全运行水平。

新一代智能变电站系统虽然也分为过程层、间隔层、站控层三层，但是相较于现有的智能变电站，新一代智能变电站采用了隔离式断路器等新型一次设备，优化主接线设计和总平面布局，节省占地面积；采用智能电力变压器等一次设备，近期集成了状态检测传感器和智能组件，远期可进一步集成电子互感器，一次设备的智能化水平大幅提升。这些新式材料、新型设备和新兴技术的综合运用有效地解决了现有智能变电站一次设备智能水平不高，一次、二次设备和二次设备之间未有效集成，站内信息网络较复杂，变电站和调度主站之间功能未能有效衔接，信息重复处理等诸多问题。新一代智能变电站系统结构如图 4－27 所示，各层内部及各层之间采用高速网络通信。

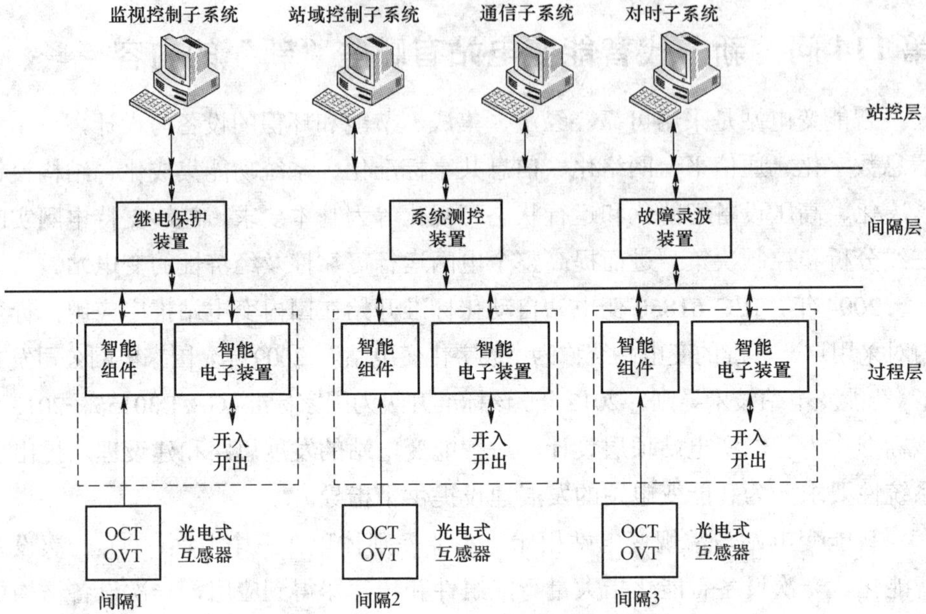


图 4-27　新一代智能变电站系统结构示意图

截至2016年年底，国家电网有限公司累计新建智能变电站4080座，改造智能变电站809座。按照国家电网有限公司的规划，到2020年，所有110kV及以上电压等级的变电站都要实现智能化。智能变电站的大规模应用，将为智能电网的建设提供坚实的保证。如图4-28所示为浙江某地运行中的500kV智能变电站。

新一代智能变电站的目标是实现“系统高度集成、结构布局合理、装备先进适用、经济节能环保、支撑调控一体”。为实现这些目标，需要在设计、设备以及控制方面上给予技术支撑：

（1）设计方面，新一代智能变电站的目标为整体集成化设计、主接线优化设计以及模块化设计。

（2）设备方面，新一代智能变电站的近期目标为集成式智能变压器、节能变压器，集成式智能断路器、电动机驱动的断路器、智能高压开关，集成式无功设备等；远期目标为超导变压器、电力电子变压器、固态开关、超导故障限流器、超导储能系统等。

图 4－28　浙江某地运行中的 500kV 智能变电站

（3）控制方面，新一代智能变电站的近期目标为构建“就地—站域—广域”三级的层次化保护控制体系以及区域电网集中式保护控制体系，深化一键式顺序控制，建设高速以太网和大容量骨干网；远期目标为研制多原理保护集成芯片和光学保护系统，研究电力物联网，组建站内传感网络。

新一代智能变电站的技术方案分为近期和远期：近期技术方案以“占地少、造价省、可靠性高”为目标，以“集成化智能设备+一体化业务系统”应用为特征；远期技术方案则围绕“新式材料、新型设备和新兴技术”，提出了基于电力电子技术和超导技术应用的两种远期技术路线。

总体上，新一代智能变电站采用“集成化智能设备、一体化业务系统”和“一体化设计、一体化供货、一体化调试”模式，实现了“占地少、造价省、可靠性高”的目标。目前，新一代智能变电站在技术、设备、功能等水平方面实现了较大的提升，总体造价和常规变电站相比基本相当，但与外部运行管理转变要求和自身技术发展要求相比仍存在差距，建设理念需要突破，关键技术需要创新，专业管理仍有待提升。

## 第 115 问　电能质量监测与治理过程是怎么样的

电能质量（power quality）是指通过电网供给用户端的电能的品质。理想状态下，电网应以恒定的频率、正弦波形和标准电压对用户供电，同时，在三相交流系统中，各相电压的幅值应大小相等、相位对称且互差120°。但实际上，由于系统中的发电机、变压器和线路等设备非线性或不对称，负荷多变，加之调控手段不完善及运行操作、外来干扰和各种故障等原因，这种理想的状态并不存在。从不同角度理解，电能质量有不同的含义：

（1）电压质量：是以实际电压与理想电压的偏差来反映电网向用户供应的电能质量是否合格。电压质量的定义能包括大多数电能质量问题，但不能包括频率、波形造成的电能质量问题，也不包括用电设备对电网的影响和污染。

（2）电流质量：用户除了对交流电源有恒定频率、正弦波形的要求外，还要求电流波形与供电电压相位相同，以保证高功率因素运行。电流质量的定义有助于改善电能质量和降低线损，但不包括电压造成的电能质量问题。

（3）供电质量：其技术含义是指电压质量和供电可靠性，非技术含义是指服务质量，包括供电企业对用户投诉的反应速度以及电价组成的合理性、透明度等。

中国现行电能质量标准有GB/T 14549—1993《电能质量　公用电网谐波》、GB/T 15945—2008《电能质量　电力系统频率偏差》、GB/T 12326—2008《电能质量　电压波动和闪变》、GB/T 12325—2008《电能质量　供电电压偏差》。电能质量的监测与治理就是依据这四项电能质量标准，对电网的电压偏差、频率偏差、电压波动和闪变、谐波进行在线监测与治理。

电能质量监测即扰动识别，往往是根据电能质量检测所提取的特征量，并对特征量进行分析从而实现分类。对扰动源定位则分为谐波源定位和电压暂降源定位两种，其中，谐波源定位的本质就是检测系统侧和用户（负荷）侧对公共耦合点谐波电流和电压进行分析，确定哪一侧为主要谐波源；电压暂降源的定位就是依据电能质量监测装置的电压、电流波形来确定引发电压暂降的扰动源来源于监测装置的哪一侧。对这些扰动源的精确定位有助于选择合理的治理措施。

在智能电网中，不同电能质量问题就要有与之相对应的治理措施。当电压发生偏差时，可通过发电机调压、变压器调压和改变电网无功功率调压等措施对其进行调整；当发生频率偏差时，可通过一次调频或二次调频对频率进行调整；当发生谐波时，可以通过减小谐波源的谐波含量、电容器回路串接电抗器、在谐波源附近安装交流滤波器或采用有源滤波器对谐波进行抑制；当发生电压波动和闪变时，可以通过设置电容器进行人工补偿、线路出口加装限流电抗器以及电力稳压器等措施对电压波动进行抑制；对电力系统三相不平衡，可通过将不对称负荷分散接入到不同的供电点或合理分配到各相，将其接入到更高电压等级上供电，采用三相平衡化装置等措施进行改善。

## 第116问　配电网规划方法有哪些

配电网规划是指在现状电网分析及未来负荷分布预测的基础上，在满足未来用户容量和电能质量的情况下，从可能的变电站位置和容量、接线模式、馈线数目、路径和型号中，寻求一个最优或次优方案作为规划改造方案，使投资、运行、检修、网损和可靠性损失费用之和最小。

配电网是电力网络中最接近用户的部分，对其进行科学的优化规划，可以保证电网改造的合理性和电网运行的安全性和经济性，提高配电网供电质量。配电网规划是根据规划期间网络状态与负荷预测，在保证供用电的电能质量与可靠性的前提下，通过选择可能的变电站位置和容量、接线模式、馈线数目、路径和型号，寻求最优的规划方案，使配电网的建设和运行费用最小。配电网规划模型与方法包括：

（1）多阶段规划模型。传统变电站、网架、变电站－网架联合规划模型都属于单阶段规划范畴，后续研究中也都提出了相应的多阶段规划模型。多阶段规划模型的显著特点是各决策变量在各规划阶段的相互关联性，例如在多阶段规划中某一位置只能在某一阶段安装一次，有些决策变量在各规划阶段有相互影响或排斥的关系等，这些问题可以通过在规划模型中添加逻辑约束条件来表示。目标函数为最小化各阶段变电站和线路的投资和运行费用之和，并考虑可靠性优化。约束条件包括：电力平衡约束、线路容量约束、决策变量在各阶段安装逻辑约束。

（2）多目标规划方法。电网规划时除了投资费用和年网损费用外，其他如：可靠性、网络安全约束的惩罚项、载荷能力以及环保因素等都可以作为规划目标之一，多目标规划（vector maximum/minimum problem，VMP）是合理解决各目标之间冲突的理想途径。传统的多目标规划方法为将各目标加权相加，然后采用单目标的优化技术，各因素在总目标中所占权重的改变将影响整个目标网架的优化，传统方法不能很好地解决这个问题。基于 Pareto 的多目标优化方法可以有效克服这些问题，可应用于配电网网架规划的多目标模型。

（3）随机优化算法。以遗传算法为代表的随机优化算法在配电网规划中的应用是当前的研究热点。遗传算法的大规模并行搜索特性使其作为优化策略的基础，应用于多目标、多阶段优化问题的求解。遗传算法可以根据问题的特点构造合理的编码及进化策略，以提高算法效率。

配电网规划流程图如图 4－29 所示。

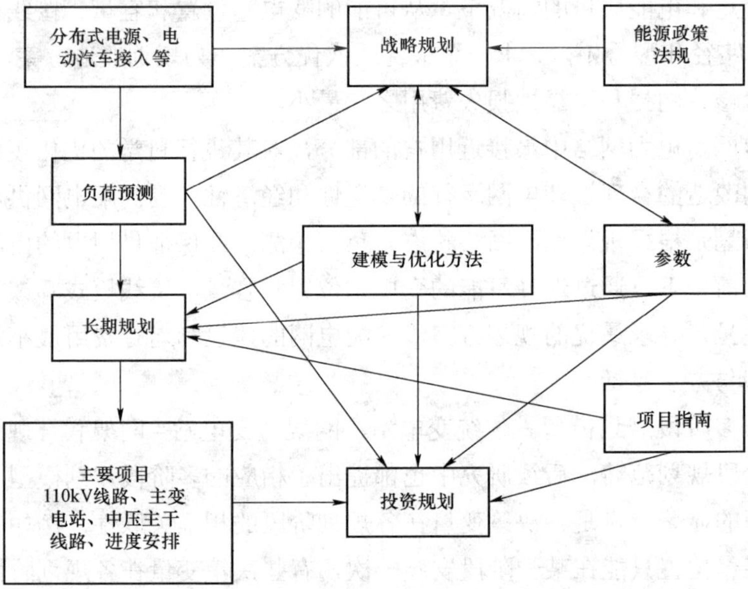


图 4－29　配电网规划流程图

在“十三五”期间，配电网建设累计投资不低于 1.7 万亿元。到 2020 年，高压配电网变电容量达到 21 亿 kVA、线路长度达到 101 万 km，分别是 2014 年的 1.5、1.4 倍，中压公用配电变压器容量达到 11.5 亿 kVA，线路长度达到 404 万 km，分别是 2014 年的 1.4、1.3 倍。

主动配电网系统是未来的一个重要发展方向。主动配电网系统能利用先进的信息、通信及电力电子技术，主动管理规模化接入的分布式资源，自主协调控制发电、储能装置及响应负荷等，积极消纳可再生能源。随着大数据、云计算、物联网、信息通信及新材料技术的蓬勃发展，主动配电网系统的研究将在新型配电自动化技术、高比例可再生能源并网的电力系统规划、多能源互补的分布式供能等方面迎来新契机。

## 第117问 配电自动化的构成和作用是什么

配电自动化（distribution automation，DA）是综合利用信息、通信及电网技术，以网架和设备的静态信息为基础，集成配电网运行状态和相关应用系统的动态信息，实现对配电网的监测、控制和快速故障隔离。配电自动化是提高供电可靠性、改善供电质量，扩大供电能力，实现配电网高效经济运行环节的重要技术手段，也是智能电网的关键技术之一。

20世纪70年代，随着电子及自动控制技术的发展，英国、美国、日本等国开始应用馈线自动化技术，即通过重合器、分段器及故障指示器，实现故障点自动隔离及非故障线路的恢复供电。20世纪80年代，随着计算机及通信技术的发展，形成了包括远程监控、故障自动隔离及恢复供电、电压调控和负荷管理等实时功能在内的配电自动化技术。20世纪90年代开始，地理信息系统（geographic information system，GIS）技术有了长足的进步，开始应用于配电网的管理，形成了离线的自动绘图及设备管理（automate mapping/facility management，AM/FM）系统、停电管理系统等，并逐步实现了离线的管理信息与在线的监控信息的集成，进入了配电网监控与管理综合自动化阶段。

配电自动化系统（distribution automation system，DAS）是配电网运行控制的重要基础设施，由主站、子站（可选）、终端和通信信道所组成，一般采用两层结构（即主站层和终端层），在选用子站时，可采用三层结构（即主站层、子站层和终端层），配电自动化系统组成示意图如图4-30所示。

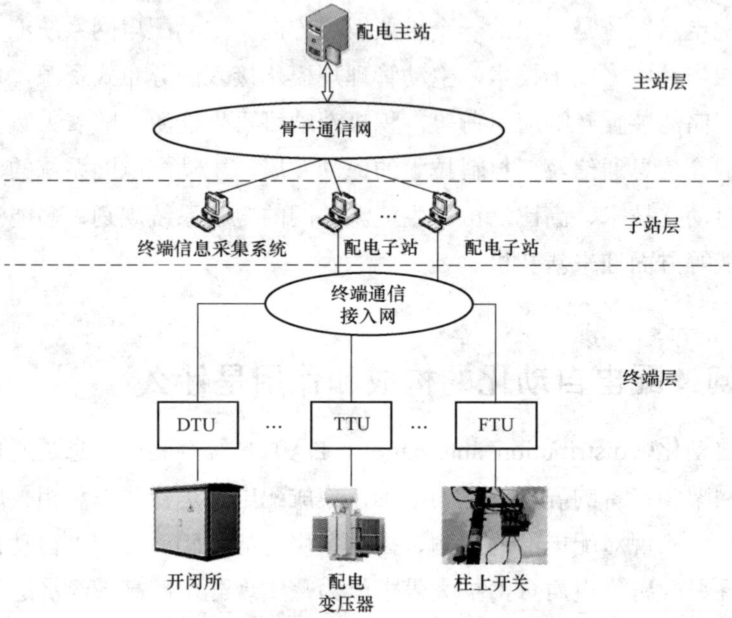


图 4-30 配电自动化系统组成示意图

主站层位于电力公司的配网监控中心，由一系列工作站、服务器、前置机和网络设备及其他设备组成。主站层负责采集、存储和处理现场配电终端的实时数据，主站系统的图形化用户界面，可满足值班人员对配电网进行监控、管理及日常维护的需要，并提供与其他系统（调度 SCADA、营销业务、负荷管理等）的接口。

子站层位于在各区域中心的配电子站，又称“区域工作站”，用于集结所在区域内大量分散的配电网终端设备，其功能类似于主站，但不需要与其他系统进行数据交换。

终端层汇集了各种配电自动化终端，如配电终端单元（distribution terminal unit，DTU）、馈线终端单元（feeder terminal unit，FTU）、配电变压器终端单元（transformer terminal unit，TTU）。这些终端负责采集柱上开关、负荷开关、配电变压器的运行数据和状态并转发到主站，同时终端还接收主站的指令对配电网一次设备进行远方监控。

美国长岛地区 LILCO 公司 1994 年起对 120 条故障易发的配电线路进行自

动化改造，是美国最早建设的 DA 系统。但总体来说，美国的配电自动化应用面还相对有限，随着智能电网的兴起，许多供电企业开始或计划大面积应用配电自动化。

欧洲发达国家的配电自动化也应用得比较好，尤其是德国，2013 年其用户年平均停电时间为 15.32min，基本实现了配电变电站出线断路器、线路分段开关的远程监控，做到了配电网故障及时检测、处理及修复，且配电网 GIS 获得了广泛应用，配电网调度、停电投诉处理、故障抢修流程的管理基本都实现了计算机化。

日本东京电力公司（Tokyo Electric Power Co，TEPCO）的供电可靠性世界领先，用户年平均停电时间只有几分钟，而其 DAS 发挥了重要的作用。1988 年，TEPCO 开始一期 DAS 的建设，到 2001 年覆盖了所有的 126 个营业所，通过安装在营业所的 DAS 可以对所有配电线路开关进行监控。2005 年在此基础上，开始建设了高级 DAS，采用光纤通信，安装了具备以太网接口的高级远动终端 RTU，使得实时传输能力大大提高，提高了故障反应和处理速度。

1996 年，在上海浦东金藤工业区建成基于全电缆线络的馈线自动化系统。这是中国第一套投入实际运行的配电自动化系统。国家电网有限公司于 2009 年启动了大规模配电自动化建设与应用，截至 2016 年 8 月，公司共批复配电自动化项目 84 个，涉及 30 个省会城市和 46 个非省会城市，已投运项目 71 个。配电自动化系统覆盖了 76 个地市、44 206 条 10kV 线路，覆盖率达到 18.89%，其中，城网配电自动化覆盖率达到 38.26%，配电网故障定位时间和故障恢复时间显著缩短，平均倒闸操作时间和非故障区域平均恢复时间降幅分别达 77.6% 和 85.9%。

随着智能电网建设的深入，将会有越来越多的分布式电源、新能源系统接入配电网，如何应对间歇性、波动性电源并网对配网带来的挑战，支撑灵活与主动的配电网将是未来配电自动化的发展方向。

## 第 118 问　配电网如何实现“自愈”

电网自愈的目的是通过快速仿真决策、协调/自适应控制和分布能源集成，实现实时评价电力系统行为、应对电力系统可能发生的各种事件组合、防止大面积停电，并快速从紧急状态恢复到正常状态。实现电网自愈需要有复杂系统理论、稳定性理论以及自愈技术的支持。配电网自愈是指通过继电保护、自动化设备、通信、SCADA、故障定位、供电恢复等协调作用，使配电网具有自我预防的能力及通过自我修复实现在故障情况下维持正常运行。其中，配电网具有自我预防及自我修复的能力，即是指自愈控制的概念，这也是实现配电网自愈能力的具体技术手段。自愈配电网是智能配电网的一个侧面，也是实现主动配电网的一个最为重要的技术基础。

配电网自愈的实现是基于配电网自愈控制技术为基础的，配电网自愈控制技术则是以配电网自动化、信息化为基础，以具有分布智能的保护和控制装置为执行单元，以配电网安全预警、状态监测、风险评估及应对、自然灾害及配电网事故应对等功能为核心，以保障配电网安全可靠、经济高效运行为目标，实现未来主动配电网的运行状态监测、运行方式优化、风险预警与评估及事故应对等功能的集成应用。

自愈控制具有两个特征：一是以预防性控制为主要控制手段，通过对系统运行状态的实时全面监测，及时发现、诊断和消除故障隐患；二是一旦故障发生，系统能够具备持续运行的能力，并通过自治修复功能从故障中恢复。

配电网的运行状态可以分为四种：正常状态、警戒状态、故障状态和恢复状态。自愈与配电网电力系统运行状态的关系如图4-31所示。

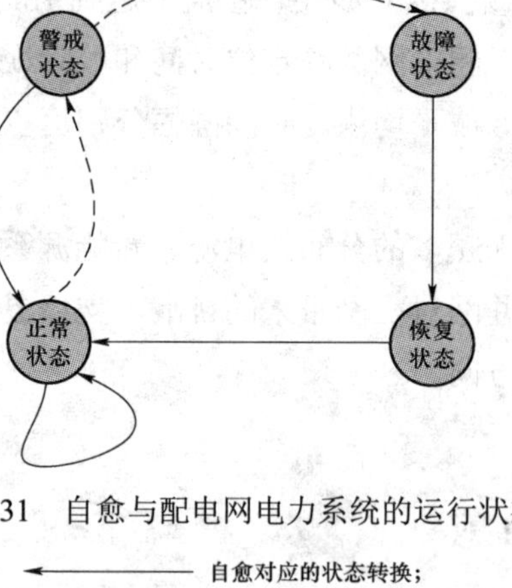


图4-31　自愈与配电网电力系统的运行状态

← 自愈对应的状态转换；
←- - - - - - 其他可能的状态转换

配电网的自愈能力就是要保证配电网的运行在其他状态下能回到正常状态，使配电网不会发生故障，即使发生了故障，故障影响范围也尽可能的小，不会扩大而影响到输电网，从而使电力系统不会到达瓦解状态。在正常状态和警戒状态下，智能配电网自愈的主要任务是进行风险预测和分析，通过对配电网全面的、实时的监测，基于仿真或实时两种研究状态，分析电网的薄弱环节，给出决策建议，预防配电网发生故障；在故障状态和恢复状态下，智能配电网自愈的主要任务是故障的处理与恢复供电。如果配电网发生故障了，隔离故障部分，在人没有干涉或极少干涉的情况下就恢复到正常运行。

自愈控制系统按照功能结构可以划分为 3 层：支撑层、执行层和决策层。实现智能配网的自愈，需要三个控制层次在信息化系统的支撑下，实现既独立分工又协调合作：支撑层满足自愈对电网构架的要求，提供电网自愈的基础电力设施和通信设施；执行层通过接受本地采集数据和决策层指令，对配网辅助设备进行操作，在支撑层的基础上完成自愈操作；决策层利用执行层监视和控制采集的信息，通过决策支持系统，进行风险评估、优化运行、微电网控制和故障定位。具体到配电网，包括有决策功能的配电网自动化主站系统、有执行功能的各种现场智能电子设备（IED）和承担支撑层功能的一次系统。

智能配电网发展的目标就是实现配电网的经济、可靠运行。未来分布式能源大量接入对配电网的运行分析、网络重构、电压分布等方面都将造成很大的影响，因此，在配电网的潮流计算、故障监测、运行评价等的基本应用中需要考虑分布式电源带来的配电网结构与运行等方面的变化，进行相应的改进或提出新的理论和方法，这将是今后配电网自愈技术应用研究的主要内容。

## 第 119 问　主动配电网是如何提出的

近年来，随着电力需求的持续增长、传统化石能源的短缺与电力市场的逐步开放，分布式电源尤其是可再生能源开始规模化接入配电网。分布式能源在配电网中渗透率的不断提高使得配电网的规划方式、运行方式和控制方式变得更加复杂。

分布式发电技术、储能技术的进步以及电力电子技术的发展解决了分布式能源在中压配电网的并网运行问题，但在配电网中仍然存在可再生能源消纳能力不足、一次网架薄弱、自动化水平不高、调度方式落后以及用电互动化水平较低等问题，严重制约了可再生能源的高度渗透，不利于能源结构的优化调整。

针对此现状，国际大电网会议（CIGRE）配电及分布式发电（C6）技术委员会提出了“active distribution network”，即主动配电网的概念，旨在解决大规模间歇式可再生能源的配电网兼容性和优化一次能源结构等问题。主动配电网概念的提出促使配电网形态从传统配电网向主动配电网不断发生转变，如图 4－32 所示。

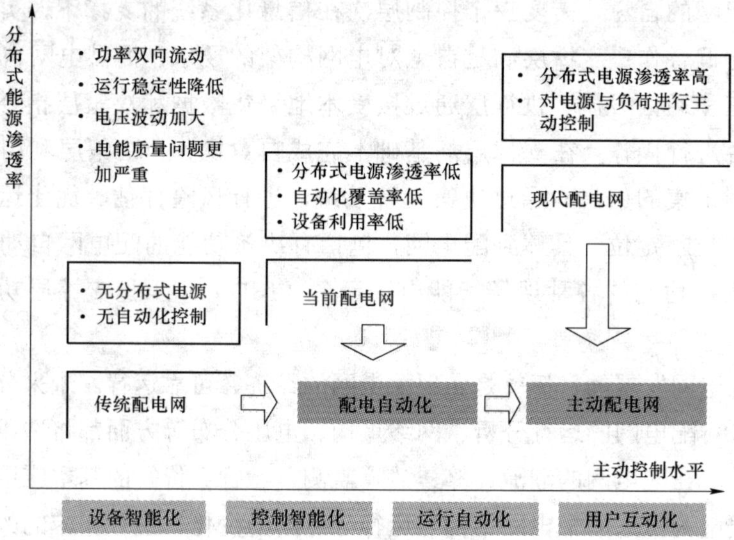


图 4－32　传统配电网－主动配电网形态转变

2008 年，CIGRE 正式给出主动配电网的定义：“主动配电网是可以综合控制分布式能源、柔性负载和储能的配电网，可以使用灵活的网络构架实现潮流的有效管理，分布式能源在其合理的监管环境和接入准则基础上承担对系统一定的支撑作用。”由于目前在世界范围内对运营商和分布式能源拥有者还缺乏一定的激励机制以及适当的监管环境，主动配电网的概念也需要不断地进行完善。主动配电网的技术理念将系统运行中的信息价值及电网与用户之间的互动能力提升至一个新高度，强调在整个配电网层面内借助主动网络管理实现对各类可再生能源的主动消纳及多级协调利用，最终促进电能的低碳化转变及电网资产利用效率的全方位提高。

相比于注重客户端电网的微电网而言，主动配电网更加注重由电力企业管理的公共配电网。主动配电网采用自上而下的设计理念，同时关注区域内的自主控制（如微电网）和全网范围内的最优协调，是一种可以兼容微电网及其他新能源集成技术的开放体系结构。

主动配电网是未来智能配电网发展的高级阶段。目前，欧美国家正积极开展对其相关技术的研究。欧盟已经在丹麦、西班牙以及英国等地深入开展了主动配电网技术研究及示范工程建设，其中包括欧盟 FP6 主导的 ADINE 示范工程等。2012 年，中国围绕国家 863 计划课题“主动配电网的间歇式能源消纳及优化技术研究与应用”也开始对主动配电网及其相关技术领域进行深入研究。目前主动配电网相关技术领域已经开始涉及综合规划技术、全局优化能量管理技术、智能测量技术、非常态运行下的故障隔离与恢复技术等诸多内容。

主动配电网的推广应用能提升电网对资产的利用效率并加强电网对分布式能源的接纳能力。目前，主动配电网的广泛应用还需要依赖于通信技术、计算机技术、电力电子技术的创新和进步。同时，为了更好地实现主动配电网的交互机制，电力市场还需要进一步放宽监管、拓展交易范围，在电网管理者、系统运行人员、供电用户以及能源供应商之间找到一个平衡点，使得未来的主动配电网发展为一个开放、公平和绿色的配电网。

国内在密切跟踪主动配电网技术前沿的同时也在积极进行试点示范工程建设。2012 年，国家 863 计划课题“主动配电网的间歇式能源消纳及优化技术研究与应用”在广东省电网进行试点。2014 年立项的国家 863 计划课题“多源协同的主动配电网运行关键技术研究及示范”也分别在佛山、北京、贵阳、厦门进行试点。

广东省电网的主动配电网示范点选择佛山市三水区 4 条馈线线路，建设利用先进的信息、通信以及电力电子技术对规模化接入分布式能源的配电网实施主动管理，能够自主协调控制间歇式新能源与储能装置等分布式发电单元，积极消纳可再生能源并确保网络的安全经济运行，实现配电网兼容及应用大规模间歇式可再生能源，提升绿色能源利用率，优化一次能源结构。实现主动配电网在正常工况下以及故障工况下的消纳与协调控制能力的验证，并作为间歇性能源在配电网消纳中的示范，保证 5.5MWp 间歇式能源及 1.1MWh 储能系统的接入，实现间歇式能源 100%消纳，实现供电可靠率 99.99%以上。

北京电网主动配电网示范点选择北京未来科学城，系统最大负荷不低于200MW，建设220kV变电站2座，110kV变电站5座，10kV变电站不少于30座；具有多种清洁能源种类不低于4类：冷热电联产机组不小于250MW、垃圾焚烧发电不小于30MW、垃圾填埋发电不小于54×1.25MW、多点接入光伏发电总量不小于5.68MW、风机不小于1.5MW、电动汽车集中充放电站容量不小于10MW、储能规模不小于500kW/1MWh；全网可再生能源装机不低于总负荷20%。示范工程完成后可实现100%全额消纳可再生能源，核心区供电可靠率不低于99.999%，并且具备提供无电压暂降和短时中断的高品质电力定制能力。

厦门市电网的主动配电网示范点选择福建海西厦门岛，系统最大负荷不低于120MW，清洁能源种类不少于3类：冷热电联产机组不低于150MW、垃圾焚烧发电不低于2MW、多点接入光伏发电总量不低于60kW、电动汽车集中充放电站容量不低于5MW、移动式储能车规模不小于1MW/2MWh。福建海西厦门岛示范工程完成后可实现100%全额消纳可再生能源，核心区供电可靠率不低于99.99%。

贵州省电网的主动配电网示范点选择贵阳市清镇红枫供电区域，建成集水电、风电、光伏、冷热电联供、储能和电动汽车充电设施的主动配电网集成示范工程。清镇红枫供电区域示范工程规模：10kV线路不低于5条，最大负荷容量不低于10MW；电源装机容量：冷热电联供机组不低于500kW、光伏发电总量不低于250kW、储能不小于200kW/400kWh、水电不低于5MW、电动汽车充电桩数量不少于4个。清镇红枫供电示范区接入主动配电网全局运行决策系统的能源种类不低于4种，可再生能源种类不低于3类。主动配电网全局运行决策系统实现示范区内至少8个分布式电源协调控制和100个用户用电终端监控管理。示范区核心区域供电可靠率达99.99%，示范区分布式能源渗透率能达到30%。

## 第120问　微电网是一个什么样的结构

微电网是由分布式电源、储能装置、负荷和监控、保护装置等关键设备汇集而成的小型发配电系统。微电网是相对传统大电网的一个概念，是指多个分布式电源及其相关负载按照一定的拓扑结构组成的网络，并通过静态开关关联至常规电网。将分布式电源以微电网的形式接入配电网，被普遍认为是利用分布式电源有效的方式之一。国际电工委员会 IEC 在《2010—2030 应对能源挑战白皮书》中明确将微电网技术列为未来能源链的关键技术之一。

微电网具有并网运行和孤网运行（或独立运行）两种不同的运行模式。并网运行是指微电网接入公共电网并列运行；孤网运行是指微电网与公共电网断开连接，只依靠自身内部的分布式电源来提供稳定可靠的电力供应来满足负荷需求。

微电网的构成可以很简单，但也可能比较复杂。一个微电网内还可以含有若干个规模相对小的微电网，微电网内分布式电源的接入电压等级也可能不同，也可以有多种结构形式。按照接入配电系统的方式不同，微电网可分为用户级、馈线级和变电站级微电网。微电网结构如图 4-3 所示。

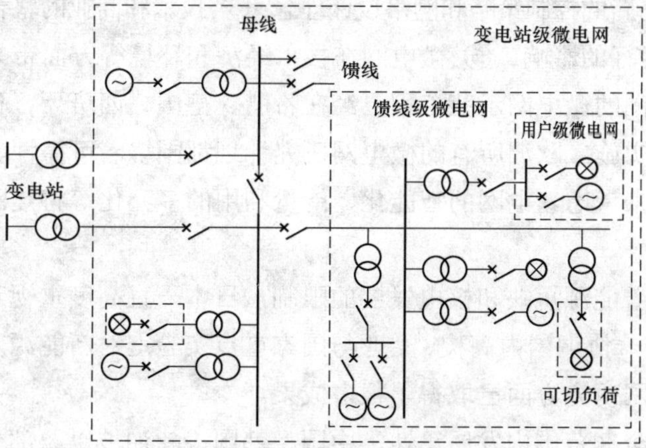


图 4-33　微电网结构示意图

⊗—负荷；～—分布式电源；—×— 断路器

用户级微电网与外部配电系统通过一个公共连接点连接，一般由用户负责其运行及管理；馈线级微电网是指将接入中压配电系统某一馈线的分布式电源和负荷等加以有效管理所形成的微电网；变电站级微电网是指将接入某一变电站及其出线上的分布式电源及负荷实施有效管理后形成的规模较大的微电网。

后两者一般属于配电公司所有，是智能配电系统的重要组成部分。

近年来，在欧美、日本等微电网发展较早的国家陆续建立了多个微电网实验平台，并开展了相关的示范工程应用。美国电力可靠性技术解决方案联合会（Consortium for Electric Reliability Technology Solutions，CERTS）为验证其微电网概念，在威斯康星大学麦迪逊分校建立了一个包含 3 台分布式电源的微电网实验平台。美国国家可再生能源实验室（national renewable energy laboratory，NREL）建立了包含三个子微电网的交直流混合微电网平台，在此基础上进行了各种分布式发电系统的可靠性测试、并网技术研究，并在此基础上参与了美国分布式发电和微电网相关的导则制定工作。

欧洲的微电网研究主要分为两个阶段，第一个是欧盟第五框架计划（$5^{th}$ framework program，FP5）。该项目已完成并且取得了一些很具启发意义的研究成果。目前，正在进行的是第二个阶段，名为欧盟第六框架计划（$6^{th}$ framework program，FP6）。这项新计划的研究内容包括：① 研发新型分布式能源控制器等；② 研究新的控制策略和网络设计理念；③ 技术和商业的整合，协议标准；④ 对大电网运行的影响；⑤ 微电网在技术经济和环境等方面带来的改善。

目前，欧洲的微电网示范工程已经在希腊、德国、西班牙、葡萄牙、意大利和丹麦等国实施。欧洲所有的微电网研究计划都围绕着可靠性、可接入性、灵活性三方面来考虑。电网的智能化、能量利用的多元化等将是欧洲未来电网的重要特点。

由于面临着能源短缺和核电发展的限制，日本一直高度重视新能源利用，通过 NEDO 统一协调国内高校、企业与国家重点实验室对新能源及其应用的研究，并在微电网研究方面已取得了很多成果。

微电网在全球范围内发展迅速，中国、韩国、新加坡以及部分南美与非洲国家和地区也相继建立了微电网实验平台，近期建设的微电网平台多呈现出结构复杂、电源类型多样、控制和能量管理功能更完善等特点。

2017 年，国家发展改革委、国家能源局发布的《推进并网型微电网建设试行办法》（发改能源〔2017〕1339 号）和《微电网接入配电网测试规范》（GB/T 34129—2017）正式发布，为国家大力推进能源供给侧结构性改革、积极推进并网型微电网建设、促进并规范微电网健康有序发展有着重要的意义。

2018 年 5 月 27 日，中国首个远海岛屿智能微电网在三沙永兴岛建成，使永兴岛的供电能力提高 8 倍。永兴岛原来只能靠小型发电机供电，经常会出现跳闸断电的情况，致使渔民储存海鲜的冰柜经常被烧坏。而永兴岛智能微电网既可以孤立运行，也可以多能互补，不仅能实现光伏等清洁能源 100%利用，未来还可以灵活接入波浪能、可移动电源等。同时，通过海底光纤，永兴岛智能微电网还可以接受 400 多公里外的海南岛电力指挥中心的调控，供电可靠性达城市电网水平。永兴岛智能微电网是微电网在海岛应用的一个范例，将为海岛供电提供可复制的建设模式。

未来微电网的结构将趋于复杂，交直流混合型微电网的形式将更为多见，由多个用户级的微电网组成公共微电网并网的情况将成为常态。对用户，微电网除了提供电能外，充分发挥其供冷、供热、供气（氢气、合成天然气等）的能力，将进一步提高终端能源的利用效率；对电网，随着电力市场的完善、需求侧响应技术的发展，微电网将更多地参与配电网的调度，提供多种辅助服务。上述问题都将对未来微电网的规划设计、优化运行、控制保护等多方面提出新的要求，有待进一步研究与探索。随着微电网技术的成熟和发展，微电网将不再局限于实验平台和示范工程，将会在实际应用中发挥更大的价值。

## 第 121 问　大规模可再生能源接入与并网技术主要解决哪些问题

大型风电或光伏发电在并网运行时，由于其出力有很大的随机性和波动性，导致电网的潮流方向变化不定，再加上可再生能源的控制特性也不尽相同，因此可再生能源并网时对电力系统的稳定和电能质量有一定的负面影响。目前，可再生能源并网技术有三种：风光储联合发电技术、柔性直流输电技术、基于电力电子变压器的光伏发电接入技术。

（1）风光储联合发电技术。风能、太阳能都有各自的缺点。例如，风能有季节性强弱变化，而太阳能有日夜间断，如果将两者结合在一起，能量同时处于较低值的可能性就比较小。通常情况下，白天日照强、夜间风多，夏季日照强、风小，冬春季日照弱、风大，这样正好可以互补。风力发电与太阳能电池发电组成联合发电供电系统就叫作风光储联合发电系统，系统原理如图 4－34 所示。

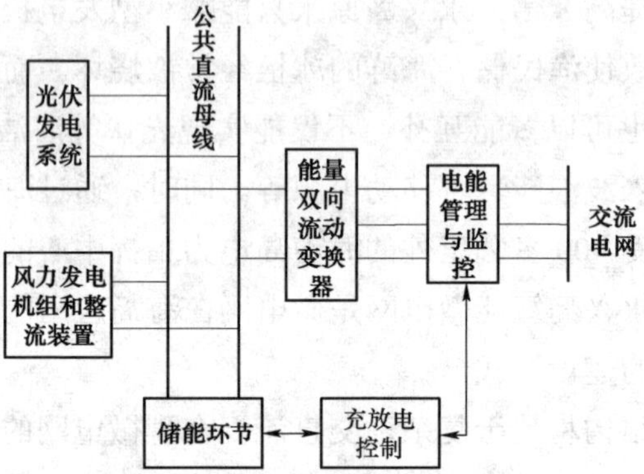


图 4－34　风光储联合发电系统原理示意图

风力发电机产生的交流电通过整流装置变为直流电，接入公共直流母线，同时光伏发电系统产生的直流电也接入公共直流母线，再配备储能环节，通过公共直流母线为蓄电池充电。由于风电、光伏发电的互补性，再加上储能环节，能够使出力稳定。

（2）柔性直流输电技术。海上风能资源比陆地上丰富，近几年来海上风电场技术发展迅猛，而柔性直流输电技术是一种适用于海上风电场并网接入的技术，电压源换流器是该技术的关键。柔性直流输电技术具有可以向无源电网供电，且具备灵活地控制潮流和独立调节两端交流电压的能力。由于采用 GTO、IGBT 等可关断的电力电子器件，避免了换相失败的问题，且对受端系统的容量没有要求。将柔性直流输电系统用于大型海上风电场，它允许海上风电场的交流网络与电网保持不同步运行，一旦网络发生故障后，可以迅速恢复到故障前的输电能力，而且可以提高电能质量。柔性直流输电技术原理如图 4－35 所示。

（3）基于电力电子变压器的光伏发电接入技术。电力电子变压器（power electronic transformer，PET）技术是一种并网逆变器技术。通过电力电子变换技术将变压器原方的工频交流输入信号变换为高频信号，经高频变压器耦合到副方后，再经电力电子变换还原成工频交流输出。基于 PET 的光伏发电接入系统原理如图 4－36 所示。

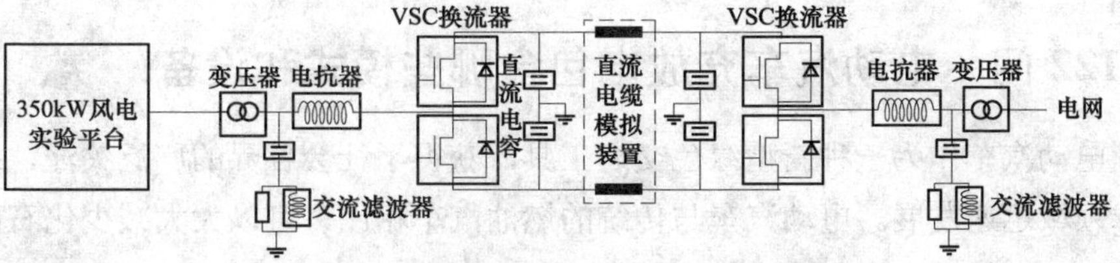


图 4－35　柔性直流输电技术原理示意图

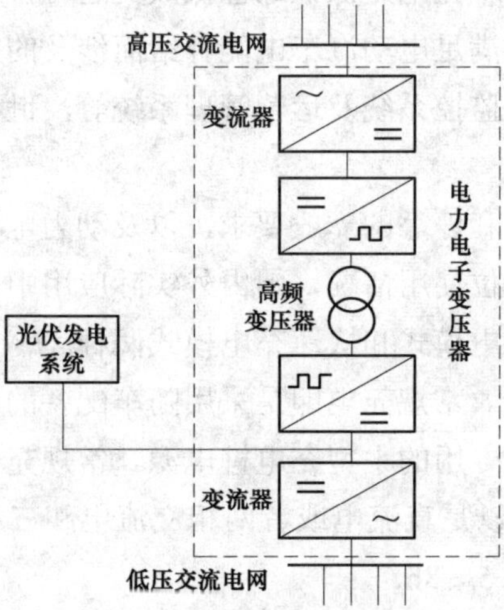


图 4－36　基于 PET 的光伏发电接入系统原理示意图

基于 PET 的光伏发电接入技术具有很多突出的优点：运行时可保证一次侧电压电流和二次侧电压为正弦波形，且一次、二次功率因数可调。配电网中谐波、闪变、电压跌落等电能质量问题日趋严重，PET 能用作电能质量调节器。PET 因原、负方电压幅值和相位均可控且可关断故障电流，所以可大幅度提高电力系统稳定性。

国家在“十三五”期间面向 2030 年部署的一批体现国家战略的重大科技项目中，智能电网聚焦部署大规模可再生能源并网调控、大电网柔性互联、多元用户供需互动用电、智能电网基础支撑技术等重点任务，实现智能电网技术装备与系统全面国产化，提升电力装备全球市场占有率。这将为大规模可再生能源并网提供重要的技术支撑，为未来大规模可再生能源的实用化推广做好技术储备。

## 第122问　电动汽车充放电包含哪些模式和设备

电动汽车作为一种新型绿色交通工具，获得了社会各界的广泛关注，并在全球领域迅速发展。电动汽车与传统的燃油汽车相比，可以大大减少化石能源的消耗，降低城市大气污染排放，是减缓世界全球气候变化，改善人类生存环境的重要手段，电动汽车充电是保证绿色低碳交通可持续发展的关键技术。电动汽车充电技术是为了满足电动汽车电能补给而涉及的技术，包括配电系统、充电系统、电池系统、监控系统及运营管理系统等，世界各国都在加大投入进行研发、生产和推广。

根据电动汽车出行和停靠的一般要求，以及动力电池组的一般充电规律，结合生产企业及运营单位使用情况，国内外实际应用中存在着不同充电模式。充电模式主要为常规充电模式和快速充电模式两种。

（1）常规充电模式。常规充电即是采用随车配备的便携式充电设备进行充电，可使用家用电源或专用的小型充电桩电源。常规充电的电流较小，一般在16～32A，充电电流可以是直流电或者两相交流电和三相交流电，根据电池组容量大小，充电时间为5～8h。

尽管常规充电模式缺点非常明显，充电时间较长，但其对充电的要求并不高，充电器和安装成本较低；可充分利用电力低谷时段进行充电，降低充电成本；更为重要的优点是可对电池深度充电，提升电池充放电效率，延长电池寿命。

（2）快速充电模式。快速充电模式指通过非车载充电机采用大电流给电池直接充电，使电池在短时间内可充至80%左右的电量，因此也称为应急充电。快速充电模式的电流和电压一般在150～400A和200～750V，充电功率大于50kW。此种方式多为直流供电方式，地面的充电机功率大，输出电流和电压变化范围宽。

快速充电实质上是应急充电，其目的是短时间内给电动汽车充电，采用的是高功率高电压的工作条件。总体使用来说，并不建议常使用快速充电模式进行充电。快速充电模式仅适用于大型充电站或高速公路充电站，快速充电模式的代表为特斯拉超级充电站。

电动汽车充电管理系统，或称为充电站系统，主要包括配电系统、充电设备系统、计费系统、监控系统和区域的运营管理系统等环节。电动汽车充电管理系统结构图如图 4－37 所示。

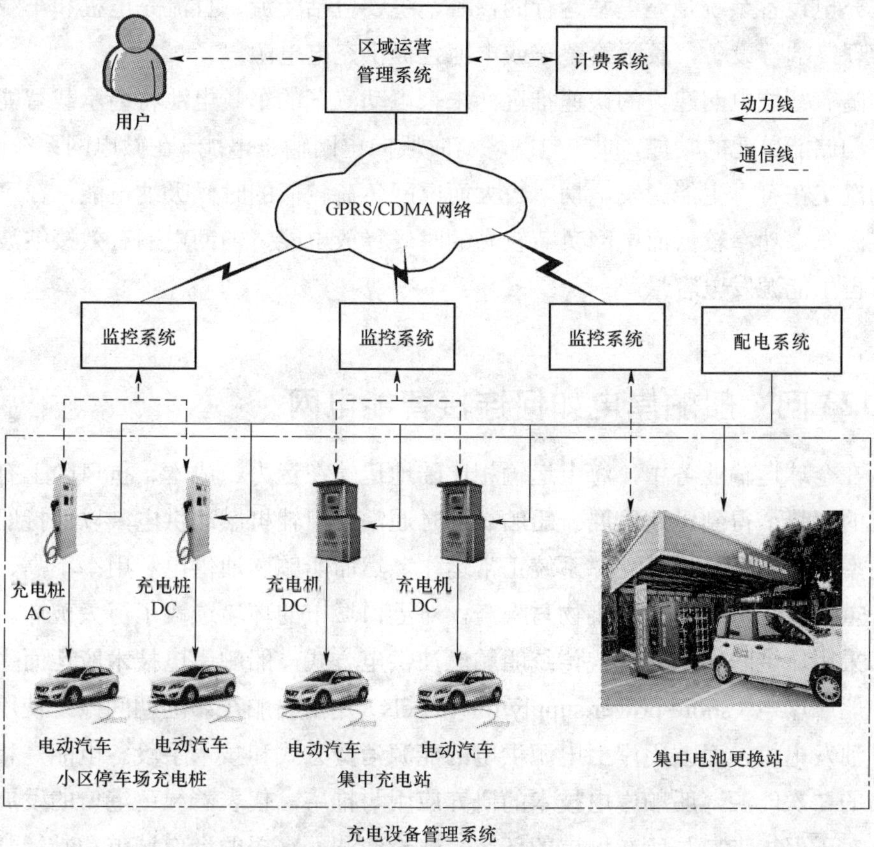


图 4－37　电动汽车充电管理系统结构图

配电系统主要由高压、低压配电线路，配电变压器以及相应的控制保护设备组成。配电系统的主要功能是对于不同的充电模式采用相匹配的变压器，满足所需的电压与电流的要求。

监控系统主要实现对充电机运行和动力电池充电过程的监视、保护、控制、管理和事故情况下的紧急处理，以及数据的存储、显示、统计和数据分析以及报表打印等。

区域运营管理系统可以通过充电设备对电动汽车进行综合管理与监测，并为用户提供充电站的综合信息，实现用户充电计费结算功能。

充电设备系统是充电站运行的核心，主要包括交流、直流充电桩和车载充电管理终端等设备，负责给整车或电池包提供充电电源。

随着智能电网建设的快速推进，未来电动汽车的车载电池将会承载智能电网移动储能单元的功能，即在电网峰荷时段向电网输送电能。在微电网系统中，电动汽车在可再生能源发电功率较大而电网负荷较低的时候吸纳电能，在可再生能源发电功率较低而电网负荷较高的时候释放电能，辅助电网有效接纳波动的可再生能源发电容量。

## 第123问　船舶岸电如何连接智能电网

在全球运输业务中，海上运输相比陆地运输在运力、成本、抗风险上有着明显的优势，得到迅速发展。船舶靠港时通常采用辅机燃油供电，以保持船舶大功率机泵及其他设备支撑系统正常运作。然而船舶燃油供电利用率不高、损耗严重，同时产生大量污染物与噪声，对港口城市的环境造成了巨大破坏。因此，采用靠港陆地电力替代传统船舶燃油供电方式，船舶岸电技术应运而生。

船舶岸电（shore power supply for vessels）是指船舶在靠港期间停止使用船上燃油发电机，而改用岸上电源供电的能源消费方式和技术手段。电能是相对清洁的二次能源，船舶岸电技术的研究应用与推广，代表着绿色港口的发展方向，对于保护港口与所在城市的环境，建设清洁、宜居的港口城市和减缓气候变化、保护地球生态环境，都具有十分重要的意义。

船舶岸电系统由陆地供电系统、电缆连接设备与船舶配电系统三部分组成。其中，陆地供电系统主要包括电源、变压变频设备；电缆连接设备有岸电插座箱（岸基）、电缆操作装置和插座屏（船基）；船舶配电系统由转接屏与配电箱（大中型船舶）组成。以10kV/50Hz的电源输入为例，选用高压变频方式的船舶岸电系统结构如图4－38所示。

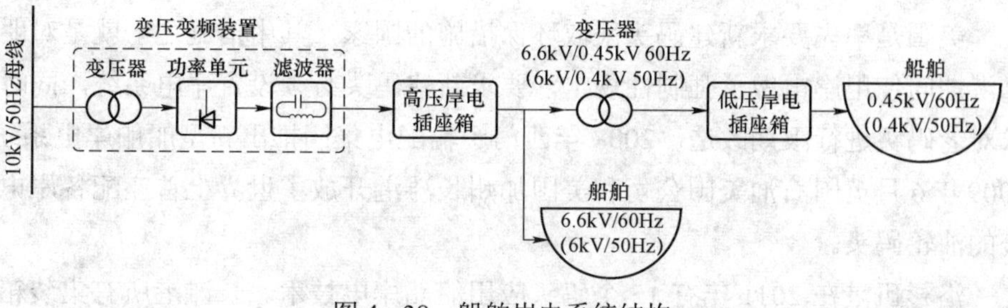


图 4－38 船舶岸电系统结构

该岸电电源通过高压接线箱可以直接向高压供电船舶供电，输出的交流电制为：（6.6kV，60Hz）/（6.0kV，50Hz）；通过低压接线箱可以直接向低压供电船舶供电，输出的交流电制为：（450V，60Hz）/（400V，50Hz）。由于中国港口码头供电系统电网频率为 50Hz，而国内外很多大型轮船均采用 60Hz 的船舶电器，不能直接使用 50Hz 的交流电，因此通过变压变频装置实现电压变换和频率变换，满足了不同船舶的供电要求。

根据靠港船舶所采用的电压等级，岸电系统可分为低压供电和高压供电两种类型。采用低压供电方式，岸电船舶之间联络需要 9 根低压电缆，电缆距离长，不仅接线方式复杂，大大增加了无功功率的消耗，而且接线操作时间过长；采用高压供电方式，高压供电上船仅需少量高压电缆，接线简便，线路消耗很小，然而高压供电也存在着大功率变频变压、无线控制自动并网、需安装船用简易变电站等更高技术要求。低压、高压供电方式分别如图 4－39 所示。

(a) (b)

图 4－39 低压/高压供电方式

（a）低压供电；（b）高压供电

美国是率先要求新建码头采取环保措施的国家，其中措施之一就是对船舶靠港期间使用岸电做了强制性规定，要求新建码头必须设置岸电系统，同时要求对老码头进行限期改造。2008年西门子输配电集团推出新型船舶岸电系统，2009年6月英国石油美国公司和美国加州长滩港开放了世界上首座配备岸电系统的油轮码头。

洛杉矶港在2011年有15个码头应用船舶岸电技术。长滩港所有集装箱码头在2014年应用船舶岸电技术，50%的靠港集装箱船舶使用岸电，计划2020年80%的靠港集装箱船舶使用岸电。

2010年10月24日，由连云港港口集团和河北远洋集团共同研发的全球首套数字化高压变频船舶岸电系统正式启用。船舶岸电是国家电网有限公司实施电能替代的重点示范项目之一，2015年国网上海电力在上海洋山港集装箱码头及吴淞口国际邮轮码头试点开展岸电项目，其中，洋山港建成岸电设施2套，年替代电量800万kWh。截至2018年2月，上海港已建成规模以上岸基供电设备20台套，覆盖26个港口泊位，其中集装箱泊位7个、邮轮泊位2个、电厂散货泊位4个、修船泊位6个、通用码头6个，工程泊位1个。国网江苏省电力公司将南京龙潭港、泰州新华港、苏州张家港作为示范点，所有停泊超过8h的船舶均使用岸电。

## 第124问　需求响应如何保证电网供需平衡

电力需求侧管理和需求响应理念来自美国电力科学研究院，20世纪70年代末期以后在世界各国得到推广，并不断深入研究和发展。需求响应DR是针对需求侧如何在竞争市场中发挥作用以维持系统可靠性和提高市场运行效率而提出的概念。广义的需求响应就是指电力市场中的用户针对市场价格信号或者激励机制做出响应，并合理调整电力消费模式的市场参与行为。

从不同的角度，需求响应可以有不同的定义，从资源的角度，需求响应可以作为一种资源，是指减少的高峰负荷或装机容量；从能力的角度，需求响应能够提高电网运行可靠性，增强电网应急能力；从行为的角度，需求响应是指用户参与负荷管理，调整用电方式。通过需求响应，使用户积极参与到电能的管理中，并尽最大的限度挖掘电网的供电能力，保障电网的供电安全。

综合美国能源部的研究报告以及各国的应用实践。需求响应可以通过价格信号或激励机制来增加需求侧在市场中的作用，综合规划需求侧与供应侧的资源。按照响应方式，需求响应可以划分为 2 种类型：基于价格的需求响应（price－based demand response，PBDR）和基于激励的需求响应（incentive－based demand response，IBDR）。

基于价格的需求响应：是指用户根据电价的变化，自主地调整用电方式的响应。基于价格的需求响应主要分为分时电价（time－of－use pricing，TOU）、实时电价（real－time pricing，RTP）和尖峰电价（critical peak pricing，CPP）等电价响应策略。在基于价格的需求响应项目中，价格对用户电力消费行为的影响作用最大，一般采用需求价格弹性来定量表征电力价格变化对于用户响应行为特性的影响。电力需求富有弹性，不仅有利于峰谷分时电价措施的实施，建立合理的公平负担机制，也利于有效地削峰填谷、电力系统合理回收成本。

基于激励的需求响应是指电力供应企业根据电力系统供需状况制定固定或随时间变化的相应政策，用户按照要求在系统可靠性受到威胁时减少负荷需求，从而获得直接补偿或其他时段的优惠电价。基于激励的需求响应主要包括直接负荷控制（direct load control，DLC）、可中断负荷（interruptible load，IL）、需求侧竞价（demand side bidding，DSB）、紧急需求响应（emergency demand response，EDR）和容量/辅助服务计划（capacity/ancillary service program，CASP）等响应策略。在需求响应实施前，电力供应企业与用电用户提前签订合同，就需求响应的内容，提前通知时间、补偿或电价优惠标准、违约惩罚措施等达成协议。基于激励的需求响应主要适用于对于供电持续性要求不高的大型工业用户，可以通过减少或停用部分设备以获得更加优惠的用电价格，降低生产成本。

2005 年 8 月，美国出台的《能源政策法案》（energy policy act，EPACT）明确规定了将对实施 DR 给予大力支持。另外，美国联邦能源监管委员会（FERC）在 2006—2007 年的 DR 年度报告中，系统地分析了 DR 的实施背景与现状、DR 对系统的影响以及高级量测体系在 DR 中的应用。目前，美国加州独立系统运行机构（California Independent System Operating Agency，CAISO）、新英格兰独立系统运行机构（New England Independent System Operating Agency，ISO－NE）和宾夕法尼亚－新泽西－马里兰区域输电组织（Pennsylvania New Jersey Maryland Regional Transmission Organization，PJM－RTO）等7个独立系统运行机构或区域输电组织（ISO/RTO），以及太平洋燃气与电力公司（PG&E）和南加州爱迪生公司（Southern California Edison，SCE）等众多电力公司都已经或陆续建立了基于市场运作的 DR 项目。根据美国各个 ISO/RTO 的统计，在 2006 年夏季高峰负荷时期，通过实施 DR 降低了系统 1.4%～4.1%的高峰负荷。

20 世纪 90 年代初期，英格兰和威尔士电力市场就采用了需求侧竞价方案，使得电力终端用户削减的电力负荷与电力联营体中参与调度的负荷一同竞价，取得了较明显的效果，有效抑制了价格尖峰和发电商滥用市场。法国充分利用储能、分布式能源装置共同参与 DR。在电价方面，法国电力集团设计了多种电价方案支持 DR，其高峰电价约为低谷电价的 10 倍，DR 项目采用电能表与能源管理系统的连接，并支持电能表与热水器的联动。

2015 年夏季，中国在佛山、江苏和北京通过电力需求侧管理平台组织实施了首次电力需求响应试点工作，达到了夏季高峰期的负荷削减的预定目标。2015 年夏季中国实施需求响应试点情况见表 4－2。

**表 4－2　　2015 年夏季中国实施需求响应试点情况**

| 时间 | 地点 | 聚合商 | 用户 | 邀约负荷（MW） | 削减负荷（MW） |
|---|---|---|---|---|---|
| 7 月 30 日 | 佛山 | 3 | 33 | 40 | 42 |
| 8 月 4 日 | 江苏 | 8 | 513 | 1627.4 | 1657.7 |
| 8 月 12 日 | 北京 | 17 | 74 | — | 65 |

江苏省开发专门需求响应平台作为需求响应系统，管理模式由政府主导，电网公司具体组织实施，负荷集成商、电力用户积极参与。实施项目类型包括约定需求响应、实时需求响应两种。通过两种方式执行自动需求响应：一是通过负荷集成商间接开展；二是由需求响应平台直接组织部署能量管理系统的非工业用户的空调用户参与响应。补贴核发按照降低的电力负荷大小，补贴标准均为 100 元/kW，补贴资金来源于尖峰电价年度增收金额。

北京市开发综合服务平台作为需求响应系统，管理模式由政府主导，并委托第三方机构具体组织实施，负荷集成商、电力用户积极参与，电网公司配合政府执行相关工作。项目实施类型包括两类项目：① 手动需求响应，根据提前通知时间的长短分为三种类型，提前 30min 通知，补贴 120 元/kW；提前 4h 通知，补贴 100 元/kW；提前 24h 通知，补贴 80 元/kW；② 自动需求响应，提前通知时间很短，但补贴标准也更高；补贴资金主要来源于中央财政安排下达的专项奖励资金，及市财政安排的配套奖励资金。通过事前通知确认，由需求响应系统统一控制实施，不经过需求响应集成商执行自动需求响应。北京市于 2015 年 8 月首次实施需求响应试点项目，削减电力负荷约 7 万 kW；第二次削减负荷为 6.6 万 kW。

佛山市在电力需求侧管理平台基础上，拓展自动需求响应基础功能，作为需求响应系统，由政府主导，电网公司具体组织实施，负荷集成商、电力用户积极参与。项目实施类型为自动需求响应，试点为期三年，参与用户累积参与响不应少于 10 次，每次参与响应负荷不超过企业总负荷 15%；按响应执行后核定的节约电力大小，给予补贴 130 元/kW。通过负荷集成商间接开展自动需求响应业务，并由需求响应系统直接组织具备数据交互条件的电力用户参与响应。佛山市于 2015 年 7 月首次实施需求响应试点项目，削减负荷 4.2 万 kW。

## 第 125 问　热泵技术是如何实现能源利用的

热泵技术是近年来备受关注的新能源技术。人们所熟悉的“泵”是一种可以提高势能的机械设备，例如水泵可以将水从低位抽到高位。而热泵是一种能从自然界的空气、水或土壤中获取低品位热能，经过电力做功，可以向人们提供热能的装置。所以，热泵实质上是一种热量提升装置，热泵的作用是从周围环境中吸取热量，并传递给被加热的对象。

热泵技术起源于 1912 年。20 世纪 70 年代以来，热泵工业进入了黄金时期，世界各国对热泵的研究工作都十分重视，一些国际能源机构和欧洲共同体都制定了大型热泵发展计划，热泵新技术层出不穷，热泵的用途也在不断地开拓，广泛应用于空调和工业领域，在节约能源和环境保护方面起着重大的作用。

中华人民共和国成立后，随着工业建设新高潮的到来，热泵技术才开始引入中国。进入21世纪后，由于中国沿海地区的快速城市化以及GDP的增长，再加上2008年北京奥运会和2010年上海世博会等因素，拉动了中国空调市场的发展，也促进了热泵在中国的应用。

热泵的工作原理和家用空调、电冰箱的工作原理基本相同，通过循环介质（氟利昂及其替代品）在蒸发器、压缩机、冷凝器和膨胀阀等部位的循环来将低温物体的热量传递到高温物体中去。

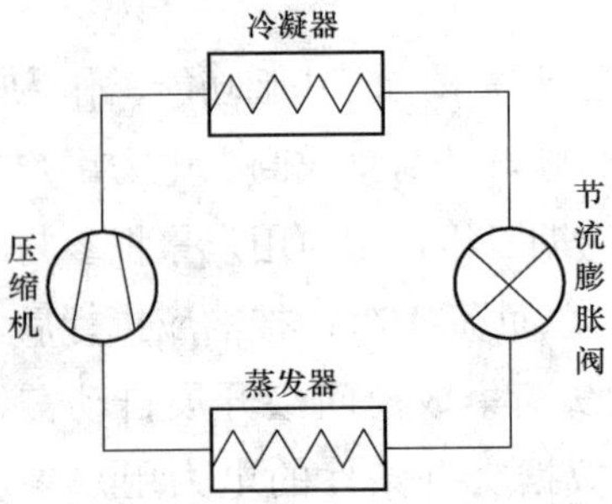

图4-40　热泵机组结构图

热泵机组主要由压缩机、蒸发器、冷凝器和节流膨胀阀四部分组成，如图4-40所示。其中，压缩机起着压缩和传送循环介质从低温处到高温高压处的作用，是热泵机组的心脏；蒸发器是输出冷量的设备，蒸发器吸收的热量连同压缩机消耗功所转化的热量在冷凝器中被冷却介质带走达到制热的目的；节流膨胀阀对循环介质起到节流降压作用，并调节进入蒸发器的循环介质流量。

目前，市场上大部分家用冷暖空调器和热水器都已经应用了热泵技术。同时，采用热泵技术可以充分利用空调的余热，制造出空调和生活热水同时产生的“两用机组”，也称为“热回收机组”。南方某酒店的大型中央空调系统，利用部分空调冷回水为热源，加装一台水源热泵热水机组，可以为酒店全年供应生活热水。

热泵技术可用于智能化大厦的节能改造，降低高峰用电负荷，满足智能楼宇的安全、经济、可靠的用电需求。热泵可以有效利用地热能、太阳能等可再生能源以及工业余热、废热等，使采暖、空调、生活热水只应用一套设备即可完成。中小型热泵安装方便，控制灵活，在智能大厦中将会有广阔的应用前景。

## 第 126 问　虚拟电厂是什么样的电厂

虚拟电厂又称能效电厂，是通过在用电需求方改造原有的设备或安装一些提高用电效能的设备，减少用电消耗，增加电网对其他用户的供电能力，相当于新建了电厂。建设虚拟电厂，不仅有助于缓解电力紧缺，还能够在较长的时期内持续发挥作用，因而可以和常规电厂一样成为一种资源。

虚拟电厂的核心不在于发电，而是在于节电，节约下来的电能相当于建一座发电厂。建设虚拟电厂有很多好处：一是不需要耗煤，在煤炭资源日益紧张的今天，虚拟电厂使现有的电能创造出更大的效益；二是不需要占地，电厂是虚拟的，但效益却是真实的；三是没有环境污染问题。

与建设一个常规电厂相比，虚拟电厂具有建设周期短、零排放、零污染、供电成本低和响应速度快等显著优势，是实施电力需求侧管理、实现节能减排的一种有效途径，是解决电力短缺和能源可持续利用问题的好帮手。虚拟电厂每发（节省）1kW·h 电的成本是 0.1 元左右，只有常规发电成本的 1/4。

虚拟电厂的技术指标包括调峰能力和发电能力两方面：

（1）虚拟电厂可实时调度的调峰能力是指电力高峰期减少的供电需求，也称为需方调峰资源，包括：实施电力负荷控制、错峰、避峰和调整生产工艺等有序用电项目转移的电力负荷；推广电蓄能技术和蓄电池技术，实施峰谷分时电价、尖峰电价和可中断电价等激励用户改变用电方式项目转移的高峰负荷；采用太阳能、风能、地热、沼气和天然气的用能项目替代的电力供应。

（2）虚拟电厂的发电能力是需方的节约电量，包括实施高效照明器具、高效节能家用电器、高效电动机与调速装置、热泵技术、变配电节电技术、余压余热利用、建筑节能等项目节约的电力电量。

虚拟电厂融资方式同供方能力建设一样，主要依靠银行贷款，还款方式纳入电价。资金的运作模式有以下 4 种：

（1）电网公司作为实施主体，资金计入供电成本。电网公司可配合采用阶梯式电价、基于不同效率水平定价、配额制等措施，强化节能效果。

（2）电网公司作为实施主体，资金来源于附加在电价上的系统效益收费。

（3）政府提供资金，以现有的或新的税收收入弥补能效电厂所需的成本，补贴用户参加能效项目增加的投入，并由政府指定机构对能效电厂进行监督。

（4）节能企业或用户直接承担成本，能效电厂的实施可由政府指定机构进行监督。

2016年，澳大利亚燃气照明公司（Australian Gas Light Company，AGLC）计划建设虚拟电厂，以此来连接澳大利亚南部1000个电池组，为家庭和企业供电。这个虚拟电厂造价达2000万澳元，能够存储7MWh的电力，产量相当于一个5MW的太阳能调峰电厂。美国也计划建设基于储能的虚拟电厂，纽约公共事业公司联合爱迪生公司（Consolidated Edison Inc）和圣伟杰能源公司（Sunverge Energy Inc）正式宣布，将投资1500万美元建设虚拟电厂试点项目，这是纽约州能源改革愿景战略的一部分，纽约市布鲁克林区和皇后区的300户家庭将获得高效的太阳能电池板和锂电池储能系统。该项目旨在探索基于软件的聚合储能系统产生收入流的可能性，主要用于输配电延期、削峰填谷、调频、发电容量市场和电力批发市场。

2016年，山东省第二个电力智能园区项目在淄博高新区建设完成。通过在企业侧部署需求响应终端，安装部分设备控制器、就地控制箱等设备，对园区内泵类装置、风机及空调照明等非关键性生产装置进行监测控制，在园区面、线、点的柔性负荷资源整合调控。2017年5月24日，世界上首套大规模“源网荷互动”系统在江苏投运。该系统的投运，也相当于中国拥有了世界上最大规模容量的“虚拟电厂”。这套系统通过“互联网+电网”的技术，实现调控电厂发电的同时，也能调控用户用电，让两边都在不停变化的天平达到毫秒级的瞬时平衡。目前，江苏“虚拟电厂”毫秒级实时响应规模已达1000MW，另有2760MW秒级准实时响应能力，规模为世界最大。

## 第127问　低压电力线载波（PLC）是一项什么技术

以电力线作为信号传输媒介实现通信，是电力系统所特有的通信方式，已经有几十年的发展历史。按照电力线的电压等级划分，可以分为高压电力线通信（35kV 以上）、中压电力线通信（1～35kV）和低压电力线通信（1kV 以下，380V/220V）。就通信特性而言，高压电力线的性能最好，其次是中压电力线，最差的是低压电力线。

低压电力线载波通信技术（power line carrier，PLC），是指利用低压电力线（380V/220V）作为信息传输媒介进行语音或数据传输的一种有线通信方式。PLC 的原理是，在已有的电力线路上，加载经过调制的高频载波信号，然后在接收端将信号解调。

电力线载波通信的优势是利用了已有的电力线路资源，成本低、实施简单、维护方便。但电力线载波通信的缺陷也是明显的，因为电力线并不是专用的通信信道，其上连接很多的各种各样设备，使电力线上的信号衰减大，线路阻抗变化大，噪声源多且干扰强，其实是一个很恶劣的通信信道。要在低压电力线上进行可靠的数据通信，仍然是国内外研究的一个课题。低压电力线载波通信技术波形如图 4－41 所示。

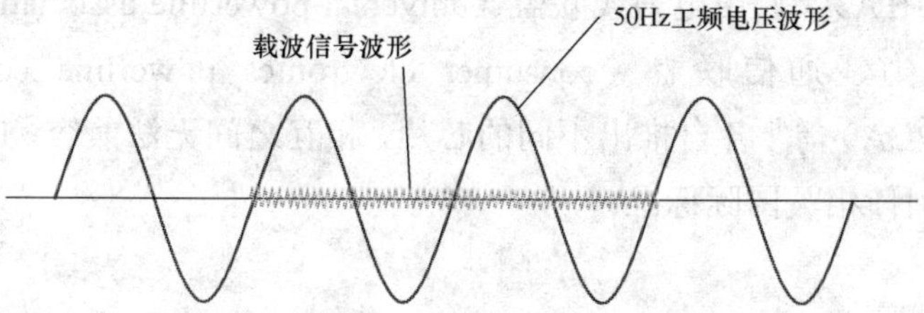


图 4－41　低压电力线载波通信技术波形

从所使用的载波信号频率、频带宽度和数据传输速率划分，低压电力线通信技术分为窄带电力线通信技术与宽带电力线通信技术。

中国使用的窄带电力线通信技术频率为 40～500kHz，美国 FCC 规定为 100～450kHz，欧洲 CENELEC 规定为 3～148.5kHz；通信速率一般为每秒传送几百到几万比特数据；调制技术有频移键控（frequency－shift keying，FSK）、二进制相移键控（binary phase shift keying，BPSK）、扩频、正交频分复用调制（orthogonal frequency division multiplexing，OFDM）、工频过零调制等。

电力线宽带通信技术使用频率为 2～30MHz 之间，通信速率为 1Mbit/s 以上，物理层速率最大为200Mbit/s，TCP/IP层速率可达80Mbit/s以上；调制解调技术有各种扩频通信技术、OFDM技术等。

窄带电力线载波使用的载波频率较低，信号衰减相对小，传输范围广，能基本覆盖几百米内的低压供电台区；但低频段电网谐波噪声大且干扰强，线路阻抗低、波动大，受负载特性影响大，影响通信系统的稳定性，具体应用时需要软、硬件技术结合来完成组网优化。因此，窄带电力线载波的数据传输速率较低，适用于低压台区，作为用电信息采集的信道。

和窄带电力线载波技术不同，宽带电力线载波工作在2MHz～30MHz频率范围内，较好地避开了常规低频噪声和干扰，且线路阻抗稳定。不过，由于载波频率高，高频信号传输衰减很大；另外由于处于短波无线电频带，发送功率受限。因此，通信距离有限，限制了其应用范围。目前，宽带电力线载波主要用于宽带接入和室内局域网应用。宽带电力线载波技术还处于发展阶段，目前还没有统一标准，几个PLC联盟[如家庭插电联盟（homeplug powerline association，HPA）、通用电力线联盟（universal powerline association，UPA）、消费电子电力线通信联盟（consumer electronics powerline communication alliance，CEPCA）等]各自推出不同的芯片，相互之间无法兼容，IEEE、CISPR等组织正在制订相关国际标准。

## 第128问　能效管理有哪些方法和手段

能效管理指通过管理、技术等措施，提高能源的转换和利用效率。能效管理贯穿煤炭、石油、天然气、电力等能源的利用过程。电能作为清洁、高效的能源，是风能、太阳能等可再生能源的首选利用方式，在终端能源的消费比例正逐年提升。能效管理主要是通过提升能源使用效率、降低能源总体消耗两个方面来实现。电力作为一次能源的主要消费者，又是二次能源的主要生产者，电力能效对整个能源行业的能效水平起着举足轻重的作用。提高电力能效管理水平，有助于提高能源综合利用效率，实现降低大气污染，应对气候变化的全球控制目标。因此，能效管理技术研究已受到各国政府、公用事业和企业越来越多的重视。

为规范节能产业的基础技术和基础数据，江苏省率先建立统一的能效数据中心，设计开发了省级能效管理平台，实现了能效项目的筛选、方案设计、合同签订、监测展示、统计分析和考核评价等功能。能效管理平台为企业用户提供用电数据、用能数据和电能质量状况，为企业开展能效评估、节能同业对标、制定有序用电方案、优化节能方案提供数据和业务支撑。2012 年，能效管理平台在江苏全省 13 个地市进行了推广使用，迄今已实现对全省 52 个能效小组的能效工作管理及考核。

能效管理平台有助于电力公司了解用户用能情况，促进有序用电、阶梯电价等需求侧管理，帮助用户制定节能方案，实现电力公司社会节能目标。能效管理平台为节能服务公司提供业务管理平台和数据支撑，为节能服务公司提供节能知识库、节能量审核与验证、能效数据发布等技术手段。政府监管机构通过能效管理平台可以随时了解区域、行业、重要企业的用能情况、能效数据和节能效果，为政府编制地区、行业能效分析统计报告提供数据支持，为开展能效对标、需求侧管理、节能量考核提供业务支撑。

省级能效管理平台业务结构包含业务支撑层、业务应用层和业务互动层，如图 4－42 所示。

业务支撑层是整个业务系统的基础，营销业务应用、用电信息采集、用户能效采集、家庭能源管理/楼宇能源管理、客户服务等相关业务系统成为能效服务业务的支撑系统，为业务层提供基础信息和业务流程实现。用电信息采集和营销业务应用为能效管理平台提供营销业务支撑，其中，与营销业务应用接口获取用户的档案、属性等信息；与用电信息采集系统接口获取用户的负荷、电量、电流和电压等用电信息。

业务应用层是能效服务的核心层，包括 6 大业务模块，即节能服务体系管理、用户用能分析、需求侧管理（demand side management，DSM）目标考核、有序用电与需求响应、宏观能效分析和能效知识库等。这些模块服务对象各不相同。其中节能服务体系管理服务于电网公司内部节能服务；用户用能分析服务于用能用户；DSM 目标考核、有序用电与需求响应分析及宏观能效分析服务于各级政府；而能效知识库服务于所有对象。

业务互动层是通过远程或本地的互动手段进行展示和互动操作。远程互动通过远程终端、用户手机或服务网站进行，本地互动通过用户侧系统、家庭终端或用能设备提供互动服务。

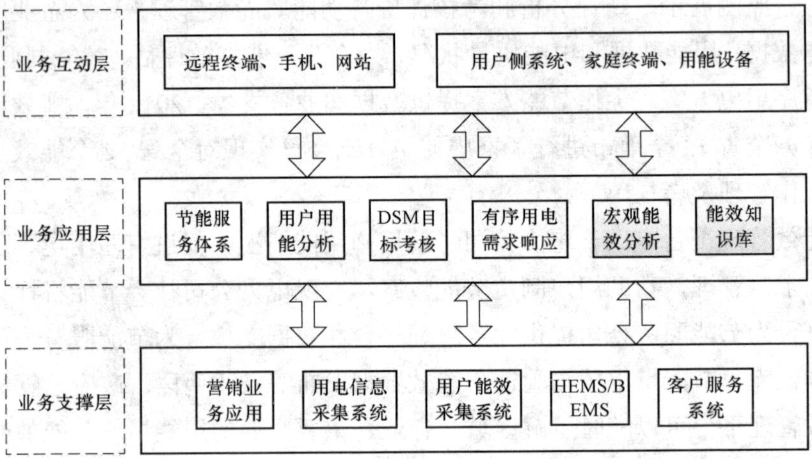


图 4－42　省级能效管理平台业务结构

2017 年，为积极推进新疆“十三五”节能减排能源计量、能效对标等相关工作的顺利开展，国家城市能源计量中心（新疆）开展了涉及能源计量审查、能源消费量统计及能效对标与能源审计、碳排放权交易与低碳计量、能源计量数据在线监测等方面的工作。目前，国家城市能源计量中心（新疆）已完成 33 家单位的能源计量数据在线采集工作，对 49 个合同能源管理项目进行了节能量审核，建立计量器具档案库 85 家。

世界各国在发电、输配电、用户侧环节已形成了相对成熟的节能降耗技术和创新机制，如特高压输电、能效电厂概念、需求侧管理、配电网节能优化和电能替代等。

英国能效提升项目发展趋势向好，超八成新项目主动采用节能先进技术，2015 年第 3 季度的节能技术主动采用率创下了 2012 年以来的新高。新项目主动采用率最高的节能技术是节能灯及灯控技术，占 50%以上；其次是建筑节能、消费者行为节能、光伏等，占 20%以上；制冷及通风等传统领域也占据 10%以上。

## 第 129 问　热电联产为什么可以提高能效

热电联产，也称为热电联供，是指在发电过程中对产生的热量进行有效的利用。热电联产技术目前发展较为成熟，而且这种方式比电热分离生产效率更高。热电联产分为 “顶部循环”和“底部循环”两种形式。其中，“顶部循环”更为常见，首先电厂把燃料转化为电能或机械能，在此期间会产生一部分可以利用的热量；“底部循环”热电联产系统并不常见，首先通过燃料燃烧或者其他的产热化学反应产生热量，然后把热能转化成电能。

通常热电分开生产的效率大约为45%，而热电联产的效率最高能达到80%。热电联产是既产电又产热的先进能源利用形式，与热电分产相比具有很多优点：降低能源消耗、提高空气质量、补充电源、节约城市用地、提高供热质量、便于综合利用、改善城市形象和减少安全事故。热电厂则是在发电过程中将一部分热能通过热力管道输送到千家万户，因而同样燃烧同样数量、同样品质的煤炭，热电厂不仅可以提供电能，还能提供工业生产用的蒸汽和住宅暖气用的热水，热电厂的热效率一般都在 45%以上。传统燃煤发电技术和热电联产技术的效率对比如图 4－43 所示。

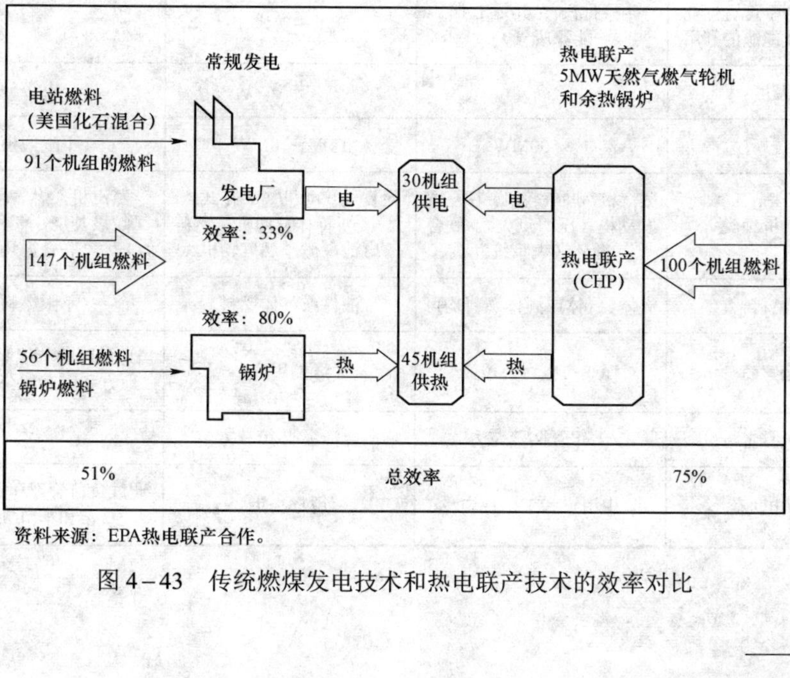


资料来源：EPA热电联产合作。

图 4－43　传统燃煤发电技术和热电联产技术的效率对比

热电联产系统通常是根据原动机（热机）来分类，除此之外系统还包括发电机、废热回收和电气间互联部件。原动机通过消耗燃料（如煤、天然气或生物质）驱动发电机产生电力或驱动旋转设备产生机械能。原动机也能用来产热，热量可以被捕捉生产蒸汽或热水，也可以用于其他过程如加热除湿或用于水冷却。目前市场上的原动机主要有五种，分别是燃气涡轮机、蒸汽涡轮机、往复式发动机、微型涡轮机和燃料电池。因为蒸汽涡轮机、燃气涡轮机的容量较大，能产生工业生产所需要的中温和高温，所以蒸汽涡轮机、燃气涡轮机是最适用于工业生产的原动机（热机）。燃气涡轮机通常结余 500kW 和 250MW 之间，可以生产高品质热能且可靠度较高。

热电联产技术在不同领域的应用见表 4－3，包括工业、商业/机构和分布式供冷和供热的应用。

**表 4－3　　热电联产技术不同领域的应用**

| 特征 | 工业 | 商业/机构 | 分布式供冷和供热 |
|---|---|---|---|
| 用户种类 | 化工、造纸、冶金、酿造、玻璃熔炼、炼油 | 轻制造业、旅馆、医院、市内大型写字楼、农业作业 | 热网覆盖的所有建筑，包括写字楼、个人住所、校园、机场和工厂 |
| 是否有利于可再生能源和垃圾能源的利用 | 中到高（尤其是工业能源废气） | 低于中等水平 | 高 |
| 温度 | 高 | 中等 | 中等 |
| 系统规模 | 1～500MW | 1kW～10MW | 不限规模 |
| 原动机种类 | 蒸汽机，燃气轮机，往复式发动机（压缩点火），联合循环（大系统） | 往复式发动机（火花式点火），斯特林发动机，燃料电池，微型燃气轮机 | 蒸汽机，燃气轮机，垃圾焚烧，燃气蒸汽联合循环 |
| 燃料 | 液体、气体或固体燃料均可 | 液体或气体燃料 | 不限燃料 |
| 运营商 | 行业（电力公司） | 终端用户 | 当地社区的节能服务公司，地方和国家的公共事业 |
| 所有者 | 合资企业/第三方 | 合资企业/第三方 | |
| 热/电负荷 | 由用户和工艺决定 | 用户决定 | 通过负荷管理和蓄热减轻日常和季节性波动 |

（1）商业/机构建筑。商业建筑的能源使用量在 2000 年超过了 16 万亿英热单位（british thermal unit，BTU）—相当于美国一年的汽油消耗量。热电联产在大型的商业写字楼、超市、宾馆、饭店和大型零售市场有巨大的发展潜力。混合利用项目对于能够提供清洁可靠能源的热电联产而言是一个新兴市场。根据相关预测，商业/机构建筑拥有相当于 65GW 的技术潜力。医院作为商业/机构建筑的一个典型代表，它的热能和电能需求量都很高，并且要求很高的可靠性，因此热电联产是很好的选择。一个 2MW 的蒸汽涡轮机热电联产系统每年可以节省超过 40 万美元的运维费用。此外热电联产较高能源质量能够保证临床设备的平稳运行。

（2）区域能源。区域能源系统可以在占地面积广、建筑较多的区域安装，例如学校、医院、机场和政府部门。区域能源系统对热电联产来说是一个不断增长的市场，因为它们有热负荷需求。区域能源中用户负荷的多样性需要更大的设备容量和更高投资，这也使得热电联产的效益相对更高。

## 第 130 问　如何保证电网的信息安全

智能电网的各个生产环节大量应用了计算机和通信技术，信息安全已成为智能电网能否安全稳定运行的关键问题。信息安全涉及计算机、网络、通信、密码学和应用数学等多种学科，其目标是让信息网络中的软硬件和数据受到保护，不因偶然的或者恶意的因素而遭到破坏、更改或泄露，使信息系统可靠地运行，信息服务不中断。

信息安全的发展经历了 3 个阶段：20 世纪初，人们强调的主要是信息的保密性，对安全理论和技术的研究只侧重于密码学，这一阶段的信息安全可以简单称为通信安全；20 世纪 60 年代后，信息安全以保密性、完整性和可用性为目标；20 世纪 80 年代至今，衍生出诸如可控性、抗抵赖性、真实性等其他原则和目标，信息安全开始进入整体体系建设的信息保障阶段。

信息系统的安全属性一般包括：保密性，除信息内容的保密外，还包括信息状态的保密；完整性，指未经授权不能进行更改或破坏的特性，包括数据完整性与系统完整性；可用性，指信息可被授权实体访问并按需求使用的特性。

在智能电网中，采取的信息安全防护措施主要有：

（1）横向隔离。在生产控制大区与管理信息大区之间部署电力专用横向隔离装置，实现两个安全区域之间接近物理隔离强度的隔离。

（2）纵向加密。在上下级单位的生产控制大区网络边界上部署电力专用纵向加密认证装置，采用数字认证、加密、访问控制等技术措施实现数据的远方安全传输及纵向边界安全防护，保障生产控制大区纵向数据传输的安全性和完整性。

（3）网络防护。在局域网与互联网、局域网与银行及移动运营商、广域网出口、局域网内不同安全区域间等网络边界外部署硬件防火墙，与电力专用隔离装置及纵向加密认证一起组成一道严密的网络边界防护线。

（4）防病毒系统和补丁升级系统。由于不同安全区域间采用了不同强度的隔离措施，导致各安全区域相对独立，因此要在生产控制大区、管理信息大区、互联网接入区各部署一套防病毒系统和补丁升级系统，完成对各安全区域内服务器和客户端的病毒防护和补丁升级任务。

（5）入侵检测/防御系统。入侵检测/防御系统通常部署在生产控制大区、管理信息大区、互联网接入区，完成对入侵行为的监测、网络病毒的监控、拒绝服务攻击的发现、网络行为的审计、网络状态的分析等任务。

（6）其他安全设备和系统。电网企业的信息系统通常还采用 PKI/CA 数字认证系统、VPN、信息加密、拨号加密认证等技术。为提高信息安全管理水平，还部署了网管系统、集中日记审计系统、桌面管理系统、IP－MAC 地址绑定系统、弱点扫描系统。为确保业务的可持续性，还部署了备份与恢复系统，建设了集中式异地容灾中心。

近年来，电网企业制定了一整套切实可行的电力信息通信网遭受外部攻击时的防范措施与系统灾难恢复措施，并划分了安全区域，设置了多道安全防线，同时开发了相应的安全防护系统，形成了综合的、立体的网络安全技术防护体系，为智能电网的安全稳定运行提供了保障。

## 第 131 问 高级量测体系（AMI）包括哪些内容

高级量测体系（AMI）是一个用来测量、收集、储存、分析和运用用户用电信息的完整的网络系统。随着智能电网技术的快速发展，AMI 已成为当前智能电网研究的重点。

AMI 利用双向通信系统和智能电能表，可以定时或即时采集用户的用电情况和其他参数，如用电量、用电需求、电压和电流等信息，并通过系统通信网络把这些信息传送到量测数据管理系统（meter database management system，MDMS）进行统计分析处理；在双向计量、网络通信、用电信息采集和分析的基础上，AMI 除了支持工业负荷管理，还能促进用户积极参与能效管理、需求响应及电动汽车的充放电管理，实现智能电网与电力用户的双向互动。

AMI 系统主要由智能电能表、通信网络、量测数据管理系统（MDMS）和用户户内网络（HAN）组成。AMI 系统结构示意图如图 4－45 所示。

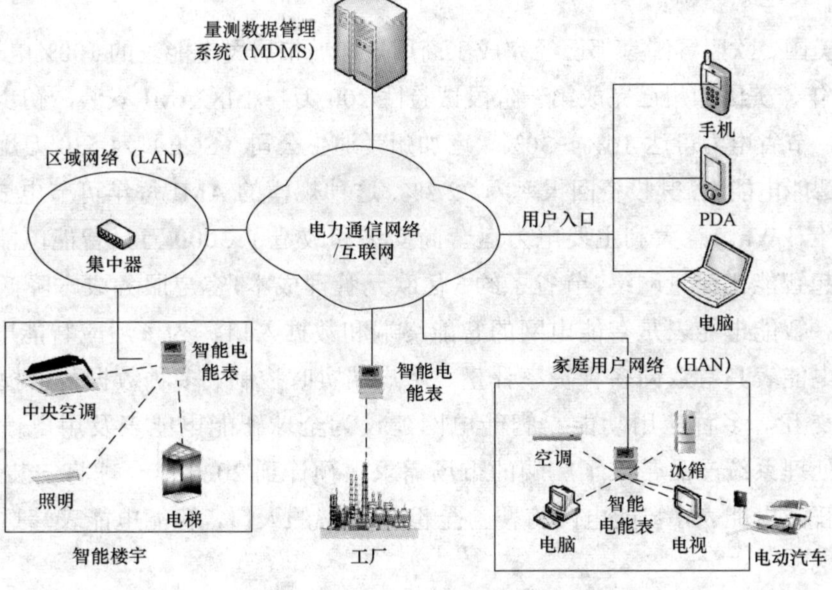


图 4－45 AMI 系统结构示意图

智能电能表除了具有传统电能表的基本计量功能，还要具有双向通信和复杂电力运算的能力，从而满足AMI完成各种远程资料读取、提供、设定及控制等多种功能的要求。智能电能表还可以在检测到失去供电时发回断电报警的信息，这给故障检测和响应提供了很大的方便。

AMI系统通信网络按区域可以分为广域网络（WAN）、局域网络（LAN）、家域网络（HAN）三层：① 广域网络（WAN）是指家庭用户集中器与控制中心间的通信网络，或是工业用户智能电能表与控制中心间的通信网络；② 局域网络（LAN）为连接智能电能表与数据集中器的通信网络；③ 家域网络（HAN）为智能电能表与屋内其他计量表或电器间的通信网络，从方便性及低成本来考虑，目前主要以微功率无线或电力线载波等通信技术为主。

MDMS位于控制中心，是AMI的一个重要组成部分，MDMS的一个基本功能是对AMI数据进行确认、编辑、估算，以确保即使通信网络中断和用户侧故障时，资料的正确性与完整性。结合其他的后端业务应用系统，可以实现能效管理、需求响应、电动汽车充放电与电能表状态监视等功能。

美国、欧盟等国家都已经完成工商用户和城市居民电能表的100%电子化。2010年，美国加州已完成第一阶段试验性200万户小区AMI安装，初步分析显示，节省电力可达16%～30%。南加州爱迪生公司（SCE）为530万用户安装了智能电能表，其投资回报率为22.3%。这种规模的AMI每年可节电350～1870亿kWh。意大利主要电力运营商安装和改造了3000万只智能电能表，建立起智能化计量网络，节省了约5亿欧元管理成本，客户服务成本降低40%以上。智能电能表是智能电网的智能终端和数据入口，为了适应智能电网，智能电能表具有双向多种费率计量、用户端实时控制、多种数据传输模式和智能交互等多种应用功能。智能电网建设为全球智能电能表及用电信息采集、处理系统产品带来了广阔的市场需求。预计到2020年全球将安装近20亿只智能电能表，智能电网将覆盖全世界80%的人口，智能电能表渗透率达到60%。

2017年，南方电网广州供电局完成智能小区AMI与双向互动技术的研究及应用。截至2016年9月，国家电网公司累计安装智能电能表3.1亿只，实现3.2亿户用电信息采集，系统覆盖率达到84.8%，建成了世界上规模最大的AMI应用系统，实现了远方自动抄表、自助充值、实时用电监控和线损监测等功能。未来，AMI技术的发展将为分布式电源及储能、需求响应、电动汽车充放电和智能小区及楼宇等应用提供基础支撑。

第五篇

# 设 备 篇

## 第 132 问 为什么要部署广域测量系统

广域测量系统（wide area measurement system，WAMS）是一种基于同步相量测量及现代通信技术对地域广阔的电网运行状态进行动态监测和分析，为电网提供实时控制与运行服务的综合应用系统。基于相量测量单元（phase measurement unit，PMU）的广域测量系统以全球定位系统（global positioning system，GPS）为采样基准，实现对电力系统动态过程的监测，其测量的数据能反映系统的动态行为特征。

PMU 利用 GPS 信号对电网中母线或节点电压（电流）进行同步测量，并分析计算，实现对电力系统全网状态进行同步监测。

现代电力系统的结构日趋复杂，大机组、大电网、超高压远距离交直流混合输电的特征非常明显。因此，及时准确地判断电力系统异常、预测其发展趋势并采取措施来避免事故发生就成为电力系统控制研究领域的重中之重。目前，电力系统监测手段主要有侧重于记录电磁暂态过程的各种故障录波装置和侧重于监测系统稳态运行情况的 SCADA 系统，不同地点的监测系统间缺乏准确的共同时间标记，所记录的数据只在局部有效，难以用于对全系统的分析。PMU 可以很好地解决这一问题。

广域测量系统为电力系统提供了新的测量和监控手段，其突出的优点是：可以在时间－空间－幅值三维坐标下同时观察电力系统全局的机电动态过程全貌。传统的 SCADA 的状态估计都是基于系统准稳态运行条件，对于动态监控基本无能为力，而 WAMS 克服了 SCADA 在时空上的限制，满足了电网广域动态监测的需要。国外 WAMS 技术的研究和开发可追溯到 1990 年以前，1995 年前美国已经有工业化的 PMU，2000 年提出 WAMS 概念。

基于 GPS 的同步相量测量是在电力系统中各发电机与枢纽变电站安装 PMU，并通过通信网络与控制中心相连。各 PMU 通过 GPS 对时，在同一时刻采集相角与功角，并在所采集数据上标注采集时间，实时传送到控制中心。基于 GPS 的同步相量测量主要通过傅立叶变换法测量相量，通过间接测量法和直接测量法测功角。

WAMS 主要由 PMU、相量数据集中器（phasor data concentrator，PDC）、

分析和应用中心（analysis and application center，AAC）以及高速数据通信网等组成。WAMS 的一种简单结构示意图如图 5－1 所示。

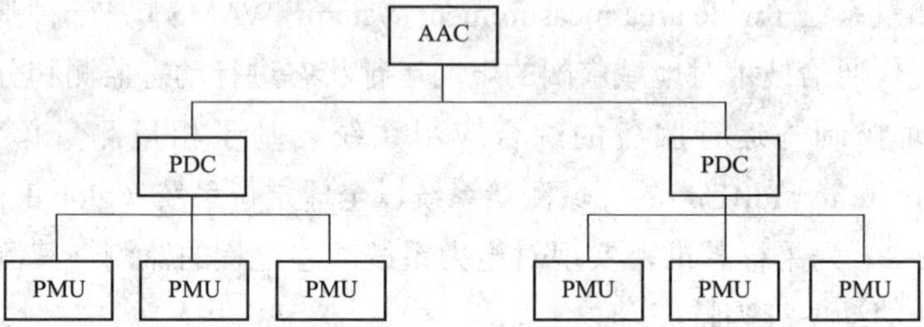


图 5－1　WAMS 结构示意图

2003 年的美国“8.14”大停电事故推进了 WAMS 的建设，并促进 WAMS 应用研究成果向工业领域转化。2015 年 3 月 10 日，美国国家仪器公司（National Instruments，NI）推出了用于 NI 电网自动化系统的全新 PMU 硬件平台。运营商可以利用这一技术来深入了解电网的健康状态，以便开发定制的测量解决方案来满足不断变化的需求。欧洲大陆同步电网主要国家已建成 WAMS 系统，并实现信息上传，主要用于验证动态模型和事故分析，此外还包括其他应用功能，如：频率监视、电压相角差监视、线路热极限监视和基于在线 $P-V$ 曲线的电压稳定监视等。日本在东北部电网的 3 个主力电厂和 8 个超高压变电站部署了 PMU 装置，主要用于广域动态行为监视，PSS、SVC 等装置设计性能的验证，以及发电机阻尼测试分析。

2000 年以后，中国研制出满足工业环境要求的 PMU 和数据集中系统（主站），多个区域电网和省级电网纷纷建成了 WAMS。据不完全统计，截至 2013 年，已投入电网运行的 PMU 装置超过 1500 套，中国已成为世界上安装 PMU 装置最多的国家，国产 PMU 装置的性能、精度、处理能力均优于国外产品。

## 第 133 问　智能电网调度控制系统怎样实现运行控制的

智能电网调度控制系统，也称为智能电网调度技术支持系统，是传统调度自动化系统的升级，是面向智能电网、适应特高压远距离传输、新能源大规模接入、分布式电源即插即用、电动汽车广泛应用的新一代电网调度控制系统。

传统电网调度自动化系统历经了从集中式到分布式的发展过程。20 世纪 60 年代中期，电力工业界逐步采用计算机技术，提升了调度监视和变电站远动技术水平，形成了电网调度数据采集与监控（SCADA）系统。20 世纪 70 年代早期形成了 SCADA/自动发电控制（AGC）系统，后来逐步发展成为能量管理系统（EMS）。20 世纪 90 年代开始转向基于开放式计算机操作系统、图形系统及网络系统的分布式 EMS。进入 21 世纪后，具有统一支撑平台的调度自动化集成系统得到了广泛应用，并在调度生产中发挥了重要的作用。

智能电网调度控制系统基于全网集散式调度与控制系统架构，实现集中决策与分布监控相结合。智能电网调度控制系统架构的概念图如图 5－2 所示，既继承了分布式控制系统可靠、灵活等传统优良品质，又强化了全系统信息的综合应用，以支撑未来电网的一体化调度。

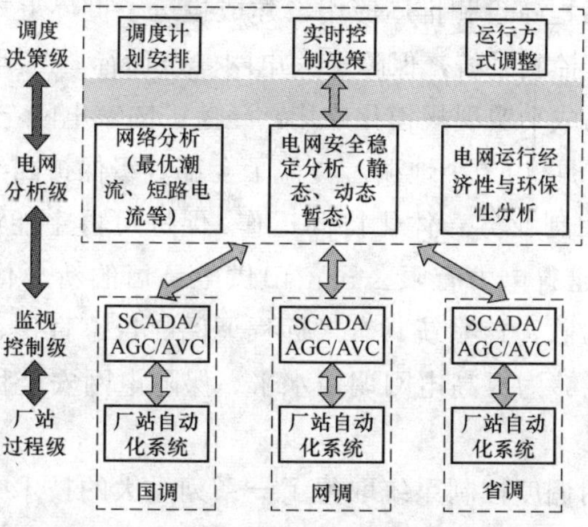


图 5－2　智能电网调度控制系统架构的概念图

智能电网调度控制系统覆盖了主站和子站，由厂站过程级、监视控制级、电网分析级和调度决策级四个层级组成，每一级包含若干子系统，每一个子系统实现若干特定的有限目标。其中，厂站过程和监视控制这两级为“分布式”，电网分析级和调度决策级为“集中式”，体现了“集中调度，分散监控”的原则。

厂站过程级为智能电网调度控制系统的基础层次，主要是提供原始、完备，并且精准的电网运行信息；监视控制级具有实现各区域电网的运行监视、操作控制等基本功能，并提供给调度分析级准确可靠的电网运行状态等信息支撑；电网分析级主要是利用各地监控中心上送的数据进行分析，洞察全电网当前和未来的状态，同时对检修计划、发电计划和电网运行操作进行全面的安全分析和评估；调度决策级可以充分利用源、网、荷等各种可调控资源，按最大范围资源优化配置的原则实现不同时间尺度的优化调度与控制决策。

欧洲十分重视智能电网与可再生能源的发展，西班牙 61%的风电接入输电网，39%的风电接入配电网，大规模风电入网将对电网规划产生重大影响。为了在确保系统安全问题运行的前提下，最大限度提高可再生能源入网规模，西班牙率先在电力调度中心内成立了专门的可再生能源控制中心，通过实时监控系统调整生产计划以提高可再生能源的消纳能力。2009 年以来，国家电网公司在国家电力调度控制中心和网、省、地区调度中心开展了智能电网调度控制系统试点工程建设和推广应用，建成投运了世界上规模最大、驾驭能力最强的电网调度控制系统，保障了大电网安全运行。截至 2014 年，智能电网调度控制系统已成功实现规模化应用，涵盖了国家电网全部 32 个省级以上主调，9 个省级备调和 57 个地调，覆盖了全部等级保护四级系统，实现了特大电网多级调度控制业务一体化协同运作，促进可再生能源有效消纳。2018 年 7 月，国网福建省电力有限公司莆田供电公司的新一代智能电网调度控制系统顺利通过验收，该系统具有“远程调阅、告警直传、横向贯通、纵向管理”等功能，能够为提高电网调控水平、保障电网安全稳定运行提供技术支撑。

虽然智能电网调度控制系统取得了一系列重大的技术突破和显著的应用成效，但是特大电网的安全经济运行、大规模可再生能源的高效消纳、不断恶化的网络安全形势等，都不断对调度控制业务提出新的要求，调度控制技术本身也在不断发展，因此还有许多技术需要进一步深入研究。

## 第 134 问　调度员培训仿真有什么作用

调度员培训仿真（dispatcher training simulator，DTS）是用于培训电网调度

员的计算机数字仿真系统，是电力系统仿真和调度自动化的结合，它通过建立实际电力系统的数学模型，再现各种调度操作和故障前后的系统工况，并将模拟的结果送到仿真的电力系统控制中心，为调度员提供一个不影响实际系统运行的身临其境的调度环境。自 1973 年 Wisscosin 公司在 EMS 软件设计时首次提出调度员培训仿真的概念以来，经过近 30 年的研究、开发和应用，DTS 系统已在国内外广泛应用。随着电网互联的加速、用电需求的攀升和电力市场改革的深化，电网调度管理格局发生了重大变化，给电网仿真培训技术提出了新需求和新挑战，DTS 系统将迎来新的发展机遇。

DTS 是一个较复杂的软件系统，其核心包括四个部分：电力系统模拟子系统（power system model，PSM）、教员控制子系统、SCADA/EMS 仿真子系统、数据库管理子系统。DTS 的系统结构如图 5－3 所示。

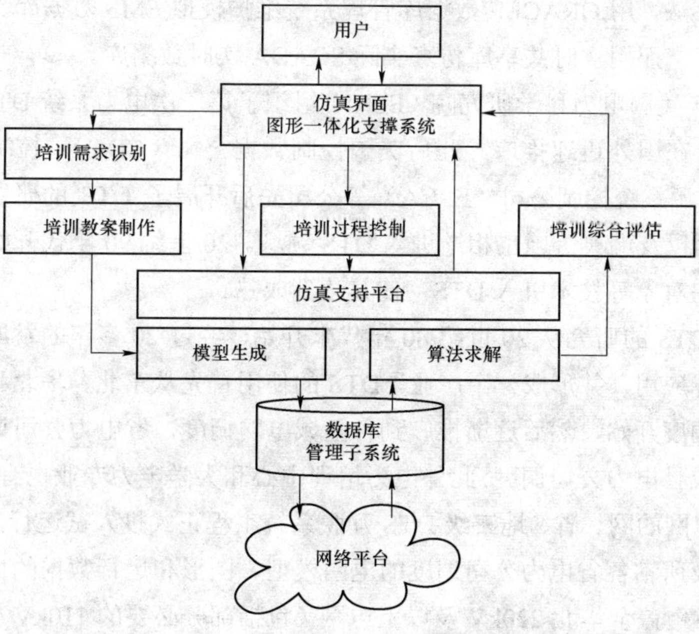


图 5－3　DTS 系统结构示意图

PSM 模拟实际的电力系统的运行状况，即电力系统网络及各种设备的静态和动态响应。PSM 包括电力系统仿真模型生成和仿真算法求解，电力系统仿真模型包括网络模型、负荷模型、变压器模型、发电机模型、继电保护和自动装置模型和外网等值模型等；仿真算法技术包括网络拓扑、节点优化、稳态潮流计算、故障计算、暂态过程计算、动态全过程仿真计算和操作处理方法等。

教员子系统包括培训教案制作、培训过程控制和培训综合评估，它提供故障的设置，可进行暂停、恢复、快照、恢复初态、恢复事故前的状态和重放等。

SCADA/EMS 仿真子系统，即图形支撑系统。要求与在线系统在显示内容与画面风格上一致，也就是与实际 SCADA/EMS 图形一体化，DTS 可以共享 SCADA 的厂站图、系统图。将描述 SCADA/EMS 系统的厂站图和系统图的图形数据文件经过数据分析转换处理，DTS 系统的图形支撑系统可直接调用显示。

数据库管理子系统是 DTS 数据管理的中心，也为 DTS 其他核心模块提供了数据通信的平台。DTS 数据库设计方案采用了大型商用数据库与实时共享库相结合的办法。用 ORACLE 数据库管理系统维护模拟 EMS 数据库、图形库和培训教案库，而用实时共享库仿真实际 SCADA 实时数据库。

1978 年美国电力科学研究院（EPRI）组织了第一次电力系统 DTS 研讨会，之后 DTS 在国外迅速推广，此后美国控制数据公司（CDC），控制系统公司（SCF），能源系统控制公司（ESCA）等公司先后开展了 DTS 的研发和生产，日本、法国以及瑞典等国也相继进入 DTS 领域。20 世纪 90 年代开始又将动态仿真、面向对象等技术引入 DTS，使其达到成熟。

中国 DTS 的研究从 20 世纪 80 年代末开始，经过 20 多年的发展，已由理论走向实际应用，并形成一个产业。DTS 的使用首先从东北、华北和华东三大区域电网调度开始，然后逐渐推广到各区域电网调度、省电力公司调度和大中型地级市或县电力公司调度，此外电力培训中心和大学电力专业也有应用。2008 年，华北电网的网、省、地三级 DTS 互联系统工程正式投入试运行，该项目实现了网调及所辖各省电力公司调度的电网模型、图形和运行数据的自动拼接与整合，形成覆盖全华北 220kV 及以上电网（包括部分必要的 110kV 电网）的全网大模型，极大地提高了电网分析计算精度；整合后的模型与数据不仅用于 DTS 演习，还可用于能量管理系统、在线稳定计算和动态安全预警等系统，从而全面提高电网实时在线分析能力。

## 第 135 问 电力市场交易运营系统是如何工作的

电力市场运营系统是部署在电力交易中心，为电力交易与管理提供技术支持的一套自动化系统。电力交易中心应作为一个市场平台，为参与市场的各主体提供电力公平买卖的服务。电力市场交易运营系统则应为电力市场的“三公”原则提供技术支持，为包括发电公司、电网公司在内的所有市场成员提供公平接入的机制。

电力市场起源于国外，因此对于我国电力工业而言电力市场运营系统是个新生事物。世界各国在电力市场交易模式、市场结构、交易规则等方面都有各自的不同，因而作为电力市场运营的技术支持系统也各有所异。至今西门子、ABB 等大公司经数年开发，尚未形成一套完整通用的电力市场交易运营系统，各国都处于十分谨慎的阶段。中国电力市场最早开始于原国家经贸委推行的省级电力市场改革试点。在省级电力市场试点之初，由于市场主体的定位、交易规则研究及有关法规的制定都还处于探索阶段。为了加快交易放开，《中共中央国务院关于进一步深化电力体制改革的若干意见》（中发〔2015〕9 号）文件，原则上后续核准的煤电机组不再安排发电计划，一律纳入市场化交易。国家发展改革委、国家能源局联合发布了《关于积极推进电力市场化交易进一步完善交易机制通知》（发改运行〔2018〕1027 号），明确了提高市场化交易电量的规模。根据北京电力交易中心的数据报道，2020 年 5 月，电力市场化交易在年度交易基础上开展月度及月内市场化交易规模达到 1129 亿 kWh。

电力市场运营系统作为电力市场运营的技术手段和交易规则的实施者，因为受到电力生产管理体制与电力市场技术理论的限制，尽管为当时的市场试点提供了技术支持，但随着电力体制改革的进一步深化，特别是多级电力市场体系形成后，就难以满足市场发展的实际要求。由于电力市场运营系统是电力市场运营模式和交易规则的最终实现者，使得运营系统与市场模式、竞价方式及交易类型具有密切的关系。尽管国外电力市场起步较早，但因为市场模式的差异与电力生产与调度方式的不同，国外系统难以直接引用。在我国电力市场改革之初，在电力市场运营系统的研究、设计、工程实施等方面取得了突破，制定了电力市场运营系统的功能规范和技术要求，并研发出了面向发电侧电力市场的运营系统。但是随着电力商业化运营的逐步深入，运营系统不断暴露出难以适应电力市场发展要求的问题。因此，研发与分析当前电力市场运营系统的问题，设计新一代电力市场运营系统服务电力市场运营，具有迫切的现实意义。

电力市场交易运营系统应区别于其他自动化系统的功能和性能要求，达到电力市场运营要求。电力市场是新事物，具有不断发展变化的特点，电力市场运营系统应具有足够的开放性和可扩展性，以满足电力市场运营模式、交易规则的变化及电力交易内容不断扩大的要求。电力市场交易运营系统内部功能结构图如图 5-4 所示。

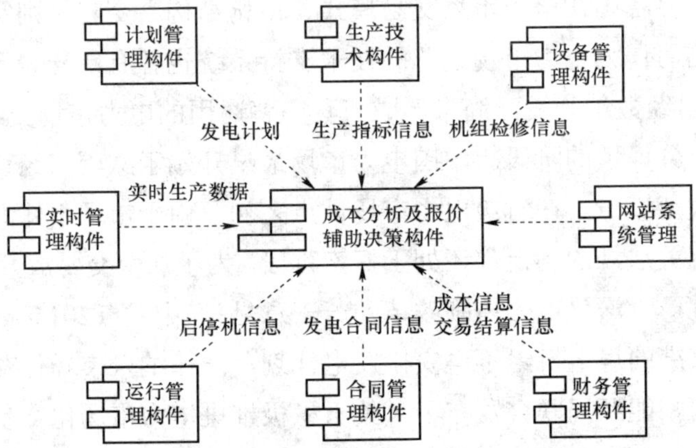


图 5-4　电力市场交易运营系统功能结构图

电力市场交易运营系统是基于电力系统及电力市场理论，应用计算机、网络通信、信息处理技术，满足电力市场运营规则要求的技术支持系统。电力市场运营系统是保证电力市场“公开、公平、公正”交易和稳定可靠运作的技术基础，是保障电力市场交易规则正确贯彻实施的主要技术手段。电力市场化改革在世界范围已成为一种趋势。电力市场运营系统是保证智能电网正确实施的技术基础，因此，电力市场运营系统必须能适应智能电网的要求。电力市场交易运营系统的建成投运，有力促进了各地区能源资源在全国范围内参与优化配置，为推进全国电网市场化交易常态化运营，加快构建电力市场奠定了基础。

# 第 136 问　能量管理系统是电网的必备设施吗

能量管理系统（energy management system，EMS）是以计算机为基础的现代电力调度自动化系统，主要用于发电厂和输电网络的运行控制和管理。EMS 通过数据收集、能量管理和网络分析等功能，提高电网调度效率，提升电力系统运行的安全性、质量和经济性，并减轻了调度员的负担。

半个世纪以来，能量管理系统技术发展主要经历以下阶段：① 模拟分析阶段。20 世纪 30 年代采用静止模拟盘和电话调度；40 年代采用基于动态模拟盘的 SCADA；50 年代出现了模拟型的 AGC，从而代替了调度员的频繁操作。② 数字分析阶段。60 年代用计算机对电力系统进行能量管理和网络分析得到迅速发展；70 年代中期由数字化的 SCADA、AGC、能量管理和网络管理分析软件组成能量管理系统。③ 优化分析阶段。80 年代，计算机及现代控制理论的发展使得 EMS 快速发展，几次大面积电压崩溃事故引起了电压稳定性理论的研究；90 年代随着计算机软件技术的发展，EMS 更加成熟，调度员使用更加便利。电力市场的出现，使得 EMS 的内容进一步丰富。

EMS 系统由监测控制和数据采集（SCADA）、自动发电控制（ACG）、经济调度控制（economic dispatch control，EDC）、电力系统状态估计、安全分析和调度员培训仿真（DTS）等部分组成，其结构如图 5-5 所示。

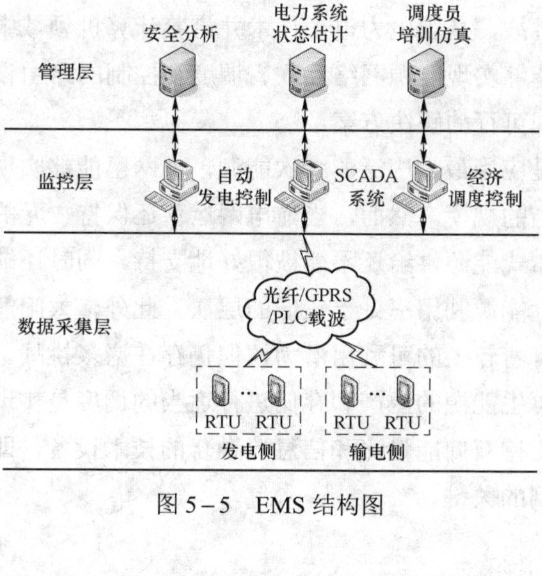


图 5-5　EMS 结构图

美国中西部独立系统运营商（Midcontinent Independent System Operator，MISO）主要负责中西部11个州的输电系统的运营。自2001年1月起，MISO为完善EMS的SCADA，开始在系统中安装数据测量及通信设备，实现监控、状态估计以及故障分析。MISO的EMS通过价格推动区域内电力市场的运营，来匹配负荷的资源包括区域内发电、区域外认购、未被测量的发电机、可中断的负荷及直接受控的负荷管理等。

1979年，我国第一条500kV平武线输电工程引进我国第一套计算机与RTU一体化的SCADA系统。该SCADA系统扩充为整个湖北电网调度自动化系统，1996年由中国电科院科东公司开发的cc－2000系统在东北电网投入运行，并且后续接入了多方应用软件的EMS功能。2008年中国南方电网有限责任公司建设完成新一代能量管理系统，其主要特点是实现了全系统模型拼接，具备实时监控全网220kV及以上所有厂站功能。2010年，江苏电网EMS通过国内首批实用化验收，实现了智能稳定限额监控、AGC和安全约束调度闭环控制、省地协调自动电压控制等应用。

## 第137问　能源路由器在能源互联网中的地位是什么

能源路由器（energy router）是针对能源互联网在能源接入、能源控制和能源传输等方面的挑战，基于电力电子技术并借鉴计算机领域中信息互联网的路由器而设计的，能够实现能源网络互联、调度和控制的路由设备，是构建能源互联网的一种直观可行的解决方案。

当前，电能是应用最为广泛的二次能源，电网已能够实现电能的远距离配送，并具备了相当的规模。然而，当前电网运营还保持二元的结构特点，个性化消费需求和分布式能源供给还不能被很好地支持，同时还缺乏高效的通信通道实现信息共享，能源利用率处于较低的层次。此外，太阳能、风能、潮汐能等可再生能源都有着较大的可利用潜力，但仍存在诸多挑战。因此，以现有电网为基础，对可再生能源的生产和存储进行适当的调度是实现能源互联网的基本要求，而研发支持双向能量流和信息流融合的技术设备，即能源路由器，则是构建能源互联网的关键。

基于电力电子技术的能源路由器具有信息流和能量流之间高度融合的特点，可用于解决传统电网节点关系不对等、节点自治能力差、各节点自由度不均衡等问题，可以提高电网的可靠性、兼容性和经济性，使得电能的生产者、经营者和使用者均能够从中受益。能源路由器可以实现不同能源载体的输入、输出、转换、存储，进一步实现不同能源形式的互联互补、生产与消费环节的有机贯通、不同特征能源流的相互融合。能源路由器能够支持广域能源网络实现互联，包括大型水电厂、风电场、光伏电站、工业园区、楼宇及用户本身，从而实现能源生产商、网络运营商、分布式发电与用户的即时协作，提供无所不在的能源服务。

能源路由器网络示意图如图 5-6 所示。

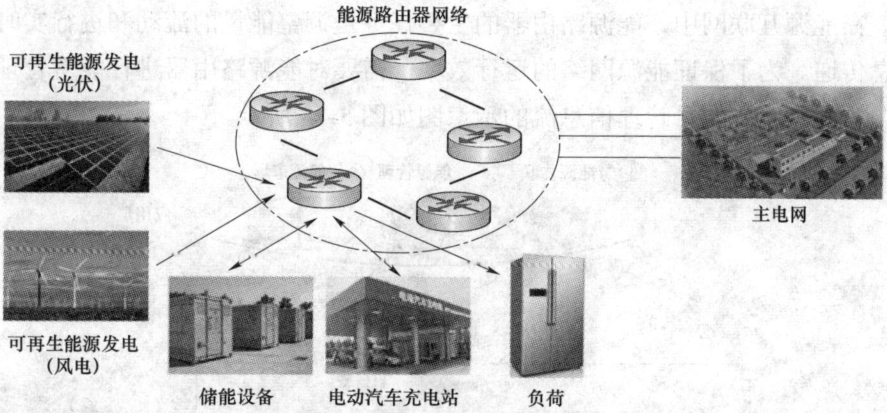


图 5-6 能源路由器网络示意图

能源路由器为各种交流、直流的输入、输出提供灵活的统一通用接口，适应分布式能源的即插即用等灵活特征。能源路由器的核心模块是电力电子换流器模块，其拓扑结构如图 5-7 所示。

能源局域网交流线路通过 AC/DC 交流输入接口并入主电网，AC/DC 交流接口和 DC/DC 直流接口共同支撑直流母线的电压，并形成能源局域网直流线路。DC/DC 直流接口一般接入储能电池单元，从而提供能源路由器网络虚拟惯量所需要的调节功率。

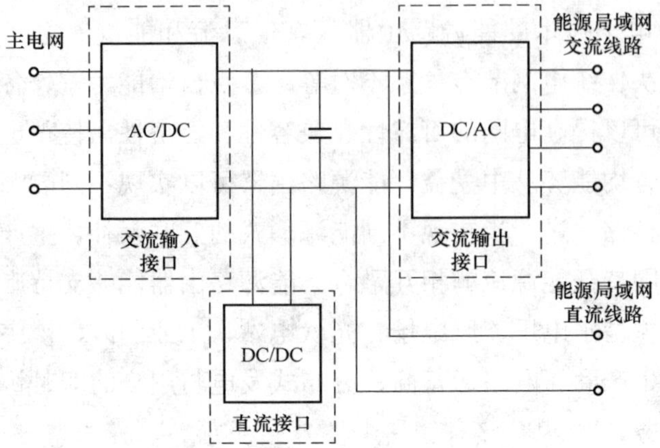


图 5-7　能源路由器模块拓扑结构

在能源互联网中，能源路由器的主要任务是调整能量的流动和进行实时的信息传递。为了保证能源网络的运行效率，需要对能源路由器进行能量管理。能源路由器系统能量管理信息流的示意图如图 5-8 所示。

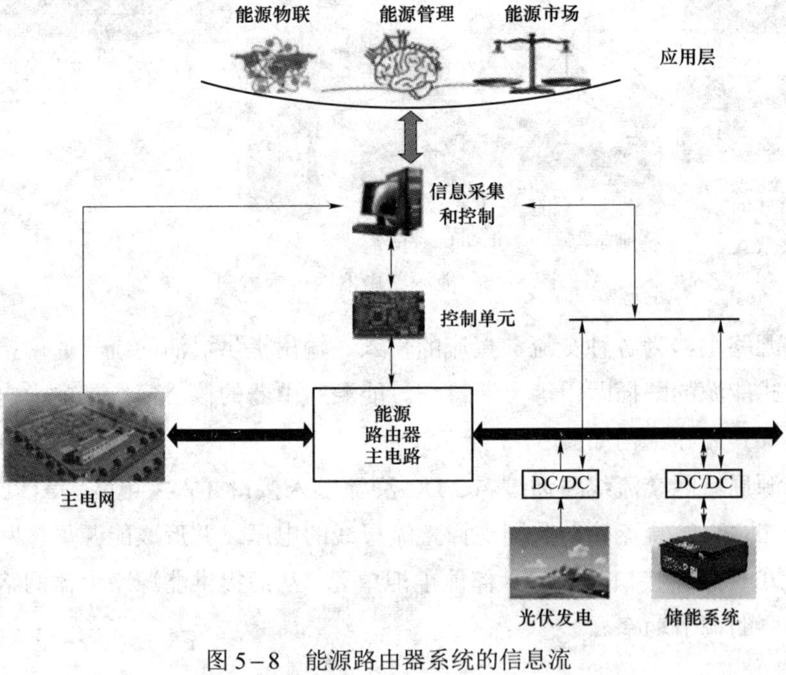


图 5-8　能源路由器系统的信息流

基于能源路由器的能源互联网是信息能源相互融合的广域网，以大电网为主干网，以分布式能源及微电网等单元为局域网，以能源路由器为智能控制单元，采用开放对等的信息能源一体化框架实现能源的双向传输和动态平衡。

2008 年，美国北卡罗来纳大学启动了未来可再生能源传输和管理系统（FREEDM）项目的研究。FREEDM 项目将固态变压器比作未来能源网中的路由器，是未来能源互联网组网形态的基础。FREEDM 系统的理念是在电力电子、高速数字通信和分布控制技术的支撑下，建立具有智慧功能的革命性电网构架吸纳大量分布式能源。通过综合控制能源的生产、传输和消费各环节，实现能源的高效利用和对可再生能源的兼容。在 FREEDM 中，电能的流动是多向的，每个电力用户既是能源的消费者，也是能源的供应者。

2011 年欧洲的未来电网中的通用灵活电能管理项目首次针对固态变压器开展了深入的探究。瑞士苏黎世理工学院在固态变压器概念的基础上，进一步提出了能源路由器 MEGALink 的概念。

同时，瑞士发起了远景能源互联网研究项目。该项目的重点是研究多能源传输系统的利用和分布式能源的转换和存储，开发相应的系统仿真分析模型和软件工具。远景能源互联网研究项目提出了未来能源互联网的两个远景元素，一是通过混合能源路由器集成能源转换和存储设备；二是通过一个称之为能源内部互联器的设备实现不同能源的组合传输，如电力和气态能源通过地下管道组合传输。

现阶段，我国以能源路由器为核心的能源互联网组网模式基本沿承美国 FREEDM 系统的框架，将能源路由器作为分布式能源的统一并网接口形成能源局域网。该组网模式较为符合现阶段电网渐进发展的要求，以能源路由器为单元将地域上相对集中的用户建立局域网，向上与电网调度实现能量流和信息流交互，向下兼容用户的分布式能源接入，从而能够满足不同输入输出的需求。

随着能源互联网概念和实践的进一步发展，能源路由器的概念和结构也将会随之发生更多的变化，其功能也将由单一的电能变换和路由功能扩展到更多种形式的功能。据估计，到 2020 年，我国能源互联网的总市场规模将超过 6.4 万亿元。能源路由器的出现能够有效解决分布式能源就地消纳和区域性能量协调调度的问题，对于能源互联网的进一步发展具有重大的意义。

## 第138问　高压设备如何实现智能化

高压设备一般指高压一次设备，通常包括高压开关设备和非开关设备。开关设备有断路器、熔断器、隔离开关、GIS组合电器和开关柜等；非开关设备有变压器、互感器、母线、避雷器等。

智能高压设备是一次设备和智能组件的有机结合体，它具有测量数字化、控制网络化、状态可视化、功能一体化和信息互动化等特征。智能控制和状态可观测是高压设备智能化的基本要求，其中运行状态的测量和健康状态的监测是基础。智能高压设备是一次和二次高度集成的新设备，也是一个全新的领域。目前，我国还没有一家企业能同时掌握先进的一次和二次融合技术，智能高压设备将成为今后一段时间智能电网建设急需攻关的关键技术和设备。

近年来国外已有多种智能开关产品投入市场，典型的有日本东芝公司C-GIS和ABB公司的EXK型智能GIS，它们都采用了先进的传感器技术和微型计算机处理技术，使整个组合电器的状态监测与二次系统运行在一个计算机监控平台上。ABB公司推出的高压开关柜智能化集中控制/保护单元，将控制、信号、保护、测量和监视等功能组合起来，使高压开关柜具有了连续自监视以及与电站控制系统直接连接等功能。西门子公司的高度集成开关采用类似ABB的PASS结构，但未采用电子式互感器。在断路器智能化方面，采用了智能模块对断路器的相关参数进行监视，并通过高速现场总线传输到变电站层做进一步的分析。美国GE公司研制出的额定电压为5.5～26kV、额定电流为65～175A的高压限流熔断器，不但尺寸小、额定电流大、分断能力强，还能够智能控制熔断器的时间–电流特性。日本东芝公司研制的第2代C-GIS中采用传感器技术，如应用电晕传感器、压力传感器、气体传感器、温度传感器、漏电流传感器监视诊断绝缘性能；应用温度传感器、光纤温度计检测导电性能；使用了开、闭状态传感器检测机械性能，掌握GIS的内部状况，防止内部事故发生。日本富士公司在原来的真空断路器上添加了过电流继电器、检测用电流互感器以及各种传感器，使断路器具备了自诊断功能及传输功能，构成了集监视、通信、控制和保护为一体的智能单元，从而强化了断路器的功能，提高了可靠性。此外，国外一些知名公司也都有自己的智能高压开关设备。

在国内，总体来说，智能高压开关方面的研究起步较晚，2009 年，国家电网公司启动了智能电网建设，加快了国内智能高压开关设备的研制步伐。智能高压开关设备已在西开电气、平高电气实现产业化，其解决方案为通过在一次设备附近或继电器小室保护屏上加装智能单元设备以实现一次设备智能化。通过智能高压开关设备关键技术及工程应用研究，形成了国家及行业技术标准。2013 年 10 月—2016 年 11 月，智能高压开关设备已经在我国 28 个省市 605 座智能变电站的 5710 个间隔推广应用，满足了智能变电站建设的需要，有力地支持了智能电网建设。智能高压开关设备具备的顺序控制、智能联锁等功能特点极大地提升了电网的智能化水平，高压开关操作的时效性、可靠性和安全性得到验证，应用情况良好。

智能高压设备由 3 个部分组成：① 高压设备；② 传感器或控制器，内置或外置于高压设备本体；③ 智能组件，通过传感器或控制器，与高压设备形成有机整体，实现与宿主设备相关的测量、控制、计量、监测、保护等全部或部分功能。

智能高压设备的技术特征有：

（1）测量数字化。测量数字化指对高压设备本体或部件进行智能控制所需设备参量进行就地数字化测量，测量结果可根据需要发送至站控层网络或过程层网络。

（2）控制网络化。控制网络化指对有控制需求的设备或设备部件实现基于网络的控制。

（3）状态可视化。状态可视化指基于自监测信息和经由信息互动获得的其他信息，通过智能组件的自诊断，以其他相关系统可辨识的方式表述自诊断结果，使设备状态在电网中是可观测的。

（4）功能一体化。功能一体化指将传感器或控制器与高压设备本体或部件进行一体化设计，以达到特定的监测或控制目的；将互感器与变压器、断路器等高压设备进行一体化设计，以减少变电站占地；将相关测量、控制、计量、监测、保护进行一体化融合设计。

（5）信息互动化。信息互动化包括与调度系统交互和与设备运行管理系统互动。

智能高压设备通过先进的状态监测、评价和寿命预测来判断一次设备的运行状态并且在一次设备运行状态异常时进行状态分析，对异常的部位、严重程度和发展趋势做出判断，可识别故障的早期征兆。根据诊断结果，在设备性能下降到一定程度或故障将要发生之前进行维修，从而降低运行管理成本，提高电网运行可靠性。智能高压设备采用可移动探头、X 射线等技术手段，以提高电气设备内部结构可视化程度，满足智能电网运行需要。

## 第 139 问　电子式互感器有哪些优缺点

互感器是电力系统中测量电压和电流的基础计量设备。传统的电磁式互感器以硅钢片铁芯为传导介质，因而存在铁磁饱和、铁磁谐振、绝缘结构复杂、传递过电压或过电流、开路高压或短路大电流、接地故障、电磁干扰等问题，已不能满足现代电力系统一次系统电压高、容量大和二次系统微机化、小型化、网络化的要求。

电子式互感器是由连接到传输系统和二次转换器的一个或多个电压或电流传感器组成，用以传输正比于被测量的量，供给测量仪器、仪表和继电保护或控制装置。其原理框图如图 5-9 所示。与常规互感器相比，电子式互感器具有可以消除磁饱和现象、对电力系统故障响应快、消除铁磁谐振、绝缘性能优良、动态范围大和频率响应范围宽等优点，是智能变电站的关键装备元件，它的测量精度和运行稳定性直接影响到变电站乃至电网的安全稳定运行。

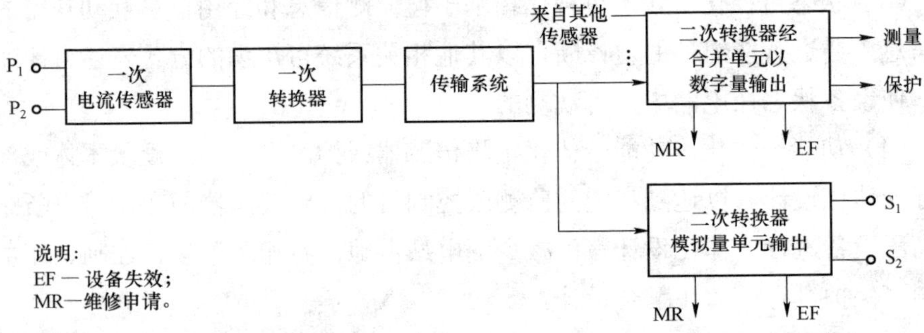


图 5-9　电子式互感器的原理框图

根据 IEC 和国家标准，电子式互感器可分为有源型和无源型两种。若一次转换器是电子部件，需要一次电源供电，则称此类互感器为有源电子式互感器；若一次传感器是光学原理的，光纤传输系统可以直接将光测量信号送出，无须一次转换器，则称此类互感器为无源电子式互感器。电子式互感器的分类如图 5-10 所示。

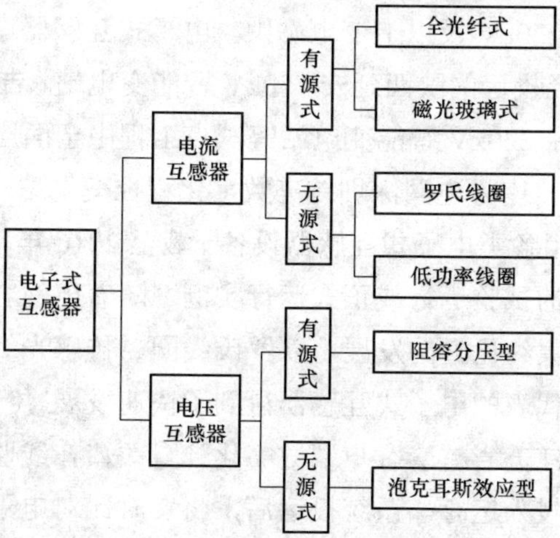


图 5-10 电子式互感器分类

有源电子式互感器技术相对较为成熟，其技术性能已基本满足实用化要求，国内目前建设的智能变电站使用的互感器绝大部分为有源电子式互感器，其一次转换器的电子电路需要供电电源，且工作在复杂的电磁环境下，维护比较困难，这是有源电子式互感器存在的客观问题。相比之下，无源电子式互感器则避免了这些缺点，尤其在高电压等级和电磁环境恶劣的情况下，其优势更为明显，业界普遍认可无源电子式互感器是未来互感器的技术发展方向。

随着技术的日趋成熟，电子式互感器已在不同电压等级的部分变电站中得到了应用。ABB 公司作为国际上提供标准化光学电流和电压传感设备的领先者之一，已研制出多种无源电子互感器及有源电子式互感器，如磁光电流互感器（magneto-optic current transducer，MOCT）、电光电压互感器（electro-optic voltage transducer，EOVT）等。日本三菱公司的伊丹工厂制造的 6.6kV/600A 的组合式光学零序电流、电压互感器，在中部（Chubu）电力公司的配电网中安装，并进行了长期户外运行试验。以电子式互感器和面向通用对象的变电站事件（generic object oriented substation event，GOOSE）应用为主的智能变电站技术将成为欧洲乃至美国等国家今后发展的重点。

在智能变电站技术发展的推动下，2008 年以来电子式互感器技术在中国取得了快速发展。在 220kV 及以上变电站中，电子式互感器逐步获得认可，并小批量投入运行。已经投运的陕西延安 750kV 智能变电站、吉林长春南 500kV 智能变电站、江苏西泾 220kV 智能变电站等试点工程中全面应用了各种类型电子式互感器。2013 年，南方电网深圳首座数字化程控变电站——110kV 赛格变电站建成投产，并应用各类电子式互感器设备。截至 2016 年，新型电子式互感器已有 300 多个电站的试验运行或正式运行实例。随着电网容量扩大，变电站向数字化、信息化和集约化方向发展，以罗氏线圈、传感光纤、低功率线圈、同轴电容等新产品为代表的电子式互感器得到了快速发展。

2018 年 1 月，江苏省首套客户端数字化计量关口在线监测系统在扬州进出口加工区的荣德变投入运行。系统投运后，将实时比对电子式互感器与传统电磁式互感器、数字化电能表与传统电能表、数字化电能计量装置与传统计量装置的各环节误差与整体误差，并将误差比对的数据、视频监控数据实时上传至江苏省电力有限公司以及国网扬州供电公司的后台监控系统，由双方共同参与数字化计量准确、稳定分析，为今后国家电网有限公司推进数字化电能贸易结算提供重要的工程实践。

## 第 140 问　隔离式断路器有哪些应用优势

在传统的敞开式变电站中，断路器和隔离开关是相互独立的设备，需要各自的安装空间。隔离式断路器将隔离功能与断路器集成为一体，从而无须单独安装两套设备。IEC 于 2005 年发布了隔离式断路器标准 IEC 62271－108：2005《高压开关设备和控制设备　第 108 部分：额定电压 72.5kV 及以上的高压交流隔离断路器》。

采用隔离式断路器，可以减少变电站内一次设备的数量，减少变电站空间

图 5－11 在变电站运行的隔离式断路器

与土地占用，优化变电站纵向尺寸，降低工程成本。同时，由于原本裸露在空气中的隔离开关触头被集成至灭弧室内，隔离式断路器的检修维护量较小，供电可靠性大幅提高。如图 5－11 所示为在变电站运行的隔离式断路器。

与传统断路器相比，隔离式断路器在瓷柱式断路器基础上，集成了接地开关和电子式电流互感器。设备上部为灭弧室，中间为电子式电流互感器，下部为支柱瓷套及框架。基于传统的 $SF_6$ 断路器，将隔离开关的功能集成至断路器的灭弧室内，当触头在分闸位置时，可实现隔离开关的功能，结合了传统断路器与隔离开关的双重功能。

根据 CIGRE 和相关研究机构对各国电网在运隔离式断路器运行情况的统计分析，将断路器和隔离开关集成为隔离式断路器后，大大降低了断路器的维护时间与故障率。

目前，在国外厂家中，ABB、西门子、阿尔斯通这 3 家公司均有隔离式断路器产品，其中，ABB 公司是最早进行隔离式断路器相关研究的公司，目前已实现了从 72.5～550kV 各电压等级的应用。2000 年，世界上第 1 台隔离式断路器在瑞典正式挂网使用。2012 年，已累计有 1370 余台隔离式断路器投运于超过 25 个国家的电网，其每年投运数量呈快速上涨趋势。

2013 年，国家电网公司首批 6 座新一代智能变电站示范工程建设全面完成，是隔离式断路器在国内智能变电站建设中的首次应用。武汉建设的新一代智能变电站－未来城变电站，采用了西安西高开关有限公司生产的 ZCW9－126（L）/T3150－40 交流隔离式断路器，是应用 $SF_6$ 气体作为绝缘和灭弧介质的敞开式开关设备，其集成了隔离式断路器、接地开关、电子式电流互感器以及智能组件等，主要用作智能变电站电力设备和输电线路的控制、保护和测量。2015 年，国网安徽省电力公司研制完成隔离断路器带电自动化检修平台，首创隔离断路器带电检修技术和“零打扰”全景网络实测方法，实现变电站网络状况在线检测，保障全站网络信息准确、可靠，并在 110kV 未来城变电站进行实际操作试验。2016 年，国家电网公司首座 500kV 新一代智能变电站正式开工建设，创新应用了智能隔离断路器、电子互感器、预制舱式二次组合设备等智能化设备，变电站围墙内占地面积、全站建筑面积分别较可研方案减少 14%、23.76%，可以实现安全可靠、技术先进、造价合理的建设目标。

隔离式断路器具有整体维护周期长、维护量小、设备高度集成、占地少等特点，隔离式断路器的特点更适用于简单接线方式，将为智能电网建设提供经济可靠的设备解决方案，也是今后电气设备的一个发展方向。

## 第 141 问　配电管理系统是怎样工作的

配电管理系统（distribution management system，DMS）是一个涉及供电企业运行管理、设备管理、用户服务等各个方面的计算机网络系统。DMS 以配电自动化实时环境、地理信息系统、综合性数据库系统等为基础，组成多个相对独立的应用功能子系统，包括配网自动化（distribution automation，DA）、配电工作管理（distribution work management，DWM）、故障投诉管理（trouble complaint management，TCM）、自动作图（automated mapping，AM）和设备管理（facilities management，FM）、负荷管理（load management，LM）、配网分析系统（deep analysis system，DAS）等。以实现配电网的管理自动化，优化配网运行、提高供电可靠性、为用户提供优质服务。

关于电网基础设施老化的问题已经出现很长时间，现在推动电网转变的市场力量比以往更加迫切。公共设施面临着提高能源输出方法和利用率的诸多挑战——控制室系统的集成、消费者需求、可再生能源发电的环境压力以及供电的安全性。

DMS 是近年来配电系统（110kV 及以下）的应用子系统组成。基础平台提供系统运行所需的硬件环境和操作系统以及与其他系统的接口服务；应用子系统由实时控制、配电网络分析以及在研究生态环境下用于规划目的的若干功能模块组成。所有这些功能模块彼此之间既相互联系又相对独立，可以随着逐步发展的配电网络的运行要求而不断扩充或改变。DMS 提供各种专业功能，帮助调度员增强对配电网的管理、提高配电网运行的自动化程度。DMS 功能包括：配电网监控和数据采集 SCADA、配电网自动化 DA、控制室管理、故障投诉电话管理 TCM 以及各种高级应用软件。DMS 架构图如图 5-12 所示。

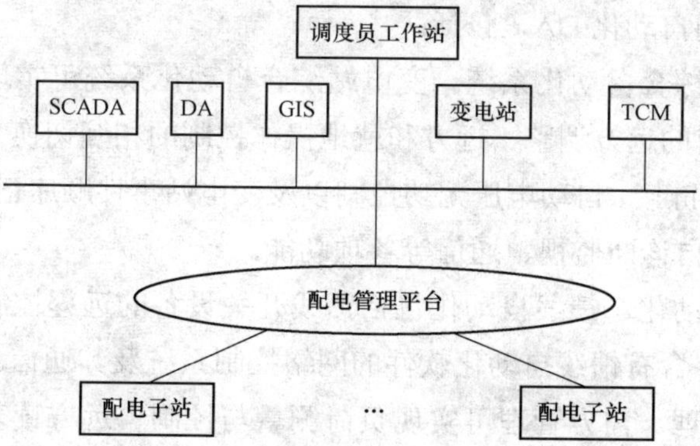


图 5-12　DMS 架构图

DMS 的功能结构如图 5-13 所示，图的上半部分表示数据源部分，这是 DMS 工作的基础，图的下半部分表示各种应用功能，部分功能需要地理信息系统（geographic information system，GIS）平台。此外，DMS 需要与 EMS 和管理信息系统（management information system，MIS）交换信息。

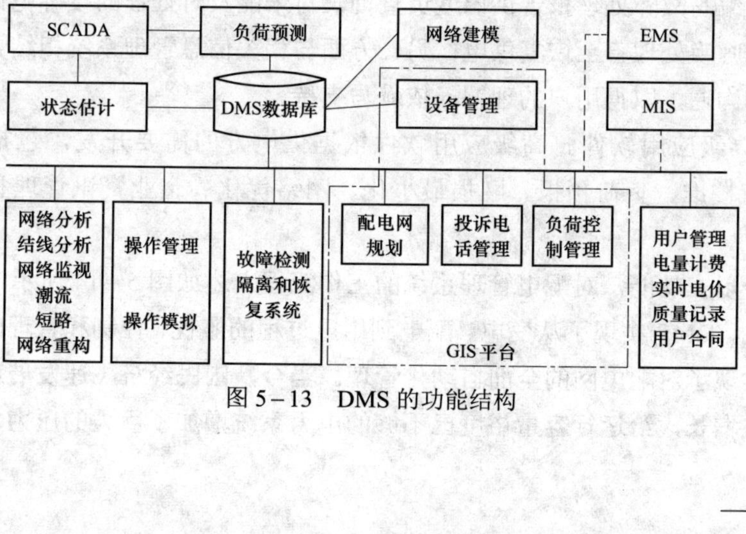


图 5-13　DMS 的功能结构

（1）配电网数据采集和监控 SCADA。配电网 SCADA 是配电网的监控和实时信息获取系统，它对配电网络进行实时数据采集、网络监控，并对网络中所发生的事件进行顺序记录和报警处理；具有数据存档及历史报表、网络计算等功能；涉及大量的数据，同时也需根据系统的变更实行动态管理，以便与不断变化的网络及其元件的实际状态保持一致。

（2）配电网自动化 DA，包括：

1）变电站综合自动化系统。变电站综合自动化系统可实现：开关的远方控制、保护定值的远方调整、远方和就地操作控制的相互切换、变电站数据的采集、预处理和链接、自动电压无功控制以及变电站事件顺序记录（sequence of event，SOE）、自诊断监视、通信等各项功能。

2）馈线自动化。馈线自动化包括馈线开关设备的远程控制、配电网络状态的监控测量、含有馈线自动化软件的网络控制系统及其通信。

3）需方管理。需方管理可实现负荷测量与控制、远方读表及电能计费等功能，峰谷电价的分时计费还可促使工业大用户避开高峰用电，以减轻对电网的压力，提高电网运行的经济效益。

3）控制室管理。控制室管理是运行管理中的一项核心内容，它具有全图形人机界面，根据采集到的各项数据分析计算，进行动态网络着色与线路追踪。

4）故障投诉管理。对各类故障投诉电话进行登记管理，一方面依据处理情况自动编写故障处理报告供调度员查询，对未能及时处理的投诉电话备案在册，定时呼唤处理直至恢复供电；另一方面与相关信息管理系统相结合，加强与用户的沟通，取得用户的理解、依赖与支持。

5）高级应用软件。高级应用软件依据供电方的需要开发，包括负荷建模和负荷校准、负荷预报、网损最小化、网络优化、企业资讯管理和网络规划等。

综合以上功能，对配电管理系统的工作流程表述如图 5－14 所示。

可见，DMS 实现了从变电、配电到用电过程的监视、控制和管理的综合自动化，实现了对配电网的全面自动化管理。当今，国民经济飞速发展对电力的需求日益增长，给运行容量裕度已不够的电力系统增加了巨大的压力。面对今

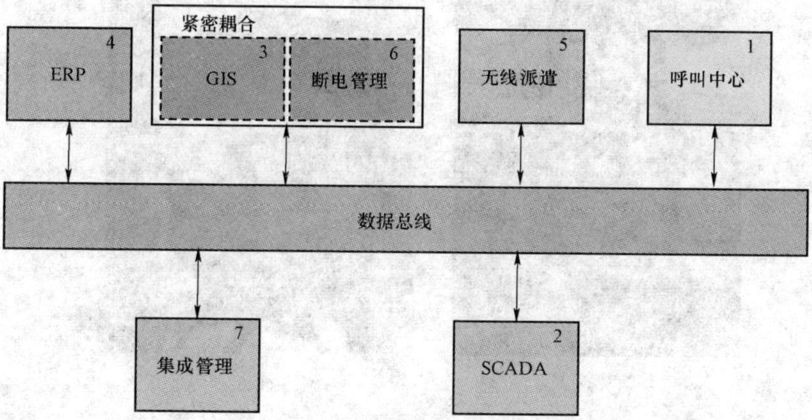


图 5-14　配电管理系统工作流程

1—呼叫中心接到客户断电报告；2—SCADA 系统查明故障地点；
3—向断电管理系统发出报警并把地址映射到 GIS 系统；4—检查备件库存；
5—通过无线派遣通知最近的维修车；6—电力恢复；7—工作总结

天的挑战，有效的解决办法是优化利用现有资源和先进的运行管理模式来应对各种复杂的问题。DMS 是提高配电自动化程度、降低运行成本和改进服务质量的一个较好策略。

## 第 142 问　智能配电台区是如何构建的

传统配电台区是直接面向电力用户的基础供电单元，主要实现电能的变换、分配、监测、保护、控制、计量和无功补偿等功能。智能配电台区将传统配电台区的高压侧保护、配电变压器、低压综合配电箱等进行优化集成设计，可划分为高压配电模块、配电变压器模块、低压配电模块三个部分，依据不同的需求进行组合式衔接，可在工厂进行预制安装，如图 5-15 所示。

根据实际使用条件、电气方案、配电变压器容量、结构组合方式等，一般可有横向集成型、纵向集成型、组合型三种智能配电台区建设方案。横向集成型智能配电台区的配电变压器和低压配电模块横向集成，通过底框水平

（a）　　　　　　　　　　（b）

图 5-15　配电台区
（a）传统型；（b）智能型

固定，主要适用于线路走廊紧张、交通流量较大、经济发展水平较高的供电区域；纵向集成型智能配电台区的变压器模块和低压配电模块通过变压器横担垂直固定，构成纵向集成式结构，主要适用于农村人口密度较小、线路走廊交通量不大的供电区域；组合型智能配电台区以配电变压器为中心，与高压配电模块、低压配电模块紧密布置，构成组合型结构，主要适用于经济发展水平高、供电可靠性要求高、树线矛盾突出、对环境具有特殊要求的供电区域。

智能配电变压器终端是配电台区监测、保护与控制的核心设备，对配电变压器、进出线开关、剩余电流动作保护器、智能电能表等运行信息进行采集和用户用电信息收集的设备，实现低压配电网的运行状态、设备状态、环境状态以及其他辅助信息等基础数据的采集，完成配电变压器计量总表监测、剩余电流动作保护器监测、状态监测、负荷管理、动态无功补偿/三相不平衡治理/谐波治理、安全防护、互动化管理、资产管理、视频监视、环境监测和分布式电源接入管理等功能。

配电物联网主站与智能配电变压器终端作为台区管理系统的关键节点，通过二者的协同互动，可实现配电台区“数据全采集、状态全感知、业务全穿透”，以App等方式提供低压配用电设备信息精准管控、精益化运维、电能质量运行指标分析等服务。为协同规划和调整系统资源，智能配电台区管理采用终端边缘计算与云端协同的管控方式，云边协同系统架构如图5-16所示。系统采用分层部署应用方式，边缘侧可自主决策运行，云平台负责聚合数据和延伸应用。

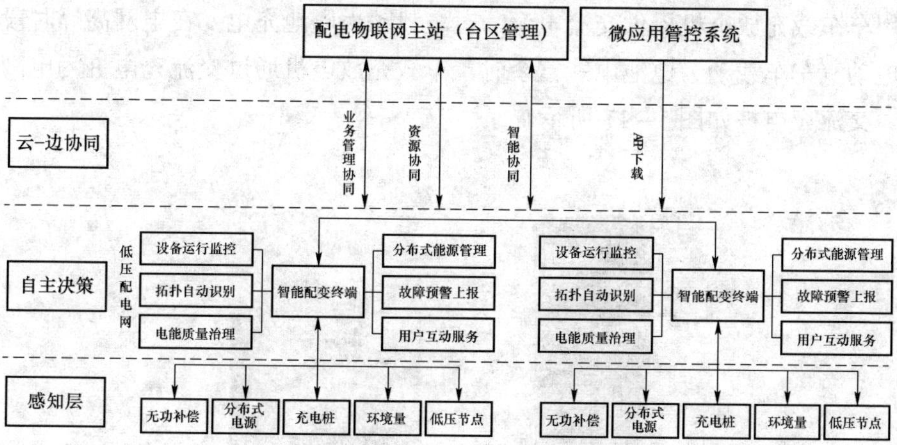


图5-16 智能配电台区云边协同架构

当前，国家电网公司组织北京、山东、上海、江苏、浙江、福建、宁夏7家单位试点开展物联网架构下的智能配电台区管理试点应用，截至2018年年底，已实现5000多个台区的智能化管理，对下接入智能开关、集中器、充电桩、各类传感器等各类低压智能设备20万台，对上通过业务与管理双通道与配电物联网主站交互；针对性开展了多个App的开发和审核评价，实现故障研判从分钟级提升为秒级，实现台区全景监测、低压设备快捷互通、云化主站弹性扩展、边缘计算就地决策；提升了对配电变压器信息的全面掌控，推动配电物联网技术的应用落地。

## 第143问 电动汽车充放电设备有哪些种类

电动汽车的充放电设备有三种：① 交流充电桩，适用于带有车载充放电机的小型电动乘用车；② 直流充电机，适用于公交、环卫、邮政等公共服务车辆；③ 电动汽车中放置的车载充放电管理终端。

（1）交流充电桩。交流充电桩为带有车载充放电机的小型电动乘用车服务，它们分散地安装在低压配电网中，能够与充放电管理系统及电动汽车通信，实时掌握电网运行状态与电动汽车储能状态，智能地控制车载充放电机进行合理充放电操作。例如，在电网低谷时段或电动汽车有刚性充电需求时，为电动乘用车车载充放电机提供交流电源，对车载动力电池充电；在电网高峰时段并且电动汽车车载动力电池电能富余时，车载充放电机通过交流充电桩为电网供电。交流充电桩如图 5－17 所示。

图 5－17　交流充电桩

（2）直流充电机。公交、环卫、邮政等社会公共服务用车具有城市区域行驶、停车场地固定、行驶路线固定、行驶里程相对稳定等特征，适宜在停车场所建设集中充放电站。由于社会公共服务用车车载电池容量大，充电功率也很大，因此采用地面直流充电机对其进行充电操作。直流充电机如图 5－18 所示。

（3）车载充放电管理终端。车载充放电管理终端放置在电动汽车中，用于对行驶中或者充电中的电动汽车电池储能状态进行实时监控，用户可以通过终端显示屏掌握电池的储能情况。车载充放电管理终端如图 5－19 所示。

图 5－18　直流充电机

图 5－19　车载充放电管理终端

车载充放电管理终端可以与交流充电桩或者直流充电机通信，在电网低谷时段或者当电动汽车需要充电时，控制充电装置为电动汽车充电；在电网高峰时段并且电动汽车电池的电能富足时，可以控制电动汽车通过交流充电桩或者直流充电机反向为电网供电。

## 第 144 问　如何合理利用电动汽车充放电管理系统

电动汽车充放电管理系统是对电动汽车充放电过程进行监测、控制和管理的自动化系统，该系统由区域充放电监控中心、充电站本地管理系统、小区充电设施、电动汽车车载充电系统等构成，主要实现用户互动服务、充电站设备管理、充电过程实时监控、车载充电装置管理、充电网络通信管理和支付交易管理等功能。电动汽车充放电管理系统如图 5－20 所示。

近年来，随着人们对环保的日益重视和相关技术的发展，电动汽车在性能和经济性方面逐渐接近甚至优于传统燃油汽车，并开始在世界范围内逐渐推广

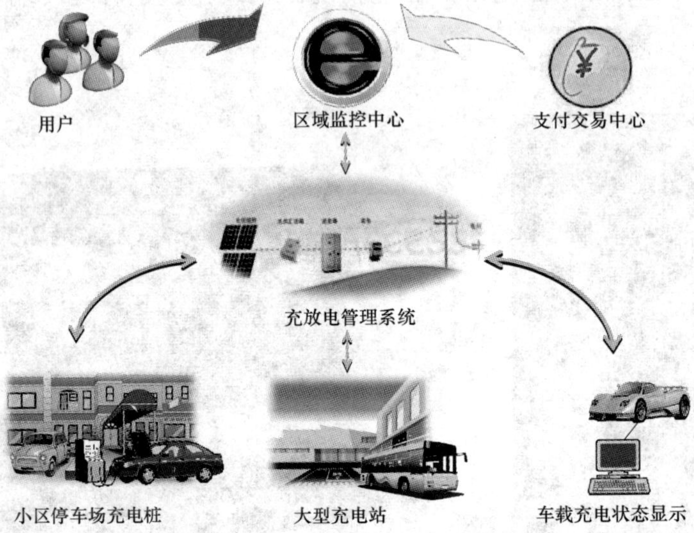


图 5－20　电动汽车充放电管理系统

应用。电动汽车能源供给设施是电动汽车产业链中的重要环节，其构成设备数量多、地点分散，如何进行有效的电动汽车充放电管理成为一个亟须解决的问题。

电动汽车充放电管理系统一方面可以通过充放电设备与电动汽车通信，另一方面与智能电网通信，根据电动汽车自身以及电网的状态，并根据双方需求来控制电动汽车的充放电操作。电动汽车充放电管理系统可以统一调度管理同一停车区域的交流充电桩和集中充放电站内的直流充电机。

电动汽车充放电管理系统的功能如下：

（1）用户互动服务。用户互动服务指通过人机界面与用户互动，使用户可以随时了解电动汽车及电网的状态信息，进行充放电操作，动态执行充放电策略，实现优化的双向电能流动。

（2）充电站设备管理。充电站设备管理指对充电站设备相关电压、电流等数据进行实时采集、监测和管理。

（3）充电过程实时监控。充电过程实时监控指对充电过程中的相关电压、电流、电池荷电状态等数据进行实时采集、监控。

（4）车载充电装置管理。车载充电装置管理指对车载电池管理系统（battery management system，BMS）相关电压、电流、电池荷电状态等数据进行实时采集、监测和管理。

（5）充电网络通信管理。充电网络通信管理指向充放电设备发送控制命令，统筹调度充放电操作，与充放电设备通信以及与电池管理系统 BMS 通信，了解车辆（电池）当前状况，确定适合充电还是放电，同时与智能电网相关系统实时通信，获取电网当前运行状态，为电动汽车充放电操作提供依据。

（6）支付交易管理。支付交易管理指通过支付交易中心，对用户的充电行为进行收费，并对用户向电网卖电行为进行支付。

用户可通过远程登录到区域监控中心来查询充电站的综合信息，如距离最近的充电站、下一个充电站或者指定充电站的位置信息、服务内容信息和忙闲状态，由区域监控中心为用户选择最便利的充电站；时间充裕的车主可以选择在停车场的充电桩进行慢速充电，也可以到大型充电站获得快速充电服务（10～20min 即可充电到 80%），或者到换电站更换电池组。

电动汽车充放电管理系统通常由三个子系统构成，包括：数据采集系统、发卡充值系统、网络地理信息系统（web geographic information system，WebGIS），管理中心（内网）与互联网（外网）通过安全防护相连，外网程序通过访问 Web 服务器的接口与内网进行数据交互。通过系统共享数据，管理中心可以统一管理，也可以给相关管理人员指定不同区域管理权限，通过互联网实现分布式管理。发卡充值系统可分布在城市各网点。

针对当前城市电动汽车热销的局面、汽车厂商、电网公司、石油石化公司、电气设备公司和通信网络公司等纷纷布局充电设施建设，出现车桩之间、充电站（桩）与充电管理平台之间、不同运营商平台之间信息无法共享等亟需解决的问题，2015 年中国电力企业联合会组织国内各相关单位制定了 GB/T 18487.1—2015《电动汽车传导充电系统第 1 部分：通用要求》等 5 项国家标准，并于 2016 年 1 月发布。该系列标准规定了充电基础设施信息交换体系架构，统一了信息接口的通信协议，实现了不同充电运营企业、不同区域的充电服务设施以及第三方平台间的信息互联，为实现电动汽车充电基础设施的信息服务和充电服务互联互通奠定了基础。标准发布后，相继在国家电网公司、特来电新能源有限公司、万帮充电设备有限公司、普天新能源有限责任公司等充电服务运营商得到应用，也在中创三优（北京）科技有限公司、上海上电电气科技有限公司等地方政府充电设施监控平台得到实施。该标准自发布实施以来对促进电动汽车充电设施互联互通起到了非常重要的促进作用，例如，青岛特来电新能源有限公司以该系列标准为基础，近两年来实现了与 200 多家合作伙伴的互联互通，显著提升了运营效率和市场绩效。

目前，电动汽车充放电系统的拓扑结构主要有两种：一种是电动汽车经过 AC/DC 变换器接入电网，另一种是电动汽车经过双向 DC/DC 变换器和 AC/DC 变换器接入电网。充放电系统的主电路拓扑通常由三相电压型 PWM 整流器和双向 DC/DC 变换器组成。比亚迪公司首先开发出了充电自动化、刷卡计量收费的充电站充电管理系统，实现了充电站的无人值守化。

电动汽车充放电管理系统能够契合电动汽车用电对移动性和多样性的要求，有利于充电网络建设的统一规划，有利于促进充电服务产业规范有序发展，有利于发挥规模效益，降低运营成本，对形成区域内电动汽车充电业务及功能的互联互通、实现统一化管理有着重要的意义。

## 第 145 问　路灯充电桩怎样实现一体化

节能路灯充电桩是在路灯杆上“嫁接”充电桩，对路灯进行供电的同时，为电动汽车提供充电服务的充电桩设施。

随着电动汽车的发展，充电桩建设数量也需要不断增长。充电桩是电动汽车系统工程的重要组成部分，为电动汽车提供电能供应。充电桩按充电方式划分，分为交流充电桩、直流充电桩、交直流一体充电桩。据公安部交管局统计，截至 2016 年 10 月，全国新能源汽车保有量达 6.6 万辆，车和桩的数量比约为 6.6∶1，与国家指导规划的 1∶1 预期还有一定距离。

充电桩的推广面临诸多问题：其一，空间制约问题。城市土地空间受到制约，小区、公共场所的停车位有限，无法提供更多的安装地点。其二，建设成本问题。土建成本较高，需重新敷设电力线路。其三，用电安全问题。小区物业通常不接受充电桩安装，主要考虑小区变压器现有容量无法承受快速增长的充电负荷所带来的安全隐患，充电桩安装需要足够大的变压器容量等。同时，高耗能路灯的节能改造势在必行，而路灯充电桩一体化方案利用 LED 路灯替换高压钠灯节省的60%变压器容量，在路灯杆上安装交、直流充电桩，能够满足电动汽车充电需求，同时解决城市道路照明能耗高、电动汽车推广难、充电难等问题。

市政路灯充电桩一体化方案如图 5－21 所示，除了实现基本的照明功能外，灯杆上集成有各类传感设备，通过信息传输将各类传感设备采集到的信息传输至智慧城市管理平台，为城市监管者提供管理决策依据。其中，市政路灯充电桩一体化设备兼顾市政路灯和电动汽车充电桩，一方面能以高光效和低能耗为城市道路提供照明，另一方面能够为电动汽车提供直流充电服务；低压直流供电网络为整个系统提供多输入多输出的电力能源配置平台，为电源系统和一体化设备、数据中心等用电系统提供有效连接，具有良好的可靠性和稳定性；无线通信网络为系统提供可靠、高速的通信保障，能有效支持控制指令、一体化设备在线状态监测、视频监控等大量数据的实时传输，节约通信成本。主站监控系统利用无线通信模块接收来自一体化设备的实时监测信息，包括路灯开关状态、充电桩工作状态、视频监控等数据；电源系统利用市电集中整流，同时利用风电、光伏太阳能等分布式能源提供直流电源，此外可以适时利用电动汽车充换电站存储的电能；数据中心等大用户在利用传统市电时，经常需要经过整流与逆变等多个环节，由于其用电负荷多为直流，直接利用低压直流电网的电源可明显减少交直流转换过程中的电能损耗，因而以数据中心为代表的电力用户可方便接入系统，并实现良好的节能效果。

2008 年德国柏林 Ubitricity 公司首次提出在路灯边充电的概念，即把路灯改造成充电桩。Ubitricity 的充电设施主要由插座、智能充电线和连接管理器三个部分构成。2017 年，德国的电动汽车充电已经非常普遍，各地有大约 1000 万盏路灯，由于部分电灯的电网连接和位置可以满足日常

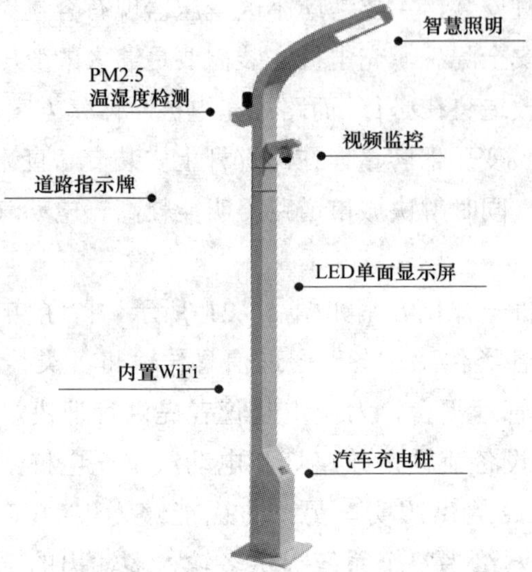


图 5－21　市政路灯充电桩一体化示意图

充电需求，所以，其中的 1%～2%可能会被整修为“充电桩”，也就是能够以 500 欧元左右的单价，再建造 10～20 万个“充电桩”。

2014 年 10 月，北京市首批 10 个路灯充电桩上线运行，电源来自路灯充电桩所在道路上的 88 盏路灯。这 88 盏路灯是由高压钠灯改造的 LED 灯，节省出来的容量足够支撑十几辆纯电动汽车同时充电，并且不会影响晚上的照明。2016 年，52 个复合型路灯充电桩在城六区安装完毕。数据显示，北京仅城六区就有 20 多万盏高压钠灯，占路灯总量的 80%以上。如果全部更换为 LED 灯并按 15% 的比例加装直流充电桩，可为北京城区增加 3 万多个充电网点，将会极大地方便纯电动汽车的充电与使用。

2015 年 11 月，上海市大沽路安装了 15 个智能路灯充电桩。道路两旁每隔 30m 便竖立着高 8m 的银灰色新型智慧灯杆，其外观为下粗上细，下部是约 1m 长的基座，具备电动汽车充电桩、一键求助机和触摸屏等设备。目前，路灯充电桩被业界普遍看好，因为它只是在原来的电线杆上加装了插座和电能表，不用新开公共资源建充电桩，又减去了铺设管线的工程，大大降低了建设综合成本。只要下载电桩 App，就可以查看和预约充电。充电桩的接口是通用的，车主仅需自备充电线。充电支付就像超市购物一样简单，通过 App 内置的电子钱包，支付宝、微信、银联等都可以为其充值，未来还可以利用上海交通卡实现付费。

路灯充电桩一体化的推广实施，能够助力于同时解决城市道路照明能耗高、电动汽车推广难、充电难等问题，有利于创新型国家的建设和战略性新兴产业的发展，有利于为电网的削峰填谷和用户的需求响应奠定良好基础，对于实现节能环保、高效低碳新型城市的建设具有重要的意义。

## 第 146 问　智能路灯监控的整体解决方案是怎样产生的

城市的公用路灯、夜景美化灯和广告灯已成为一个城市重要的基础设施，为了使这些公用设施正常运行且高效节能，就必须对它们进行智能监控。

城市路灯的监控模式从早期的分散失控发展到当前的集中监控，并且已经在国内一些城市获得了良好的效果，如长沙、济南、天津等地建设的城市路灯监控系统在路灯监控、设备巡检和亮化美化管理方面已经发挥了重要作用。随着经济社会的快速发展以及平安城市、生态城市、文化城市的建设需求，迫切要求建立高效节能、控制灵活的智能路灯监控系统。

智能路灯监控系统主要由监控中心、通信网络和现场监控设备组成。其中，监控中心配备有数据库服务器、通信前置机、监控工作站和相关网络通信设备；通信网络是现场监控设备与路灯监控中心的数据传输网络，支持电力光纤、230M 等无线专网通信方式；以及 GPRS/CDMA 等公网通信方式；现场设备包括路灯监控器、网络摄像头等，主要实现现场路灯运行数据和状态的采集、远程控制、视频传输、本地方案控制等功能。智能路灯监控系统如图 5－22 所示。

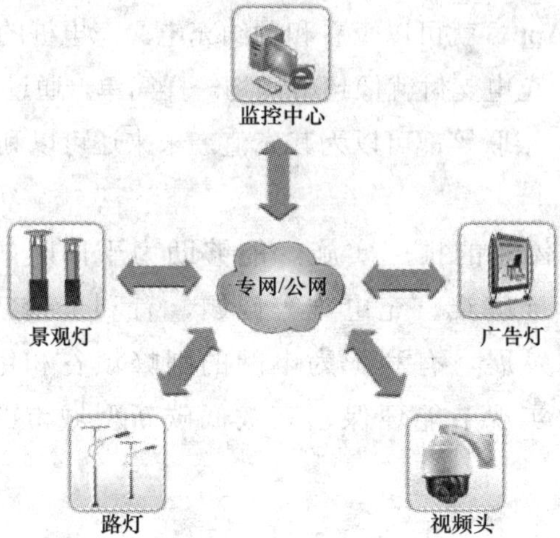


图 5-22　智能路灯监控系统

智能路灯监控系统的定点、定时和方案控制可以满足节假日和重大活动照明的需要。分段控制和路灯调压功能可以在保证安全照度的条件下，满足在夜间和非繁忙时段的节电和延长灯具寿命双重要求；系统的故障精准定位功能可以迅速处理路灯损坏等故障，改变原有人工巡检周期长、维修不及时等状况，提升路灯设备维护水平；另外，数据和视频监视功能可以配合使用，可以及时发现现场的异常情况，保障城市路灯照明。

智能路灯监控系统以城市路灯照明用电为业务主线，突出“节能、低碳、科技”等主题，充分展示城市智能电网示范区的良好形象，使城市居民切身感受“智能电网点亮城市”的服务理念。智能路灯监控系统在系统架构、技术装备、通信网络和物联网应用上较传统监控系统有着变革性的提升，在公用事业领域，开辟了一种新型的智能用电服务，满足了城市路灯照明监控和智能服务需求，对平安城市、智能城市的建设起到重要的支撑作用。

智慧路灯综合管理解决方案是一套可以应用于不同层次需求的路灯管理需求，包括了路灯配电柜控制管理解决方案、路灯单灯控制管理管理解决方案、合同能源管理二次节能管理解决方案、路灯资产及运维管理解决方案、路灯项目全寿命周期管理解决方案，其中还包含了最新的城市多功能智慧路灯杆复合型产品需求及应用管理解决方案。

（1）智慧路灯运维控制管理解决方案。该解决方案需硬件系统与软件平台配合建设使用，前端硬件系统负责数据采集、本地指令下发等；软件平台负责数据分析、远程调度、控制管理。

通常软件产品包括：路灯智能化综合管理平台、照明资产全生命周期管理评价系统、智慧照明运维管理系统、智慧路灯杆综合管理平台、夜景智能化管理平台等；硬件设备包括：多通信方案单灯控制器、远程照明控制终端、八路拓展、三相计量、调光放大器、LED显示屏、摄像头、AP、广播播控、环境监测和充电桩等。

智慧路灯运维控制管理解决方案在灯控平台及设备方面应可兼容电力载波（PLC）、远距离无线电（long range radio，LORA）、窄带物联网（narrow band internet of things，NB－IoT）、RS485、433MHz等全系列通信方案。

智慧路灯运维控制管理解决方案软件平台采用自动控制方式，实现对全部路灯照明进行集中控制、统一管理。建立市级、区级、项目方三级管理中心，对照明设备实现实时的状态采集和控制。软件平台的通信信道采用加密方式，控制过程中有网络鉴权，防止网络黑客入侵和误操作，控制终端具备支持离网运行和手动控制功能，确保在网络瘫痪条件下保持平台的稳定。

智慧路灯运维控制管理解决方案在各路灯管理所设置监控中心，平台的状态信息在控制大屏上结合电子地图图形化展示，实时显示各个控制模块运行状态信息，实时显示各个系统的能耗信息，实时显示系统的故障信息，可以实时下发控制指令，实时显示各种统计分析报表，实时显示环节视频和环境参数信息。

智慧路灯运维控制管理解决方案对路灯项目实现资产及运维管理，采集路灯分控柜、照明支路的能耗参数，进行用能分析。对于工程中涉及的人、材、物进行统一的管理，可以实时统计资产的分布、项目建设档案。

此外，对路灯项目也可以实现全寿命周期管理，记录路灯项目相关设备从采购、投入使用到停用的生命全过程记录，并对其的运行情况、故障情况等在线监测数据进行记录，可作为大数据分析及决策依据。

（2）智慧路灯杆综合管理解决方案。智慧路灯杆综合管理系统，搭建智慧城市照明及网格化综合管理大平台，不仅是城市综合服务载体，更重要的是城市信息采集载体。

智慧路灯杆综合管理系统是在专业工业设计的灯杆上加载除了基础智慧照明之外的其他城市常用物联网通信设备，包括摄像头、5G 基站、LED 屏、广播音响、环境传感器、充电站，通过智能路灯杆作为载体综合采集城市大数据，实现城市亮化、绿色城市、视讯城市、无线城市、平安城市、资讯城市和指挥交通等功能模块，一个产品即可满足智慧城市“雪亮工程”建设、5G 网络建设、城市风貌宣传、城市环境检测管理等基础政务及城市管理的综合需求，为建设美丽智慧城市提供关键及重要的决策依据，为城市、人民创造更美好的智慧城市生活环境。智慧路灯杆综合管理解决方案的示意图如图 5－23 所示。

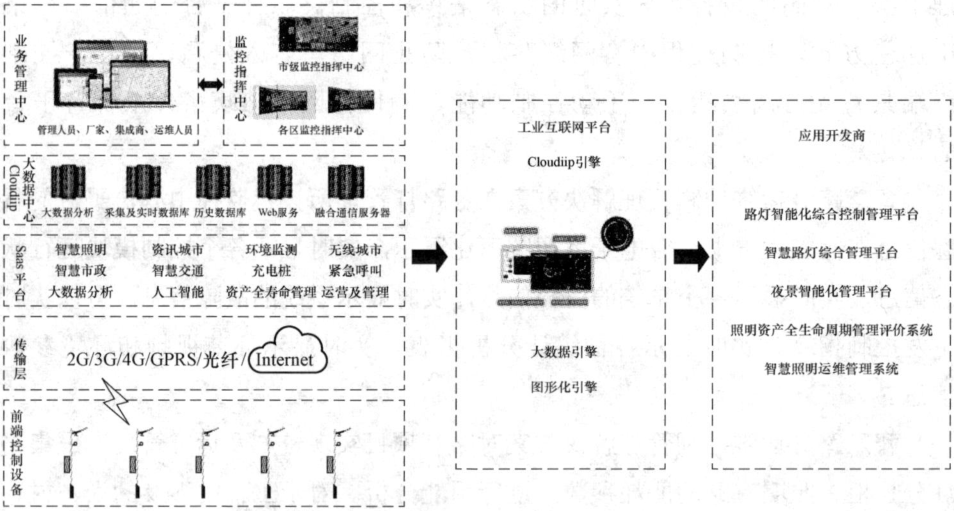


图 5－23　智慧路灯杆综合管理解决方案

针对所有城市场景，智慧路灯杆对包括民生、环保、节能、公共安全、城市服务、工商业活动在内的各种需求做出智慧响应，产品采用工业化结构设计，软件采用模块化设计，均可根据不同需求和不同应用场合，选择不同的功能模块，大大突破传统路灯杆的功能范畴。

现代大数据、互联网、云平台及物联网等先进技术，赋予路灯除了基础照明之外的各种智慧功能。智慧路灯杆已经不仅仅是简单的城市照明设备，而是一个城市综合服务集合体，是兼具照明设备与多种城市服务设备功能于一体的智慧服务方案，提供全方位、立体化的城市服务。

## 第 147 问　用户能源网关是什么

用户能源网关是用户侧实现智能用电的关键设备，用于连接用户局域网与互联网，并在这两个网络之间进行通信方式与通信协议转换，可与用户智能用电设备、服务中心主站进行数据交互。用户能源网关作为支撑智能用电业务的设备，可以是专用设备，也可以是在通用电信网关的基础上进行功能扩展而衍生出的设备。

用户能源网关的主要功能包括：协议转换、用户侧用电设备的实时运行状态监测、用电设备的远端/本地控制功能。通过用户能源网关，用户可以很容易了解每一个负荷的运行情况，包括电力的消耗时间、消耗量。用户能源网关可实时接收各类安防设备的报警信息，包括红外探测、烟雾告警、燃气告警、紧急求助按钮和门磁等。用户能源网关可定时采集或接收水表、燃气表、热力表示数，其中所有数据保存时都带有时标。用户能源网关通常具有用户能源数据监测、汇聚、上传的能力，内部包含通信单元、微处理器芯片、高精度时钟和人机接口等，所有采用兼容性接口的智能用电设备，均可以通过标准的网络接入，在首次启动时通过能源网关完成向远端能源服务平台的注册和登记。相比智能电能表而言，用户能源网关不仅仅为了实现自动抄表、计费和缴费，用户能源网关所管辖的颗粒度更细、更小，可以针对具体的每一个负荷进行管控，甚至可以根据电网发布的价格、激励信息进行优化，自主设定用电设备的开启、关闭信息，自动调节设备的运行模式。目前，用户能源网关通常具有较强的配置，并且支持上/下行多数据通道，如图5－24所示为用户能源网关设备照片，采用433MHz/WiFi双数据通道，配备1.6GHz双核CPU，1GB内存，还内置有Android操作系统，具有较强的处理能力。

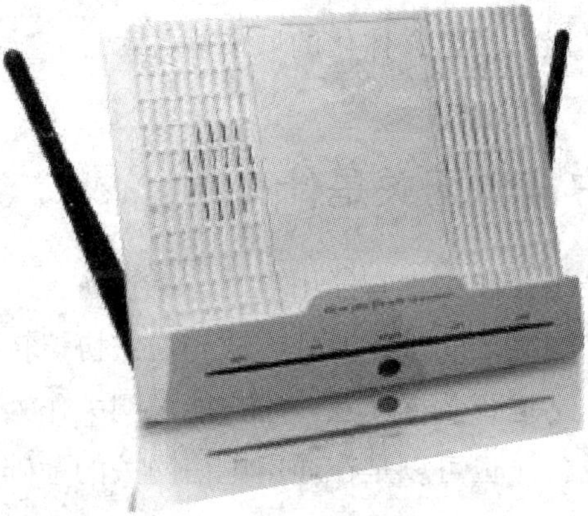

图5－24　用户能源网关设备照片

用户能源网关在未来可以被看作是在智能电网用户接口上实现需求响应业务的理想渠道，电力公司根据系统的实际运行情况，动态发布电价、激励政策，自动调节用户的负荷。选择参与需求响应业务的用户，在通过用户能源网关登记并签订能源服务合同后，则可以享受一定的价格优惠政策。在美国，ZigBee联盟所推出的智慧能源服务，采用ZigBee的网络协调器，集成了智能用电业务应用，在电力公司与用户签约后，无偿赠送包括用户能源网关在内的全部设备。用户能源网关在设计时，也考虑到了某些特殊的需求，比如照明、手术室供电等特殊的应用场景，允许用户配置关闭远端控制的权限，也即电网公司无法在用户不开放接口时，实现远端的控制。

随着网络和信息家电越来越多地出现在人们的生活中，人们普通要求将家庭内的所有家用电器与互联网连接起来，实现用户在远方用计算机或电话通过互联网对家电设施进行监控。家用电器制造商可以通过网络对其生产的设备进行售后跟踪服务；家用电器在故障时能自动按预设的邮件地址来发送电子邮件进行报警，以上功能均可以通过用户能源网关来实现。通过用户能源网关，电网公司可以在必要的时候降低用户的负荷需求，实现节能的目标。比如，对于公共场所的商场中的空调负荷，在夏季时适当地调高设定的温度，使设备暂时停止运行，而不是简单的关停设备。类似地，将锅炉的运行温度适当地降低，也可以实现电力设备的节能。根据估算，通过用户能源网关可实现节能 10%～20%，对于高耗能企业而言，可谓是意义重大，能耗信息的采集精度也可以根据企业的需要提升，从小时级可以提升为分钟级。

目前，各国都在开展用户能源网关的相关工作。随着智能电网建设的全面推进，智能用电技术快速发展，基于智能用电的智能家居系统能够实现电力用户与电网企业间的信息交互、用户环境能效管理和需求响应，同时为用户提供舒适、便捷、环保、低碳的生活空间。用户能源网关作为用户侧实现智能用电的关键设备，支撑电网与用户进行数据交互，对智能电网工作在用户侧的开展具有重要意义。

## 第 148 问　用电信息采集系统的构成和作用是什么

用电信息采集系统是对电力用户的用电信息进行采集、处理和实时监控的信息化系统，具有用电信息的自动采集、计量异常监测、电能质量监测、用电分析和管理等功能。用电信息采集系统是智能用电管理、服务的技术支持系统，为管理信息系统提供及时、完整、准确的基础用电数据。

对用户用电信息的采集最早可追溯到 20 世纪 80 年代末，为缓解供电紧张局面，实现“拉户不拉路、移峰填谷”等需求侧管理功能，国内开始研究基于无线电通信的负荷监控系统，第一套无线负荷监控系统于 1989 年在郑州投入运行。该无线负荷监控系统使用 230MHz 无线通信信道，初期系统使用变送器加脉冲采集的方式采集电能信息，每个城市一般安装几百台左右，且仅安装在负荷较大的电力用户。

随着计算机技术、电子技术的发展，20 世纪 90 年代后期机电一体表和全电子式电能表开始应用，现场采集终端开始使用 RS485 总线进行电能信息的采集。随着用电紧张局面的缓解，负荷监控系统的功能定位也发生了变化，逐步演变为负荷管理系统，增加了远程抄表、有序用电、负荷预测、预付费等功能，采集范围也从大用户扩展到厂站、公用配电变压器和低压小用户，成为供电企业营销业务的三大支持系统之一。

随着移动通信技术的发展，短信、GSM、GPRS、CDMA 等公网通信方式开始在负荷管理系统中应用，2002 年以后公网通信方式被普遍应用。2004 年修订负荷管理通信规约时，增加了厂站、公用变压器的电能信息采集内容和对公网信道的支持，电能采集走上了标准化道路。2010 年，国家电网公司发布了 2009 版电力用户用电信息采集系统系列标准。2013 年，国家电网公司发布了 2013 版电力用户用电信息采集系统系列标准。

用电信息采集系统主要由主站、通信信道、采集终端、智能电能表等部分组成，采集的对象包括大型专用变压器用户、中小型专用变压器用户、三相一般工商业用户、单相一般工商业用户、居民用户和公用配电变压器考核计量点等，同时也可以将关口计量、分布式电源接入、充放电与储能接入等计量点信息纳入采集的范围。

用电信息采集系统主要功能包括：数据采集、数据管理、终端管理、档案管理、控制、自动抄表、任务执行、费控管理、有序用电管理、用电情况统计分析、异常用电分析、电能质量数据统计分析、运行维护管理、权限和密码管理等。用电信息采集系统的构成及与其他系统的交互关系如图 5-25 所示。

用电信息采集系统是智能电网的重要组成部分，可以实现抄表及电费结算的智能化，提高电网企业的营销科技水平，并能指导用户科学合理用电，为智能用电服务提供有力的技术支持。

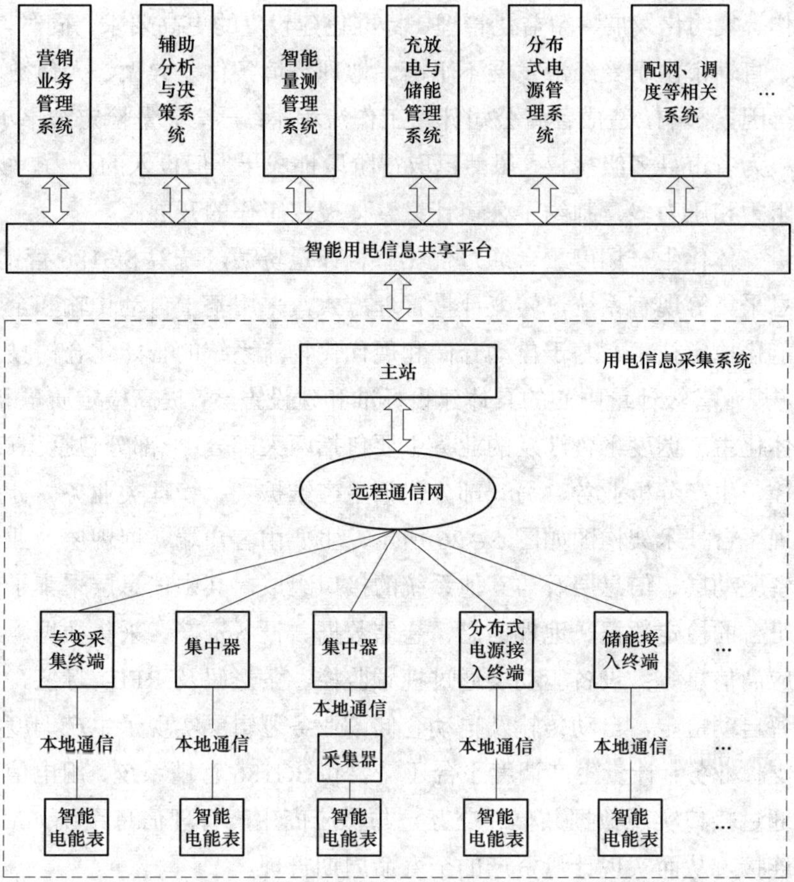


图 5-25 用电信息采集系统的构成及与其他系统的交互关系

## 第 149 问 计量一体化生产调度平台是怎么工作的

随着国家电网有限公司加快推进采集系统建设，大规模安装应用智能电能表，对计量检定工作的质量效率提出了更高的要求。国家电网有限公司现有的计量管理模式，客观上造成了管理标准、技术标准、工作标准不一致，标准设备配置参差不齐，生产和仓储设施建设差异大，统一配送范围受限，资源相对分散，工作效率较低，运营成本较高等现实问题，难以保证检定标准和检定结果的高度一致，难以满足智能电能表快速推广应用的需求，难以满足公司“集团化运作、集约化发展、精益化管理、标准化建设”的更高要求。同时，各省、自治区、直辖市由于受经济发展不平衡、地理环境条件差异大、人口数量及分布不均等因素影响，造成各省公司计量工作流程不统一，计量检定结果不一致；计量授权为省市县多级授权，虽然已取得阶段性成果，但投入的人力、物力大，承受的阻力和压力多，制约了公司计量整体授权工作的开展。

计量一体化生产调度平台通过优化整合计量资源，统筹SG186营销系统、用电信息采集等现有系统，转变计量管理方式，采用基于自动传输和全自动检定的智能化检定技术、基于自动仓储和现代化物流系统的智能化仓储技术等先进手段，规范省级计量中心的具体建设标准和建设方案，提高检定质量和效率。计量一体化生产调度平台涉及的业务主要包括两大部分：一部分包括生产管理、生产监控、生产分析业务，另一部分包括生产维护类、管理类业务。计量生产调度管理平台技术架构图如图5－26所示，主要由客户端、展现层、业务逻辑层、设备驱动层、信息层及与其他系统的接口组成，其中信息层采集了计量生产管理平台的检定数据、地理信息、仓储数据、设备资产、采集数据、物流数据和供应商信息等；设备驱动层通过视频监控、条形码及RFID标签，实现了计量设备自动检定，自动传输及自动仓储；业务逻辑层实现了生产调度、质量评估等支撑业务；计量生产调度平台还需要和SG186营销系统、用电信息采集系统等通过接口实现数据共享和交互，与供应商生产管理信息系统（MIS）系统进行连接，从而实现计量资产的全寿命周期管理。

自动化检定流水线采用无人工干预的自动化检定作业方式使检定与质量监督分离，确保了计量准确、公平和公正。自动化检定流水线系统包含单相智能电能表自动化检定系统、三相智能电能表自动化检定系统、用电信息采集终端自动化检测系统、低压电流互感器自动化检定系统等，这些系统依据不同产品数量检定规模，可以柔性地进行布局设计，每个系统可视为一个相对独立的系统，但在物理上与智能化仓储无缝接驳，管理上与计量生产调度管理平台相连，系统具备检定、检测结果自动处理、随机存储、查询及检测报告等功能。系统具备实现与营销信息系统的数据交换，自动实现数据上网，系统具备检定数据在本地的自动保存及通过网络进行保存的功能。系统对校验过程的状态参数自动进行检查并与历史或出厂验收记录比较，对流水线的运行故障预判或告警，实现真正的状态维护。每一工位自动进行数理统计，统计工位的累计校验表数、月校表数、平均误差和平均校验用时。

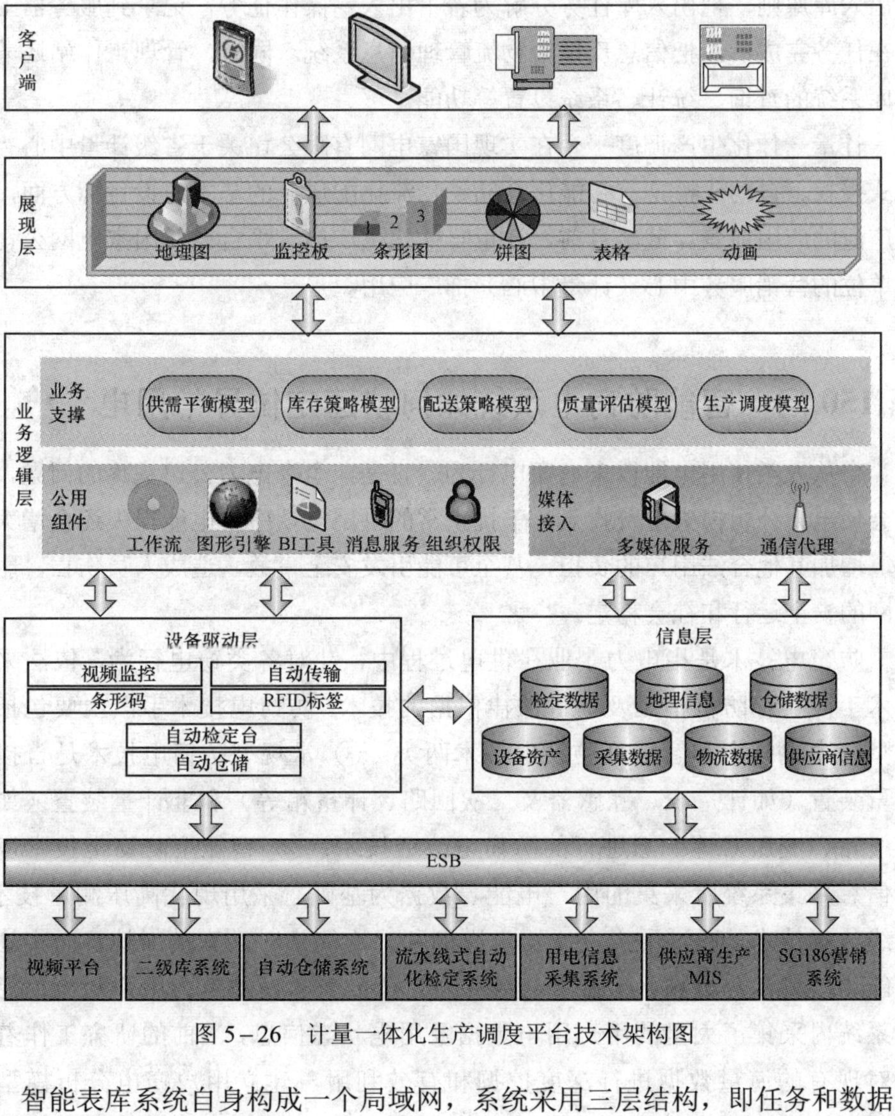


图 5-26　计量一体化生产调度平台技术架构图

智能表库系统自身构成一个局域网，系统采用三层结构，即任务和数据管理（库存管理层）、集中监控和设备控制（设备调度层）、多种任务执行设备（设备控制层）数据服务器存放库存数量、立库信息、出入库任务等数据，各个工作终端通过访问服务器上数据库实现数据交换。管理工作站采集出入库终端和工作台下达的出入库和输送任务，根据仓库数据库的物料库存情况，遵循仓库的出入库原则，把出入库任务分解为若干出入库操作任务，记录到服务器上，并在任务完成后，把信息反馈给物流管理信息系统。同时，管理工作站还兼有立库系统的查询、统计、系统设置等功能。

计量一体化生产调度平台在实现国家电网有限公司关于省级计量中心“整体式授权、自动化检定、智能化仓储、物流化配送”的基本建设目标方面，有着广泛的应用前景。截至目前，计量一体化生产调度平台已在国家电网公司各级单位的营销服务中心（计量中心）推广应用。

## 第150问　智能防窃电系统如何快速定位异常用电

自从人类使用电能以来，窃电行为一直是一个令电力公司头疼的问题，不仅会使电力公司损失电费收入，干扰正常的供用电秩序，电能损失还会增大线损，增加其他合法用户的负担，甚至可能引发安全事故，造成人员伤亡，影响电网的安全运行和社会稳定。

防窃电技术是指电力企业在供电过程中，针对各类窃电行为，依法采取技术手段实行防范措施及提供法律依据的技术。防窃电技术手段主要包括常规型防窃电技术和智能型防窃电技术两类：① 常规型防窃电技术是直接在计量装置（如计量表、互感器及二次回路、计量箱等）和非计量装置（如低压线路、变压器等）上进行的防窃电改造技术；② 智能型防窃电技术以用电信息采集系统所采集的用户电能表数据为基础，采用现代高压测量技术、无线传感技术，通过用户变压器一次侧和二次侧实时功率的对比，而实施的智能化监测和分析技术。国家电网有限公司全面建设的电力用户用电信息采集系统内采集了大量的用户用电数据及用电状态信息，当前的研究工作着力于对现有的海量数据进行深度挖掘和有效利用，建立用户窃电分析模型，实现可疑用电用户的甄别，通过安装智能防窃电系统（软件），实现终端用户窃电的精准定位，提高用电信息采集系统防范、查处窃电的针对性和有效性。

智能防窃电系统主要由数据采集器、带有无线数据接收功能的现场终端设备、用户计量多功能表、系统主站等组成。系统如图 5－27 所示。

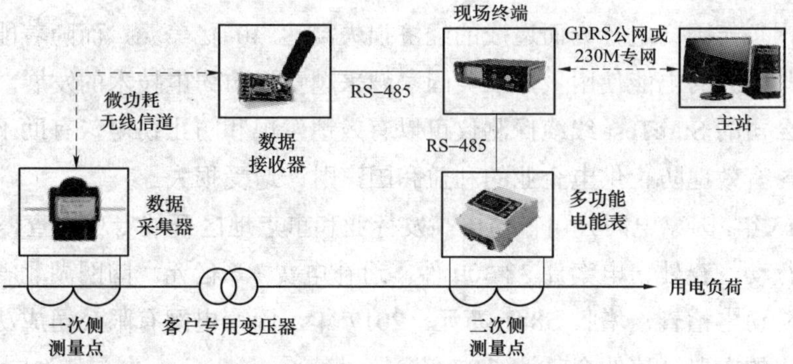


图 5－27 智能防窃电系统结构图

数据采集器直接套/串接在客户变压器一次侧电力线上，用于采集、处理、存储一次侧的三相电流，并经无线信道将数据发送到变压器二次侧的数据接收器。数据接收器通过通信接口将电流数据传输到现场终端设备。现场终端完成一次侧功率和二次侧电能表功率的数据进行实时比对，并形成功率对比曲线。当功率差值超过设定的限值时，可以进行异常告警，并可通过用电信息采集系统进行全程记录。

智能防窃电系统可以发现并防止用户以下窃电行为：私自改动计量表计、分流计量回路、更换计量回路设备、绕越计量表计和计量回路。智能防窃电系统的优势主要体现在以下几个方面：适用可靠、安装方便、防控可视、查处有据。

智能防窃电系统通过一次侧和二次侧的用电数据进行实时比对，使电力公司在第一时间发现用户的异常用电，并能实时跟踪，进而帮助进行用户窃电的定位和取证。大量的事实证明，智能防窃电系统已经帮助电力公司挽回了经济损失。

智能防窃电系统的优势总结如下：

（1）采集设备安装在一次侧，全密封，无接点，用户无法破坏。

（2）全天 24h 实时自动监控，报警及时，节约人力、物力、财力。

（3）与现有负荷管理系统无缝连接，投资少，见效快。

（4）迅速准确地锁定窃电嫌疑人，证据确凿。

（5）减少电力的非正常损耗，为供电公司挽回巨额损失。

美国每年因窃电行为而造成的经济损失高达 40 亿美元，而随着能源价格的上涨与巨大的电能使用量，欧美国家越来越重视防窃电技术的发展。美国理想工业公司的 SureTest 线缆探测仪可以有效地发现和防止窃电，有助于加强用电治理，有效地防止供电企业的利益和国家财产遭受损失。

2013 年，国家电网公司在窃电高发行业和重点地区开展专项稽查，实施“反窃电”行动，查处窃电案件 38 309 件，追补电费 3.6 亿元。国网湖北省电力公司开展防窃电稽查，增收 5881 万元。2017 年，国家电网有限公司成功追缴因窃电产生的电费及违约金高达 6.87 亿元。

## 第 151 问　电力应急管理平台是如何运转的

电力应急管理平台是以公共安全理论为基础，利用现代信息技术、通信技术、电力系统分析与控制技术，为了应对电力生产重特大事故、设备破坏、电力供应危机、与电力生产相关的严重自然灾害等重大突发事件以及公共安全事件而建设的具有应急信息采集与管理、应急值守、预测预警、调度指挥、辅助决策、电子预案、资源管理、演练评估和信息发布等应急管理功能的技术保障系统。

电力应急管理平台建设是一个综合性系统工程，既包括为应急指挥提供场所环境和智能化设备支持的基础支持系统，也包括支持应急综合信息管理、智能分析和数字化指挥的业务应用系统。同时电力应急管理平台包括总部、区域/省、地市三级电力应急管理平台，对应电网企业总部、区域/省级电网公司、地市级电网公司三个层次的应急指挥。应急指挥场所和基础支撑系统按照总部、区域/省、地市三级部署；业务应用系统按照总部、区域/省、地市三级应用。电力应急管理平台总体架构如图 5－28 所示。

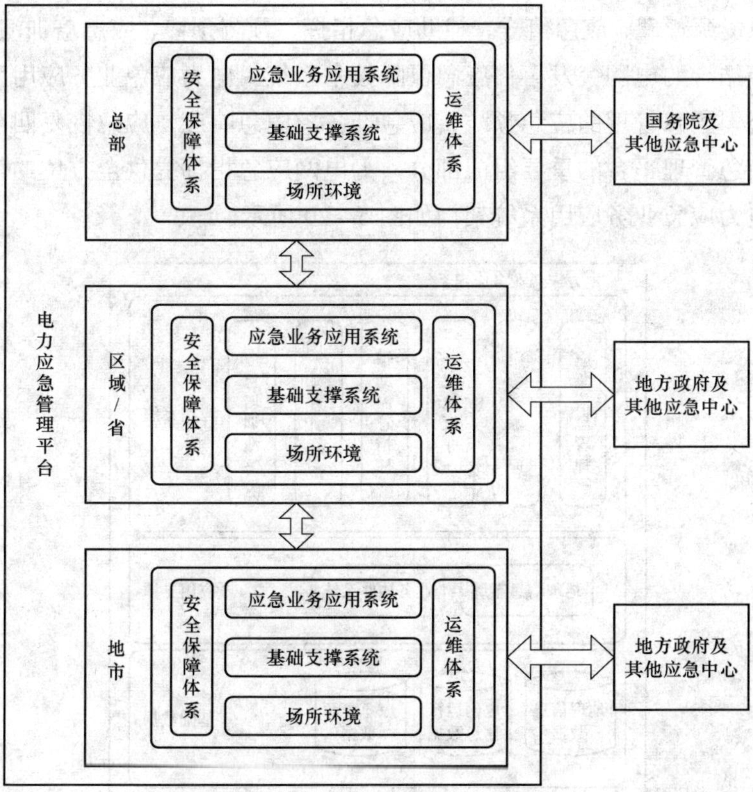


图 5-28 电力应急管理平台总体架构

电力应急指挥中心的建设包括场所环境、基础支撑系统和电力应急业务应用系统，具体介绍如下：

（1）场所环境。应急指挥所包括应急指挥大厅、控制室和机房等。指挥大厅是视频会商、应急指挥的场所。在指挥大厅中，应急指挥人员和专家通过音视频，进行重特大事故异地指挥和应急资源的紧急调度。

（2）基础支撑系统。基础支撑系统是实现应急指挥中心业务的基础技术装备与手段，包括综合布线系统、集中控制系统、拾音及扩音系统、传真通信系统、电话会议系统、视频会议系统、视频采集及显示系统和应急通信系统等。

（3）电力应急业务应用系统。电力应急业务应用系统是以计算机网络技术、数据交换技术、应急通信技术、地理信息技术等为基础，具备应急信息管理、应急资源管理、应急值守、辅助应急指挥、预测预警、应急培训演练功能，软硬件相结合的电网突发事件应急保障技术系统。电力应急业务应用系统服务于电网公司应急管理的应急预防、应急准备、应急响应、应急恢复四个阶段，市电力应急管理平台的重要组成部分，为电网应急指挥提供全方位的信息技术支持。电力应急业务应用系统架构如图 5－29 所示。

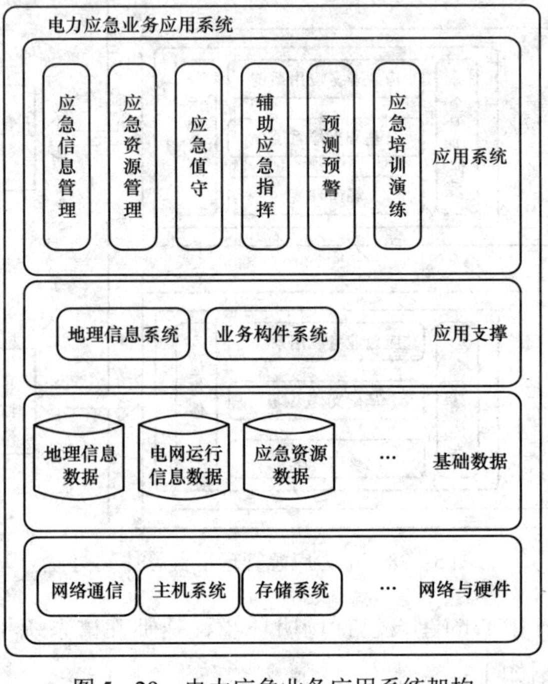


图 5－29　电力应急业务应用系统架构

国家电网公司于 2008 年上半年启动区域和省级应急指挥中心建设，旨在充分整合现有的信息、通信等资源，采用现代信息技术，建立集应急日常管理和突发事件处置指挥于一体，高度智能化的应急系统，构建平战结合、预防为主的应急指挥平台。公司系统各建设单位严格按照《国家电网公司应急指挥中心建设规范》，建设内容包括场所、基础支撑系统、应用系统三部分，具备信息汇集、视频会商、辅助决策和日常应用等功能，实现与政府相关部门的信息互联，可在指挥重大保电活动、处置大面积停电等各类突发事件和社会应急救援工作中发挥重要作用。

2017 年 6 月 26 日，国网江苏省电力公司新应急指挥中心正式启用。该中心全面运用物联网、大数据等新技术，将电网、设备、队伍、物资、装备、视频等信息全部实时接入，与总值班室功能有机整合，满足日常、应急、保电、演习、值班等多种模式下的业务需求。该中心建有独立的应急指挥技术支撑系统，包含应急指挥大屏可视化系统、应急指挥管控系统和应急指挥移动应用系统，具有突发事件瞬间响应、视频信号一键接入、十大系统集中集成、多种模式快速切换等四大特色亮点。

# 第六篇

# 生 活 篇

# 第 152 问 智慧地球是怎么提出来的

智慧地球（smart planet）是指个人、公司、组织、城市、国家、自然系统和社会系统实现更透彻的感应和度量、更全面的互联互通，在此基础上获得更智能的洞察，提供更多的进步机会。

2008 年 11 月，在土耳其伊斯坦布尔召开全球商业领袖论坛时，IBM 首席执行官彭明盛首次公布了智慧地球的理念和策略，建议新政府投资新一代的智能型基础设施，并阐明它的短期和长期效益。

智慧地球的意义在于将智能技术真正应用到生活的各个方面，使地球变得越来越智能化。智慧地球的核心是通过利用新一代信息技术以一种更智慧的方法来改变政府、公司和人们相互交互的方式，以提高交互的明确性、灵活性和快速性，来适应自然、改善环境，解决当前地球上出现的各种问题。智慧地球的真正目的是善待地球、拯救地球、保护地球，使地球－人类的家园变得更加美好。

智慧地球的内涵十分丰富，包括：

（1）能源智能化。能源智能化指构建透明开放的互动平台，有效改善煤炭、石油等传统能源的开采和运输，促进核能、太阳能等清洁能源的合理开发和高效利用。

（2）城市智能化。城市智能化指通过智能化、数字化、信息化等手段最大限度地利用信息资源，统一处理城市管理问题，保证人与环境的协调发展，从根本上改变公众的生活、工作和交流方式，改善城市的交通拥堵，减少环境污染，建立宜居城市。

（3）农业智能化。农业智能化指通过农业专家系统、农业模拟优化决策系统等，实现对作物耕作、播种、灌溉、施肥、灭虫、防灾和收割等过程的动态优化管理，促进农业向精确化和质量效益型的可持续方向发展。

（4）气象智能化。气象智能化指通过新一代气象预报技术，为工农业生产、交通运输、节日庆典、休闲旅游等，提供精准的、个性化的气象预报服务，为近海海事提供气象预警服务。

（5）水利智能化。水利智能化通过在河流、大坝、桥梁、船舶中安装传感器，实时监测江、河、湖、渠的水文状况，对行洪、防汛、抗旱实现远程观测和指挥。

（6）海洋智能化。海洋智能化指对海洋岛屿、地貌、生物和矿产进行监测，为海洋产业发展、资源开发、生物保护和利用等提供决策支持。

（7）矿产智能化。矿产智能化指通过对黄金、煤炭、石油、金属等矿产资源进行地面监测和探查，建立全球数据库，对矿产利用、开发和保护情况进行分析。

（8）森林智能化。森林智能化指在森林中部署灾情传感器，实时监测森林火险、病虫害等等自然灾害，通过卫星和地面无线通信网络将现场状态和视频信息传送到森林防控指挥中心，及时调动地方、森林、消防等社会公共资源开展对森林灾情的救援。智慧地球的内涵如图6–1所示。

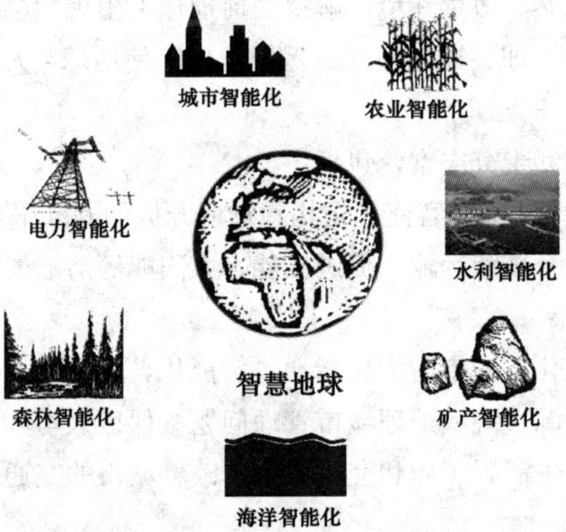


图6–1　智慧地球的内涵

智慧地球的三个特征可以概括为：更透彻的感知、更广泛的互联互通、更深入的智能化。地球上的不同地方、不同领域所需要的“智慧”也是各不相同的，有很强的针对性。例如，智能城市着重于把物联网和互联网整合起来，通过快速分析处理技术，对人员、设备和基础设施，特别是电力、市政、交通、公共安全等行业进行实时管理和控制；智能港口将综合运用互联网、全球定位系统、移动通信、无线通信、地理信息系统、无线射频识别、实时监控、自动化装卸、物流搬运机器人等先进的信息技术和自动化技术，建立实时、准确、高效、优质的港口物流服务体系。

## 第 153 问　如何打造智慧城市

智慧城市是指通过物联网基础设施、云计算基础设施、地理空间基础设施等新一代信息技术以及维基、社交网络、微观装配实验室（fabrication laboratory，Fab Lab）、Living Lab（欧盟“知识经济”中最具激发性的模式之一，它强调以人为本、以用户为中心和共同创新。Living Lab 是一种致力于培养以用户为中心的、面向未来的科技创新模式和创新体制的全新研究开发环境）、综合集成法、网动全媒体融合通信终端等工具和方法的应用，实现全面透彻的感知、宽带泛在的互联、智能融合的应用以及以用户创新、开放创新、大众创新、协同创新为特征的可持续创新。伴随网络帝国的崛起、移动技术的融合发展以及创新的民主化进程，知识社会环境下的智慧城市是继数字城市之后信息化城市发展的高级形态。智慧城市充分运用信息通信技术来感知、分析、整合城市运行核心系统的各项关键信息，进而对包括民生、环保、公共安全、城市服务、工商业活动在内的各种需求做出智能响应，为人类创造更美好的城市生活。

智慧城市源于 2008 年由 IBM 提出的“智慧的地球”理念。2010 年，IBM 正式提出了“智慧的城市”愿景，希望为世界和中国的城市发展贡献自己的力量。IBM 经过研究认为，城市由关系到城市主要功能的不同类型的网络、基础设施和环境六个核心系统组成，包括组织（人）、业务/政务、交通、通信、水和能源。这些系统不是零散的，而是以一种协作的方式相互衔接，而城市本身则是由这些系统所组成的更大系统。

2009 年，美国迪比克市与 IBM 合作，建立了美国第一个智慧城市。IBM 通过物联网技术，在迪比克市一个有 6 万居民的社区里将各种公用资源（水、电、油、气、交通和公共服务等）连接起来，监测、分析和整合各种数据，以做出智能化的响应，更好地服务市民。

欧洲的智慧城市更多关注信息通信技术在城市生态环境、交通、医疗、智能建筑等民生领域的作用，希望借助知识共享和低碳战略来实现减排目标，推动城市低碳、绿色、可持续发展。

中国高度重视智慧城市的建设，为规范和推动智慧城市的健康发展，构筑创新 2.0 时代的城市新形态，引领中国特色的新型城市化之路，中华人民共和国住房和城乡建设部（以下简称住房和城乡建设部）启动了国家智慧城市试点工作。截至 2015 年 4 月，住房和城乡建设部已先后公布了三批国家智慧城市试点名单，共计 290 个试点城市。中国的智慧城市方案是围绕城乡一体化发展、城市可持续发展、民生核心需求为关注点，将先进信息技术与先进的城市经营服务理念进行有效融合，通过对城市的地理、资源、环境、经济、社会等系统进行数字网络化管理，对城市基础设施、基础环境、生产生活相关产业和设施的多方位数字化、信息化的实时处理与利用，构建以政府、企业、市民三大主体的交互、共享平台，为城市治理与运营提供更简捷、高效、灵活的决策支持与行动工具，为城市公共管理与服务提供更便捷、高效、灵活的创新应用与服务模式。从而推进现代城市运作更安全、更高效、更便捷、更绿色的和谐目标。在 2015 年 3 月的十二届全国人大三次会议上，李克强总理在政府工作报告中首次提出“互联网+”行动计划，并强调要发展“智慧城市”。通过互联网能够解决资源分配不合理，重新构造城市机构、推动公共服务均等化等问题，能够实现数据共享、信息处理及对决策辅助的支撑，提升城市管理能力。“互联网+”是创新 2.0 时代智慧城市的基本特征，有利于形成创新涌现的智慧城市生态。因此，智慧城市与互联网的深度融合发展将是我国智慧城市未来发展的大趋势。

智慧城市的正常运作离不开智能电网，智能电网是智慧城市的重要基础设施。智能电网利用其深入到千家万户的供电网络、遍及城区的通信线路，以及丰富的用户信息等优势资源，可以为社会提供公共能源信息服务平台；通过电力光纤入户等基础设施，可以为通信、视频、网络运营商提供基础信道，为社区居民提供个性化、多元化的增值服务；智能电网可以接纳可再生能源、电动汽车等分布式电源及储能单元，有助于提升城市的清洁能源使用规模，有利于节能环保，推动技术创新，带动新能源、电动汽车、节能环保等战略性新兴产业的发展。

## 第 154 问　智能小区有哪些应用模式

智能小区是利用现代通信、信息网络、智能控制、新能源等技术，通过构建小区智能化和信息化设施，实现资源共享，统一管理，为居民提供安全、舒适、方便、节能、可持续发展的生活环境。

智能小区最早在 20 世纪 80 年代兴起于日本、欧美等地。20 世纪 90 年代进入我国，主要为了推销高档楼盘而做的一些智能化概念设计。进入 21 世纪后，随着房地产经济的蓬勃发展，很多地区开始建设居住区智能化系统，住房和城乡建设部从 2000 年起，开始实施全国住宅小区智能化技术示范工程，同时组织行业专家开始进行居住区智能化相关标准研究和编制，并于 2003 年发布了 CJ/T 174—2003《居住区智能化系统配置与技术要求》，这又大大促进了智能小区的发展。

2009 年国家电网公司启动坚强智能电网建设，明确提出在用电环节建立智能用电服务体系，开展基于用电互动服务的智能小区关键技术研究；2009 年 6 月，国网信息通信有限公司在北京莲香园小区和阜成路 95 号院开展用电信息采集、智能家居及增值服务等示范展示工作，为智能用电小区的研究和建设进行了前期探索。2010 年启动第二批智能电网试点工程，确定在北京、重庆、华北进行 6 个智能小区试点工程建设。2011 年国家电网公司确定新建 22 个智能小区试点工程，并发布了 Q/GDW/Z 620—2011《智能小区功能规范》、Q/GDW/Z 621—2011《智能小区工程验收规范》，这对于加快试点工程建设、引导社会力量参与智能小区建设起到积极的推动作用。2014 年，长春建成东北地区首个智能小区试点工程，基于电力光纤到户的智能小区试点工程将在技术应用、业务转型和履行社会责任方面积极探索，为东三省智能小区建设起到引领和示范作用。2015 年，江苏省电力公司新建了 3 个智能小区，首次采用了与居配工程同步建设的模式，工程前期安装智能入户用电终端和通信终端，通过无线网络与智能插座进行双向数据和指令交互，实现对负荷的智能管理、运行环境的智能调节，最终以精装房的形式交付客户，减免了二次施工。

目前，我国智能小区建设模式主要有两种模式：一个是住房和城乡建设主推的模式，主要功能要求为：集中监控管理；水电气计量和收费；安防监控和管理；户内灾害报警和紧急呼叫；关键设备远程监控。主要建设内容：监控中心、通信网络、可视对讲、周界防范、闭路监控、IC卡门禁、照明控制、停车场管理、可视对讲、巡更管理、户内安防等。另一个是国家电网公司主推的模式：主要是通过建设基于智能电网的智能小区，构造覆盖小区的通信网络，通过用电信息采集、双向互动服务、小区配电自动化、电动汽车有序充电、分布式电源运行控制、智能家居等技术，对用户供用电设备、分布式电源和公共用电设施等进行监测、分析、控制，提高能源的终端利用效率，为用户提供优质便捷的双向互动服务，并支持“三网融合”业务的开展，以及实现对小区安防设备和系统的协调控制。

建设部模式主要关注小区安防和区域监控，而国家电网模式主要是提供基于电网的用电服务和增值服务，两者反映了不同历史时期的人们对居住环境的需求变化。在小区信息化智能化迅速发展的今天，两种模式可以相互补充，不断完善，为居民提供先进、舒适、低碳的绿色社区环境。近年来，新建的居民小区基本都按照建设部模式，设立了物业监控管理中心，对小区的大门、道路、周界、设备间等重点部位进行集中监控；对电力、自来水、燃气、热力等公用能源进行采集和计量；具备了家庭户内的燃气泄漏、水管断裂、烟雾火情等报警功能，以及居民户内紧急呼救功能。

未来的智能小区将在小区物业集中监控的基础上，通过部署用电互动服务平台、电力光纤入户、智能电能表、家庭网关、充电桩、分布式电源和智能家居，构建基于电力服务的智能小区系统，实现自助用电业务办理、电动汽车充电管理、分布式电源接入、家庭能效管理、智能家电控制等功能，满足居民网上购物、社区互动、广告浏览、健康监护等多元化、个性化的增值服务需求。

## 第155问　智能楼宇如何实现节能

楼宇智能化是传统建筑与信息化技术结合的产物，智能楼宇是其表现形态。智能楼宇是融合信息通信、自动控制、建筑设备等先进技术，以信息通信网络为基础，通过建筑物自动化（building automation，BA）、通信自动化（communication automation，CA）、办公自动化（office automation，OA）、安全保卫自动化（security automation，SA）和消防自动化（fire automation，FA），使建筑物内的配电系统、照明系统、环境监控系统、消防设施和信息化设施等协调工作，为楼宇使用者提供一个安全舒适、节能环保、便捷高效、信息畅通的环境空间。

1984 年美国诞生了世界上第一座智能化楼宇，即位于康涅狄格州哈特福德（Hartford）的城市大厦，通过安装计算机设备、数据通信线路、程控交换机等，实现了数据通信、电子函件、信息查询等信息化服务。同时，通过计算机系统对大楼的所有空调、给排水、配电系统、防火、保安设备进行自动控制，使大厦功能发生质的飞跃。

日本于 1985 年 8 月在东京青山完成了本田青山大楼，有人称之为日本的第一幢智能大厦。青山大楼的管理、办公自动化和通信网络等设备是运用本田与 IBM 合作开发的“HARMONY”综合办公系统。

1989 年建成的北京发展大厦可以认为是国内第一座大型智能楼宇，并在此后短短几年时间里，相继建成了深圳的地王大厦（1996 年）、北京西客站等一大批高标准的智能大厦。我国的智能楼宇起步虽晚，但发展迅速，不仅在北京、上海、深圳等大城市，智能楼宇已成为高档大厦、星级宾馆和豪华社区等的必配设施，即便在乌鲁木齐这样边远的西部中型城市也出现了智能大厦。近年来，国家相继出台了 GB 50339—2003《智能建筑工程质量验收规范》、GB/T 50314—2006《智能建筑设计标准》、GB/T 50311—2007《综合布线系统工程设计规范》、GB/T 50312—2007《建筑与建筑群综合布线系统工程验收规范》等一系列标准和规范，为我国智能建筑市场的健康有序地发展奠定了基础，标志着我国智能建筑进入了一个全新的发展阶段。

2010 年国家电网公司在第二批智能电网试点工程中安排了“智能楼宇”试点建设项目。“智能楼宇”试点建设项目的主要思路是在原有建筑智能化建设的基础上，建设设备能耗数据采集、配电自动化系统、分布式电源、电动汽车充电设施，并通过建设能效综合管理平台对楼内原有各独立的子系统进行集成，实现一体化监控及能效综合管理；基于用电的智能楼宇建设以覆盖楼宇的通信网络为基础，构建统一的能效综合管理平台，对楼宇配电、楼宇分布式能源、楼宇用能设备等进行数据采集并分析，同时与原有的动力照明、消防指挥、安保监控协调、管理和整合，为用户提供舒适便捷、清洁环保、安全可靠的楼宇环境，提高用户的能源使用效率。

“智能楼宇”试点建设项目是国家电网公司2011年三个智能示范项目之一，项目选址重庆渝北区建设数据采集、配电自动化、楼宇建筑设备节能管理、电动汽车充电设施、光伏发电和能效综合管理六大功能模块，以能效管理系统为核心，融合信息采集、变压器经济运行、智能照明、电梯自发电、空调节能管理、光伏发电、充电设施及能效分析等多项技术，通过智能量测设备和通信网络，实现楼宇用能设备信息采集、数据分析和策略控制，达到用能设备经济运行和节能目的。

2014年，国家电网公司“智能楼宇能效综合管理技术研究与应用”项目通过验收，项目首次建立大型楼宇系统性的节能监测方法体系，提出了楼宇典型用能系统空调、供配电、电动汽车等典型用能系统的能效监测与分析方法，提出并制定了与智能楼宇能效管理相关的四项企业标准，对电力企业进一步开展智能楼宇建设提供了理论依据，对正在开展试点建设的单位具有指导意义。

通过智能楼宇建设，为楼宇接纳新能源的使用，实现节能降耗、污染减排，完成能效综合管理提供支撑；同时，引导用户科学、合理用电，主动参与需求响应，提高电网设备使用效率，充分展示智能电网经济高效、节能环保的效果。

## 第156问　智慧交通需要部署哪些系统和设备

智能交通系统（intelligent transport system，ITS）是将信息、通信、控制、计算机网络等高新技术有效地综合运用于地面交通管理体系，从而建立起一种大范围、全方位发挥作用、实时、准确、高效的交通运输管理系统。智慧交通系统是在智能交通的基础上，融入物联网、云计算、大数据、移动互联等高新IT技术，通过高新技术汇集交通信息，提供实时交通数据下的交通信息服务。智慧交通系统大量使用了数据模型、数据挖掘等数据处理技术，实现了智慧交通的系统性、实时性、信息交流的交互性以及服务的广泛性。近年来，我国交通运输规模持续扩大，截至2015年年末，全国公路通车里程、高速公路里程分别达到457万km、12万km，分别比2012年末增长7.8%、24.7%。随着交通运输网络规模越来越大，构成越来越复杂，促进了智慧交通技术的快速发展。

为了推动智慧交通技术的推广应用，2017 年，交通运输部印发《印发推进智慧交通发展行动计划（2017—2020 年）》，计划到 2020 年逐步实现以下目标：

（1）在基础设施智能化方面。推进建筑信息模型（building information modeling，BIM）技术在重大交通基础设施项目规划、设计、建设、施工、运营、检测维护管理全生命周期的应用，基础设施建设和管理水平大幅度提升。

（2）在生产组织智能化方面。实现重点客运枢纽、物流园区智能运输装备和自动装卸机具大量应用，交通运输企业的信息化管理和安全生产水平大幅度提升。

（3）在运输服务智能化方面。丰富交通出行、旅客票务、交通支付等在线服务。“互联网+”物流取得明显进展，物流组织效率进一步提高，物流成本进一步降低。

（4）在决策监管智能化方面。跨行业、跨区域协同的交通运输运行监测、行政执法和应急指挥体系基本建成，基于大数据的决策和监管水平明显提升。

目前，公路智能交通技术主要应用在高速公路监控系统、收费系统、安全保障系统等，已经开发生产了车辆检测器、可变情报板、可变限速标志、紧急电话、分车型检测仪、监控地图板等多种专用设备，并制定了一系列标准和规范。另外，各省的交通主管部门和测绘部门也在陆续完善公路管理电子地图。高速公路电子不停车收费（electronic toll collection，ETC）系统是在我国公路系统中得到广泛应用的又一项智能交通新技术。

我国在 ITS 领域的研究起步较晚，但随着全球范围智能交通系统研究的兴起，目前，我国明显加快了对智慧交通技术研究的步伐。2015 年，我国实现 ETC 全国联网，联网区域共建成 ETC 专用车道 13 291 条，较联网初期的 2014 年 4 月，增长了近 1 倍；ETC 用户数近 4000 万，增长了近 7 倍；服务网点覆盖全部联网县（区）；日均交易量 800 万笔，占高速公路通行量的 288.65%。2016 年，国家发展改革委、交通运输部联合发布《推进“互联网+”便捷交通 促进智能交通发展的实施方案》，国家的总体框架明确近期将以三个系统（智能运输服务系统、智能运输管理系统、智能决策支持系统）、两个支撑（智能交通基础设施、标准和技术）、一个环境（宽松有序发展环境）作为主要发展内容，在基础设施建设、产业发展、运行服务和技术应用等多个方面进行了详细的安排，同时覆盖了城市交通、公路、铁路、航空、水运。国家的总体框架不仅对 ITS 的开发和应用做出了安排，还特别注意推动智能交通前沿技术研发和对新兴战略产业支持，如新一代国家交通控制网、车路协同、智能汽车、列车自动运行、综合枢纽协同、高速宽带无线互联和高速无线局域网等。2017 年，国务院印发了《“十三五”现代综合交通运输体系发展规划》，智能交通已经成为我国交通运输建设和发展的重要方面，成为带动全面提高交通运输服务水平和安全水平的重要手段，成为实现交通运输现代化的重要支撑。

目前，我国智能交通技术仍处于探索发展阶段，但可以肯定的是，建立智能交通系统可以极大地提高交通运输效率，有效保障畅通和安全，增强行车的舒适性，改善环境质量，提高能源的利用率。

## 第 157 问　智慧物流是如何提高工作效率的

物流是在空间、时间变化中的商品等物质资料的动态状态。因此，很大程度上物流管理是对商品、资料的空间信息和属性信息的管理。在以物联网为基础的智能物流技术流程中，智能终端利用射频识别 RFID 技术、红外感应、激光扫描等传感技术获取商品的各种属性信息，再通过通信手段传递到智能数据中心对数据进行集中统计、分析、管理、共享、利用，从而为物流管理甚至是整体商业经营提供决策支持。

智慧物流是利用集成智能化技术，使物流系统能模仿人的智能，具有思维、感知、学习、推理判断和自行解决物流中某些问题的能力。智慧物流在流通过程中获取信息从而分析信息做出决策，使商品从源头开始被实施跟踪与管理，实现信息流快于实物流。智慧物流可通过 RFID、传感器、移动通信技术等让配送货物自动化、信息化和网络化。

2009 年，IBM 提出了建立一个面向未来的具有先进、互联和智能三大特征的供应链，通过感应器、RFID 标签、制动器、GPS 和其他设备及系统生成实时信息的“智慧供应链”概念。与智能物流强调构建一个虚拟的物流动态信息化的互联网管理体系不同，“智慧物流”更重视将物联网、传感网与现有的互联网整合起来，通过以精细、动态、科学的管理，实现物流的自动化、可视化、可控化、智能化、网络化，从而提高资源利用率和生产力水平，创造更丰富社会价值的综合内涵。

国外智慧物流发展时间较长，亚马逊公司从成立至今经历了20年的发展，同时也是引领电商仓储物流发展的 20 年。亚马逊公司在业内率先使用了大数据，人工智能和云技术进行仓储物流的管理，创新地推出预测性调拨、跨区域配送、跨国境配送等服务。亚马逊智能物流技术的最大特点是应用了智能机器人技术。机器人作业颠覆传统电商物流中心作业“人找货、人找货位”模式，通过作业计划调动机器人，实现“货找人、货位找人”的模式，整个物流中心库区无人化，各个库位在机器人驱动下自动排序到作业岗位。机器人系统作业效率要比传统的物流作业提升2～4倍，机器人每小时可跑48.28km，准确率达到99.99%。据悉截至2015年亚马逊已经将机器人数量增至10 000台，用于北美的各大运转中心。

随着我国电子商务的进一步发展，物流业务增长迅速。数据显示，近6年，快递总量保持年平均 50%以上的增长，截至 2016 年，快递总量已经达到 312 亿件，年人均快递使用量23个，预计2020年快递量将达到700亿件。阿里巴巴集团于2013年5月28日启动中国智能物流骨干网项目，成立菜鸟网络科技有限公司。为了进一步拓展配送范围，提升配送效率，2016年，菜鸟联合合作伙伴成立了菜鸟联盟，共同向消费者提供优质的物流服务，实现了天猫包裹当日达和次日达，并覆盖到一千多个区县。同时，协同五十多家合作伙伴，打造跨境B2C需求的供应链物流服务网络，能够覆盖224个国家和地区。但是，智慧物流不是简单的硬件智能化，而是基于行业全链路的大数据、智能、自动化等优化升级。菜鸟打造了全球最大的数据基础设施，推出了电子面单、四级地址库、物流云、智能云客服等产品。通过大数据社会化协同方式，菜鸟推动了快递网络从IT时代向DT时代全面升级。

智慧物流的作用包括以下方面：

（1）降低物流成本，提高企业利润。

（2）加速物流产业的发展，成为物流业的信息技术支撑。

（3）为企业生产、采购和销售系统的智能融合打基础。

（4）使消费者节约成本，轻松、放心购物。

（5）提高政府部门工作效率，助于政治体制改革。

（6）促进当地经济进一步发展，提升综合竞争力。

智慧物流公共信息平台是指基于计算机通信网络技术，提供物流信息、技术、设备等资源共享服务的信息平台。具有整合供应链各环节物流信息、物流监管、物流技术和设备等资源，面向社会用户提供信息服务、管理服务、技术服务和交易服务的基本特征。智慧物流公共信息平台包括三方面的内涵：物流电子政务平台，用于政府监管和服务的职能，电子口岸即属于此类；物流电子商务平台，用于供应链一体化网上商业活动；电子物流平台，用于物流运输全过程实时监控管理。

## 第158问　智能家电能带来怎样的体验

智能家电就是将智能控制、嵌入式系统、信息通信等技术引入家电设备后形成的家电产品，具有自动监测故障、自动测量、自动控制、自动调节以及与远方控制中心通信等功能的家电设备。

早期国内的美的、容声、小天鹅等家电厂商主要利用模糊控制技术实现简单智能化操作，如通过饭量检测来确定煮饭时间的电饭煲；通过室温和设定温度的差值来调节制冷送风的变频式空调；通过检测衣物量来确定洗涤剂、用水量和洗涤时间的全自动洗衣机等。基于神经网络算法的家电克服了早期智能家电不具备了“自适应”学习缺点，从而提高了家电的智能化水平，如三洋 7kg 波轮洗衣机，以衣物洗净度为目标，具备用户使用习惯记忆、自动编程记忆等自学习功能。随着互联网和通信技术的发展，智能家电产品开始从单体的智能化向多台家电的网络化、远程化和信息化方向发展。海尔 U–Home 智能家电系统是新一代网络家电产品的代表（见图 6–2），它通过家庭户内网络和传感器，实现了所有家电的信息采集和联网，并通过家庭网络中心实现家庭网、传输网和服务网的融合，用户在远方通过手机或电脑就能实现对所有家用电器的控制，还可实现家庭能耗监测和能效管理等功能，扩展了智能家电的应用范围，为家庭带来了全新的生活体验。

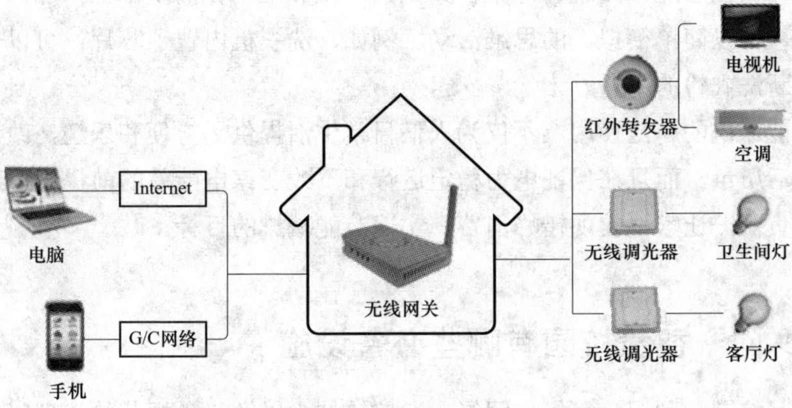


图 6－2　海尔 U－Home 智能家电系统

2011 年 3 月，创维集团有限公司推出了搭载 Android 操作系统的智能 3D 电视 E96RS 系列，支持网页浏览、网页视频点播、下载安装第三方应用程序及智能操控等功能，实现了平板电脑与智能家电的完美结合。智能家电的功能大致可有以下几种：

（1）远程控制。远程控制指在家中，可以通过遥控器、墙上的控制面板、家庭移动终端或者家庭智能终端实现对家电的控制；不在家的时候，也可以很方便地通过电话、手机或者互联网来控制家电。

（2）远程查询。远程查询指通过远程的电脑、电话、手机，可以查询家电的工作状态，如空调、热水器等是否关闭。

（3）统一管理。统一管理指可以实现对家电的集中统一控制与管理，科学分配电力，实现分时供电，合理调配大功率电器的协调运行。

（4）自我检测。自我检测指可以实现故障信息自动诊断，并反馈到服务中心的计算机系统中，使厂家能立即为用户提供远程或上门服务。

（5）生活模式控制。生活模式控制指家电可以根据主人的生活规律和生活习惯，自动启停、自动改变运转状态，从而简化操作，方便人们的日常生活。

（6）自动更新。自动更新指家电可以自动完成软件的更新。例如，洗衣机和微波炉都可以从网上下载最新的洗涤程序和烹饪程序。

（7）人工智能。人工智能指在家电网络化和信息化的基础上，加入人工智能技术，可以简单模拟人的思维活动。例如，洗衣机内置了芯片，可以分辨衣料，判断洗衣粉的用量。

智能家电的广泛使用，不仅为人们日常生活提供了方便和乐趣，改善了人们的生活质量，而且在保证电力稳定运行和不改变家电能效的前提下，通过优化电力负荷，让家电实现错峰消费，实现节能减排的目标。

## 第159问　智慧校园有哪些必备设施

智慧校园是利用计算机、网络、通信等技术以及科学规范的管理对校园内的教学、科研、管理和生活服务等信息资源进行整合、集成和全面的数字化，以构成统一的用户管理、统一的资源管理和统一的权限控制；通过组织和业务流程再造，推动学校进行制度创新和管理创新，最终实现教育信息化、决策科学化和管理规范化。

智慧校园的历史可追溯到20世纪的数字校园。国外的数字校园起源于1990年美国克莱蒙特大学教授Kenneth Green发起并主持的一项名为“信息化校园计划”的大型科研项目；我国高等学校大规模的信息化建设大多从20世纪90年代开始。“面向21世纪教育振兴行动计划”中提出，要利用信息技术来推进教育的改革，我国的“数字校园”就是在这一理念上提出来的。在随后的数字校园建设过程中，数字校园的理念逐步扩充和完善，最终演变为智慧校园。

智慧校园包括很多应用系统，如网络基本服务系统、网络教学系统、管理信息系统、办公自动化系统、图书管理系统、决策支持系统、电子商务系统、宿舍服务系统、信息服务系统以及个性化门户等。智慧校园的基本组成结构如图6-3所示。

智慧校园的出现及发展是信息化时代社会结构优化的必然结果，它将校园内各类资源通过一张智能卡（或手机等设备）统一管理，可以节省大量人力、物力和财力，也提升了学校的管理水平。同时，智慧校园将改变教师的授课方式与学生的学习方式，改善学生在学校的生活条件，增进学校与社会、学校与家长的沟通，达到社会、家庭与学校共同教育孩子的目标。

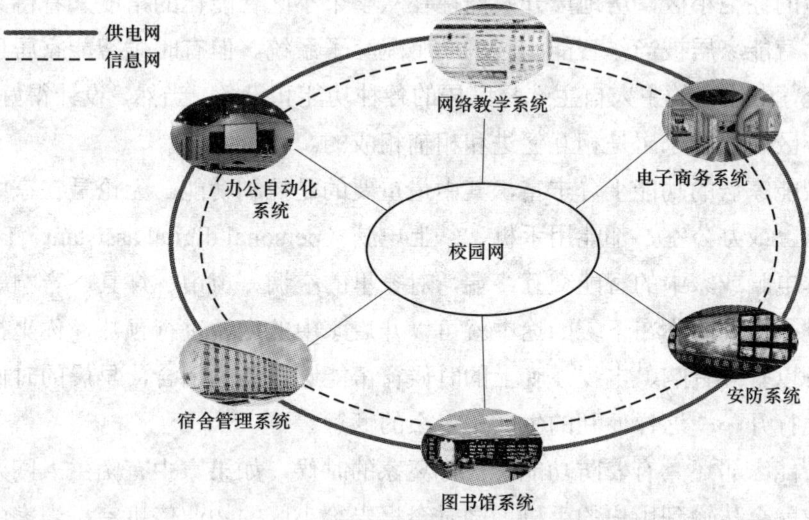


图 6-3　智慧校园的基本组成结构

智能电网对智慧校园的建设起到了重要的作用。智能电网可以对校园重要的场所进行电力安全警示，当有人靠近时会自动发出警告，避免触电事故的发生；智能电网有利于节能环保，可以通过采集和分析校园的耗能数据，优化电力资源的使用方式。另外，利用校园的屋顶或墙面安装太阳能光伏设备，或者在开阔的地带装设小型风力发电设备，可以促进可再生能源的就地利用，满足校园节能和新能源利用的需求。

## 第 160 问　如何将家居与家庭变得智能

智能家居（smart home）融合了自动控制、计算机和网络通信等技术，将家中的各种设备（如音视频设备、照明系统、窗帘控制、空调控制和安防系统等）通过家庭网络连接到一起。与普通家庭相比，智能家居由原来的被动静止结构转变为具有能动智慧的工具，提供全方位的信息交互功能，帮助家庭与外部保持信息畅通，优化人们的生活方式，帮助人们有效安排时间，增强家庭生活的安全性，并且节省能源。

智能家居是智能小区的一部分。由于人口众多，中国的城市住宅往往都是密集型的住宅小区，房地产开发商往往从整个小区智能化的角度来看待家庭智能化，智能家居被当作智能小区的一个配套子系统。但有时候智能家居也会自成系统，由住宅的主人自主选择家居的各种功能和设备。当然，设计得好的话，智能小区和智能家居是相互促进和相辅相成的。

智能家居的功能十分丰富，其中最重要的是控制功能。无论是在家中，还是在路上或办公室，都能用手机、掌上电脑（personal digital assistant，PDA）、笔记本电脑或家中的智能交互终端，对家里的空调、窗帘、灯具、音响等家居设备进行控制。你在下班的途中就可以开启家中的空调进行预热，你坐在沙发上就可以打开音响、电视，晚上的时候窗帘能够自动的闭合，早晨的时候能够自动地打开……这样便利的生活是多么的惬意。

智能家居还具有安防功能。在你离家的时候，如果家中有陌生人闯入，监控图像就会传输到用户的手机，同时会报告给小区的物业值班室；当家中出现火情或煤气泄漏时，告警信息会马上通知到你的手机，同时也马上报告给火警或煤气公司等。

用户还可以通过手机、PDA、电脑，以及家庭交互终端获取小区物业等部门提供的各种增值服务。总之，智能家居的应用将使人们享受到高科技带来的舒适、惬意、时尚的现代化数字生活。

智能家庭是在智能家居的基础上，把购物、医疗、办公、娱乐等服务作为家庭生活的一种方式。智能家居强调的是数字化、自动化，侧重的是设备和网络的智能，智能家庭更强调的是智能化的家庭生活，侧重于人与家庭生活相关的行为。因此，智能家居是智能家庭的一个重要体现，智能家庭推动智能家居的发展。智能家庭功能示意图如图6-4所示。

智能家庭是人们体验智能城市、智能小区最直接的方式，因此家庭的智能化是智能小区的基础。在家中，只要能想到的就能做到，不仅是家人之间，家人与家电之间、家电与家电之间都会有一种特殊的“沟通”，智能家庭把家人与家电联系在了一起，不仅人有思想，家电也同样会有“思想”。随着智能电网的发展，未来的智能家庭将更具舒适化、低碳化和人性化。

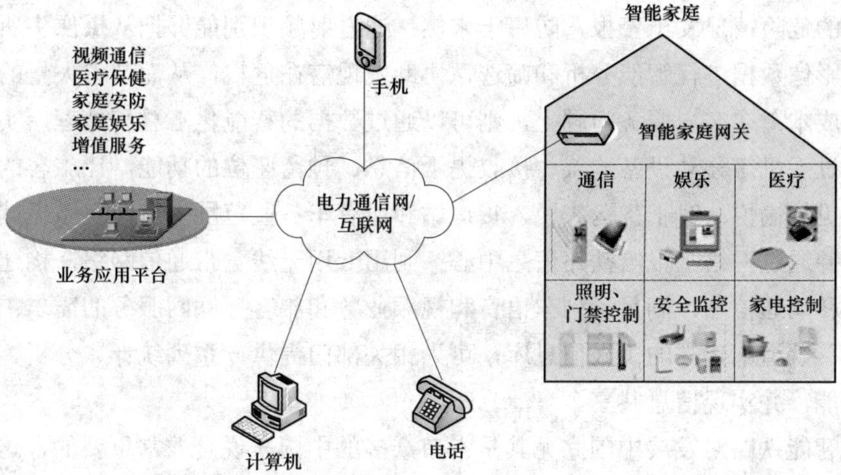


图 6-4 智能家庭功能示意图

## 第 161 问 智能铁路中智能体现在哪里

智能铁路是一种新型的铁路交通解决方案，通过智能系统的集成运用，在提高速度的同时保证了新交通工具的安全性、稳定性和舒适性。智能铁路拥有列车调度指挥系统、铁路客票发售与预订系统、铁路运输管理信息系统、铁路办公信息系统等。其中，铁路运输管理信息系统又包括货票制票系统、列车预确报系统、车站综合管理系统、货运营销与生产管理系统（freight marketing and operation system，FMOS）、集装箱管理系统、大节点追踪系统及运输调度信息系统等，这些系统结合全球定位系统、天气预报系统、实时路人信息、交通信号系统等来共同完成铁路的智能监控和管理。

智能铁路的概念早在 20 世纪 90 年代末就已提出。在北美和欧洲，很多铁路沿线的固定基础设施通过射频识别电子标签（radio frequency identification，RFID），帮助识别轨道车辆、检测声音信号、热量和车轮摩擦，并且能够对铁路各个区段的车头、车厢、铁轨、隧道、桥梁和车站进行监控。

智能铁路系统的基础是数以百万计的传感器。智能铁路系统通过在火车的关键组件上安装传感器和智能装置，可实时采集列车运行信息及现场信号设备状态信息，实现对列车运行的实时追踪、实时调整和集中透明指挥，并对可能出现的危险情况发出警报，防患于未然；通过射频识别能够把从摄像头所收集到的影像数据进行智能分析和筛选，协助发现潜在危机，从而节省大量的人力资源成本；在客户服务问题上，则可以通过数据的智能化汇总和处理，实现旅客通过手机等移动设备购票、接收提示信息、预留座位的功能，让旅客的乘车体验更加愉悦；对于货运来说，货运站和所有车务段范围内可实现微机编制货票，并通过网络上报给铁路信息中心；利用专用无线宽带通信网络，构建列车高速移动通信网，满足了列车语音和视频业务和旅客互联网服务的需求；利用路局、铁道部建立的确报信息库，可为相关部门提供一系列统计、分析、及查询功能，并实现信息共享。

智能铁路对发展中国家尤其是人口众多的中国来说是非常重要的，这是因为铁路运输是发展中国家的主要运输方式，通过智能铁路系统的建设，推动高速铁路和客运专线的发展。“十二五”期间，我国建设了以光纤数字系统和GSM-R为主体，并与其他信息传输方式协调统一的传输体系；建立了基于GSM-R的中国铁路综合移动通信技术体系；建设了高速宽带数字传送网络及接入网，发展铁路专用通信和应急通信。同时，还建立了智能化、网络化的调度通信系统，逐步建成新一代调度集中控制系统（centralized traffic control system，CTC），发展了以主体化机车信号为基础，以实施列车超速防护为重点的中国列车运行控制系统（chinese train control system，CTCS）。2017年，国家铁路局发布《铁路标准化“十三五”发展规划》，规划目标到2020年，形成完善的适应不同铁路运输方式的标准体系，保障智能铁路的快速发展。武广高铁的运营和京沪高铁的开通，已经对航空客运带来了巨大的冲击，虽然目前高速公路和飞机还占据了相当大的份额，但在一千公里以内的距离高速铁路较航空有着无可比拟的优势。未来几年，充分利用信息技术来提升铁路的技术和经营水平，是智能铁路发展的重要方向。通过将铁路的发展与区域经济的发展紧密结合起来，使智能铁路成为经济成长、科技创新的助推器。

## 第162问　智慧医疗是怎么回事

智慧医疗采用无所不在的计算、通信以及自然的交互模式，综合运用建筑学、护理学、卫生学、生物学和工程学等科学技术，对医院中各种物品及人的身份进行自动感知、定位和识别，为病人提供主动的个性化的服务。智慧医疗体现了以病人为中心的服务理念，整合了医院资源，优化了流程，降低了医疗成本，把医疗服务从医院扩大到整个社会，提高了医疗的管理水平和服务质量。

智慧医疗由三部分组成，分别为智慧医院系统、区域卫生系统，以及家庭健康系统。

（1）智慧医院系统，由数字医院和提升应用两部分组成。数字医院包括医院信息系统（hospital information system，HIS）、实验室信息管理系统（laboratory information management system，LIS）、医学影像信息的存储系统（picture archiving and communication systems，PACS）和传输系统以及医生工作站四个部分，主要功能是实现病人诊疗信息和行政管理信息的收集、存储、处理、提取及数据交换。为了方便形成电子化记录，需要将接诊、检查、诊断、治疗、处方和医疗医嘱、病程记录、会诊、转科、手术、出院和病案生成等全部医疗过程全部进行数字化，实现医疗数据在采集、存储、传输、处理和利用环节的全生命周期管理。

提升应用包括远程图像传输、海量数据计算处理等技术在数字医院建设过程的应用，目的是实现医疗服务水平的提升。比如：

1）远程探视。远程探视可以避免探访者与病患的直接接触，杜绝疾病蔓延，缩短恢复进程。

2）远程会诊。远程会诊支持优势医疗资源共享和跨地域优化配置。

3）自动报警。自动报警对病患的生命体征数据进行监控，降低重症护理成本。

4）临床决策系统。临床决策系统协助医生分析详尽的病历，为制定准确有效的治疗方案提供基础。

5）智慧处方。智慧处方分析患者过敏和用药史，反映药品产地批次等信息，有效记录和分析处方变更等信息，为慢性病治疗和保健提供参考。

（2）区域卫生系统，由区域卫生平台和公共卫生系统两部分组成。区域卫生平台包括收集、处理、传输社区、医院、医疗科研机构、卫生监管部门记录的所有信息的区域卫生信息平台；区域卫生平台包括旨在运用尖端的科学和计算机技术，帮助医疗单位以及其他有关组织开展疾病危险度的评价，制定以个人为基础的危险因素干预计划，减少医疗费用支出，以及制定预防和控制疾病的发生和发展的电子健康档案（electronic health record，EHR）。

（3）家庭健康系统。家庭健康系统是最贴近市民的健康保障，包括针对行动不便无法送往医院进行救治病患的视讯医疗，对慢性病以及老幼病患远程的照护，对智障、残疾、传染病等特殊人群的健康监测，还包括自动提示用药时间、服用禁忌、剩余药量等的智能服药系统。

从技术角度分析，智慧医疗的概念框架包括基础环境、基础数据库群、软件基础平台及数据交换平台、综合运用及其服务体系、保障体系五个方面。

1）基础环境：通过建设公共卫生专网，实现与政府信息网的互联互通；建设卫生数据中心，为卫生基础数据和各种应用系统提供安全保障。

2）基础数据库群：包括药品目录数据库、居民健康档案数据库、影像归档和通信系统（picture archiving and communication systems，PACS）数据库、实验室信息管理系统（laboratory information management system，LIMS）检验数据库、医疗人员数据库、医疗设备等卫生领域的六大基础数据库。

3）软件基础平台及数据交换平台：提供三个层面的服务，首先是基础架构服务，提供虚拟优化服务器、存储服务器及网络资源；其次是平台服务，提供优化的中间件，包括应用服务器、数据库服务器、门户服务器等；最后是软件服务，包括应用、流程和信息服务。

4）综合应用及其服务体系：包括智慧医院系统、区域卫生平台和家庭健康系统三大类综合应用。

5）保障体系：包括安全保障体系、标准规范体系和管理保障体系三个方面。从技术安全，运行安全和管理安全三方面构建安全防范体系，确实保护基础平台及各个应用系统的可用性、机密性、完整性、抗抵赖性、可审计性和可控性。

## 第163问　智能安防能发挥什么作用

智能安防就是在传统的安防设施基础上，利用计算机、网络及微电子等技术，对楼宇、视频监控、门禁考勤、防盗报警和消防喷淋等设施进一步升级改造，以实现更舒适、更安全、更便利的工作与生活环境。

智能安防产品在一些发达国家及地区已得到广泛的应用，各种智能安防产品就像普通商品一样被摆在超市里销售。2014 年，荷兰技术公司 Amaryllo 推出了一部被称作“首款家庭安防机器人”的设备，其内置一枚摄像头，可对用户的家或办公室进行持续的监控，可以检测动作和声音，配套的应用程序则可通过图像等内容来提醒用户。在美国，红外报警器系统广泛应用于各种高档小区，红外报警设备跟手机差不多大，自带多个探测头，可以装在所有门窗入口，预设密码，晚上或人不在家时激活。一旦有人进入，会有 15s～1min 时间输入密码，如果在预定时间内未输入或输入错误，警报响起，系统将自动通知 911 报警，警察一般会在接警后先拨打家庭座机号码，如果无人接听会在 5～7min 内到达。

在中国，随着生活水平的不断提高，人们对工作与生活环境提出了更高的要求，越来越注重舒适、安全与便利。近年来，国内的智能楼宇、智能家居等产品越来越受到市场的欢迎，随着我国经济的增长，智能安防已成为一种基本要求，给智能安防行业带来了无穷的活力。2016 年，福建省晋江市着手在全市小区范围内选取试点，推进物联网安防小区一期项目建设。试点项目通过结合物联网安防技术，构建小区立体防控网，创新小区管理模式，推动小区物业管理智能化，提高小区居民的安全感和舒适便利感。福建省晋江市计划投入 500 万元在全市 130 多个小区布建和整合视频监控系统、出入口控制系统、门禁系统和小区车辆管理系统等智能化系统。通过搭建大数据安防云平台，消除信息孤岛，实现信息交互、数据高度共享，推进小区管理数字化、网络化、智能化。试点项目一旦建设完毕，将进一步改善晋江市居民住宅环境，有效预防和减少各类案件的发生，提升晋江市治安防控水平。2017 年，河北省社会治安综合治理委员会办公室、河北省发展和改革委员会、河北省财政厅、河北省公安厅等部门联合印发《河北省社会治安综合治理信息化建设三年规划（2017－2019 年）》，提出截至 2019 年年底，住宅小区公共区域视频监控覆盖率达到 100%。

目前常用的小区智能安防系统主要包括以下几个方面：监控防盗报警

系统、门禁识别系统、可视对讲系统、电子巡更系统等（见图 6–5）。其中，监控防盗报警系统可以对小区内外的环境及小区重要区域做现场实时监视，当保安系统发生报警时，它会联动开启摄像机并将该报警点所监视区域的画面切换到主监视器上，同时启动录像机记录现场实况；门禁识别系统安装在小区的每一个出入口处，记录人员和车辆的出入；可视对讲系统让业主在家中就可以看到来访者并通话；电子巡更管理系统能够根据小区各个巡更点的重要程度、和距离等情况来优化巡更路线，并记录有关信息，以备考核。小区智能安防系统与家庭内综合安防系统可直接对接，接入包括窗磁、门磁开关、燃气泄漏报警、感烟报警和紧急按钮等智能终端的数据信息。

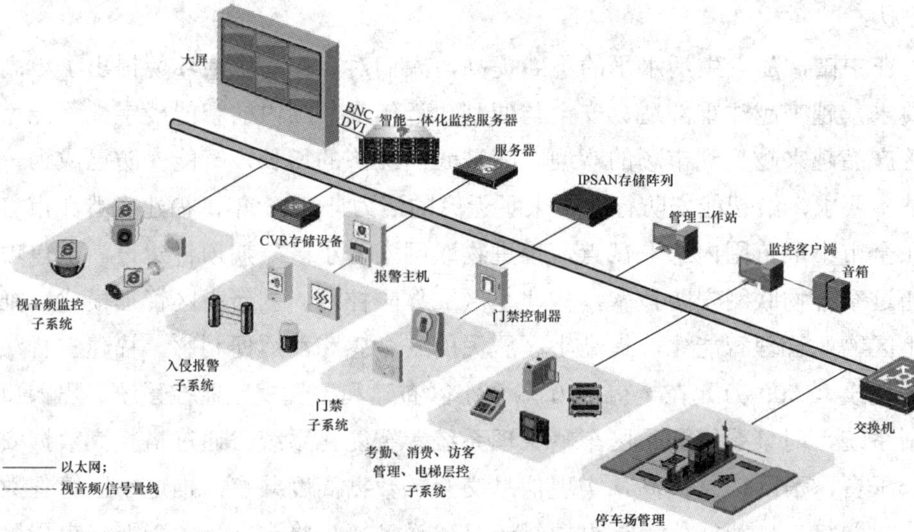


图 6–5　小区智能安防系统

今后，智能安防系统将成为智能家居、智能小区、智能楼宇等智能电网项目的必选内容，并在智能城市民生工程、安全防范、应急管理、楼宇监控中发挥重要作用。

## 第 164 问 智能港口包含哪些内容

智能港口是将全球定位系统（GPS）、移动通信、地理信息系统（GIS）、射频识别技术（RFID）、实时监控系统（AIS）、自动化装卸设备和物流搬运机器人（AGV）等先进的信息技术和自动化技术综合应用于整个港口运作、运输服务及港口管理等各个方面，构建实时、准确、高效、优质的港口运作服务体系。

智能港口的作用是：① 实现港口运作电子化、网络化、无纸化和自动化，降低港口运作成本，提高服务效率和港口经济效益；② 实现港口与船公司、铁路、公路、场站、货代、仓储等港口相关服务企业的无缝连接，通过信息平台实现信息集成和共享，优化供应链管理，提高服务水平；③ 提高港口管理和决策水平，优化港口运作流程和生产组织，提高港口服务质量；④ 实现港口与海关局、海事局、进出口商品检验等口岸单位的信息一体化，提高“大通关”效率和口岸部门服务水平；⑤ 搭建港口运作市场信息服务平台，拓展港口运作市场交易、金融、保险等配套服务功能；⑥ 实现港口运作信息资源的整合，为实施智能港口和智能交通系统规划提供支持。

为了支撑智能港口的建设，各国纷纷大力推广港口的信息化建设，部分国家还构建了电子数据交换（electronic data interchange，EDI）服务系统，支撑港口运输的智能化。2004 年，韩国政府开始在港口实施“智能集装箱”项目。同年，埃及新杜姆亚特港宣布建成地中海沿岸第一个智能港口。荷兰的鹿特丹港已经大规模运用射频识别技术（radio frequency identification，RFI）来标识货物，并完全采用计算机系统控制货物的装卸；同时，该国所采用的国际运输信息系统（international transport information system，ITIS）的成功推广，实现了贸易和运输的网络化和自动化，使得其在智能港口的发展方面处于世界领先水平。安特卫普港的 SEAGHA 作为比利时的 EDI 系统，能够与信息和控制系统、铁路系统、航空系统等进行连接，实现港口、铁路、航空等部门的电子数据交换。美国新奥尔良港运用其 EDI 服务系统，能够实现船只的网上泊位申请、危险货物查询、货物状态查询、电子信箱等功能，初步实现了港口的智能化。中国上海港已经开始运用全自动装船机和卸船机，实现了港口散货堆场无人自动化操作，同时还研制了一种新型散货装卸载工艺系统，实现了散货堆场的无人自动化操作，并且在国内首次将虚拟样机技术和虚拟实现技术协同仿真引入港口机械设计，为上海建设第一个全自动散货码头示范基地奠定了基础。2012 年 7 月 31 日，国家发展改革委和财政部联合批复将集装箱海铁联运物联网应用示范工程列为国家物联网重大应用示范工程，重点围绕连云港－阿拉山口沿线地区、大连－东北地区、青岛－郑州及陇海沿线地区、天津－华北西北地区、深圳－华南西南地区、宁波－华东地区等六条海铁联运示范通道，利用自主物联网技术，开展海铁联运物联网应用示范工程建设，提高业务协同水平和服务效能，探索建立铁路、水运业务衔接联动机制，实现港口、铁路集装箱联运全过程物流信息的无缝衔接。2015 年，大连、天津、青岛、连云港、宁波和深圳为代表的六条集装箱铁水联运示范通道的集装箱铁水联运箱量达到 153.5 万标箱，比 2010 年增长 68%。香港以及新加坡港也在智能港口的装载无人化、信息网络化、物流自动化等方面做出了贡献。

智能港口紧随智能交通、智能物流发展的脚步，提高了交通运输和物流运输的效率，也有助于国民经济的发展。未来智能港口的发展将更深入地利用信息技术，尤其是物联网技术，增强基础设施能力，建设一体化的信息平台，制定港口运作标准体系，拓宽港口服务功能。

## 第 165 问　互动化营业厅有什么作用

随着智能电网建设的深入，需要对传统营业厅进行升级改造，在保留传统营业厅原有功能的基础上，还要满足三网融合、智能家居、电动汽车充电、分布式电源接入和多渠道缴费等新型业务的需求。

美国太平洋燃气与电力公司（PG&E）通过 MyHome 互动服务网站提供多语种的业务办理和咨询服务，该公司的电力呼叫中心在接听用户的语音的同时，也可以网在上即时互动，查看用户资料，使服务更加友好和个性化。2017 年，德国电子能源公司（e－Energy）在德国境内建立多项示范工程，通过互联网实现用户的用电智能监测和自动需求响应；德国莱茵集团（RWE）为用户提供和电力紧密相关的增值业务，利用互联网的便利，为用户提供智慧能源解决方案，综合优化电、热、气及分布式可再生能源等能源利用，通过提高能效、优化用能为用户带来经济效益。英国第二大的公用能源服务公司 nPower 的 Atlas 项目包括呼叫中心和客户服务网站，该项目以用户的自动抄表系统为基础，可以满足用户随时查询自身用电信息、了解电网供电情况等需求。法国电力公司（Electricite De France，EDF）是全球最大的公用事业公司之一，EDF 致力于通过手机短信、电话呼叫、互动网站等 IT 技术与电力营销信息化系统的融合，达到减少客服人员、降低人工成本、提高服务效率、提升服务水平等作用。2017 年，EDF 不断发掘数据资产价值，为企业战略转型与服务升级提供有效的决策支撑。同时，利用法国境内安装的 3500 万只智能电能表采集用户用电数据，结合气象数据、用电合同信息及电网数据，构成了法国电力的大数据。东京电力公司是日本最大的电力公司，供电服务包括东京都和琦玉县、千叶县、静冈县等 8 个县，公司在各供电区域建立了客服中心，通过“全电力家庭”活动的推广，使得用户能够亲身体验清洁能源，促进公司电力的销售。2003 年开始，国家电网公司以企业视觉识别系统（visual identity system，VIS）应用推广为契机，利用营业厅开展企业窗口形象建设活动，部分营业厅配备了自助缴费机、自助查询机、排队评价系统；随后，以环境提升、服务升级为目标，多个省级电力公司提出了供电营业厅建设与管理的相关标准规范。2011 年，国家电网公司通过新建和改造实体营业厅，实施传统业务及系统的整体优化升级，在安徽、浙江、福建开展互动化营业厅建设试点。2016 年，国家电网公司建设 24h 自助服务终端，改造供电服务营业厅，为客户提供支付购电、业务咨询、故障报修和办电申请等服务，建成 95598 智能互动网站，推广“掌上电力”手机 App、“电 e 宝”等线上渠道，注册用户分别达到 2700 万人和 7400 万人，推出用电查询、交费购电、在线办电、投诉举报、移动报修、停电公告、在线客服和知识查询等线上客户服务。

互动化营业厅按内部区域可划分为业务办理区、自助服务区、休息等待区、体验展示区等功能区。进入营业厅后，用户先在门口的排队机上取号，然后在休息和等待区等待系统叫号，听到系统语音叫号后，到业务办理区的指定窗口，办理用电相关业务，整个过程与在银行办理业务是类似的。用户也可以直接到自助服务区，通过操作自助缴费机或自助信息终端，完成自助缴费和信息查询等功能。此外，在展示体验区，用户可以观看大屏幕播放的智能电网宣传片，了解智能电网建设成就、智能用电知识、电网规划和企业品牌文化等内容，当然用户也可以通过触摸屏、互动投影、电子画册等手段，亲身体验和感受智能家居、电动汽车充电、分布式电源接入、集中抄表、三网融合等智能用电服务，了解智能用电服务为居民和社会带来的多元化、个性化、互动化的新型业务，体会智能用电让生活更美好的理念。

## 第166问　智能园区的能源电力是如何管控的

园区通常指诸如经济技术开发区或工业园区等独立区域，园区主要为产业或技术发展聚集而设立的城市区域，可包括工业区、科技研发区和居住区等功能区。而智能园区则是在园区的基础上，采用先进的信息技术和自动化技术对园区的电网基础设施和自动化系统进行改造，使之成为具有低碳节能、供电可靠、友好互动等特征的智能园区。

智能园区根据国家鼓励清洁能源利用、发展低碳经济、促进节能减排的要求，通过信息化装置提升园区智能用电管理水平，满足园区企业用电服务多样化、智能化的需求，实现园区用电信息采集、设备状态监控、电能质量监测、需求侧管理和微网管理等功能；通过智能用电互动系统进行数据信息和电力资源的融合，为园区内工业企业提供用电业务、定制电力、能效管理、新能源接入和园区公共信息等增值服务。

智能园区以用电信息采集、95598、营销业务应用等电力业务系统为支撑，以智能用电互动服务系统为基础，通过园区应用模块满足业务和服务需求，以互动终端、手机、95598 网站等互动化手段，实现营销业务、需求响应、电动汽车充电管理、分布式电源管理、微电网和储能管理、电能质量监测和能效管理等功能。智能园区总体架构如图 6-6 所示。

按照需求侧管理的要求，在电网侧建设需求侧管理中心，在智能园区配置集中监控系统；采集监测园区内的分布式电源、电锅炉、空调、电动汽车充电、

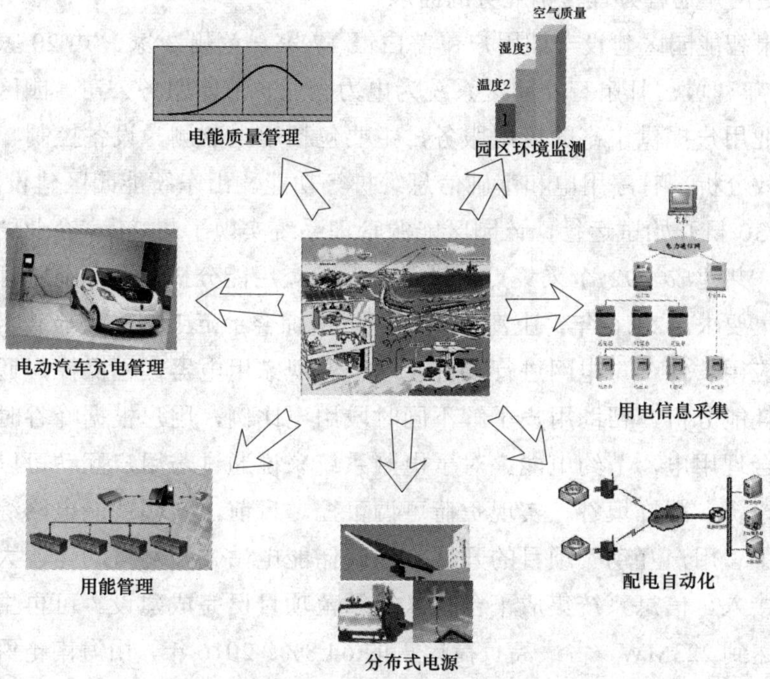


图 6-6 智能园区总体架构图

各类可中断负荷以及其他可以动态调度的需求侧资源，研究以经济激励和价格机制调度园区发电资源，实现清洁能源发电有序并网，电动汽车充电及储能装置有序管理。

园区用能管理系统是智能园区的重要技术支撑平台。该系统主要采集、处理园区企业用户的用能数据，并通过通信网络将数据传送到电网企业的感知互动系统，实现园区企业的能耗分析、能效测评、需求侧管理等功能，同时通过与营销业务系统、配电自动化系统、95598 互动平台等的数据融合，还可满足企业用户的业务应用及各种增值服务的需求。园区用能管理系统按照“数据集中化、业务标准化、服务个性化”的建设原则，在园区企业部署用能服务系统的智能交互终端，用于采集用户用电设备的能耗数据信息，通过通信网络将数据汇总到电网企业感知互动综合服务系统平台，结合平台上的各种业务和服务模块提供用能信息分析、企业能效评测、能源管理和园区公共服务等个性化服务，满足用户远程办理营销业务的需求。

甘肃智能园区建设一期用户覆盖白银17家、兰州3家，共20家企业，于2012年建成。甘肃智能园区系统为电力企业、节能服务公司、园区管理机构及企业用户提供丰富的应用服务，主要包括用电监测、设备控制、智能互动、能效分析、有序用电和基础信息维护等功能。山东智能园区建设从2011年9月30日开始试运行，该园区能源管理系统实现了与24家企业的业务信息互动，共建成992个采集点，满足企业分类用能分析以及负荷管理的基础数据采集要求。2016年，上海崇明智能电网综合示范工程成效显著，用户可以通过应用软件，与电网进行友好互动，实现家用电器远程操控，通过控制终端的耗能分析，帮助用户了解不同时段用电比例，用户根据峰谷时段不同电价，合理用电，节约电能。对于电网系统来说通过与用户互动可以减少电网设备投资、削峰填谷、实现负荷可调可控。目前，崇明智能电网综合示范工程除了“用户互动”项目的开展，钠硫储能电站、配网自动化、大型风电场储能接入、信息系统集成平台接入等示范项目已完成建设。可再生能源装机容量达到223MW，占最高负荷比重的64.8%。2016年，由海南电网公司承担、南方电网科研院参与的国家科技支撑计划课题“区域智能电网综合示范工程”顺利验收。通过该课题的实施，海南电网有限责任公司实现了新能源渗透率超过10%情况下的安全稳定运行，2015年在新能源装机规模未扩大，用电量仅增长5.8%的情况下，新能源发电量同比增长27.4%。依托课题，项目单位研发并投运了电动汽车充换电设施运营管理系统、车载终端、智能充电桩等系列产品，构建了以海口为中心、环岛分布的充换电服务网络，实现了对海口市区190辆电动出租车、215辆电动乘用车、海口龙华充换电站以及环岛电动汽车充电设施的高效管理，解决了有序充电、友好互动、充电引导和客户服务等方面的系列技术难题。

智能园区可以满足工业用户多样化的用电服务需求，实现园区内供电智能可靠性提升、电能质量的协调配置及调度、园区工业用户入网评估和电能质量事故评估及分析，提升工业园区供电质量和服务品质，建立面向工业用户的智能用电服务体系。

## 第 167 问　智能手机怎么成了生活必需品

智能手机（smart phone），是指像个人电脑一样，具有独立的操作系统，独立的运行空间，可以由用户自行安装软件、游戏、导航等第三方服务商提供的程序，并可以通过移动通信网络来实现无线网络接入。

从广义上说，智能手机除了具备手机的通话功能外，还具备了掌上电脑（PDA）的大部分功能，特别是个人信息管理以及基于无线数据通信的浏览器，全球定位系统（GPS）和电子邮件功能。智能手机为用户提供了足够的屏幕尺寸和带宽，既方便随身携带，又为软件运行和内容服务提供了广阔的舞台，很多增值业务可以就此展开，如：股票、新闻、天气、交通、商品、应用程序下载和音乐图片下载等。结合 5G 通信网络的支持，智能手机的发展趋势，势必将成为一个功能强大，集通话、短信、网络接入、影视娱乐为一体的综合性个人手持终端设备。

智能手机的诞生，是掌上电脑（PDA）演变而来的。最早的掌上电脑（PDA）是不具备手机的通话功能，但是随着用户对于掌上电脑（PDA）的个人信息处理方面功能的依赖的提升，又不习惯于随时都携带手机和掌上电脑两个设备，所以厂商将掌上电脑的系统移植到了手机中，于是才出现了智能手机这个概念。智能手机比传统的手机具有更多的综合性处理能力功能，比如塞班 Symbian 操作系统的 S60 系列，Symbian 的 S60、Symbian3，以及一些 MeeGo 操作系统的智能手机。然而，就新近的发展来看，这些智能手机的类型有相融合的趋势。

目前主流的智能手机操作系统为谷歌、苹果、微软 3 家行业巨头的 Android、iOS、Windows Mobile 操作系统。

Android 是谷歌基于 Linux 开放的开源手机操作系统，包括操作系统、中间件、用户界面和应用软件。2005 年谷歌收购了 Android 之后一直致力于开发面向互联网应用的手机操作系统，谷歌视图以自身在搜索、地图、音乐、视频、邮件等互联网应用上的优势，全力挺进移动互联网领域，而智能手机是最好的应用载体。谷歌终于在 2008 年 10 月份推出了旗下第一款手机 G1。2011 年 8

月，谷歌以125亿美元收购摩托罗拉移动控股公司（motorola mobility holdings, Inc.，NYSE：MMI），使谷歌从一家互联网公司成功转型为一家拥有互联网内容、操作系统和智能手机硬件的超级移动互联网公司。世界所有手机生产商都可任意采用 Android 操作系统，并且世界上 80%以上的手机生产商都采用Android。

2007年苹果在Mac World（Macworld是专门针对Macintosh系列产品的计算机杂志）上发布了iPhone手机，采用iOS操作系统。苹果研发推出的智能操作系统，采用封闭源代码（闭源）的形式推出，因此仅能苹果独家采用。苹果iPhone手机以其绚丽的色彩、时尚的外观和丰富的网络App软件，受到了学生和城市网络一族的追捧。

Windows Mobile将熟悉的Windows桌面扩展到了个人设备中，是微软公司为手持设备推出的“移动版 Windows”。前几年的全球第一大手机生产商诺基亚与微软达成全球战略同盟并深度合作共同研发Windows Phone，因此可预计，谷歌公司的Android和苹果公司的iOS两大全球顶尖级的智能操作系统会迎来新的强大竞争对手。

随着IT技术的发展，用户需求的增多，智能手机融合了越来越多的互联网应用，如新闻浏览、网络游戏、视频聊天、收发电子邮件、远程同步、游戏下载、多媒体播放和应用软件下载等。智能手机为用户提供了广阔的舞台，很多增值业务在此展开。通过手机上网的功能，可以访问新闻网站或者购物网站，还可以通过股票交易软件进行股票交易。安装了全球定位系统（GPS）模块后，智能手机还具有交通导航功能。

随着智能电网的发展，智能手机在智能用电服务互动平台中将大显身手。用户可以通过手机上网、短信、电话等多种途径获得灵活多样的远程互动服务，实现与电网的互动。用户可利用智能手机查询供电状况、电价、电费等信息，实现手机购电和缴费功能，享受更方便、更快捷的用电服务。

随着处理器、屏幕、摄像头和操作系统的发展，智能手机将变得越来越强大，逐渐成为集通话、短信、上网、娱乐为一体的综合性手持终端设备。现在主流的智能手机都具有触摸屏、带自动对焦功能的数码相机、GPS导航、手机电视、3D 游戏、视频短信、电子邮件、移动支付、视频播放、虚拟大屏幕显示、桌面式互联网浏览器等特性与功能。可以预见，智能手机将以丰富多彩的功能和时尚绚丽的外观吸引更多消费者的眼球。

## 第 168 问　无人超市真的无人管理吗

顾客进入无人超市时，用手机扫描二维码，通过闸机完成身份识别后，就可以进店购物，之后无须再掏手机。用户可以在店内随意挑选商品，离店时只需通过一道“支付门”，几秒钟内就能完成自动扣款。无人超市通过技术代替人力来识别商品和顾客，正在创造新的零售模式，也给顾客带来了全新的购物体验。

2016 年年底亚马逊推出无人便利店 Amazon Go，其颠覆了传统便利店、超市的运营模式，使用计算机视觉、深度学习以及传感器融合等技术，彻底跳过传统收银结账的过程。这种无人便利店构想的关键技术在于其特殊的货架，它通过感知人与货架之间的相对位置和货架上商品的移动，来计算是谁拿走了哪一件商品。因此，在人多拥挤的时候，系统的计算量即会迅速变大，商品加购准确性也不好保证。例如，同一方向上若两个顾客同时伸手，系统在判断谁拿走商品时就可能产生错误；消费者从货架上取下的商品若放在店内非货架的区域，他空手走出门时也会被结算。

2017 年 7 月，阿里巴巴在第二届淘宝造物节上推出淘咖啡。淘咖啡是阿里巴巴推出的一个占地达 200m$^2$ 的线下实体店，集商品购物、餐饮于一身，可容纳用户达 50 人以上；而实际容纳规模可随场地面积而增加。淘咖啡店中的生物特征自主感知和学习系统，让消费者在不必配合看镜头的情况下，精准地通过生物特征识别真人，再加上蚂蚁金服提供的物联网支付方案，为用户创造近乎“无感”的结算体验。此外，室内目标监测及跟踪视频分析系统还能成为商家优化运营策略的辅助工具。例如，消费者拿到商品时的表情和肢体语言，可以帮助商家判断某款商品是否足够符合他们的心意；通过捕捉消费者在店内的运动轨迹、在货架面前的停留时长，则可以指导商家根据其习惯和需求，调整货品的陈列方式和店内的服务装置。在积累了一定量的运营数据之后，这些技术能够在线下形成一套用户行为体系，为消费者提供更加个性化的服务和良好体验。

不过，在技术方面，无人超市并非完美。比如，射频识别（RFID）标签存在漏读问题，无法识别一些特殊材质的商品。当顾客超过一定人数时，设备可能无法正确追踪用户行为。采用机器视觉方案的无人零售店，随着店铺面积增大、人流量增多，将对图形处理器（graphics processing unit，GPU），造成巨大的挑战，且识别精度也难以保证。从商业角度来说，无人超市也未必能占据上风。无人超市节约了人工成本，但增加了技术成本。短期看，无人超市难以取代传统的零售模式，但零售业的智能化是一种趋势。无人超市即使不能完全代替传统的零售模式，也能占得一席之地，满足人们便捷购物的新需求。

## 第 169 问　为什么要大力发展新能源汽车

新能源汽车采用非常规的车用燃料作为动力来源，运用了先进的车辆动力控制和驱动技术。目前，新能源汽车主要包括燃料电池汽车、混合动力汽车、纯电动汽车和氢能源动力汽车等。

燃料电池汽车以氢气、甲醇等为燃料，通过化学反应产生电流，依靠电机驱动。燃料电池汽车的电池的能量是通过氢气和氧气的化学作用（而不是经过燃烧）直接变成电能的。燃料电池的化学反应过程不会产生有害气体，因此，燃料电池车辆是无污染汽车，而且燃料电池的能量转换效率比内燃机要高 2～3 倍。从能源的利用和环境保护方面看，燃料电池汽车是一种理想的新能源车辆。

混合动力汽车采用传统燃料但又同时配备电动机，这样可以改善低速动力输出和燃油消耗。按照燃料种类的不同，混合动力汽车分为汽油混合动力和柴油混合动力两种。在国内市场，混合动力车辆主要是汽油混合动力，而在国际市场柴油混合动力车型发展也很快。

纯电动汽车只采用电力驱动，大部分纯电动汽车直接采用电机驱动。纯电动汽车本身不排放有害气体，即使按所耗电量换算为发电厂的排放，除硫和微粒外，其他污染物也显著减少。

氢能源动力汽车是一种真正实现零排放的交通工具，它排放出的是纯净水，对环境无污染。而且，氢的储量极其丰富。因此，氢动力汽车是传统汽车最理想的替代方案。不过，与传统动力汽车相比，氢动力汽车成本至少高出 20%。

我国发展新能源汽车有得天独厚的条件：① 从能源结构看，石油资源相对短缺，应充分利用电能、风能和太阳能等清洁能源；② 发展混合动力汽车可以规避在发动机、变速器等传统汽车技术方面的劣势，具有“跨越式”或“弯道超车”的意义；③ 稀土、锂等资源不受外国制约。尤其是，随着我国智能电网建设的发展，对我国新能源利用起到巨大的推动作用。

2016 年 7 月 10 日，《新建纯电动乘用车企业管理规定》（中华人民共和国国家发展和改革委员会　工业和信息化部令　第 27 号）正式实施，主要是为有实力、有技术的进入者创造条件，促进我国新能源汽车发展。2016 年 10 月 26 日，中国汽车工程学会正式发布《节能与新能源汽车技术路线图》，本项技术路线图描绘了我国汽车产业技术未来 15 年发展蓝图。节能与新能源汽车技术路线图的未来发展总体目标是：至 2030 年，汽车产业碳排放总量先于国家提出的“2030 年达峰”的承诺和汽车产业规模达峰之前，在 2028 年提前达到峰值，新能源汽车逐渐成为主流产品、汽车产业初步实现电动化转型，智能网联汽车技术产生一系列原创性科技成果，并有效普及应用，技术创新体系基本成熟，持续创新能力和零部件产业具备国际竞争力。节能与新能源汽车总体技术路线图分别给出了节能汽车、纯电动和混合动力汽车、燃料电池汽车、智能网联汽车和汽车制造、动力电池、轻量化的技术路线图。截至 2016 年，国内电动汽车市场连续两年产销量居世界第一，累计推广超过 100 万辆，占全球市场保有量 50%以上。我国电动汽车行业前景无限、发展迅猛。

新能源汽车是国家七大战略性新兴产业之一，大力发展新能源汽车有利于节能和环保，有利于带动材料、制造和服务等相关产业的发展，有利于提高清洁能源的终端利用率，有利于降低对化石类燃料的依赖度。要大规模推广和使用新能源汽车（特别是电动汽车），离不开完善的充电设施、管理系统和后台交易系统的支持。智能电网可以较好地解决电动汽车大规模、集中充电对电网带来的负荷冲击等问题，实现有序充电，满足电网平稳、安全运行的需要，提升电网接纳新能源的能力，同时又将鼓励社会各界广泛使用清洁、舒适、安全的新能源汽车。

## 第170问　智能LED照明是如何节能的

LED（light emitting diode）即发光二极管，是一种固态的半导体器件，它可以直接把电转化为光。智能LED照明系统就是利用LED的特有性质，结合智能家居系统而设计的照明自动控制设备，它能根据房屋的功能、室外光亮度来自动控制照明。

LED灯具有以下特性：

（1）节能。以一盏5W的LED灯为例，对比25～40W的白炽灯，节能效果达80%以上；对比6～11W的节能灯，可节能30%以上。5W的LED灯替换40W的白炽灯以后，一年可以省电50kWh以上；如果中国近4亿户家庭都将2只白炽灯更换为LED灯，节约的电能将超过葛洲坝全年的发电量。

（2）LED灯的寿命也很可观。据测算，一盏优质节能灯的寿命大概只有5000h，但LED灯的寿命大于50 000h。

（3）环境的友好性。普通的节能灯需要使用汞，灯具被废弃后可能造成严重的污染。到目前为止，还没有针对废弃节能灯的无害处理方式。相比之下，LED不需要用到汞，而且它的回收再利用技术也已经成熟。因此，LED灯是真正的绿色产品。

（4）LED灯的发展还有利于节约稀土资源。普通节能灯需要使用稀土，尽管中国是稀土大国，但资源终究会枯竭。

LED灯的上述特性，决定了它是最理想的替代光源，而且是智能照明系统的最佳搭档。

智能LED照明系统类似于楼道的声控灯系统，但与楼道灯不同的是，智能

LED 照明系统采用热红外技术，通过采集一些环境参数来判断并调节输出。智能 LED 照明系统可以有效解决人们忘记关灯等导致的电力浪费问题，具有提高用电效率、节约电能和缓解用电高峰电力供应压力的作用。智能 LED 的应用领域如图 6－7 所示。

图 6－7 智能 LED 的应用领域

欧盟已经规定，自 2009 年 9 月 1 日起，所有超市不允许销售白炽灯泡，也不允许销售高压的荧光灯灯泡，只能销售节能灯。2015 年，美国所有 A 型灯泡的在用量为 32 亿支，其中白炽灯约 2 亿支，卤素灯约 10 亿支，紧凑型荧光灯约 17 亿支，LED 球泡约 3 亿支。预计到 2023 年，LED 球泡在用量将超过紧凑型荧光灯，到 2035 年，LED 球泡在用量将增加至 36 亿支，约占 40 亿支 A 型灯泡总在用量的 90%，而紧凑型荧光灯在用量将减少至 3 亿支，卤素灯在用量将减少至 1 亿支，白炽灯将彻底退出美国市场。2016 年，全球 LED 照明市场规模达到 296 亿美金，2017 年 LED 照明市场规模将达到 331 亿美金，LED 照明渗透率达到 52%。

国家统计局数据显示，从 2004—2014 年，我国城市道路照明灯数量由 1053.15 万盏增加到 2301.91 万盏，城市道路照明行业保持快速发展的态势。我国也越来越关注 LED 照明的应用，2015 年，由国网节能服务有限公司牵头的北京市城市照明节能系统性解决方案研究课题，通过北京市发改委组织的专家评审验收。2016 年，江苏省洪泽区城区更换总计 3000 余盏的智慧路灯与 LED 路灯，该智慧路灯系统在提供道路照明的基础上，还能够做到危楼危桥监控预警、城市建设大数据支持，以及 WiFi 信号、电动汽车充电桩、应急信息及时发布等功能，是国内首例智慧路灯系统大规模应用项目。2017 年，甘肃省兰州市开启“道路照明智能化”建设，要求全市城市道路照明节能改造要采用 LED 新型光源，同步升级改造现有路灯监控系统，建成智能化市政管理平台，实现我市市政设施智能化管理。并且，要以合同能源管理（energy performance contracting，EPC）模式进行路灯节能和路灯控制系统升级，以降低项目建设成本，拟换装总计 60 113 盏 LED 灯。智能 LED 照明系统与智能电网的目标是一致的，都能更好地实现节能减排。通过智能 LED 照明系统，不仅可以降低能耗，而且也可以减少环境污染。可以预料，基于 LED 灯的智能照明系统将在建筑、交通、市政等得到广泛应用，同时在智能电网智能小区、智能楼宇和智能园区等节能方面发挥重要作用，市场前景十分广阔。

## 第 171 问　如何理解智慧旅游

智慧旅游就是利用云计算、物联网等新技术，通过互联网/移动互联网，借助便携的终端上网设备，主动感知旅游资源、旅游经济、旅游活动和旅游者等方面的信息并及时发布，让人们能够及时了解这些信息，及时安排和调整工作与旅游计划，从而达到对各类旅游信息的智能感知、方便利用的效果。智能旅游的建设与发展最终将体现在旅游管理、旅游服务和旅游营销的三个层面。

（1）旅游管理。旅游管理指智能旅游将实现传统旅游管理方式向现代管理方式转变。智能旅游利用信息化技术，可以及时准确地掌握游客的旅游活动信息和旅游企业的经营信息，实现旅游行业监管从传统的被动处理、事后管理向过程管理和实时管理转变。智能旅游依托信息技术，可主动获取游客信息，形成游客数据积累和分析体系，全面了解游客的需求变化、意见建议以及旅游企业的相关信息，实现科学决策和科学管理。智能旅游还鼓励和支持旅游企业广泛运用信息技术，改善经营流程，提高管理水平，提升产品和服务竞争力，增强游客、旅游资源、旅游企业和旅游主管部门之间的互动，高效整合旅游资源，推动旅游产业整体发展。此外，智慧旅游管理系统还可以通过与公安、交通、工商、卫生和质检等部门形成信息共享和协作联动，结合旅游信息数据形成旅游预测预警机制，提高应急管理能力，保障旅游安全。

（2）旅游服务。旅游服务指智能旅游从游客出发，通过信息技术提升旅游体验和旅游品质，游客在旅游信息获取、旅游计划决策、旅游产品预订支付、享受旅游和回顾评价旅游的整个过程中都能感受到智能旅游带来的全新服务体验。智能旅游通过科学的信息组织和呈现形式让游客方便快捷地获取旅游信息，帮助游客更好地安排旅游计划并形成旅游决策。通过物联网、无线技术、定位和监控技术，可以实现旅游相关信息的传递和实时交换，让游客的旅游过程更顺畅，提升旅游的舒适度和满意度。智能旅游还将推动传统的旅游消费方式向现代的旅游消费方式转变，并引导游客培养新的旅游习惯，创造新的旅游文化。

（3）旅游营销。旅游营销指智能旅游通过旅游舆情监控和数据分析，挖掘旅游热点和游客兴趣点，引导旅游企业策划对应的旅游产品，制定对应的营销主题，从而推动旅游行业的产品创新和营销创新。通过对旅游营销数据的量化分析和营销渠道判断，筛选可以长期合作的营销渠道，从而维持旅游产业的上下游伙伴合作关系。智能旅游还充分利用新媒体传播特性，吸引游客主动参与旅游的传播和营销，并通过积累游客数据和旅游产品消费数据，逐步形成自媒体营销平台。

## 第172问　智能机器人有什么作用

机器人是靠自身动力和控制能力来实现各种功能的一种机器。智能机器人与普通机器人的主要区别在于其具有独特的自我控制功能，并与人类进行直接的互动联系。智能机器人至少要具备以下三个要素：一是感觉要素，用来认识周围环境状态；二是运动要素，对外界做出反应性动作；三是思考要素，根据感觉要素所得到的信息，思考出采用什么样的动作。感觉要素包括能感知视觉、接近、距离等的非接触型传感器和能感知力、压觉、触觉等的接触型传感器。这些要素实质上就是相当于人的眼、鼻、耳等五官，其功能可以利用诸如摄像机、图像传感器、超声波传成器、激光器、导电橡胶、压电元件、气动元件和行程开关等机电元器件来实现。对运动要素来说，智能机器人需要有一个无轨道型的移动机构，以适应诸如平地、台阶、墙壁、楼梯和坡道等不同的地理环境。它们的功能可以借助轮子、履带、支脚、吸盘和气垫等移动机构来完成。在运动过程中要对移动机构进行实时控制，这种控制不仅要包括有位置控制，而且还要有力度控制、位置与力度混合控制、伸缩率控制等。智能机器人的思考要素是三个要素中的关键，也是人们要赋予机器人必备的要素。思考要素包括有判断、逻辑分析、理解等方面的智力活动。这些智力活动实质上是一个信息处理过程，而计算机则是完成这个处理过程的主要手段。

智能机器人根据其功能不同，可以分为以下三类：

（1）传感型机器人。又称外部受控机器人。机器人的本体上没有智能单元只有执行机构和感应机构，它具有利用传感信息（包括视觉、听觉、触觉、接近觉、力觉和红外、超声及激光等）进行传感信息处理、实现控制与操作的能力。受控于外部计算机，在外部计算机上具有智能处理单元，处理由受控机器人采集的各种信息以及机器人本身的各种姿态和轨迹等信息，然后发出控制指令指挥机器人的动作。

（2）交互型机器人。机器人通过计算机系统与操作员或程序员进行人–机对话，实现对机器人的控制与操作。虽然具有了部分处理和决策功能，能够独立地实现一些诸如轨迹规划、简单的避障等功能，但是还要受到外部的控制。

（3）自主型机器人。在设计制作之后，机器人无须人的干预，能够在各种环境下自动完成各项拟人任务。自主型机器人的本体上具有感知、处理、决策、执行等模块，最重要的特点在于它的自主性和适应性，自主性是指它可以在一定的环境中，不依赖任何外部控制，完全自主地执行一定的任务。适应性是指它可以实时识别和测量周围的物体，根据环境的变化，调节自身的参数，调整动作策略以及处理紧急情况。交互性也是自主机器人的一个重要特点，机器人可以与人、与外部环境以及与其他机器人之间进行信息的交流。由于全自主移动机器人涉及诸如驱动器控制、传感器数据融合、图像处理、模式识别和神经网络等许多方面的研究，所以能够综合反映一个国家在制造业和人工智能等方面的水平。因此，许多国家都非常重视全自主移动机器人的研究。

# 第七篇

# 应 用 篇

## 第 173 问　南方电网设计了哪些智能电网试点和示范工程

南方电网具有远距离、大容量和交直流混合并联运行的特点，打造一个智能、高效及可靠的绿色电网，是南方电网发展的总体目标，即 3C 绿色电网。“3C”是指将计算机（computer）、通信（communication）、控制（control）等现代信息技术与传统电力技术有效结合，提升电网安全稳定、经济运行、客户服务和节能水平，实现电网发展向“智能、高效、可靠、绿色”的转变。其中，智能旨在实现电网信息的标准化、一体化、全局化、实时化、共享化、感知化和智能化，开展电网全方位、全过程和全要素的监测、诊断，完善电网精当决策、精准控制和精细管理，支撑电网的高效、可靠运行，支撑绿色电网的发展；高效旨在推进制度创新，以管理创新和流程再造，建设管理与信息化深度融合的新型管理模式，提高电网精益化管理水平，提高电网资产利用效率，进而全面提升大电网资源优化配置的能力；可靠旨在以制度与技术创新，保障电力设备的可靠运行，提高大电网的综合应急能力，为社会提供安全可靠、质量合格的电能；绿色旨在提高电网承载可再生能源发电的能力，推广节能发电调度，降低输配电网损，激励合理用电、节约用电和高效用电，支撑电动汽车产业发展。

南方电网智能电网总体目标是“四提高、一促进”：即提高电力系统安全稳定运行水平；提高系统和资产利用效率；提高用户侧的能效管理和优质服务水平；提高资源优化配置和高效利用能力；促进资源集约型、环境友好型社会的建设和发展。“3C”绿色电网发展重点是建设面向客户的友好、灵活及互动的配电网。

南方电网智能电网发展主线是以“3C”绿色技术升级改造电网为发展主线，在新能源、柔性直流输电、智能变电站、配电网、分布式电源接入、微电网和用电信息通信领域开展技术研究，实现“以科研促进示范，以示范促进标准，以标准推动智能电网技术发展和应用”。

南方电网智能电网顶层设计包括“南方电网发展智能电网的战略与规划研究”和“南方电网绿色电网建设研究”，涵盖了 5 个领域（发电、输电、配电、用电和信息通信）的 17 项关键技术，其中包括新能源并网、微电网、变电站智能化、配电智能化、智能用电和信息通信等关键技术，通过57个示范工程展开了一系列的研究与实践，主编或参编了多项与智能电网相关的国家标准和行业标准。

南方电网以广州中新知识城、珠海横琴新区、海南智能岛和万山群岛微电网（珠海）等作为城镇智能电网综合示范区，开展了大量工作。

（1）广州中新知识城。在广州中新知识城提前部署电、水、煤气“三表合一”，并开展光纤入户建设，由供电部门运营住宅小区内的光缆通信业务，推进“四网融合”。规划新批的居民小区和写字楼等民用建筑，按车位1∶1预留充电桩位置。成立了由中新知识城管委会、广州供电局有限公司、南方电网综合能源有限公司等出资方共同参与的综合能源联合体。

（2）珠海横琴新区。珠海横琴智能电网通过输电、变电及配电环节装置的在线监测信息进行高度融合，并在运维中心平台上进行智能全景展示，最后在融合不同信息系统的基础上进行了跨平台的业务协同探索，最终实现电网设备的智能运行、维护和决策。

（3）海南智能岛。基于海南打造世界一流国际旅游岛的国家战略需求，建立智能高效可靠的省级智能绿色电网集成示范。海南智能岛综合示范项目的七大技术集成与示范特征为：消纳大规模间歇式能源的智能调度与控制技术；电动汽车充换电设施与电网协调运行技术；面向防灾减灾的电网监测、预警和应急技术；大规模储能系统优化与协调控制技术；智能配电网运行控制技术；高密度多点分布式功能系统技术；灵活互动智能用电技术。

（4）万山群岛微电网（珠海）。万山群岛智能微电网示范项目总投资约3.86亿元，在桂山岛、东澳岛和大万山岛建设分布式微电源和智能微电网，主要建设桂山海上风力发电、太阳能光伏发电、柴油机发电及电池储能等微电源，装机总容量19MW；以及220kV海岛联网工程（升压站和吉大站）、35kV降压站、10kV开关站、10kV线路及配网等微电网工程。

通过在智能电网领域的探索与实践，南方电网总结出以下三点：一是智能电网建设要符合国情。我国的能源资源与需求呈逆向分布，这就决定了要通过电网对能源进行大范围的优化配置，形成远距离、大容量、交直流混合输电的格局，智能电网必须解决由此带来的规划、调度、效率、安全等问题。二是智能电网是传统电网的延续。应处理好传承与创新的关系，通过科学的规划分步实施，逐步达到目标。三是发展智能电网是全社会的共同愿景，需要国家统一规划指引、制定配套政策与措施。

## 第174问 各国开展电动汽车充放电设施建设有哪些差异

为应对气候变化、能源紧张等问题，世界各国都非常重视清洁能源利用，发展电动汽车是未来城市绿色交通的发展方向。电动汽车充换电设施是为电动汽车提供充电和换电服务的场所、设备、系统、网络等基础设施的总称，其作用是为电动汽车提供电能补给。

为推动新能源汽车发展，美国、日本、以色列、法国和英国等纷纷开始投资兴建电动汽车充电设施。

截至2019年1月，美国已经建成6.7万个公共充电桩。由于没有权威统计数据、报告预测，到目前为止，美国充电桩的总量大约为50万个。也就是说，美国的私人充电桩占充电桩总量的比例超过86%，高于中国不到60%的比例。

美国的充电桩选址更为多样化，在人流量大的公共场所，很多都能见到充电桩，在美国，除了大型商场，各大连锁商店都是电动汽车充电桩的主要聚集场所。例如，百思买集团（Best Buy）、食品和药品零售商西夫韦（Safeway）、全食超市（Whole Foods）、科尔士百货公司（Kohl's）、建材家居零售企业家得宝公司（Home Depot）、宜家（IKEA）和塔吉特超市（Target）等连锁店都在店铺停车场内安装了充电桩。

除此之外，美国各州也通过立法，推动充电基础设施建设。以加州为例，该州绿色建筑规范标准《绿色加州》（CalGreen）规定，超过17家住户的住宅区，停车场必须为电动汽车充电桩预留至少3%的面积，这项标准还对充电桩的占地面积、充电标志、接线方式等做了细致说明。另外，在高速路充电桩建设方面，各州政府也起了关键作用，从2011年第一批高速路充电桩开建，到目前为止，已有数百座快充站安装在美国5号洲际公路沿线，这些充电站的建设费用全部来自州和联邦政府拨款。

美国主要存在三种电动汽车快速充电标准，分别是特斯拉超级充电标准

（Tesla）、欧洲联合充电系统标准（Combo）和日本电动汽车快速充电器协会标准（CHAdeMo）。目前，加州已拥有 2.1 万个公共充电桩，占全国总量的 32%。

截至 2015 年年底，日本公共充电桩保有量约为 22 110 个，其中快速直流充电桩 5990 个，普通交流充电桩 16 120 个，提前 5 年完成《日本下一代汽车战略 2010》中提出的 2020 年建设 5000 个快速直流充电桩的目标。2017 年日本的公共充电桩与家用充电桩总和已达 4 万个，超过日本加油站 3.4 万座的数量，日本的新能源汽车基础设施建设程度已经与燃油车加油站媲美，新能源汽车推广成果丰硕。

日本的直流充电桩主要建设在汽车销售店、便利店、公共场所以及购物中心等场所，主要服务对象为日产的 LEAF、三菱的 imiev 和欧蓝德 PHEV 等品牌电动汽车；普通交流充电桩主要分布在汽车销售店、酒店、停车场以及购物中心等场所。

英国交通部公布的数据显示，截至 2020 年 4 月 1 日，英国境内电动汽车充电站数量达 1.8 万座，是加油站数量的两倍。自 2015 年以来充电站数量提升了 402%，其中 61%是在 2018 至 2019 年间建成的，仅仅在 2020 年第一季度，英国就新建了超过 1400 座充电站。不过在所有充电站中，只有 3100 余座为快充站。在快充桩上，包括奥迪 e－Tron 和 DS 3 Crossback E－Tense 在内的许多新款电动汽车可以在一个小时以内将电量充至 80%。

在法国，电力企业在城市建设了很多的充电站，电动汽车也可以在家庭停车场充电。截至 2016 年年底，法国共有私人乘用电动汽车 83 279 辆，商用电动汽车 32 498 辆，电动汽车存量总计 115 777 辆。而法国目前共有 122 000 充电网点（总容量达 730MW），其中 51%是企业单位内部充电网点，36%是个人用充电桩，13%是公共服务性的充电网点。

为了配合国家新能源发展计划，积极引导和推进电动汽车充电设施的建设，2010 年国家电网公司建成投运了 87 座标准化充换电站、5179 台充电机、7031 个交流充电桩，从而使中国成为世界上投运充电设备最多的国家。2011 年 1 月，国际上首个实现城际互联的电动汽车智能充换电服务网络在浙江建成投运，将浙江杭州、金华、宁波等地的 14 座电动汽车充（换）电站，以及全省 11 个地区的 500 个交流充电桩成功地互联到一起。2014 年，沿京沪、京港澳（北京–咸宁）、青银（青岛–石家庄）高速公路，共建设电动汽车快充站 133 座、快充桩 532 个，覆盖了 34 个城市，续航里程达 2900km。中国电动汽车充电基础设施促进联盟发布的数据显示，截至 2019 年 1 月，全国累计建成充电桩近 81 万个，其中包括公共充电桩 33 万个和私人充电桩 48 万个。

2009 年 12 月 28 日，南方电网首批电动汽车充电站在深圳建成投运，包括 2 个快速充电站和 134 个充电桩。2012 年，南方电网公司在深圳建设 89 个充电站和 29 500 个充电桩，覆盖全市主要干道、居民小区、公共停车场。目前，南方电网的电动汽车统一充电服务平台，共有充电桩 3.1 万个、直连充电桩 2.2 万个，南方电网公司自建充电桩已全部接入。未来 4 年，将建 150 座大规模集中充电站，累计建成充电桩 38 万个，持续整合电动汽车充电服务平台，服务新能源汽车产业发展。

除了国家电网公司和南方电网公司外，传统能源供应企业如中海油、中石油等企业也表现出浓厚的兴趣，纷纷与地方政府合作，在现有加油站内增加电动汽车充电设施。

2018 年我国新能源汽车销量达到了 125.6 万辆。为适应电动汽车发展要求，需要建设 2000 个充电站、40 万个充电桩，初步建成覆盖我国城市区域的智能充换电服务网络。到 2020 年，将全面建成“四纵四横”（四纵：沈海、京沪、京台、京港澳高速公路；四横：青银、连霍、沪蓉、沪昆高速公路）高速公路快充网络，覆盖 135 个城市，续航里程达 1.9 万 km。基于电动汽车的高效率、零排放、低噪音等优点，电动汽车以及充换电设施还会有更大发展。

## 第 175 问　美国智能电网有哪些应用创新项目

美国发展智能电网重点在配电和用电侧，推动可再生能源发展，注重商业模式的创新和用户服务的提升。美国智能电网的应用和实践项目主要包括智能电能表、高级测量体系（AMI）、配电自动化、分布式能源和储能、需求响应等。

2010 年 5 月，美国 GE 公司开展了“能源智能迈阿密”项目，主要内容为协助迈阿密当局为城市中每家每户及大多数商家安装共 100 万只无线智能电能表，通过建设AMI互动平台，为电力公司和运营商提供远程抄表、需求响应、分布式能源接入和电动汽车充电等服务。

2010年11月，南加州爱迪生公司建造的一项屋顶太阳能设施正式竣工，工程坐落于加利福尼亚州里亚尔托地区的一座面积达4万$m^2$的仓库房顶，安装在里亚尔托仓库上的系统共拥有16 300块太阳能面板，均直接连入最近的公共电网，以惠及所有用户。

美国电力科学研究院（EPRI）正在引领一个全面集成的、产品等级为15kV的智能万用变压器（intelligent universal transformer，IUT）系统的开发和示范工作，该系统可以集成储能技术，并能快速为电动汽车充电。据介绍，IUT是固态功率转换器，可根据需要将各种电压的交流电转化为直流电或者更低（或更高）电压的交流电。

美国的智能电网创新应用及实践项目还包括：

（1）“完美能源系统”项目：美国伊利诺伊理工学院（Illinois Institute of Technology，IIT）的“完美能源系统”项目是研发一个满足每个消费者需求、灵活的电力系统。“完美能源系统”项目将设计微型电网系统，实现电网中的不同情况的及时回应，同时增加电网可靠性、减少电力需求。研究人员表示，该系统能够应用在任何大都市中，并使消费者真正成为电力市场中的参与者。

（2）“超级电路”项目：在美国西弗吉尼亚州，阿勒格尼能源公司的“超级电路”项目将把先进的监测、控制和保护技术结合在一起，从而增强供电线路的可靠性与安全性。该项目将整合生物柴油发电、能量储存以及AMI和通信网络，迅速地预测、确定并帮助解决网络问题。

（3）美国圣地亚哥“海滨城市微型智能电网”项目。“海滨城市微型智能电网”项目已在美国圣地亚哥得到验证，该微型智能电网的性能是独一无二的，它能在发生大规模电网故障时使电网与电站实现精确隔离，并在故障修复后实现网络重构，对电力输出几乎不造成影响。“海滨城市微型智能电网”项目的目标是提高配电网馈线和变电站等关键部件的可靠性并减低高峰负荷，不管是集中发电、太阳能发电、电力储存等都能通过AMI连接到变电站中去，并且高峰负荷不会超过5万kW。

（4）夏威夷大学的配电管理系统平台。该平台将让消费者实现家庭能源管理，并让发电厂的配电系统得到升级，该平台将与AMI相结合，实时接收用户端的需求反馈；同时，该平台与能源自动化系统结合，实现能源节约。据悉，该平台将在夏威夷州毛伊岛上的一个变电站使用。

## 第176问　荷兰智能电网如何支撑智慧城市建设

欧洲的智能电网研究和应用也取得了很大进展，尤其是荷兰阿姆斯特丹智能城市的建设项目具有代表性。

阿姆斯特丹智能城市的建设主要由以下四个主题组成：

（1）可持续性生活：Geuzenveld项目和West Orange项目。阿姆斯特丹是荷兰最大的城市，总共40多万户家庭，占据了全国二氧化碳排放量的三分之一。通过Geuzenveld项目和West Orange项目，广泛采用多种智能化节能技术，二氧化碳排放量和能量消耗得到很大程度的降低。

Geuzenveld项目的主要内容是为超过700多户家庭安装智能电能表和能源反馈显示设备，促进居民更关心自家的能源使用情况，学会确立家庭节能方案。

在West Orange项目中，500户家庭将试验性地安装使用一种新型能源管理系统，通过这一系统，居民可以在某一间房间了解整个屋子的能源使用量，甚至每一件家用电器的用电量，该系统将节省14%的能源，同时减少等量的二氧化碳排放。

以上项目得到了很多企业的积极参与和配合，其中不乏国际知名的大公司。公共事业部门和IBM负责利用智能IT系统和网络防护技术开发一种能源管理软件；思科公司则负责基于IP的家庭能源软件，实现家用电器和能源网络之间的实时安全连接。

（2）可持续性工作：智能大厦项目。阿姆斯特丹全城汇集了许多大大小小的公司，从小商铺到跨国公司，从运河边的老房子到钢筋玻璃的办公大楼。阿姆斯特丹通过建设智能大厦项目，推动可持续性工作的概念。所谓智能大厦，就是在不给大厦的办公和住宿功能带来负面影响的前提下，将能源消耗减小到最低程度。ITO Tower是智能大厦项目的试验性、示范性工程，总面积

38 000m$^2$。通过对大厦的能源使用情况进行具体的数据分析，电力系统能够更有效地运行。另外，通过安装一些新型可持续系统以及多种传感器，实时记录能源的消耗量，保证照明系统、制热制冷系统和保安系统的低能耗正常运行。

（3）可持续性交通：Energy Dock 项目。阿姆斯特丹的移动交通工具包括轿车、公共汽车、卡车和游船，其二氧化碳排放量占据整个阿姆斯特丹的三分之一。为了改善这一问题，阿姆斯特丹通过建设 Energy Dock 项目实现可持续性交通。在阿姆斯特丹港口的 73 个靠岸电站中配备了 154 个电源接入口，便于游船与货船充电，利用清洁能源发电取代原先污染较大的柴油发动机。在具体操作过程中，船长通过电话输入个人账号，可以与靠岸电站取得连接，收费则自动从船舶账号上扣除。

（4）可持续性公共空间：气候街道（The Climate Street）项目。Utrechtsestraat 是位于阿姆斯特丹市中心的一条具有代表性的街道，狭窄、拥挤的街道两边满是漂亮的街道、咖啡馆和旅店，小型公共汽车和卡车来回穿梭运送货物或者搬运垃圾，造成交通拥堵。2009 年 6 月 5 日，气候街道项目启动。整个项目涉及三个方面：

1）后勤部门：利用电动汽车搬运垃圾，而货物集中运送至一个中心点，随后由电动汽车转送到各家商户。

2）公共空间：街道照明采用节能灯，深夜无人时灯光自动减弱，环保电车站的灯利用太阳能发光。此外，太阳能垃圾箱内置垃圾压缩设备，使得垃圾箱空间回收率提高五倍。

3）商户：安装智能电能表，并且可以与节能电器连接。能源可视屏则可以反馈能源消耗情况，并向商户提供节能建议。另外，智能插座可以降低或关闭未使用的家用电器或电灯。商户还可以从本地的能源管理机构要一份能源账单，并有机会在购买节能电器或节能灯时享受优惠。

通过建设智能城市，阿姆斯特丹利用最新的技术，有效地利用有限的资源，实现能源利用的高效化和节约化，大大减少停机和故障的发生，提高应变能力，提高效率和管理成本，满足当前和未来的需求，对其他国家具有较大的参考意义。

## 第177问 日本智能电网的实证工程有哪些特色

为应对全球气候变化，世界各国都非常重视可再生能源的开发和利用。日本领先的配电自动化技术使得日本电网安全可靠性居于世界领先水平，因此与美国重视提升电网安全运行水平不同，日本发展智能电网的重点就转向了太阳能发电等可再生能源的大规模利用，同时在电力供需方面的平衡调节对储能技术提出了较高的要求，这又对日本的储能电池研发起到了推动作用。

日本2008年发表的“福田构想”提出目标是2020年太阳能发电量要达到2008年的10倍，在2030年达到40倍规模。为此，能够接入太阳能发电、风力发电等可再生能源并具有调整需求、系统稳定的“聪明”的电网就是日本所需要的智能电网。日本根据自身的国情，在智能电网领域提出重点研究太阳能等可再生能源的大规模接入和储能电池技术。

日本的智能电网是由日本经济产业省统筹，政府通过下属机构把民间团体、电力公司和大型企业联合起来，共同推进智能电网建设。日本目前开展的智能电网重点项目包括：智能电能表、超导电缆、需求侧管理、智能绿洲（电动汽车充电管理）、微电网及管理系统、智能城市、楼宇能源管理系统（building management energy system，BEMS）、家庭能源管理系统（HEMS）、高级量测体系（AMI）。

此外，为了验证智能电网设备和系统在实际环境中的运行可靠性和稳定性，日本开展了一系列试点工程（实际验证实验）。这些试点包括：东芝2010年秋在冲绳县宫古岛开始实施离岛微电网试点工程；2011年秋天，日本EDO组织19家日本大型公司与美国新墨西哥州共同合作，在洛斯阿拉莫斯和阿尔巴卡奇开展智能电网住宅试点工程，参加的机构除NEDO之外，还有东芝、日立、清水建设等，以及美国洛斯阿拉莫斯国家实验室。

为有效地利用太阳能和风力等自然能源，2010年9月，日本风力开发、丰田汽车、松下电工、日立共同合作，在青森县六所村开展为期四年的智能电网“封闭电网”试点工程建设。

除了与美国、欧洲的合作，日本非常重视与中国的智能电网合作研究和开发，2010 年日立公司参与中新天津生态城智能电网综合示范工程建设，主要为家居节能系统、电动汽车充电管理系统等领域提供先进技术及相关的解决方案；2011 年，NEDO 通过中日间的新能源开发国际合作，参与了江西共青城智能社区试点项目的建设任务，主要包括屋顶光伏发电和储能、社区能源管理、工厂、学校、住宅节能改造、新交通系统和水处理系统。

日本计划在 2030 年在全国普及智能电网，同时全力推进海外的智能电网建设。日本已把环境能源领域列入重点新兴战略产业，到 2020 年计划创出超过 50 万亿日元的市场，增加就业 140 万人。

## 第 178 问　韩国智能电网建设分几个阶段

韩国是世界第十大能源消费国，96%的能源需要进口。为应对气候变化，保障能源安全，实现可持续发展，韩国于 2008 年 8 月提出了“低碳绿色增长国家愿景”，2009 年 2 月出台了“绿色增长国家战略”，将发展智能电网作为实现低碳绿色的核心与关键。

2009 年 6 月，韩国政府启动济州岛智能电网综合示范工程建设，2013 年 5 月建成，总投资约 2.4 亿美元。济州岛智能电网综合示范工程由 10 个大型企业联合体参与建设，包括韩国电力、韩国通信、韩国电信、LG 电子和三星电子等 226 家企业。该工程主要在智能用电、智能交通、智能可再生能源、智能电力服务和智能电力网等领域推动技术创新，探索新的商业模式。

2010 年 1 月，韩国知识经济部发布了“韩国智能电网发展路线 2030”，提出韩国智能电网的路线图，将分三个阶段建设韩国智能电网。

第一阶段为技术验证期间（2009—2012 年）：在智能电网领域，主要完成数字变电技术、送电设备监视、诊断技术的验证；在智能场所领域，主要实现智能住宅的电力管理，建立可供消费者选择的计费制度；在智能交通领域，主要完成电动汽车及充电设备的建设与实验；在智能能源领域，主要完成可再生能源（自然能源）的稳定供给实验、微型电网实验和小规模电容器实验；在智能供电服务领域，完成实时把握计费、实时电力的批发实验，实现用电需求的实时监控。

第二阶段为消费者推广期间（2013—2020 年）：在智能电网领域，主要完成广域实时监控和分散电源、电容器的配电系统联合实验；在智能场所领域，实现智能建筑的能源管理、鼓励消费者家庭发电；在智能交通领域，普及电动汽车，通过扩充充电设施，实现充电服务商业化；在智能能源领域，扩大可再生能源（自然能源）以及输电网的建设，微型电网演示与推广和大、中规模电容器实验；在智能供电服务领域，开发电力批发衍生商品，实施全国的实时计费制度，引导消费者积极参加。

第三阶段为智能电网全国部署期间（2021—2030 年）：在智能电网领域，综合智能电网投入运行；在智能场所领域，实现零排放建筑；在智能交通领域，对现有加油站扩充充电设施，提高充电设施网点覆盖率，提升充电增值服务；在智能能源领域，完成大规模可再生能源发电系统的建设，实现微型电网商用化；在智能供电服务领域，实现电力交易形式的多样化，扩大电力为主的行业之间的协同效果，达到亚洲先进水平。

在智能电网方面，韩国的技术或许不如欧美或日本那么先进，但是韩国的政企之间的关系要密切得多。同时，低碳和绿色增长、积极开拓国际市场的愿景也受到韩国国民的支持。

## 第 179 问　国家电网建设的智能用电小区有哪些特色

智能用电小区采用光纤复合电缆通信或电力线载波（PLC）等先进通信技术，通过用电信息采集、双向互动服务、小区配电自动化、电动汽车有序充电、分布式电源运行控制和智能家居等技术，对用户供用电设备、分布式电源、公用用电设施等进行监测、分析、控制，从而提高能源的终端利用效率，为用户提供优质便捷的双向互动服务。

2002 年，国家电网公司组织公司相关科研单位及国网沈阳供电公司研究和开发了基于 PLC 的智能家居自动化系统。2009 年 6 月，国网信息通信有限公司在北京莲香园小区和阜成路 95 号院开展用电信息采集、智能家居及增值服务等示范展示工作，为智能用电小区的研究和建设进行了前期探索。2010 年 11

月，国网长春供电公司在长春市中信城二期别墅区建成了全国首个全电力光纤到户支持“三网融合”的智能用电小区，在实现智能用电小区家电控制、用电分析等基础功能上，又加入了远程互联网操控、自定义模式控制、非智能电器兼容等更为人性化的特色功能。

为达到居住区低碳环保、安全舒适、便利快捷、提供更高供用电服务质量这一目标，国家电网公司适时启动智能用电小区关键技术研究和试点工程建设工作。试点工程结合已经开展的智能小区建设所取得的经验，充分利用公司智能电网研究的成果，在华北、北京、重庆等公司开展试点工程建设工作，分别建设了廊坊新奥高尔夫花园、北京莲香园和重庆加新沁园等多个智能用电小区试点工程。

在智能用电小区试点工程中，通过提供清洁能源接入、双向互动服务、停电快速响应、电动汽车充电和电力光纤到户等先进智能电网技术，满足居民用户多元化、互动化的用电需求，倡导节能、环保、低碳的生产和生活方式。

智能用电小区采用光纤复合电缆技术，构建小区通信网络，部署自助用电服务终端、智能交互终端等智能交互设备，为用户提供业务受理、电费缴纳、故障报修等双向互动服务；并对家庭用电信息进行采集、监测、分析及控制，通过电话、手机、互联网等方式实现用能设备的监控与互动，可以查询用电基本信息及“三表抄收”等其他增值服务。智能用电小区通过为用户提供优化用电策略，引导用户用电行为，响应电网错峰，实现避峰填谷，提高电网设备的使用效率，实现更经济的电力供应。

智能用电小区在停车场部署充电桩，按照电网运行需要合理安排充电时段，实现对电动汽车充电的有序控制，电力公司和用户能够灵活设置电动汽车的充电时间和充电容量。同时，智能用电小区可以根据自然条件来部署太阳能、风力等分布式电源，结合储能装置实现在负荷高峰时段或停电时段通过分布式电源向用户供电，达到鼓励用户消费清洁能源的目的。

在智能用电小区中，电网结构将得到加强，供电可靠性将显著提高。通过对小区配电变压器等供用电设备运行状况及电能质量的监控，实现故障自动检测与自动隔离，故障发生时向配电自动化系统和95598门户网站等报送故障信息，电力公司及时获知故障情况，迅速地汇总、分析各方面信息，快速处理故障，尽快恢复供电。

智能用电小区是智能电网实际应用的一项综合性工程，对智能用电技术的发展和完善具有重要的促进作用。一方面，可以满足社会对于用电服务的多元化需求，实现智能电网经济高效、优质、节能环保的目标，达到节能和新能源利用的目的，并引导用户优化用能结构；另一方面，可以推动社会资源共享，加强居民小区能效管理、引导用户用电行为，响应电网错峰，实现避峰填谷，提高电网设备使用效率，推进和谐社会建设，创造未来的商用典范与新生活方式。

## 第 180 问　电力光纤到户建设方案的构成和作用是什么

电力光纤到户（power fiber to the home，PFTTH）是智能电网信息通信平台建设的重要组成部分，是智能电网用电侧通信“最后一公里”接入的最佳解决方案，对于“三网融合”有着重要的意义。

采用光纤复合电缆，既能为用户供电，其复合的光纤又能传输信息，从而实现了能源与信息的集成；避免了电力线路和通信线路的重复建设，解决了安全距离、抢占通道、交叉跨越等问题，提高了资源利用率，降低了生产成本。

PFTTH 网络建设采用以太网无源光网络（ethernet passive optical network，EPON）作为网络平台。EPON 具有节省光纤资源、对网络协议透明等特点，它同时具备了以太网和 PON 的优点。EPON 目前可以提供上下行对称的 1.25Gb/s 的带宽，并且随着以太网技术的发展可以升级到 10Gb/s。

PFTTH 通常与智能小区建设同步进行，这样既可以解决智能小区的通信网络问题，又通过智能小区的各项功能来验证电力光纤到户的可靠性和适应性。PFTTH 实际上就是 EPON 和光纤复合电缆等技术的融合，其结构如图 7－1 所示。

其中，光线路终端（optical line terminal，OLT）通常部署在小区 10kV 配电室或 110kV 变电站；光缆分配点通常设置在楼宇配电间；用户接入点是多个用户的光纤集中汇聚点，通常设置在楼宇单元内；光网络单元（optical network unit，ONU）通常设置在楼宇单元内或家庭内部（电话机、电视机、计算机等）。因此 PFTTH 的光分配节点（optical distribution node，ODN）网络可分为三段，从局端 OLT 机房到光缆分配点的馈线段，从光缆分配点到用户接入点的配线段，用户接入点到 ONU 终端的入户段，如图 7-2 所示。

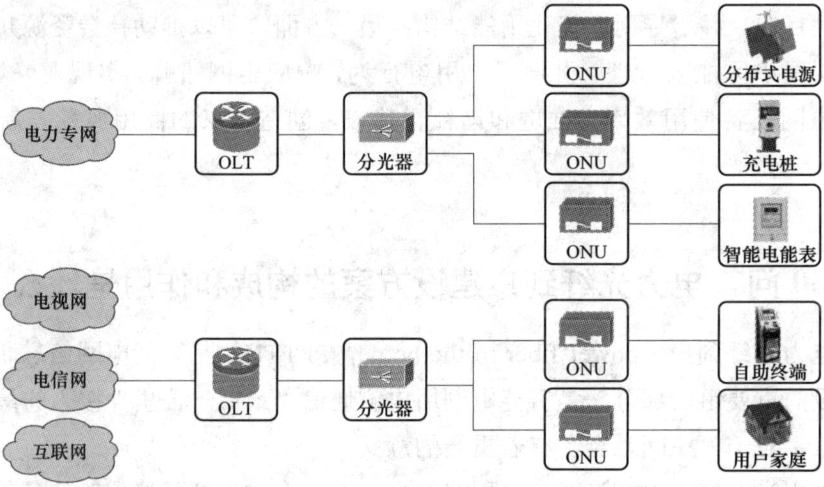


图 7-1　PFTTH 通信网络结构

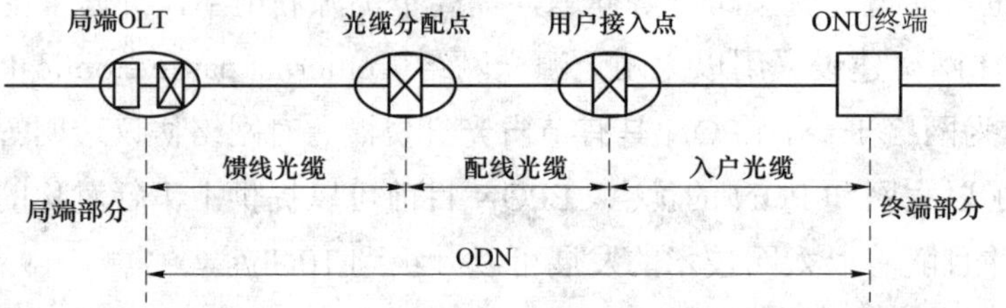


图 7-2　PFTTH 网络组成

按照智能电网信息安全防护的要求，智能小区的网络应实现内网（用电信息采集专网）、外网（小区公网）的横向隔离和纵向认证。其中，内网用于双向互动服务平台、抄表、配网自动化、分布式能源、充电桩接入；外网用于电力自助终端、智能交互终端、小区门禁、三网融合业务的接入。

## 第 181 问 互动化营业厅建设方案包括哪些内容

互动化营业厅是智能电网用电环节建设的重要组成部分，是实现电力营销工作方式和服务方式转变的重要手段和平台。互动化营业厅是在智能电网新形势下对传统营业厅的一次技术升级和观念更新，它既要保留传统营业厅的原有业务，同时还要满足可再生电源及储能接入、电动汽车充换电、多渠道缴费等新型互动化服务需求。

互动化营业厅以物联网、智能电网、智能控制等技术和形态相互融合为依托，利用基于客户端软件的手机、自助终端、95598 网站等互动手段，为用户提供全天候、全方位的智能用电服务，提升电网公司客户服务水平；在智能用电服务的基础上，探索互动化营业厅新型商业营销模式，通过第三方的交叉补贴等商业模式，扩展互动化营业厅的服务范围，拓展智能电网用电服务新的效益增长点，实现电网公司发展方式的转变。

互动化营业厅建设内容主要包括：营业厅场所建设、营业厅功能区建设、支撑系统接入、营业厅应用模块开发。互动化营业厅系统架构图如图 7－3 所示。

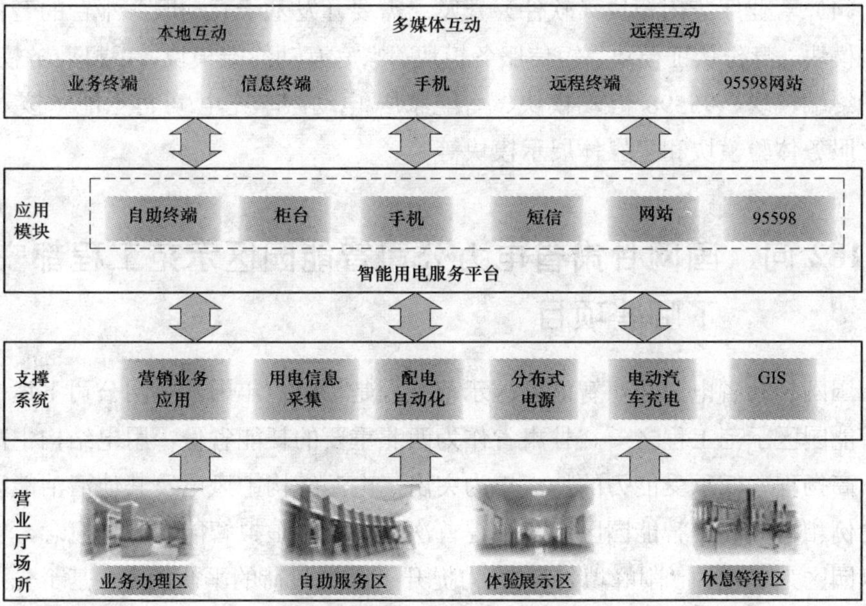


图 7－3 互动化营业厅系统架构图

互动化营业厅建设方案简述如下：

（1）营业厅场所建设：营业厅场所建设本着绿色、生态的建筑理念，在营业厅建筑材料、营业厅内部装修上尽量使用绿色节能建筑和环保节能材料，在屋顶上考虑安装光伏电池板，引入太阳能光伏系统为绿色新能源，在营业厅内部采用 LED 绿色照明系统和大屏幕显示系统，为智能营业厅提供绿色节能照明和多媒体互动显示。

（2）营业厅功能区建设：营业厅按照业务办理区、自助服务区、休息等待区、体验展示区等功能进行区域布局，通过部署排队叫号机、桌面缴费终端、客户评价机、电子结算系统、视频监控、自助缴费机、自助业务终端、大屏幕显示系统和互动化体验展示等设备或系统，满足用户柜台服务、自助服务、舒适、便捷、高效服务的需求。

（3）基础支撑系统接入：以营销业务系统、95598 系统、用电信息采集系统、配电管理及地理信息系统（geographic information system，GIS）、用能服务系统、电力通信网络为基础支撑，通过构建智能用电互动服务平台，为互动化营业厅提供了数据和业务支持。

（4）营业厅应用模块（软件）开发：需要开发基于互动服务平台的音视频监控模块、身份认证模块、短信服务模块、家庭互动终端模块、手机业务模块、自助终端模块、95598 互动模块、智能家居/电动汽车充电/可再生能源接入/互动化服务体验模块和多媒体展示模块等。

## 第 182 问　国网甘肃省电力公司智能园区示范工程都安排了哪些项目

国网甘肃省电力公司智能园区示范工程是 2011 年国家电网公司下达的三个智能园区示范工程之一。甘肃省作为西北重要的耗能省份，用电结构中高能耗、高扬程、低承受能力的特点较为突出，电源结构中风电及其他清洁能源所占比例相对较高。智能园区示范工程首次提出了“虚拟智能园区”概念，实现了以园区为单位的“削峰填谷”，有力提升了区域负荷的平衡能力；基于先进的云计算技术、物联网技术研发了智能园区的基本架构，并与营销、用电信息采集、风电、调度等现有系统进行了充分融合；智能园区示范工程研发的能效分析平台开发了设备三态分析、能效关键绩效指标（key performance indicator，KPI）体系、工作时段建议平台等功能，为用户提供多维度能效分析评估服务。该示范工程于 2011 年 11 月 29 日通过国家电网公司验收并投运。

智能园区示范工程建立了一个新的用户侧管理模式：建设基于园区供电结构，以光纤、无线通信模式为主的通信网络覆盖园区所有用户，搭建起电力企业与园区企业用户之间的高效率、高可靠性、双向通信、全业务承载能力的数据通道；综合运用测量、自动控制及能效管理等先进技术，采集企业内部用能信息，构建用能服务平台，建成供电优质可靠、服务双向互动、能效优化管理和绿色电力认购的现代化工业园区。

“虚拟智能园区”是在智能园区基础上，集中部署“园区智能化综合管理系统”，对同区域或跨区域的多个工业园区的用电企业进行统一管理。“虚拟智能园区”体现了工业园区不再受地域上的物理限制，可以把同区域的多个园区或跨区域的多个园区当成 1 个园区管理，充分体现工业园区企业用电类型多样化的特点。

智能园区的主要功能包括：

（1）融合通信高级量测技术、物联网、云计算技术，构建智能园区管理系统整体架构，对风电、太阳能光伏发电等绿色电力进行监测，提高绿色电力在园区的使用比率，提高终端能源效率，降低碳排放。

（2）通过能效分析、有序用电、需求响应，实现以园区为单位削峰填谷，在不增加电网容量的前提下提高电网设备运行效率，降低电网建设运行成本，提升区域负荷平衡能力。通过提高用户终端能源利用效率，为用户降低用电成本，实现节能减排。

（3）利用网络隔离装置实现内外网并存、分级授权的安全信息通道。任何人均可按照自有权限在任何 1 台外网机上进行查询，但所有控制操作只能在内网机上执行，既保证了安全性又兼顾了方便性。

（4）利用先进的三维可视化、视频交互技术，全景展示园区整体用电情况，与用户实现信息交互，拉近用户与供电企业距离，促进供用电关系的和谐发展。

随着智能电网用电环节建设步伐的加快，智能园区示范工程将具有较好的推广前景，对智能用电技术的发展和完善具有重要的促进作用，将搭建起用电企业和供电企业的用能互动平台，通过实时监测帮助客户提高能源利用水平，达到节能降耗增效的目的，有效推动智能电网实践的开展。

## 第183问　智能电网展馆亮相上海世博会的影响有多大

2010 年上海世博会的主题是“城市，让生活更美好”。国家电网公司根据世博会的主题并结合“低碳经济”的发展方向，将世博园区建设成为中国首个智能电网综合示范展示区，具体包括风光储联合示范工程、常规电源网源协调试点工程、输电线路状态监测中心试点工程、智能变电站试点工程、配电自动化试点工程、用电信息采集系统试点工程、电动汽车充放电站试点工程、智能电网调度技术支持系统试点工程等 9 项示范工程，另外还有智能输电展示、可视化展示等 4 项演示工程，可供参观者近距离、多角度、形象化地了解智能电网。

另外，国家电网公司还投资建设了上海世博会“国家电网馆”，以“创新，点亮梦想”为主题，展现未来自然、人和社会的和谐共生关系以及国家电网公司在坚强智能电网发电、输电、变电、配电、用电、调度六大环节以及信息通信平台的研究与建设成果。

在“国家电网馆”地下一层，智能电网综合示范展示区被装扮成一个美轮美奂、变幻莫测的电力世界，以互动和体验为主题，让参观者近距离、多角度了解智能电网。透过宽大的玻璃窗，观众可以看到被誉为世博会浦西园区“能量之心”的 110kV 蒙自变电站主变压器的运行情况，这是首座服务世博会的智能变电站，投入运行后，信息采集、传输、处理和输出等流程均实现了数字化和智能化。

智能电网调度技术支持系统展示了调度系统保障电网安全、稳定、经济、环保运行的重要作用，展示了调度技术支持系统的在线化、精细化、智能化和先进性，体现了驾驭大电网的能力。

通过信息化平台互动演示系统，展现了国家电网公司 SG186 工程建设成果，体现了信息采集全面化、业务处理自动化、电网运营可视化、管理控制一体化、综合展现互动化、决策支持智能化的建设目标。

通过特高压交、直流试验示范工程模型和多媒体等手段，展示了国家电网公司在特高压输电技术领域取得的成就和输电环节的先进技术，体现了国家电网公司建设坚强智能电网、构建坚强输电网络的能力。

上海世博园区智能电网综合示范展示区向世人展示了国家电网的企业形象和技术实力，为智能电网的进一步推广奠定了基础。

## 第 184 问 天津中新生态城智能电网综合示范工程具有怎样的生态效益

2011 年 9 月 19 日，目前国际上覆盖区域最广、功能最齐全的智能电网示范区—中新天津生态城智能电网综合示范工程成功投运。中新天津生态城智能电网综合示范工程是天津智能电网建设发展的标志性工程，此工程遵循“可实行、可复制、可推广”的规划思路，努力构建安全可靠、优质清洁、高效互动的能源供应体系和服务体系。该工程投运后，不仅风电、光伏发电等可再生能源利用率可达到 20%以上，而且电网能实现和有线电视、IP 电话、互联网的相互融合，其遥控、遥测、信息反馈的智能化能力可做到从居民生活到公共设施，再到工业生产的全涵盖。

中新天津生态城智能电网综合示范工程于 2010 年 4 月 7 日开工建设，这是国内首个进入实质性建设的智能电网综合示范工程。此工程覆盖区域 3.1 万 $m^2$，涉及发电、输电、变电、配电、用电、调度 6 大环节，包括分布式电源接入、储能系统、智能电网设备综合状态监测系统、智能变电站、配电自动化、电能质量监测和控制、用电信息采集系统、智能用电小区/楼宇、电动汽车充电设施、通信信息网络、电网智能运行可视化平台以及互动化营业厅 12 个子项工程。工程投运后，将集中展示坚强智能电网信息化、自动化、互动化的特性。

中新生态城是中国和新加坡两国政府重要的战略性合作项目，也是按照国家电网公司“统一规划、统一标准、统一建设”原则所实施的智能电网综合示范工程，符合“坚强可靠、经济高效、清洁环保、透明开放、友好互动”的坚强智能电网建设方向，工程建设内容满足国家电网公司智能电网第二批试点项目的建设任务要求，遵循“能复制、能实行、能推广”的设计思路，为下一步全面推广建设智能电网奠定了基础。

中新天津生态城智能电网综合示范工程建成投运以后，通过分布式的电网储能装置，可以实现风电、太阳能、生物质能等多元化新能源的灵活接入；利用线路和杆塔部署的传感器和监测装置，实现输电线路状态的全天候监视，满足电网安全生产动态管理的需求；无人值守、站内通信光纤化、高压设备智能化、信息传输网络化已在智能变电站中获得推广，使得智能变电站成为电网能源和信息的枢纽；安全、自愈、灵活、可控的配电网是城市电网的基础，也是可靠供电、优质供电、安全供电的保证；以用电信息采集系统为基础，通过双向互动服务平台，构建智能用电服务体系，建设智能用电小区、智能楼宇和智能家居，满足电动汽车充放电管理的需要；一体化智能调度和控制中心通过动态多维可视化的地理信息平台系统，随时掌握系统的运行状况，为电网的安全稳定运行提供保驾护航。

根据测算，在中新天津生态城智能电网综合示范工程完成后，各种可再生能源的替代电量约占整个生态城用电量 24.62%，达到生态城总体规划要求。中新天津生态城智能电网综合示范工程不仅对实现可持续性的、高效的、可靠的供电具有重要意义，而且符合中新生态城提出的“节能环保、低碳生活、绿色建筑”的建设理念，将成为全国城市智能电网建设的样板。

## 第 185 问　扬州经济技术开发区智能电网综合示范工程具有怎样的示范意义

扬州经济技术开发区智能电网综合示范工程（以下称扬州示范工程）是国内规模最大、覆盖面最广的智能电网综合示范项目，项目涵盖电力系统的发电、输电、变电、配电、用电、调度各环节，是智能电网最新技术集成创新应用的典范。2013 年 1 月，扬州经济技术开发区智能电网综合示范工程通过验收，专家组一致认为，工程成果先进、技术创新性强，对城市区域智能电网建设具有较强的示范意义，总体技术达到国际领先水平。项目具有以下示范特色：

（1）清洁能源友好接入。扬州示范工程依托扬州晶澳太阳能有限公司的厂房屋顶光伏，实现了分布式电源并网、微电网控制及储能。该公司自建的 1.1MW 屋顶光伏发电系统，配置了 250kW×2h 的储能系统，新建了一套 10kV 分布式光伏发电并网及微电网运行控制系统，提高了配电网对分布式电源的接纳能力。项目实现了分布式光伏发电与储能系统联合运行，所发清洁电能经升压后接入 10kV 配电网，当公网无法供电时，光伏电站可作为后备电源接受配电自动化主站的调度，保证附近 3 个重要用电户的可靠供电。

（2）电网运行安全可控。输电环节方面，扬州示范工程建设了一套输电线路状态在线监测系统，并在 110kV 蒋开线等线路上共安装 5 套视频监控装置，3 套微气象装置，1 套全工况装置，3 套状态监测代理装置。运行人员通过微气象装置，可以监测温度、湿度和气压等气象数据变化；通过全工况装置，可以监测导线弧垂、杆塔倾斜、绝缘子风偏、风速和风向角等数据变化；通过视频监控装置，可以实时监控线路通道周边状况，及时发现外力破坏隐患，保障输电线路设备安全运行和检修管理。

变电环节方面，扬州示范工程建成了江苏省第一座 110kV 智能变电站——何桥变电站。利用“物联网”技术建立传感测控网络，实现了一次设备测量、控制、保护、状态的综合监测。

配电环节方面，扬州示范工程建设了满足配电自动化、配电网生产抢修指挥、电能质量监测、线损实时统计分析等应用需求的配电网调、配、控一体化系统。该系统包括配电网主站、配电网终端、通信网络，安装了配电网自动化终端 180 套，敷设光纤通信光缆 530km，覆盖扬州经济技术开发区内 55 条配电线路，安装了电能质量监测装置 39 套、覆盖 150 个监测点。该系统具有完整的配电网 SCADA、自愈控制和智能分析等功能，满足清洁能源的接入要求；并通过信息交换总线与上级调度自动化系统、生产管理系统、电能量系统、电能质量系统、用电信息采集系统等其他业务系统进行信息交互，整合了营配一体的业务流程。

电能质量监测方面，扬州示范工程通过集成在配电网自动化主站系统中的电能质量监测管理模块实现了分布式数据的同步采集与实时传输，具备海量数据处理能力，监测终端将采集到的数据，传输给监测主站，监测主站再根据预定的功能完成所有数据的处理、储存和发布，对电能质量问题进行实时监测和掌控，极大地提高了对电能质量的监测、管理及治理的能力。

（3）抢修指挥高效及时。配电网生产抢修指挥平台通过与配电自动化系统、生产管理系统/地理信息系统、95598、用电信息采集系统等信息交互，能第一时间获得配电网故障信息，精确定位配电网故障点，实现了一体化的故障抢修管理、计划停电管理、现场抢修过程管理。配电网生产抢修指挥平台投入运行后，城市核心区故障抢修平均到达现场时间由20min缩短到13min，平均故障处理时间由1.2h缩短到50min左右。

（4）用电有序节能高效。扬州示范工程的电力用户用电信息采集系统覆盖直供直管的5类电力用户和公用配变考核计量点，通过电力用户用电信息采集系统主站定期采集的用电数据，以及远程控制手段，可为营销系统电费抄表、预购电等业务应用提供用电信息与技术手段。同时，通过电力用户用电信息采集系统主站为95598系统、调度系统等提供数据查询，满足其他系统的业务应用要求。

扬州示范工程选取运河印象智能小区及开发区 21 家大客户进行智能用能服务管理，利用安装在用户内部的信息采集终端，实时掌握用户用能特性，并建立了供电公司、园区管委会与客户的三方互动平台，实现电网与用户的双向互动服务。

（5）智慧城市大有可为。扬州示范工程集中体现了智能电网在智慧城市的实践：该工程建设一体化通信监控平台，建成结构合理、安全可靠、技术创新、覆盖全面的高速通信信息网络；基于通信信息网络，通过输变电线路在线监测、智能变电站、智能配电自动化、智能园区等子项的建设，实现了对发电、输电、变电、配电、用电等关键环节的无盲点监测，实现了实时和非实时信息的高速传输；通过分布式电源和微电网接入等电源侧技术实现了高渗透性清洁能源接入智能电网；通过智能小区、电动汽车等用电侧技术实现了用户与电网之间的双向互动，为用户提供用电状况健康报告，指导用户合理用电、节约用电，提高能源利用水平。

扬州示范工程在为智慧城市提供能源基础供应平台的同时，也达到了“目标能实现、模式能复制、理念能推广”的目的，为智能电网综合性工程提供了样板，对提高人们生活品质、推动智能电网和开发区市建设等具有重要示范意义。

## 第186问 江西共青城智能电网综合示范工程有哪些亮点

为引领智能电网技术发展，达到示范应用效应，国家电网公司在江西共青城实施智能电网综合示范工程，该示范工程建设内容包括清洁能源接入、配电自动化、电能质量监测、用电信息采集（智能电能表）、智能家居（用能管理系统）、电动汽车充电设施、智能小区/楼宇、营业厅互动化、应急指挥中心、物联网应用及通信信息网、可视化平台等。该综合示范工程于2013年7月通过国家电网公司验收并投运，于2014年8月通过国家能源局的验收。

江西共青城智能电网综合示范工程（以下称共青城示范工程）是一项内涵丰富、涉及面广、体现智能电网领域众多研究成果的综合性工程，其目标是构建清洁、安全、高效、可持续的能源供应系统和服务体系，打造以信息化、自动化、互动化为主要技术特征的“生态型智能电网城市”，实现电网与自然生态环境的和谐发展；向社会各界广泛传播智能电网建设理念，同时发挥示范作用，为国家电网公司开展智能电网建设积累经验。

在清洁能源接入方面，共青城示范工程建成8个太阳能分布式电源建设点（30～3000kWp）以及2个10MW的集中式太阳能电站，并对清洁能源发电数据实施监测与分析，数据全部接入智能电网可视化平台。

在配电自动化方面，共青城示范工程采用3层体系架构，具备SCADA、馈线自动化、电网分析等功能，在监控中心建设配电自动化主站，终端覆盖范围为4条35kV配电线路，实现配电网故障区段的快速切除与自动恢复供电，并可通过与上级调度自动化系统、生产管理系统、智能电网可视化平台等系统互联。

在电能质量监测方面，共青城示范工程在110kV和35kV两个变电站各建设1个电能质量监测子站，主要监视工业负荷区、商业/居民区供电线路或分布式电源接入点的电能质量，并将监测数据接入智能电网可视化平台。

在用电信息采集方面，共青城示范工程覆盖4万多用户，并配套建设10kV配电台区的光纤通信网络，对低压配网的馈线、楼宇进户线、计量表箱进行适应性改造。

在智能小区方面，共青城示范工程规划用户数为300户，另外包含屋顶太阳能发电及相应的小容量（小于2kW）储能装置。智能小区采用电力光纤入户与以太网无源光网络（EPON）通信技术，在用户室内配置光网络单元（ONU）终端，与智能交互终端、智能交互机顶盒、固定电话等设备连接，实现语音、数据、有线电视的信息接入。

在电动汽车充电设施方面，共青城示范工程在共青国际高尔夫球场、国家网球训练中心、耀邦陵园休闲区、九仙岭旅游配套区和野生动物园、开发区管委会各建充电桩12个，在青年企业家创业园区建充电桩8个。

在营业厅互动化方面，共青城示范工程将一个传统营业厅改造成智能营业厅，建设内容包括人工咨询服务、自助服务终端、互联网服务终端、Email短信平台、视频终端、液晶综合信息展示屏和安全防护系统等，实现24h自助服务、宣传展示、互动体验、缴费等功能。

在应急指挥中心方面，共青城示范工程在国网江西省电力公司共青城市供电分公司建设电网应急指挥中心，以应对可能的灾害或其他特殊情况下对电网带来的挑战。

在通信信息网络方面，共青城示范工程主要配套建设中压通信网，分布式发电侧数据传输和监控采用移动公网GPRS通信方式。

在智能电网可视化平台方面，共青城示范工程基于地理信息系统GIS模式和电气接线图模式，综合采用计算机图形技术、三维虚拟现实技术、电力系统动态分析仿真技术、智能视频技术等多种先进技术，对江西共青城智能电网集中进行动态、灵活、直观和多维的可视化展示，更全面、更准确地了解和掌握电网的运行状态、关联影响和未来变化趋势，满足智能电网的应急处理、仿真计算、规划设计和调度运行等应用要求。

## 第187问　北京市未来科学城智能电网综合示范工程包含哪些具体项目

北京市未来科学城以“打造科技创新平台、吸引高端人才、建设生态低碳示范园”为出发点，以“创新，开放，人本，低碳，共生”为核心理念，构筑一个交通便利、环境优美、配套齐全、高标准与现代化、统筹高效、低碳可持续发展的国家级人才创新创业基地和研发机构集群。目前，已有包括国家电网有限公司、神华集团有限责任公司、中国石油化工集团公司、中国海洋石油集团有限公司等 15 家央企入住。

北京市未来科学城将根据国家产业发展政策和科技发展规划，围绕促进我国产业结构优化升级和国有经济布局的战略性调整，把未来科学城建设成为具有世界一流水准、引领我国应用科技发展方向、代表我国相关产业应用研究技术最高水平的人才创新创业基地，使之成为中国乃至世界上创新人才密集、创新活动活跃、创新成果丰富的区域之一。

智能电网是北京市未来科学城的重要建设内容之一，也是未来科学城核心竞争力的重要体现。

（1）北京市未来科学城通过采用高可靠智能设备以及配电网自动化、快速预警及自愈等技术，大大提高供电可靠性和电能质量，打造优质电力园区。

（2）北京市未来科学城将采用节能设备、节能调度及优化运行等技术，提高电网运行效率；采用分布式电源/储能/微电网等技术，接入更多可再生能源。

（3）北京市未来科学城将采用需求侧管理等手段，指导用户有序用电、科学用电；通过互动式营销和智能用电服务，实现实时信息查询、多渠道缴费、电力故障报修等个性化服务；通过建设智能小区/楼宇，进一步促进节能减排、引导用户合理用电；通过电力光纤到户，为未来科学城搭建信息传输平台，促进“三网融合”。

（4）通过智能电网基础设施的建设，可以促进物联网在北京市未来科学城的应用，打造一个无处不在的“泛在网”。

（5）北京市未来科学城将在超导输电方面取得实质性突破，力争达到世界先进水平。

北京市未来科学城是一项内涵丰富、涉及面广、体现国家电网有限公司在智能电网众多领域研究成果的综合性工程。北京市未来科学城智能电网综合示范工程涵盖发电、输电、变电、配电和用电等环节以及通信信息平台的 13 个建设内容，分别是清洁能源接入及微电网系统、超导输电、智能变电站、配电网自动化、电能质量监测和定制电力、用电信息采集、智能小区/楼宇、电动汽车充换电、智能路灯及其监控系统、互动化营业厅、智能需求侧管理、通信信息网络和物联网应用、应急指挥中心等。

## 第188问　中国台湾智能电网规划重点和实施步骤是什么

在反核声浪四起之浪潮下，中国台湾未来能源政策及电力稳定供应的安全性正面临严峻挑战。台湾具备丰沛的太阳能与风力资源可供再生能源运转，这也是应对国际减碳趋势的有效做法，但太阳能与风力资源发电的间歇性可能冲击电力系统可靠性。再者，台湾部分人口稠密区域已触及供电额定瓶颈，换言之，即使供应端有足够之裕度可供给负荷，亦因电力阻塞现象而难以将电能传送至客户端。然而，人口稠密区用地成本高昂，加之当地居民对电磁波影响健康的疑虑，使得新增电力设施的计划与相关工程困难重重。

以往研究指出分布式能源（distributed energy resource，DER）可以有效降低电能传输损失、改善能源使用效率。然而，大量的分布式能源并入配电网系统会对其供电可靠性及供电安全带来许多不确定性。尤其台湾当局预定于2030年前推行太阳能发电与陆域风力发电机，装机容量分别达到3100MW与4200MW，届时配电网的供电稳定性将面临更严峻的挑战。

为应对当前电力系统面临的困局，台湾自2010年起已着手推动国家能源型计划–智慧电网与读表主轴计划（national energy project，NEP-smart grid and meter main–axis specific project），NEP第一期程（NEPⅠ）中所规划的技术与领域包含直/交流微电网、先进配电网自动化（advanced distribution system automation，ADAS）、AMI及智慧家庭/建筑电能管理系统，并已于2013年年底执行结束。当前NEP已进入第二期程（NEPⅡ）开发阶段，并以NEP I所开发之技术为基础，具体规划为电能质量、输电控制、配电自动化、微电网控制、AMI与信息通信技术、电能管理与需求响应技术、电力电子及规范与标准等领域，各领域研发重点具体如下：

（1）电能质量。电能质量的研发重点包括电能质量分析仪、广域电能质量量测、实时电能质量信号分析方法、电能质量干扰源追踪/辨识算法、不良电能质量对供电系统组件影响分析、电能质量改善策略、DER对电能质量影响的研究。

（2）输电控制。输电控制的研发重点包括广域量测系统、柔性交流输电系统、智能电网仿真平台与云端计算、智能网络代理人与网域实体系统

（cyber－physical systems）在智能电网的应用、智能传感器与遥测监控系统。

（3）配电网自动化。配电网自动化的研发重点包括配电网自动化通信系统、与可再生能源的整合、与用户自动化的整合、ADAS 系统于分歧线小环路自动化的延伸功能、先进配电网控制系统。

（4）微电网控制。微电网控制的研发重点包括即插即用（plug－and－play）的保护协调设计、电源负荷匹配、故障监测、孤岛监测与运行、智能继电器、微电网硬件实时仿真技术、中央实时监控技术及人机接口设计、微型电网多代理人控制技术。

（5）AMI 与信息通信技术。AMI 与信息通信技术的研发重点包括通信及网络容错、智能电能表与用户间各形式通信网络规划、用户智能型设备节能控制协议研究、电能表与电力线通信芯片开发、电能表数据管理、客服关系管理、账务系统数据库设计、探勘与信息安全加密技术。

（6）电能管理与需求响应技术。电能管理与需求响应技术的研发重点包括优质电力计划与费率设计、电力用户实时电价与需求响应策略分析、用电端动态实时需求预测技术、电价/分布式发电系统发电量预测技术、电网储能与释能控制最佳化决策系统（含电动车充放电策略）。

（7）电力电子。电力电子的研发重点包括快速静态开关、DER 电能转换器、电力质量管理技术、储能系统及转换器技术、高功率电能转换器、功率半导体组件技术、直流微电网系统、弹性交流系统、AMI 智能电能表远程遮断/复归高可靠静态开关研究。

（8）规范与标准。研发重点包括现有电力与信息通信标准、分布式电源并网与保护技术标准、信息安全技术与规范、感测技术与规范、监控自动化技术与规范等应用于智能电网的适用性。

未来在智能电网的发展进程中，将持续整合台湾相关产业在各个技术实现的试点应用，建立跨领域系统的整合技术，同时配合台湾电力公司智能电网建设规划，整合台湾产、学、研各界发展智能电网技术之能量，促进台湾智能电网发展与技术演进，进而达成确保稳定供电、促进节能减碳、提高绿能使用、引领低碳产业等台湾发展智能电网的四大愿景。

## 第189问　上海需求响应试点工程是如何实施的

随着需求响应在智能电网建设中的发展，我国需求侧管理相关政策将逐渐向需求响应聚焦，需求响应在我国不断得到国家政策的支持和鼓励。近年来，国内工商业用户开始建立基于能源监测的能效管理系统，在大型钢厂、商业楼宇得到了一定的应用。国家能源局也陆续出台《电力需求侧管理城市试点工作中央财政奖励资金管理暂行办法》（财建〔2012〕367号）等政策法规，为实施电力需求响应提供了必要的政策支持。

目前，我国在上海地区试点的需求响应平台通过不同的角色管理供需求响应中心、电能服务商、用电用户使用，系统的功能结构图如图7-4所示。

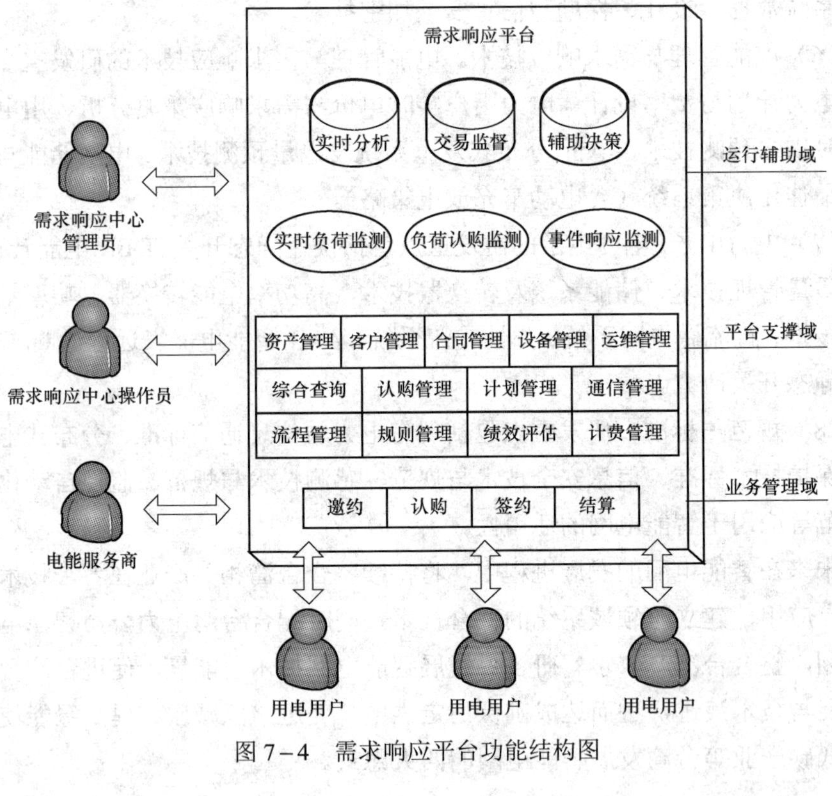


图7-4　需求响应平台功能结构图

为进一步深入推动上海地区电力需求响应工程建设，未来需要重点关注：市场模式建立、认购规则细化、响应产品制定、认购流程梳理、需求响应平台产品建设。

随着我国经济持续快速发展，用电需求增长速度远远大于供电增长，社会经济运行过程中的电能缺口问题已经成为影响社会经济生活的重点问题之一；同时，电网的负荷受季节变换、气象条件、大工业用户突发事件、节假日及特殊条件等因素变化的影响，而电网的设备容量必须满足最大可能的负荷，这势必造成电力设施的高投资、低负荷率、低效率。

综合规划资源、因时制宜、因地制宜开发设计各种需求侧响应项目，建设、健全我国电力市场，完善国家电力需求响应体系，建成国家电力需求侧管理需求响应平台，初步形成电力需求响应市场并进行平台试点，对我国缓解电力供应的紧张局面、促进社会经济稳步、可持续发展具有重要的实际效益和现实意义。

## 第 190 问　华北电力大学智能楼宇示范工程是如何规划的

华北电力大学是教育部直属国家“211 工程”“985 工程优势学科创新平台”重点建设高校，是教育部与国家电网有限公司等七家特大型电力企业集团组成的校理事会共建的全国重点大学。华北电力大学依托中国电机工程学会“用电与节电”专业委员会与全国智能电网用户接口标准化技术委员会等学术组织和标准化组织，逐步实现研发成果产学研用一体的工程研究中心，在智能用电与节能信息技术方面重点研究智能电网自动需求响应，填补国内需求响应领域的空白，开拓自动需求响应领域研究；在理论体系研究、专利和标准方面，开展用电负荷信息模型与接口、IEC PC118 标准、电力云计算以及支撑节能的信息通信技术。不同于一般的智能楼宇示范项目，在华北电力大学智能楼宇示范工程中，校园内的楼宇数量、种类繁多，且东西跨度较大，总占地面积与 50.3 万 $m^2$，如图 7－5 所示。

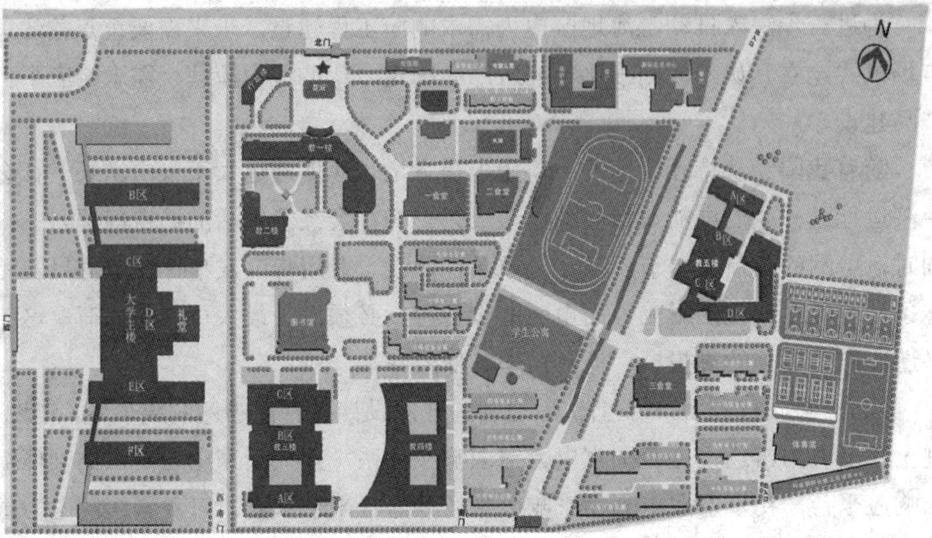


图 7-5　华北电力大学（北京）校区分布平面图

华北电力大学的运行环境包括办公楼、住宿楼、图书馆和浴室等，楼内用户包括行政办公人员、学生、企业，具有综合性楼宇典型性。华北电力大学具有良好的教学实验环境，比一般的商业楼宇更具有教育、宣传的意义。综上所述，选择华北电力大学作为高校代表，开展智能楼宇示范工程建设。

华北电力大学智能楼宇示范工程项目由国网北京市电力公司组织，国网北京经济技术研究院承担，北京国电通网络技术有限公司等产业公司参与，真正意义上实现了政府搭台、由坚强智能电网引领、华北电力大学验证的智能楼宇示范工程。在智能楼宇示范工程中，整合了负荷资源参与系统的运行和调度，新商业模式的开发使系统的调度运行不再仅仅依靠电网公司的单方面指令，而是能够调动社会多方参与其中，共同实现电力资源的优化配置，提高电力系统运行的安全稳定性和供电质量。

智能楼宇示范工程的设计架构与智能小区相似，但根据其规模的不同在设计上更加突出为特定独立用户提供更加高端和智能化的定制型服务。考虑到楼宇内的用户多种多样，包括学生、行政办公人员、租用企业，所用负荷类别不尽相同。因此，为了实现有效的能源管控，针对楼宇内建立需求响应微环境，对大量不同类别的用电负荷实施聚类管理，利用能源响应路由器实现用电设备的管控，实现楼宇负荷与电网的互动。建设目标分为以下 4 点：

（1）开展智能楼宇示范工程建设，利用华北电力大学现有和新建的教学楼、宿舍楼等基础设施，部署智能控制终端，对楼宇内的主要用电设备运行状态信息监控。

（2）建立楼宇综合能源管理平台，对大量传感单元所采集数据进行综合性能效分析、能效诊断，对电、水、气、热多能源进行联合优化。

（3）建设新能源与储能基础设施，并通过智能控制终端实现楼宇内的负荷全管控，整个小区内楼宇作为独立的能源体参与需求响应，验证 IEC PC118 智能电网国际标准接口规范。

（4）以华北电力大学为典型示范深入推动校区节能减碳工作，促进全校利用信息化手段提高节能减碳工作的精细化管理水平，实现节能管理工作的可视化，充分发挥高校节能示范带动效应。

针对楼宇能效方面存在的问题，采取相应的解决方案，包括楼宇智能照明系统改造工程、楼宇分布式能源供给优化改造、分项计量与精细化能效管理平台建设、智能电网楼宇－用户接口验证平台建设、楼宇群协作能源优化控制示范、智能楼宇能源管控大数据平台，达到合理利用能源，减少能源的浪费，实现节能减排的目的。针对以上问题，设计多能源管控中心平台架构，如图 7－6 所示。

多能源管控中心平台对各个用能用户实现分户、分项、分类实时计量。该平台基于 B/S 模式开发，采用工业界普遍采用的实时通信与数据采集技术，结合后台大型分布式数据库，通过 Web 发布的形式，使各个用能单位各级管理人员不管身处何时何地，都可以轻松地对本单位各部门的用能情况进行监控与管理。该平台还可以和“用能指标体系”充分配合，实现用能的管理和指标执行情况的监督、费用结算、数据统计分析等多项功能，为实现学校各学院、部门用能的量化管理提供了必备条件。

多能源管控中心平台在华北电力大学已有和正在新建的楼宇内实施智能型配电自动化和调控一体化，实现全局性层面的智能化控制，包括分布式电源/储能装置/微电网/不同特性用户（含电动汽车等移动电力用户）接入和统一监控、多能源互补的智能能量管理以及与智能用电系统的互动等；通过更新设施设备、资源循环利用、充分利用新能源等手段，实现节能降耗的目标；改造供暖锅炉，增加烟道余热回收、分时分区供暖、更换供热管线等；在示范工程中将更换部分节能灯具，完成公共区域照明开关改造工程；利用能源管理平台及计量设施，采用新技术，安装新设备，提高能源的综合利用率。

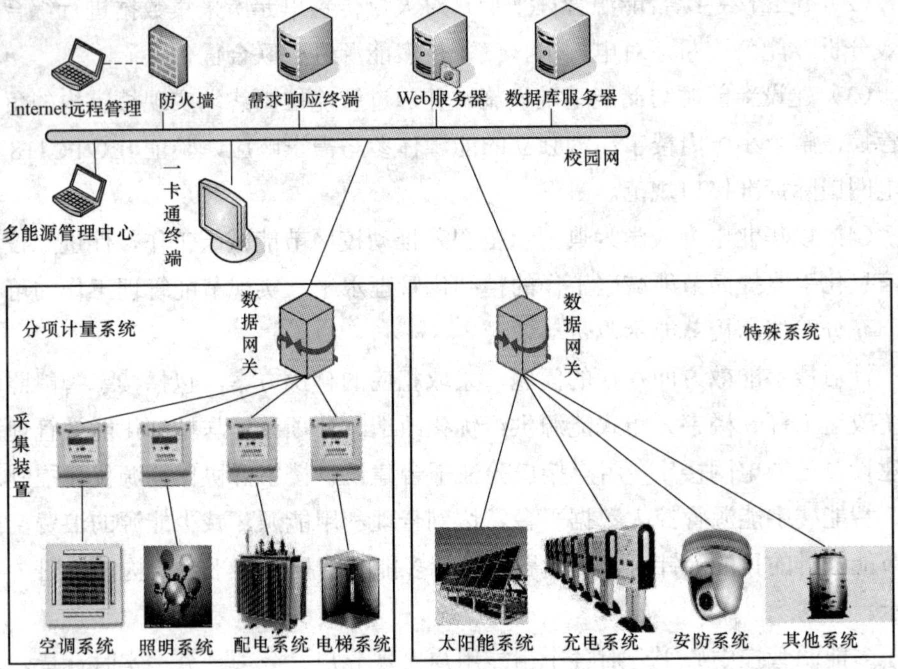


图7－6　多能源管控中心平台架构图

在智能楼宇领域中，迫切需要探索新建建筑的节能建设标准及节能改造方案，综合评估节能效益。建立智能用电楼宇分布式能源实现功率流、信息流双流合一的双向互动模式，为今后大范围推广应用积累经验。智能楼宇示范工程应用通过微电网新能源接入和负荷需求响应验证理论研究的有效性，提供技术示范，为智能电网用电建设提供理论借鉴和应用验证。华北电力大学智能楼宇示范工程的建设体现了智能电网在节能减排、指导用户科学合理用电等方面的作用，有利于传播建设智能电网的文化，提升低碳节能环保的绿色生活理念。

# 第 191 问　上海电力学院智能微电网试点工程的先进性体现在哪里

微电网（micro-grid）是由分布式电源、储能装置、能量转换装置、负荷、监控和保护装置等组成的小型发配电系统。微电网的提出旨在实现分布式电源的灵活、高效应用，解决数量庞大、形式多样的分布式电源并网问题。开发和延伸微电网能够充分促进分布式电源与可再生能源的大规模接入，实现对负荷多种能源形式的高可靠供给，是实现主动式配电网的一种有效方式，使传统电网向智能电网过渡。

位于临港新校区的上海电力学院智能微电网试点工程是集技术前瞻性、展示性并集教学与科研功能于一体的示范性工程，将成为学校开展新能源利用和绿色校园建设的教学科研共享平台，是学校未来一体化绿色智慧校园建设的重要环节。同时，试点工程建设将对高校能源管理、节能改造以及运营管理模式创新提供一个可借鉴的新标杆。该试点工程的建设目标是能够形成可复制推广的成果。

该试点工程为风光储型微电网，以图文信息综合大楼为中心，包含图文信息综合大楼、1～3 号公共教学楼、学术交流及事务中心、能源与机械工程学院的屋顶光伏发电系统总计 405kW，150kW 校园风力发电系统及 125kW×2h 储能系统，在大电网失电的情况下，微电网能够继续保证各楼宇内照明等负荷供电的需求。上海电力学院临港新校区智能微电网系统校园分布如图 7-7 所示。

图 7-7　上海电力学院临港新校区智能微电网系统校园分布

试点工程采用先进的电力技术、通信技术、计算机技术和控制技术，在能量管理系统下对多种能源发电设备和终端用户设备进行智能优化和管理，能够在实现基本供电目标的同时实现最大化的经济与环保收益。

试点工程广泛采用光伏、风力等新能源，降低了常规能源的消耗，促进了节能减排，同时降低了学校的运行费用；建筑光伏蜂窝模块（building high－strength photovoltaic components，BHPV）是新型的光伏建筑材料，既可用于太阳能发电，又可直接替代建筑屋顶和外墙的装饰、保温、防水材料和围护结构材料，可有效降低建筑造价成本；风光互补型智慧路灯利用新能源供电，同时以道路路灯作为充电桩和WiFi热点的载体，探索照明技术的创新。

创新工程中心屋面示范应用BHPV，实现了光伏方阵与建筑的集成，安装容量417.7kWp，BHPV构件所发电力就近并入配电室，逆变器及汇流箱等设备安装于屋面或建筑内部配电室。BHPV屋面光伏发电系统如图7－8所示。

图7－8　BHPV屋面光伏发电系统

试点工程计划在校园西北角安装3台50kW的风力发电机，初步选型情况为：18m的塔架，15m的风轮直径，50kW的风机，塔架间距100m。

试点工程规划包括充电桩的建设，将采用可再生能源与校园绿色交通结合，目的是满足新校区内电动汽车的充电需求，有利于校区环境美化、减少污染排放。光电一体化充电站的应用，也体现了绿色交通与绿色能源相结合的理念。试点工程计划在校园西北角停车场配置6个交流慢充充电桩，车棚棚面由200块300Wp光伏板直接构成，最后通过逆变器到汇流箱；输出1路交流电到配电室 400V 低压网络。

微电网作为智能电网的重要组成部分，扮演着实现电网支撑、防震减灾、提高能效、节能降耗和农村电气化等角色，实现智能是微电网发展的客观要求。智能微电网通过将先进的信息技术、控制技术与电力技术相融合，不仅能够提供更高的电力可靠性、满足用户多种需求，还能实现能源效益、经济效益和环境效益的最大化，是未来智能配电网新的组织形式。目前，关于智能微电网的研究主要集中在其运行特性、保护与控制、并网标准、运行控制与能量管理等方面。在我国，智能微电网将作为实现充分利用可再生能源、节能降耗、改善偏远农村生活用电水平、提高电网防灾抗灾能力的有效措施得以广泛应用。

## 第 192 问　智能港口船舶岸电试点工程是如何实施的

随着国家经济持续快速发展，港口建设的步伐越来越快，船舶停靠码头的数量和密度大幅增加，为此需要消耗大量燃油。船舶在靠港期间，为了满足自身用电需求，辅助发电机消耗大量重油用于供电，由于船舶燃油供电受船舶自身设备质量、规模、品质等局限性影响，燃油利用率不高、损耗严重，且船舶柴油发电机产生的电能又不能储存，既浪费了大量的能源，也对港区造成了极大的空气污染、噪声污染，影响了船员和港区居民的正常生活和身体健康，对港口城市环境造成了巨大的破坏。据统计，港口城市由于停靠的船舶燃烧重油（或柴油）产生的废气排放比其他城市平均多 25%，船舶排放有害物质包括氮氧化物（$NO_x$）、氧化硫（$SO_x$）、一氧化碳（CO）、二氧化碳（$CO_2$）、碳氢物（HC）和颗粒悬浮物（PM）。

为全面落实节约资源和保护环境基本国策，以提高能源利用效率、降低能源消耗强度和二氧化碳排放强度，节能减排将成为水运行业转变发展方式和产业结构调整的工作重点。因此，采用船舶岸电技术减少船舶停靠码头所产生的巨大能源浪费和环境污染成为港口节能减排的必然要求。

船舶岸电技术是指船舶在停泊码头期间停止使用船上发电机，而改用岸上电源供电，获得其泵组、通风、照明、通信和其他设施所需电力，既可以减少大气污染物排放，达到改善港口空气质量的目的，又可以使用价格低廉的电力降低船舶运营成本。船舶靠港使用岸电，对减少区域环境污染、降低靠港船舶用电成本和提高供电效率具有重大意义，是港口节能减排的有效途径之一。国内外一些先进的港口正在根据自身的特点积极研究，并逐渐付诸实施。2006年，欧盟委员会通过了法案，提出欧盟港口靠泊船舶使用岸电。2009年，我国交通部颁布的《港口经营管理规定》（中华人民共和国交通运输部令2009年第3号）中就提到了港口区域内应为船舶提供岸电等服务，为船舶提供岸电将成为绿色生态型港口发展的趋势。

根据码头供电的电压和频率、船用电力的电压和频率、靠港船舶的船型以及推广应用理念的不同，靠港集装箱船岸电技术实施方案也各不相同。目前大多数国家和地区的供电频率为50Hz，少数国家和地区（包括航运业较为发达的美国、日本、韩国、巴西、加拿大、墨西哥、菲律宾和我国台湾地区）的供电频率为60Hz。大多数远洋船舶的用电频率为60Hz，内河和沿海船舶的用电频率为50Hz；集装箱船的用电电压包括380、400、440、450V和6600V等规格。各个国家的船舶，除特种船外，船舶的交流电制基本为：三相交流450V/60Hz、三相交流6.6kV/60Hz和400V/50Hz，国际上的岸电方式大体上包括：低压岸电/低压船舶供电、高压岸电/低压船舶、高压岸电/高压船舶三种方式。

2010年3月23日，上海港开始拔除“流动烟囱”研发全球首台移动式岸基船用供电系统，并进行了试运行。2011年12月16日，中船澄西船舶修造有限公司承建的“神华 501”号顺利交付，该船是国内第一艘配有高压岸电系统的新造船舶。2014年，浙江宁波已累计建设低压岸电点56个，每年接电船舶5000艘次，节约燃油成本340万元，减少二氧化碳、硫氧化物等污染物近800多 t；连云港高压变频数字化船用岸电系统在全国港航系统应用两年多的时间里，为船岸双方减少用电230万kWh、节省资金近500万元；同年7月，国网天津市电力公司滨海供电分公司与中华人民共和国海河海事局正式签署《共同推动船舶岸电使用工作合作协议》，标志着迄今为止全国涵盖码头最多、服务船舶数量最多的岸基船用供电项目全面启动。2015年1月，南京西坝码头岸基船用供电系统建成，西坝码头成为南京首个全自动、零排放的高度自动化码头。2015年南京供电公司在南京沿长江的18个港口、码头全面推广岸基船用供电系统。

我国是世界上最大的水运国家，年港口货物吞吐量达 70 多亿 t。据测算，通过岸基船用供电替代船用燃油发电机，每年能分别减少二氧化碳和二氧化硫排放量 917 万 t 和 12.6 万 t。港口岸基船用供电工程将成为国家电网电能替代战略中的重要一环，同时也将为城市环境清洁作出巨大贡献。

## 第 193 问　智慧城市与智能电网的关系是什么

智慧城市就是运用信息和通信技术手段感测、分析、整合城市运行核心系统的各项关键信息，从而对包括民生、环保、公共安全、城市服务、工商业活动在内的各种需求做出智能响应。智慧城市的实质是利用先进的信息技术，实现城市智慧式管理和运行，进而为城市中的人创造更美好的生活，促进城市的和谐、可持续成长。智能电网是智慧城市建设的基础和重要组成部分，在城市的能源基础设施、公共服务平台方面提供了有力支撑，对智慧城市发展具有重要推动作用。

随着城市功能的不断改进和完善，智慧城市对智能电网提出了更高的需求：能源供应更安全可靠，保证城市功能的正常运转；能源品质更清洁环保，减少城市污染物排放；信息资源整合更优化，促使城市资源高效利用；电网企业管理更科学，提供优质的城市供电服务。

智能电网支撑城市能源供给安全可靠。智能电网利用先进的传感、通信、控制等技术，通过推广智能变电站、输变电设备状态监测、配电自动化等，对电网的运行状态进行连续实时的监测、评估和预测，对可能存在的不良状态予以控制或改善；对可能面临的运行风险，制定预防措施，提升电网风险预警能力，确保电网安全性，为城市运行提供安全可靠的能源。

智能电网支撑城市发展清洁低碳。智能电网通过开展大规模清洁能源并网、电动汽车等项目，实现电源侧的清洁替代和终端侧的电能替代，提高清洁电能在城市能源消费体系中的占比，使得城市发展清洁低碳。对于清洁能源的利用，智能电网一方面通过开展特高压、大规模风电、光伏发电的功率预测及运行控制等项目建设，提升电网对清洁能源的消纳能力，将远离城市的清洁能源输送到城市；另一方面通过开展分布式能源接入配电网的项目，实现能源就地平衡，推进新能源利用。电动汽车的大规模应用，使原来污染较大的燃油方式转变为清洁用电方式，大大减少了二氧化碳的排放，促进城市交通绿色发展。

智能电网支撑城市资源高效利用。智能电网通过通信平台的建设，协助打造城市神经网络，实现城市资源的高效利用。电力行业的通信平台，不仅可以服务于电能生产、输送、转换和消费的全过程，也可以服务于其他行业的信息通信需求，使得资源高效利用。电力光纤到户还可以有效承载电信网、广播电视网和互联网信号，推进"三网融合"，减少重复建设，通过资源共享，实现合作共赢。

智能电网支撑社会服务互动友好。智能电网通过智能用电管理、双向互动服务平台等方式实现社会服务互动友好。智能小区和楼宇综合利用通信、计算机、控制等技术，基于智能用电运营平台，通过小区配电自动化、用电信息采集等手段对用能设备进行监测与控制，实现用户侧能效智能管理和服务双向互动，为用户提供更便捷、更优质的用电服务。另外，95598 等双向互动服务平台也大幅提升了用电服务的互动友好性。

智能电网是智慧城市发展的基础，智能电网的各项技术遍布智慧城市的各个领域，支撑智慧城市的发展。充分利用和发掘智能电网综合服务平台的作用，形成凝聚各方合力、达成广泛共识的发展模式是智慧城市与智能电网共同面临的机遇和挑战。

## 第 194 问　北京市国家需求侧管理试点城市建设的内容是什么

2012 年 10 月 31 日，财政部经济建设司、国家发展改革委经济运行调节局共同发布《财政部国家发展改革委关于开展电力需求侧管理城市综合试点工作的通知》（财建〔2012〕368 号）（简称《通知》）。《通知》称，根据专家组意见，经研究，拟确定首批试点城市名单为：北京市、江苏省苏州市、河北省唐山市和广东省佛山市。

电力需求侧管理（DSM）是一种为达到节约能源和保护环境的目的，实现低成本电力服务所进行的用电管理活动。主要内容是对终端用户进行负荷管理，使用电负荷平均化，提高终端能源使用效率及实现综合资源规划等。电力需求侧管理不仅可以提高电能利用效率，促进电力资源优化配置，保障用电秩序，还可以减少一次能源的消耗与污染物的排放，缓解环境压力，从而减少社会资源的投入和自然资源的消耗。

北京作为首批 4 个试点城市之一，截至 2016 年第一季度，北京市电力需求侧管理综合试点工作主要有以下进展：

（1）加快财政奖励资金拨付。目前，北京市下发已验收项目的财政奖励资金 2183.26 万元；在需求响应奖励资金拨付方面，北京市完成了 2015 年夏季需求响应项目的第三方审核工作，累计削减电力负荷 64.11 万 kW，应拨付财政奖励资金为 47.88 万元，北京市还同时开展了冬季需求响应的第三方审核工作。

（2）稳定运行电力需求侧管理平台。今年一季度以来，北京市利用北京市电力需求侧管理综合服务平台需求响应功能模块，辅助第三方核证机构开展了 2015 年夏季及冬季需求响应效果核证工作，并将结果上传至平台，作为拨付需求响应奖励资金的工作依据。同时，根据实际工作需要，进一步完善需求响应功能和电力安全模块功能。

（3）研究“十三五”需求侧工作开展方式。一是完成“电力需求侧管理系统性解决方案”课题验收，以及地方标准《电力需求侧管理能效监测设备应用技术要求》的报批工作；二是研究并编制蓄能指导意见，鼓励各市场主体加大对蓄能产品技术的创新研发力度，同时拟在城市综合试点工作结束后，以固定资产投资方式继续对北京市的蓄能项目予以支持；三是开展电力需求侧管理新技术（产品）宣传片拍摄工作。

## 第 195 问 坚强智能电网试点工程是如何部署的

国家电网公司在发电、输电、变电、配电、用电、调度和信息通信等专业环节、综合示范和跨环节等领域，分两批开展的试点工程项目累计达 21 类超过 228 项，遍及国家电网公司经营区域 26 个省（自治区、直辖市）。

2009 年 8 月，国家电网公司选择了基础条件好、项目可行度高、具有示范效应的 9 项工程作为首批试点，全面启动了坚强智能电网试点工程。这 9

项试点工程分别是：在发电环节，分别建设风光储联合示范工程、常规电源网源协调试点工程；在输电、变电和配电环节，分别建设输电线路状态监测中心试点工程、智能变电站试点工程和配电自动化试点工程；在用电环节，分别建设用电信息采集系统试点工程和电动汽车充放电站试点工程；在调度环节，建设智能电网调度技术支持系统试点工程。此外，国家电网公司在上海世博园建设了一个包含众多智能化项目的智能电网综合示范工程。世博会期间，该项目向全世界展示了我国在智能电网方面的最新研究和实践成果。

第一批重点示范工程主要包括：

（1）上海世博园智能电网综合示范工程，内容包括世博园配电自动化系统、电能质量检测与控制、世博园故障报修管理系统、分布式电源接入、储能系统、用电信息采集系统、智能用电楼宇/家居、电动汽车充放电与并网。

（2）在北京、浙江、宁夏和福建4个区域，实施配电自动化试点工程。

（3）开展用电信息采集系统试点工程，第一批试点单位是天津、江西、辽宁等区域的16家公司，第二批试点单位为北京、河南、宁夏等区域的11家公司。

（4）在北京、上海、天津、山东、浙江、湖北、湖南、陕西、江苏、辽宁10个区域开展电动汽车充放电站试点工程，共建设50个充放电站。

2010年年底，在第一批试点项目的基础上，考虑到已经制定智能变电站、配电自动化和电动汽车充放电站的主要技术标准，为了更好积累经验，为全面推广建设做好准备，国家电网公司将安排上述试点工程向网架基础和可靠性需求不同的地区扩大试点规模和范围。同时，国家电网公司又提出要把以下两类项目作为第二批试点：

（1）中新天津生态城智能电网综合示范、大规模风电功率预测及运行控制、输电线路直升机/无人机智能巡检、变电运行集中监控、省级呼叫中心、智能用电小区/楼宇、电力通信宽带综合利用（多网融合）等10项覆盖智能电网相关环节及通信信息平台，具备“信息化、自动化、互动化”特征，能够显著提高电网技术和公司生产力水平的项目。

（2）输变电设备状态监测中心、农电营配调管理模式优化等2项能满足公司“变革组织架构、转变管理模式、再造业务流程”需要的跨环节试点工程。

国家风光储输示范工程于2011年12月25日在国网冀北电力有限公司正式竣工投产。风光储输示范工程以“技术先进性、科技创新性、经济合理性、项目示范性”为特征，以风光发电控制和储能系统集成技术为重点，致力于探索风光互补和风光储配比规律和机制，着力破解新能源大规模并网的技术难题，示范大型能源基地多种新能源的综合开发和打捆外送，服务国家能源战略发展需求。截至2014年年底，示范工程已连续安全稳定运行3年，累计输出优质绿色电能超过8.4亿kWh，替代化石能源约34万t标煤。

南麂岛微电网示范工程于2012年5月份开始建设，其中风力发电装机容量1000kW，光伏装机容量835kWp（含0.4kV供电的175kWp，均为正泰新能源公司建设投产，微电网接入），储能系统包括4套500kW×2h的磷酸铁锂电池组和2组0.5MW×15s的超级电容，保留柴油发电系统，是含多种分布式新能源的独立型海岛微电网系统。南麂岛微电网是国内第一个投入运行的含“风光柴储”的离网型分布式电源，并在电池储能的下垂运行、超级电容的电网补偿功能以及多种能源的综合运行方式的方面取得了较好的进展。

浙江舟山多端柔直输电工程于2014年7月正式投运。该工程计划预算42亿元，实际完成投资37亿元，包括五个换流站工程、四段直流电缆工程、配套送出工程和一个试验能力建设项目。±200kV五端柔性直流示范工程的建成使舟山北部诸岛间形成远距离、大容量、多端点的直流互联电网，将有利于海上风电场、潮汐能设备等发出的多余电能的消纳处理，实现岛屿间电能的灵活转换与支援调剂，更好地服务地方经济社会均衡发展。

2015年，国家电网公司全面开展6类41项智能电网创新示范工程建设，这些工程包括：支持新能源开发工程、支撑分布式电源应用工程、促进便捷用电工程、推动电动汽车发展工程、服务智慧城市建设工程和提升电网智能化工程。并于2015年底投运南京220kV西环网统一潮流控制器（unified power flow controller，UPFC）工程和厦门±320kV柔性直流输电科技示范工程，并累计建成智能电网试点项目35类342项，完成12个智能电网综合示范工程的建设。

## 第196问 张北可再生能源柔性直流送出与消纳工程是如何推动绿色发展和低碳冬奥的

为落实国家《河北省张家口市可再生能源示范区发展规划》，2015 年，国网冀北电力有限公司承担张北可再生能源柔性直流送出与消纳重大科技示范工程，主要包含±500kV 柔性直流电网、柔性变电站和交直流配电网、电动汽车无线充电等具体内容。

（1）±500kV 柔性直流电网工程。建设世界首个±500kV/3000MW 四端直流电网。在河北省康保、张北、丰宁建设三个送端柔性直流换流站，在北京建设一个受端柔性直流换流站，配置直流断路器、大容量换流阀等关键设备，建设多能源互补交直流协调控制系统，构建输送大规模风电、光伏、抽水蓄能等多种能源的四端环形柔性直流电网，为解决电网薄弱导致的大规模可再生能源汇集与送出困难问题提供典型示范。

（2）柔性变电站和交直流配电网工程。建设世界首个柔性变电站及交直流混合配电网，示范应用电力电子变压器等关键设备，建设交直流协调控制系统，高效兼容分布式风电、光伏的直流并网以及储能、直流负荷的接入，实现配电网“源－网－荷”的协同互动，探索新型、高效的配电网供电模式。

（3）电动汽车无线充电工程。掌握电动汽车移动式无线充电关键技术，建设电动汽车无线充电工程，促进电动汽车推广应用。按照实施方案：第一阶段建设 100m 实验路段，确认技术可行性；第二阶段建设 1km 示范路段，验证工程可行性；第三阶段，根据验证情况，结合 2022 年冬奥会电动汽车选型情况，建设长距离无线充电工程路段。目前，已完成 100m 实验道路和 1km 示范路段的道路施工、设备安装和系统级联调。

建设张北柔性直流工程，对于推动能源转型与绿色发展、服务北京低碳绿色冬奥会、引领科技创新、推动装备制造业转型升级等具有显著的综合效益和战略意义。

一是促进河北新能源外送消纳。张家口是国家可再生能源综合示范区，风能、太阳能等能源资源丰富，目前装机超过 1000 万 kW，规划 2020 年超过 2000 万 kW，但本地消纳能力不足，需要大规模送出消纳。工程的建设，将实现张北新能源基地、丰宁储能电源与北京负荷中心相连，推动多种形态能源互补和灵活消纳，满足张家口可再生能源综合示范区建设需要，推动大容量柔性直流换流阀等柔性直流电网关键设备的自主研发，提高电力系统安全稳定水平，为我国大规模应用柔性直流输电和构建直流电网积累技术、装备和运行经验。

二是服务北京低碳绿色冬奥会。北京地区经济发达，用电需求大，为保障电力供应、促进节能减排，需要逐步提高外来电比例和清洁能源发电比重。张北柔性直流工程可以充分利用张家口地区大规模风、光互补特性与抽水蓄能电站的灵活调节能力，降低新能源出力波动对电网的影响，增强北京市接受外来电能力，为京津冀地区提供稳定可靠的清洁电力，届时北京市外受电比例将达到70%，冬奥场馆实现100%清洁能源供电，有力服务低碳奥运专区建设。

三是抢占全球电网技术制高点。张北柔性直流工程是集大规模可再生能源的友好接入、多种形态能源互补和灵活消纳、直流电网构建等为一体的重大科技试验示范工程。工程核心技术和关键设备均为国际首创，将创造12项世界第一，创新引领和示范意义重大。工程在世界上率先研究直流电网技术，首次建设四端柔性直流环形电网，把柔性直流输电电压提升至±500kV，单换流器额定容量提升到150万kW，首次研制并应用直流断路器、换流阀、控制保护等直流电网关键设备。

四是推动装备制造业转型升级。张北柔性直流工程具有产业链长、带动力强等优势，可有力带动电工装备产业等发展，中长期经济效益显著。工程将进一步推动我国在柔性直流输电和直流电网领域原始创新和自主创新，推动更高电压、更大容量柔性直流技术的创新发展，带动电网技术和装备制造产业技术升级，巩固我国在直流输电技术领域的国际引领地位，为直流技术和重大装备“走出去”战略的实施创造有利条件。

## 第197问 浙江鹿西岛并网型微电网示范工程的特色有哪些

2014年1月21日，浙江温州洞头区鹿西岛上，国家863计划课题“含分布式电源的微电网关键技术研发”示范工程—鹿西岛并网型微电网示范工程成功送电，并投入试运行。该工程将岛上的风力发电、光伏发电、储能系统组成了一个风光储并网型微电网系统，通过为岛上居民安装单户小型分布式电源，使其仅仅依靠岛上的风和阳光等绿色资源就可以获得日常生活用电。

鹿西岛是临近大陆的岛屿，长期使用的是来自大陆大电网输送的并网电力，多年来仅依靠一条10kV海底电缆向其供电，输电效率较低，与此同时，鹿西岛丰富的风能、太阳能资源却一直没有被有效利用起来。为此，国网浙江省电力有限公司联合相关设计施工单位力图利用岛上已有的风力发电机组，通过新建一定容量的光伏发电，同时安装适量的储能系统，最终将鹿西岛建成风光储并网型微电网综合示范性工程。这样不仅能够充分开发利用岛上丰富的风、光、海洋等绿色资源，还可以为岛上用户提供可再生的绿色清洁能源。在海岛上就地取材，综合利用太阳能、风能等自然资源发电，解决生产、生活问题，也将成为未来海岛电力供应的趋势。鹿西岛并网型微电网示范工程建成了可靠的微型智能供电网络，可以有效解决海岛电力供应问题，在更大范围内进一步推动海岛智能绿色电网建设，有利于保护海岛自然环境，充分利用可再生资源，促进海岛旅游和海洋经济的全面、协调、可持续发展，为建设绿色宜居的海西经济区做出了贡献。

鹿西岛并网型微电网示范工程可谓“麻雀虽小，五脏俱全”，工程主要设计建设风力发电、光伏发电、储能三个系统：风力发电系统是将岛上的2台780kW华仪风机接入到鹿西岛微网示范工程中；光伏发电系统主要是建设300kW太阳能光伏发电场以及相应的并网逆变器和升压变压器；储能系统是在微电网控制综合大楼内配置2MW×2h的铅酸电池组、500kW×15s的超级电容和5台500kW的双向变流器。

鹿西岛并网型微电网示范工程的成功投运，验证了微电网技术已成为未来分布式发电供能系统集成技术的核心，是分布式能源应用的关键，对于推动分布式能源在海岛智能电网中的应用具有积极意义。

## 第198问　苏南500kV统一潮流控制示范工程是怎样实现世界领先的

统一潮流控制器（UPFC）是功能全面、技术复杂的柔性交流输电装置。

所谓“统一”是指 UPFC 能同时或选择性地控制所有影响输电线路潮流的参数，即能对电压、阻抗和相位角进行控制，可以同时并快速地独立控制输电线路中有功功率和无功功率，这就使得 UPFC 具有提高电能质量、提升系统稳定和传输容量，以及优化无功功率配置等功能。

随着电网规模的扩大，区域内发电和负荷分布不均衡、输变电设备潮流分布不均匀问题日益突出，设备重载和轻载问题并存，而受制于重载设备的承受能力，电网供电能力难以得到充分利用。UPFC 的作用就是在现有的网架基础上改善系统的潮流分布，保证电网的安全运行。UPFC 在电力系统中具有控制范围大、控制方式灵活和功能多样化等优点，是柔性交流输电系统中最具发展潜力的控制器。

目前世界上投入运行的 UPFC 站共有 6 座，前三个都是国外的工程，其中两个美国的，一个韩国的，第四座是 2015 年底投运的南京西环网 220kV UPFC 工程，第五座是 2017 年投运的上海蕴藻浜 220kV UPFC 工程，第六座是 2017 年年底投运的世界上电压等级最高、容量最大的江苏苏州南部电网 500kV UPFC 示范工程。

苏州是我国用电负荷最大的地市，苏州南部电网包括苏州市区及吴江地区电网，2017 年夏季最高调度用电负荷达 2580 万 kW。其中，苏州南部地区用电负荷接近苏州的 70%，其主要电源是锦屏—苏南特高压直流送来的四川水电，及三条 500kV 交流输电线路受进的三峡水电、安徽淮南煤电以及省内电源送电。其中，四川水电季节性强，冬季枯水期送电大幅减少，造成苏州南部电网三条 500kV 电力通道无法保持均衡利用，容易发生“一半过载堵塞、一半空置浪费”的现象。

苏南 500kV UPFC 示范工程正式投运，在世界范围内首次实现 500kV 电网电能流向的灵活、精准控制，最大可提升苏州电网电能消纳能力约 130 万 kW。工程攻克了大量技术难点，研制了世界上电压等级最高、容量最大的独立式串联变压器，世界上电压等级最高的自冷式交流式晶闸管阀组。

苏南 500kV UPFC 示范工程的投运一是提高苏州电网清洁能源消纳能力。二是保障苏州南部电网安全稳定运行。三是提升工程投资效率。传统解决输电通道“拥堵”的办法是，新建输电通道和变电站、增容改造现有线路，但由于线路途经无锡、苏州市区，不仅实施难度高、投资大，而且电网运行面临安全风险。与新增输电通道的方案相比，UPFC 工程可节省投资约 6 亿元，同时不增加短路电流。四是推动技术创新和产业升级。国家电网公司柔性交流输电技术已经走在世界前列，建设苏州南部电网 500kV UPFC 工程，将智能调控技术运用于现有 500kV 电网，可以提升输电能力、安全稳定运行水平，提高对特高压交直流电网的承接能力和支撑作用。同时，苏南电网 500kV UPFC 工程将显著提高电网的整体科技含量，推动我国电网从传统电网向安全、高效、经济、清洁的现代电网的升级和跨越，为柔性交流输电技术在我国的大规模推广起到很好的示范作用。

## 第 199 问　江苏同里综合能源示范小镇都包含哪些智慧能源元素

江苏同里综合能源示范小镇（下称同里示范小镇）集聚了新能源发电、储能、多能互补等能源领域先进技术与理念，于 2018 年 10 月正式投入运营。同里示范小镇依照“以电网为平台、再电气化为核心、多能协同互补”的理念，完成了从能源供应、能源配置、能源替代，到能源管控各个环节的充分探索，打通了智慧能源从开发到消费的每一个环节，实现了智慧能源实践从“点”到“线”的突破。

在能源供应环节，同里示范小镇充分利用区域内可再生资源，在小镇内设置光伏板、风力发电机、地源热泵等设备，构建了一个由光、电、热、冷共同构成的多能互补系统，为用户提供绿色能源。此外，高温变相光热发电系统集太阳能光热发电、高温相变储热、综合能源供应等多种技术与功能于一体，综合能源利用效率高达 43.5%，还能实现太阳能的友好可控应用。截至 2019 年 5 月，同里示范小镇的清洁能源消费占比 15%左右，清洁能源就地消纳率为 70%。

在能源配置环节，以微电网路由器为核心的交直流混合配电网起到了关键作用。小镇内的多种能源通过交直流混合配电网进行智能配置，实现灵活接入、互相耦合，保障了能源系统的高效运行，解决了分布式电源和多元化负荷电能转换环节多、影响电网稳定性等问题。通过使用交直流混合配电网，小镇内能源利用效率整体提升了 6%。

在能源消费环节，“三合一”电子公路和无人驾驶游览车最引人注目，如图 7–9 所示。电子公路表面采用新型透明混凝土柔性材料铺设，游览车集无人驾驶、路面光伏发电、路下无线充电三项功能于一体。电子公路的动态无线充电效率国内领先，达到 85%以上，为无人驾驶车辆进行动态充电，有效促进车、路和交通环境的智能协同。建设的绿色充换电站由光伏发电、充电、换电等系统组成，可为公交车、乘用车提供全自动换电和快速充电服务，绿色充换电站顶的光伏电板还可实现站能源“自发自用”，并对退役电池实现梯次利用。此外，同里示范小镇项目部对小镇内同里湖嘉苑住宅进行被动式低能耗改造，采用外保温、光伏瓦与建筑一体化安装等多项技术，将能源利用效率提升了 40%，建筑节能率达到 90%以上。

图 7–9 “三合一”电子公路和无人驾驶游览车

同里示范小镇的“指挥部”名为源网荷储协调控制系统。同里示范小镇以“区域协同互补、微网分布自律、终端双向互动”为宗旨，设计友好、互动、可接入的能源管控平台，通过信息采集、动态监控、高效利用、集中管理，实现冷热电多种能源的协调配置，并覆盖生产、输配、消费各环节，提升整个微能源网络多能耦合、协调管控的能力。能源管控平台通过对电网侧、配电侧和用户侧三方的监测、分析、智能判断，让电网运行得更聪明、更安全。

## 第200问 “四表合一”如何支撑用能信息采集示范工程

电、水、气、热均为人民日常生活必不可少的公共服务能源产品，涉及的计量设备主要包括电能表、水表、燃气表和热力表，统称为“民用四表”。“四表合一”就是由一个数据平台采集电、水、气、热数据。依托智能电能表和用电信息采集系统覆盖广泛的采集终端和通信资源，将智能电能表、智能水表、智能燃气表、智能热力表融为一体，进行集中抄表。仪表数据通过电力通信通道传输到管理平台，建立起一套电、水、气、热收费缴费、信息发布、查询平台，实现跨行业用能信息资源共享。

2015年，按照国家发展改革委、国家能源局发布的《关于促进智能电网发展的指导意见》（发改运行〔2015〕1518号）有关“数据集采、平台集成、设施复用、资源共享”的指导原则，国网山东省电力公司在国家电网系统率先启动了“四表合一”用能信息采集示范工程建设工作，在对全省全部170家供水企业、136家燃气企业、282家热力企业开展广泛调研的基础上，选取济宁、潍坊、威海、青岛四地市进行试点，并逐渐积累经验，在全省17个地市推广，进而延伸至县城中心区，实现逐级、有序拓展。目前，国网山东省电力公司已与50余家水、气、热企业达成了初步合作意向，累计完成6.42万只表计的新装更换、4600多台采集终端的安装调试，实现了6.3万户用能信息的一体化采集。

2017年，中国电科院牵头制订的T/CEC 122－2016《电、水、气、热能源计量管理系统》系列标准正式发布，主要规范了电、水、气、热能源计量管理系统的架构、功能要求、设备要求、通信协议和试验方法等内容。该系列标准已在26个省（市）的部分地区进行了试点应用，涉及160多万户。通过统一的技术标准体系实现电、水、气、热“四表合一”信息采集，将促进系统、设备间互联互通，降低系统建设投资及运行维护成本，实现了良好的社会综合效益，提升了公共服务的集约化、智能化水平。

“四表合一”后，将原有的人工抄表升级为远程自动抄表，居民可以对自家的电、水、气、暖使用情况进行实时了解，“四表合一”用户将来还能享受到“一卡缴费”的便利。“四表合一”既充分体现了服务智慧城市建设、满足客户智能用能需求的建设目标，又做到了协同跨行业发展，节约全社会资源，实现了用能信息采集的安全、可靠、准确和实时，对全国公用事业和绿色建筑远传抄表系统的建设推广和标准制定具有重要的指导意义。

# 参考文献


［1］刘振亚．智能电网技术［M］．北京：中国电力出版社，2010.

［2］刘振亚．智能电网知识读本［M］．北京：中国电力出版社，2010.

［3］何光宇，孙英云．智能电网基础［M］．北京：中国电力出版社，2010.

［4］刘振亚．智能电网知识问答［M］．北京：中国电力出版社，2010.

［5］许晓慧．智能电网导论［M］．北京：中国电力出版社，2009.

［6］董朝阳，赵俊华，文福拴。从智能电网到能源互联网：基本概念与研究框架［J］．电力系统自动化，2014，38（15）：1－11.

［7］张东霞，苗新，刘丽平．智能电网大数据技术发展研究［J］．中国电机工程学报，2015（1）：2－12.

［8］彭小圣，邓迪元，程时杰．面向智能电网应用的电力大数据关键技术［J］．中国电机工程学报，2015，35（3）：503－511.

［9］余贻鑫，刘艳丽．智能电网的挑战性问题［J］．电力系统自动化，2015（2）：1－5.

［10］杨旭英，周明，李庚银．智能电网下需求响应机理分析与建模综述［J］．电网技术，2016，40（1）：220－226.

［11］田世明，王蓓蓓，张晶．智能电网条件下的需求响应关键技术［J］．中国电机工程学报，2014，34（22）：3576－3589.

［12］王恒，辛耀中，尚学伟．智能电网调度控制系统数据总线技术［J］．电力系统自动化，2015（1）：9－13.

［13］曹晋彰．面向智能电网的公共信息模型及其若干关键应用研究［D］．浙江大学，2013.

［14］刘振亚．特高压电网［M］．北京：中国经济出版社，2008.

［15］周孝信，郭剑波，林集明，武守远．电力系统可控串联电容补偿［M］．北京：科学出版社，2009.

［16］王丽梅．面向智能电网的配用电通信网络研究［J］．中国新通信，2016，18（18）：34－34.

［17］李露露．智能电网模式的配网调控一体化探讨［J］．工程技术研究，2017（2）：

242－243.

［18］国家电网公司．关于加快推进坚强智能电网建设的意见［R］，2010.

［19］物联网“推高”第三次信息浪潮［OL］．中国科学院无锡微纳传感网工程技术研发中心．

［20］金纯，罗祖秋，罗风，等．ZigBee 技术基础及案例分析［M］．北京：国防工业出版社，2008.

［21］United States Department of Energy Office of Electric Transmission and Distribution．Grid2030：A national vision for electricity's second100 years［EB/OL］.

［22］European Commission．Strategic research agenda for Europe's electricity networks of the future［EB/OL］.

［23］European Commission．Strategic deployment document for Europe's electricity networks of the future［EB/OL］.

［24］Electric Power Research Institute．Intelligrid：Smart power for the 21st century［EB/OL］.

［25］Lijun Zhao．The Application of Internet of Things in Smart Grid［C］．Information Engineering Research Institute，USA．Proceedings of 2013 3rd International Conference on Advanced Measurement and Test（AMT 2013）.

［26］平凡，林瑶琦，宣振文，胡保东，潘龙懿．基于光伏与储能协调配合控制的低电压治理措施［C］．2017 年“电子技术应用”智能电网会议．2017.

［27］刘银广．保护智能化的发展与智能继电器网络［J］．科学技术创新，2017（9）：52－52.

［28］李露露．智能电网模式的配网调控一体化探讨［J］．工程技术研究，2017（2）：242－243.

［29］刘和平，邓力，江渝，等．数字信号处理器原理、结构及应用基础－TMS320F28X［M］．北京：机械工业出版社，2007.

［30］杨世海，李涛，陈铭明，等．基于数据挖掘的智能电网在线故障诊断与分析［J］．电子设计工程，2017，25（1）：136－139.

［31］刘一欣，郭力，王成山．微电网两阶段鲁棒优化经济调度方法［J］．中国电机工程学报，2018，38（14）.

［32］彭文昊，陆俊，冯勇军，等．计及用户参与不确定性的需求响应策略优化方法［J］．电网技术，2018，42（5）.

[33] 鞠平，周孝信，陈维江．“智能电网+”研究综述［J］．电力自动化设备，2018（5）：2－11．

[34] 陈岑．智能电网建设与柔性交流输电技术的应用［J］．现代制造，2017（15）：89－90．

[35] 刘晓峰，高丙团，李扬．博弈论在电力需求侧的应用研究综述［J］．电网技术，2018，42（8）．

[36] 田继伟，王布宏，李夏．智能电网状态维持拓扑攻击及其对经济运行的影响［J］．电力系统保护与控制，2018，46（1）．

[37] 葛少云，张有为，刘洪．考虑网架动态重构的主动配电网双层扩展规划［J］．电网技术，2018，42（5）．

[38] Hao－liang XU．Research on Management Level Evaluation System of Smart Grid Construction［C］．Science and Engineering Research Center．Proceedings of 2015 International Conference on Electrical and Electronics：Techniques and Applications（EETA 2015）．Science and Engineering Research Center：Science and Engineering Research Center，2015：169－173．

[39] Xueying Zhang．Research on Practicability of Software Defined Network Based Communication Network for Smart Grids［C］．IEEE Beijing Section．Proceedings of 2017 International Electrical and Energy Conference（CIEEC 2017）．IEEE Beijing Section：IEEE BEIJING SECTION（国际电气电子工程师学会北京分会），2017：869－874．

[40] M．Uslar，S．Rohjans，J．M．González，M．Specht，J．Trefke．Smart grid standardization－an overview［J］．Elektrotechnik und Informationstechnik，2011，128（4）．

[41] Ruichi Wang，Student Member，IEEE，et al．A Graph Theory Based Energy Routing Algorithm in Energy Local Area Network（e－LAN）［J］．IEEE Transactions on Industrial Informatics，2017，13（6）：3275－3285．

[42] 俞勤政．并网型微电网能量优化管理研究［D］．2015．

[43] 余志文，艾芊．基于多智能体一致性的微电网自适应下垂控制策略［J］．电力自动化设备，2017，37（12）：150－156．

[44] 曾厉，徐新，曾大军．物联网技术在电厂安全生产过程中的应用研究［J］．电工技术，2017（4）：146－147．

[45] 吴功宜．智慧的物联网［M］．北京：机械工业出版社，2010．

[46] 郭昌华．物联网技术在电力系统中的应用［J］．科学与信息化，2017（9）：46-46.

[47] 王向红，陈潇一．云计算与电力大数据技术的现状及发展趋势研究［J］．智慧电力，2017，45（6）：70-72.

[48] 刘元议，肖祥武，向春波．电力大数据在发电企业中的应用场景分析［J］．电气时代，2017（6）：19-21.

[49] 吴大鹏．基于云计算的负荷建模精确数据获取［D］．山东大学，2017.

[50] Sana Rekik，Nouha Baccour，Mohamed Jmaiel，Khalil Drira．Wireless Sensor Network Based Smart Grid Communications：Challenges，Protocol Optimizations，and Validation Platforms［J］．Wireless Personal Communications，2017，95（4）：4025–4047.

[51] 李冬梅．构建智能电网的智慧城市生态圈［N］．中国电力报，2017-09-27（002）.

[52] 乔桂红．光纤通信［M］．北京：人民邮电出版社，2008.

[53] 国家电网公司．供电可靠性实用技术［M］．北京：中国电力出版社，2008.

[54] 吴佳伟．智能配电网中通信传输技术的应用研究［D］．上海交通大学，2010.

[55] 罗步升．适用于输配电环境下的无线传感网络动态路由技术［J］．自动化与仪器仪表，2017（12）：150-151.

[56] 王德运．无源光网络技术在配网自动化中的应用［J］．自动化与仪器仪表，2016（6）：57-58.

[57] 阎德升，边恩炯，王旭．EPON——新一代宽带光接入技术与应用［M］．北京：机械工业出版社，2007.

[58] Junaid Ahmad，Muhammad Abrar．Demand Side Management Based Optimal Energy Management Technique for Smart Grid［J］．Iranian Journal of Science and Technology，Transactions of Electrical Engineering，2017，41（2）：81–91.

[59] 郑毅，甘志洲，陈潋．配电网 EPON 通信接入与分区自治［J］．电力系统自动化，2013，37（23）：114-118.

[60] 刘连光，潘明明，田世明，等．考虑源网荷多元主体的售电竞争非合作博弈方法［J］．中国电机工程学报，2017（06）：1618-1625.

[61] 杜博．云计算环境下的智能电网光通信网络安全的研究［J］．自动化与仪器仪表，2018（1）：19-22.

[62] 刘建明，王继业，范鹏展，等．电力光纤到户在智能电网中的应用［J］．电力系统通

信，2011（09）：6-10.

［63］DUAN Zhen-gang，HUANG Hao-ran，LIAN Xiao-qin．Design and Development of Three Phase Network Parameter Monitoring System Based on 71M6513［J］．Instrument Technique & Sensor，2011，40（7）：47-49.

［64］沈开辉，曾志洪．配电运维一体化专业管理探讨［J］．中国电力教育，2014，（9）：231-231，235.

［65］杨弘凯．智能化改造下智能电网设备发展方向［J］．中国战略新兴产业，2018（12）：32-32.

［66］申屠刚．智能化变电站架构及标准化信息平台研究［D］．浙江大学，2010.

［67］狄义伟．面向未来智能电网的智能调度研究［D］．山东大学，2010.

［68］李金龙．基于广域测量的故障定位方法的研究［D］．华北电力大学（北京），2010.

［69］Gupta B B，Akhtar T．A survey on smart power grid：frameworks，tools，security issues，and solutions［J］．Annals of Telecommunications，2017，72（9-10）：517-549.

［70］袁蕾．电力变压器试验数据和征兆现象的故障融合诊断方法［D］．重庆大学，2010.

［71］乔祎峰．基于全寿命周期成本的数字化变电站项目经济性评估［D］．华北电力大学（北京），2011.

［72］张世松．分析智能电网调度控制系统现状与技术展望［J］．中国战略新兴产业，2017（12X）：33-33.

［73］张沛超，范忻蓉，李鑫，等．智能配电网的自适应级联方向闭锁保护方案［J］．电力系统自动化，2016，40（1）：81-88.

［74］张晶，张松涛，陈宋宋，等．智能电网需求响应互动业务信息建模［J］．供用电，2019（3）：68-75.

［75］陈燕．分布式控制技术在电力调度中的应用［J］．机械与电子，2001（02）：72-74.

［76］王宏，闫园，文福拴，等．国内外综合能源系统标准现状与展望［J］．电力科学与技术学报，2019（3）：3-12.

［77］梁俊南，卢君贤，张艳玲．面向智能电网的终端接入网研究［J］．电气时代，2018（7）：78-80.

［78］祁兵，王畅，李彬，等．基于时变PLC信道的需求响应AMC策略［J］．电网技术，2018，42（8）：2666-2673.

[79] 程林，刘琛，朱守真，等. 基于多能协同策略的能源互联微网研究 [J]. 电网技术，2016（1）：132－138.

[80] 李彬，曹望璋，祁兵，等. 区块链技术在电力辅助服务领域的应用综述. 电网技术. 2017，41（3）：736－744.

[81] 赵腾，张焰，张东霞. 智能配电网大数据应用技术与前景分析 [J]. 电网技术，2014，38（12）：3305－3312.

[82] 胡荣，马野. 含分布式能源的配电网规划 [J]. 上海电力学院学报，2014，30（6）：507－510.

[83] 涂晓翔. 人工智能在电网建设中的应用 [J]. 通信电源技术，2019，36（8）：127－128.

[84] 徐云峰. 应用区块链技术打造新一代国家智能电网 [N]. 中华读书报，2020－01－22（019）.

[85] Z.Ghazi，A.Doustmohammadi. Fault detection and power distribution optimization of smart grids based on hybrid Petri net [J]. Energy Systems，2017，8（3）.

[86] 李哲. 能源电力与信息通信跨领域融合加速 [N]. 国家电网报，2019－05－28（005）.

[87] 黄芳，吴元龙，危韧勇，等. GIS 在电力信息系统中的应用 [J]. 计算机工程，2001（05）：159－161.

[88] Mohammad Asaad，Furkan Ahmad，Mohammad Saad Alam，Mohammad Sarfraz. Smart grid and Indian experience：A review [J]. Resources Policy，2019.

[89] 陈恭. 智能电网催生智能化家电 [N]. 国家电网报，2010.

[90] Fang X，Misra S，Xue G，et al. Smart Grid — The New and Improved Power Grid：A Survey [J]. IEEE Communications Surveys & Tutorials，2012，14（4）：944－980.

[91] 张东霞，姚良忠，马文媛. 中外智能电网发展战略 [J]. 中国电机工程学报，2013，33（31）：1－15.

[92] 余贻鑫，刘艳丽. 智能电网的挑战性问题 [J]. 电力系统自动化，2015，39（02）：1－5.

[93] Gungor V C，Lu B，Hancke G P. Opportunities and Challenges of Wireless Sensor Networks in Smart Grid [J]. IEEE Transactions on Industrial Electronics，2010，57（10）：3557－3564.

[94] 张晶，郝为民，周昭茂. 电力负荷管理系统技术及应用 [M]. 北京：中国电力出版社，2009.

[95] Mcdaniel P，Mclaughlin S. Security and Privacy Challenges in the Smart Grid [J]. IEEE

Security & Privacy，2009，7（3）：75－77.

［96］Di Liu，Yi Sun，Bin Li，et al．Differentiated Incentive Strategy for Demand Response in Electric Market Considering the Difference in User Response Flexibility．IEEE Access，2020.1，vol.8：17080－17092.

［97］祁兵，叶欣，李彬，等．区分电力业务保护质量的链路故障差异化保护策略，电力系统自动化，2020，44（11）：181－188.

［98］吴杨．智能变电站与常规变电站的全寿命比较［D］．华北电力大学（北京），2011.

［99］李兴源，魏巍，王渝红，等．坚强智能电网发展技术的研究［J］．电力系统保护与控制，2009，37（17）：1－7.

［100］Xiao S．Consideration of Technology for Constructing Chinese Smart Grid［J］．Dianli Xitong Zidonghua/Automation of Electric Power Systems，2009，33（9）：1－4.

［101］赵洋洋．基于光栅光纤传感的电力电缆在线监测系统研究［D］．武汉理工大学，2011.

［102］张吉生，李永倩．光栅传感在电力通信光缆应变监测中的应用［J］．电力系统通信，2012（01）：42－46.

［103］徐朝，严加义，毛天奇，等．基于非相干 OFDR 的分布式传感电力电缆温度在线监测和载流量计算［J］．功能材料与器件学报，2017（05）：119－124.

［104］美国国家可再生能源实验室（NREL）．美国智能电网技术及标准考察系列报告（二）［R］，2011.

［105］陈树勇，宋书芳，李兰欣，等．智能电网技术综述［J］．电网技术，2009，33（8）：1－7.

［106］张文亮，刘壮志，王明俊，等．智能电网的研究进展及发展趋势［J］．电网技术，2009（13）：6－16.

［107］张文亮，刘壮志，王明俊，等．智能电网的研究进展及发展趋势［J］．电网技术，2009（13）：6－16.

［108］李善仓，张克旺．无线传感器网络原理与应用［M］．北京：机械工业出版社，2008.

［109］宋文．无线传感器网络技术与应用［M］．北京：电子工业出版社，2007.

［110］余兆明，李晓飞，陈来春．MPEG 标准及其应用［M］．北京：北京邮电大学出版社，2002.

［111］崔巡学，左从菊．无线传感器网络简明教程［M］．北京：清华大学出版社，2009.

［112］王化祥．现代传感器技术及应用［M］．北京：化学工业出版社，2008.

[113] 王殊，阎毓杰，胡富平，屈晓旭．无线传感器网络的理论及应用［M］．北京：北京航空航天大学出版社，2007.

[114] 林宇锋，钟金，吴复立．智能电网技术体系探讨［J］．电网技术，2009（12）：8–14.

[115] 胡学浩．智能电网——未来电网的发展态势［J］．电网技术，2009（14）：6–10.

[116] 谢开，刘永奇，朱治中，等．面向未来的智能电网［J］．中国电力，2008，41（6）：19–22.

[117] 邓杰，姜飞，涂春鸣．美国 NIST 互操作性智能电网框架分析与启示［J］．电力系统保护与控制，2020（3）：9–21.

[118] 李彬，陈京生，李德智，等．我国实施大规模需求响应的关键问题剖析与展望．电网技术．Feb.2019，43（2）：694–704.

[119] 李童佳译．智能电网用户接口标准化［J］．供用电，2015，（7）：20–24.

[120] 朱宝田，赵毅．我国超超临界燃煤发电技术的发展［J］．华电技术，2008，02：1–5.

[121] 夏芳．我国超超临界火电机组研发关键问题的研究［D］．哈尔滨工程大学，2007.

[122] 超超临界燃煤发电：高效环保［R］．美国电力能源.

[123] 朱法华，王圣．煤电大气污染物超低排放技术集成与建议［J］．环境影响评价，2014，（05）：25–29.

[124] 朱法华，王临清．煤电超低排放的技术经济与环境效益分析［J］．环境保护．2014（21）.

[125] 庄元．智能电网用户接口测试平台设计［D］．2016.

[126] 王振铭．我国热电联产发展状况分析［J］．热电技术，2011，02：1–5+29.

[127] 周志生．热电联产技术经济性分析［D］．吉林大学，2015.

[128] 热电联产（CHP）：经济性清洁能源基本标准［R］．n 国际区域能源协会，2012.

[129] IEA，热电联产：全球投资收益估计［R］，2008.

[130] 康玉洁．燃气–蒸汽联合循环发电系统的现状和展望．［J］电气时代，2013（6）：60–61.

[131] 王柏仁．燃气–蒸汽联合循环发电技术发展对策研究［J］湖北电力，2007，31（1）：64–66.

[132] 丁会军．燃气蒸汽联合循环的技术探讨［J］．企业技术开发，2012，01：105–107.

[133] 邱德川．关于微型燃气轮机应用前景的研究［J］．科技致富向导，2014，11：227.

[134] 严俊杰，黄锦涛，何茂刚．冷热电联产技术［M］．化学工业出版社环境·能源出版中心，2006．

[135] 严俊杰，黄锦涛，何茂刚．冷热电联产技术（节能与环境保护丛书）［M］．化学工业出版社，2006．

[136] 徐建中．分布式供电和冷热电联产的前景［J］．节能与环保，2002（03）：10－14．

[137] 史利沙，陈红．CCS 技术发展现状及驱动政策述评——以中、美、英、澳为例［J］．环保科技，2015，04：60－64．

[138] 吴耀文，张文礼．碳捕捉与碳封存技术的发展现状与前景［J］．中国环境管理丛书，2010，02：18－19．

[139] 钱伯章．碳捕捉与封存（CCS）技术的发展现状与前景［J］．中国环保产业，2008，12：57－61．

[140] 罗承先．世界风力发电现状与前景预测［J］．中外能源，2012，03：24－31．

[141] 周超，朱熀秋，魏杰，周令康，黄振跃．我国风力发电发展现状和问题分析［J］．能源研究与信息，2012，02：69－75．

[142] 李军军，吴政球，谭勋琼，陈波．风力发电及其技术发展综述［J］．电力建设，2011，08：64－72．

[143] 刘其辉，贺益康，赵仁德．变速恒频风力发电系统最大风能追踪控制［J］．电力系统自动化，2003（20）：65－70．

[144] 美国能源部能源管理项目：“风电技术”网址：https://www.wbdg.org/resources/wind.php.08－24－2012．

[145] 张晓霞，侯竞伟，殷攀攀，张国．太阳能发电系统现状及发展趋势［J］．机电产品开发与创新，2007，05：14－16．

[146] 黄幼平．风力和太阳能光伏发电现状及发展趋势［J］．科技展望，2015，36：72－73．

[147] 钱伯章．太阳能光伏发电成本及展望［J］．中国环保产业，2009，04：24－28．

[148] 陈静，刘建忠，沈望俊，等．太阳能热发电系统的研究现状综述［J］．热力发电，2012，04：17－22．

[149] 罗智慧，龙新峰．槽式太阳能热发电技术研究现状与发展［J］．电力设备，2006，11：

29－32.
［150］沈明忠，王新雷．我国生物质发电的发展环境分析［J］．能源技术经济，2011，01：41－45.
［151］王爱军，张燕，张小桃．生物质发电燃料成本分析［J］．农业工程学报，2011，S1：17－20.
［152］吴金卓，马琳，林文树．生物质发电技术和经济性研究综述［J］．森林工程，2012，05：102－106.
［153］吴创之，周肇秋，马隆龙，阴秀丽．生物质发电技术分析比较［J］．可再生能源，2008，03：34－37.
［154］田宜水．生物质发电［M］．化学工业出版社，2010.
［155］刘凤钢，胡达，伍满，陆勇．地热发电的投资经济分析［J］．中外能源，2014，11：24－30.
［156］高学伟，李楠，康慧．地热发电技术的发展现状［J］．电力勘测设计，2008，03：59－62+80.
［157］彭第，孙友宏，潘殿琦．地热发电技术及其应用前景［J］．可再生能源，2008，06：106－110.
［158］徐耀兵，王敏，潘军，李兵．地热资源发电技术特点及发展方向［J］．中外能源，2012，07：29－34.
［159］张斌．潮汐能发电技术与前景［J］．科技资讯，2014，09：3－4.
［160］韩超．潮汐能发电的发展状况与前景［J］．电子制作，2013，06：237.
［161］张晓君，程振兴，张兆德．潮汐能利用的现状与浙江潮汐能的发展前景［J］．中国造船，2010，51（A01）：144－147.
［162］Ruud Kempener（IRENA），Frank Neumann（IMIEU）．潮汐能发电简介［R］．IRENA，2014.
［163］韩冰峰，褚金奎，熊叶胜，姚斐．海洋波浪能发电研究进展［J］．电网与清洁能源，2012，02：61－66.
［164］苏佳纯，曾恒一，肖钢，等．海洋温差能发电技术研究现状及在我国的发展前景［J］．中国海上油气，2012，04：84－98.

［165］古云蛟．海洋能发电技术的比较与分析［J］．装备机械，2015，04：69－74．

［166］游亚戈，李伟，刘伟民，等．海洋能发电技术的发展现状与前景［J］．电力系统自动化，2010，14：1－12．

［167］胡达，刘凤钢，黄云，伍满．国内外地热发电的新技术及其经济效应［J］．中国能源，2014，10：30－34+43．

［168］信赢，李欢欢，任安林．超导输电的历史、现状与发展前景［C］．中国电机工程学会年会．2012．

［169］Li Bin, M.Shahzad, Qi Bing, et al. Probabilistic Computational Model for Correlated Wind Farms using Copula Theory．IEEE Access．Dec.2018，6（1）：14179－14187．

［170］肖立业，林良真．超导输电技术发展现状与趋势［J］．电工技术学报，2015（7）：1－9．

［171］余然．高温超导输电技术的应用［J］．国际电力，2001（1）：20－23．

［172］王振岳，陈伟，鹿海成，孙虎云．电子式与电磁式互感器的比较及在智能电网中的应用［J］．华电技术，2012，02：50－52+54+79．

［173］冯祎鑫．电子式互感器及其在智能变电站中的应用［J］．科技创新导报，2012，10：87－88．

［174］李红岩，周德志．电子式互感器在智能电网建设中的应用研究［J］．硅谷，2012，22：116－117+103．

［175］董朝霞，王乘，何南强．电网调度员培训智能仿真系统的研究探讨［J］．电力系统及其自动化学报，2003，15（5）：91－95．

［176］张慎明，姚建国．调度员培训仿真系统（DTS）的现状和发展趋势［J］．电网技术，2002，26（7）：60－66．

［177］黄斐．基于 SCADA 实时数据的地区电网调度员培训仿真系统研究［D］．华南理工大学，2014．

［178］姜淼，高赐威，苏卫华．含分布式能源的配电网规划综述［J］．华东电力，2014，42（005）：865－872．

［179］孔涛，程浩忠，李钢，等．配电网规划研究综述［J］．电网技术，2009，33（19）：92－99．

［180］章文俊，程浩忠，程正敏，等．配电网优化规划研究综述［J］．电力系统及其自动化学报，2008，20（5）：16－23．

［181］徐丙银．国际配电自动化发展综述［J］．供用电，2014，162（5）：16－20．

［182］刘东．我国配电自动化的发展历程及技术进展［J］．供用电，2014，162（5）：22－25．

［183］徐丙垠．配电自动化远方终端技术［J］．电力系统自动化，1999（5）：41－44．

［184］林功平，徐石明，罗剑波．配电自动化终端技术分析［J］．电力系统自动化，2003，27（12）：59－62．

［185］宋士通．配电自动化终端设备及其应用［J］．山东理工大学学报：自然科学版，2003，17（4）：97－100．

［186］卓钺．浅谈配电终端与数据采集技术［J］．广东科技，2007（2）：90－91．

［187］杨心丽，罗锐利，奚培锋．分布式发电并网技术的研究［J］．电器与能效管理技术，2012（15）：50－53．

［188］李彬，曹望璋，马永红，等．计及倒换时延的需求响应业务 P 圈保护策略．中国电机工程学报．2019，39（10）：2895－2903．

［189］侯朝勇，庄童．分布式发电并网系统综述［J］．变频器世界，2010（5）：47－49．

［190］刘杨华，吴政球，涂有庆，等．分布式发电及其并网技术综述［J］．电网技术，2008（15）：71－76．

［191］Bin Li，Chao Lu，Bing Qi，et al．P－cycle Based Protection Scheme with Cycle Multiplexing and Capacity Balance for Multicast Service in Substation Communication Network．International Journal of Electrical Power & Energy Systems．2018，（102）：340－348．

［192］李彬，曹望璋，卢超，等。非可信环境下基于区块链的多级 DR 投标安全管理及技术支撑［J］．中国电机工程学报，2018，38（8）：2272－2283．

［193］李彬，曹望璋，张洁，等．基于异构区块链的多能系统交易体系及关键技术［J］．电力系统自动化，2018，42（4）：183－193．

［194］崔金兰，刘天琪．分布式发电技术及其并网问题研究综述［J］．现代电力，2007，24（3）：53－57．

[195] 王成山，武震，李鹏. 微电网关键技术研究[J]. 电工技术学报，2014，29（2）：1－12.
[196] 杨新法，苏剑，吕志鹏，等. 微电网技术综述 [J]. 中国电机工程学报，2011，34（1）：57－70.
[197] 马艺玮，杨苹，王月武，等. 微电网典型特征及关键技术[J]. 电力系统自动化，2015，39（8）：168－175.
[198] 郑漳华，艾芊. 微电网的研究现状及在我国的应用前景 [J]. 电网技术，2008，32（16）：27－31.
[199] 鲁宗相，王彩霞，阂勇，等. 微电网研究综述 [J]. 电力系统自动化，2007，31（19）：100－107.
[200] 栾文鹏. 高级量测体系 [J]. 南方电网技术，2009，3（2）：6－10.
[201] 田世明，徐仁武. 高级量测体系关键技术研究 [J]. 电信科学，2010（S3）.
[202] 邓桂平，傅士冀，舒开旗，等. 高级量测体系探讨 [J]. 电测与仪表，2010，47（Z1）：29－31.
[203] 庄葛巍. 直流电能表智能化的研究与应用 [D]. 上海交通大学，2012.
[204] 王思彤，周晖，袁瑞铭，等. 智能电表的概念及应用 [J]. 电网技术，2010，34（4）：17－23.
[205] 张晶，闫华光，赵等君. 电力需求响应技术标准与 IEC PC118 [J]. 供用电，2014，31（7）：32－35.
[206] 李彬，卢超，朱朝阳，等. 电力光通信网中基于 P 圈的多播业务保护算法. 电网技术，2018，42（3）：981－988.
[207] 李彬，卢超，景栋盛，等. 负载与风险联合均衡的电力通信网路由优化算法. 中国电机工程学报 May.2019，39（9）：2713－2722.
[208] 高赐威，梁甜甜，李扬. 自动需求响应的理论与实践综述 [J]. 电网技术，2014，38（2）：352－359.
[209] 张晶，王婷，李彬. 电力需求响应技术标准化研究 [J]. 中国电机工程学报，2014，34（22）：3623－3629.
[210] 周一工. 中国燃煤发电节能技术的发展及前景 [J]. 中外能源，2011，016（007）：

91－95.

［211］那文. 浅谈火力发电厂热力系统节能技术及其应用［J］. 中国科技投资，2013（A36）：153－153.

［212］李纬华，刘元元. 电力节能技术在电力技术中的应用［J］. 黑龙江科技信息，2014（11）：68－68.

［213］李彬，覃秋悦，祁兵，等. 基于区块链的分布式能源交易方案设计综述. 电网技术. 2019，43（3）：961－972.

［214］张振，谭忠富，胡庆辉. 中国电力产业能效分析及节能减排途径［J］. 电力学报，2010（5）：360－365.

［215］张华民，周汉涛，赵平，等. 储能技术的研究开发现状及展望［J］. 能源工程，2005（3）：1－7.

［216］张文亮，丘明，来小康. 储能技术在电力系统中的应用［J］. 电网技术，2008，32（7）：1－9.

［217］程华，徐政. 分布式发电中的储能技术［J］. 高压电器，2003，39（3）：53－56.

［218］周林，黄勇，郭珂，等. 微电网储能技术研究综述［J］. 电力系统保护与控制，2011，39（7）：147－152.

［219］刘晓飞，张千帆，崔淑梅. 电动汽车 V2G 技术综述［J］. 电工技术学报，2012（02）：121－127.

［220］廖兰珍，宋文钦，肖蔚. 电动汽车充放电技术及其对电网的影响分析［J］. 山西电力，2013（04）：50－53.

［221］袁航，赵湘前. 船舶岸电技术研究及其应用［J］. 水运工程，2013（10）：163－165.

［222］李建科，王金全，金伟一，等. 船舶岸电系统研究综述［J］. 船电技术，2010，30（10）：12－15.

［223］胡林，颜运昌，黄晶，等. 新型实时电网防窃电系统研究［J］. 电力需求侧管理，2006（2）：20－22.

［224］朱建辉. 电能计量装置防窃电技术及装置的现场应用探析［J］. 通讯世界，2019，26（9）：248－249.

[225] 孙凤杰，刘争芳，张永灿．基于 GPRS 无线传输的防窃电系统［J］．电力系统通信，2007，28（1）：53－56．

[226] 李彬，张洁，陈宋宋，等．基于复杂网络的电力通信网扩容保护策略．电网技术．2018，42（6）：1974－1980．

[227] 李彬，贾滨诚，陈宋宋，等．基于网络编码面向需求响应的高效链路保护方法．电网技术．2018，42（9）：3070－3077．

[228] 国网电力科学研究院通信与用电技术分公司防窃电研究中心．电子式电能表防窃电新技术［M］．北京：中国电力出版社，2013．